U0616868

土木工程材料

（第二版）

主　编　刘秋美　陆红娜　王　罍

西南交通大学出版社
·成　都·

图书在版编目（CIP）数据

土木工程材料 / 刘秋美，陆红娜，王壘主编.
2版. -- 成都：西南交通大学出版社，2024. 8.
ISBN 978-7-5643-9882-8

Ⅰ. TU5

中国国家版本馆CIP数据核字第2024VJ5468号

Tumu Gongcheng Cailiao （Di-Er Ban）
土木工程材料（第二版）

主　编 / 刘秋美　陆红娜　王　壘

策划编辑 / 黄庆斌
责任编辑 / 王同晓
责任校对 / 左凌涛
封面设计 / 原谋书装

西南交通大学出版社出版发行

（四川省成都市金牛区二环路北一段111号西南交通大学创新大厦21楼　610031）
营销部电话：028-87600564　　028-87600533
网址：http://www.xnjdcbs.com
印刷：四川森林印务有限责任公司

成品尺寸　185 mm×260 mm
印张　21.5　　字数　535千
版次　2019年1月第1版　　2024年8月第2版　　印次　2024年8月第4次

书号　ISBN 978-7-5643-9882-8
定价　49.80元

课件咨询电话：028-81435775
图书如有印装质量问题　本社负责退换
版权所有　盗版必究　举报电话：028-87600562

　　本书是按照《高等学校土木工程本科指导性专业规范》要求，以全国高等学校土木工程专业教学指导委员会制定的"土木工程材料教学大纲"为依据，在吸收了国内外土木工程材料领域的最新成果，借鉴了同类教材的优点，参考了国家、行业现行标准、规范和规程编写，总结了多年的教学经验的基础上编写而成。本书第二版更注重先进性、实用性和系统性，着重培养学生分析与解决实际问题的能力。

　　本书以习近平新时代中国特色社会主义思想和党的二十大精神为指导，以"思政元素融入专业课教学"为突破点，注重知识教育与情感教育的有机统一，将知识传授、技能培养、价值引领和育人导向相结合，以专业技能传授为载体加强大学生思想政治教育，探索多样化课程组织形式，对学生进行精细化、针对性指导，把社会主义核心价值观教育全面落实到课堂教学、实践教学和第二课堂，提高思政教育精准度和实效性。始终围绕育人的主旨，把爱国主义、民族情怀贯穿渗透到"土木工程材料"课程的教学中，在教育教学过程中奏响新时代主旋律、讲好中国故事、传播好中国声音、弘扬中国精神，以增强学生的文化自觉和文化自信，进一步树立科学的世界观、正确的人生观和价值观；进一步培养学生的道德评价和自我教育的能力，帮助学生养成良好的道德行为习惯；进一步培育和弘扬学生的民族精神，引导学生树立正确的理想信念，学会正确的思维方法。

　　本书在内容上力求体现新标准、新规范和新成果，囊括土木工程所涉及的各大类材料，在介绍常规土木工程材料的基本概念（均有英文注释）、基本理论、基本方法和试验技能的基础上，引入相应的工程实例分析，引导学生理论联系实际，培养分析解决实际问题的能力。每章设有学习内容提要、课程思政目标；每节设有习题，学生通过扫二维码就可以在手机里练习，帮助学生及时消化所学的内容；第二版增加例题，通过典型例题的讲解、分析，加强学生对所学内容的理解。

　　本书内容分为上篇基础理论和下篇土木工程材料试验方法，将试验作为重要组成部分，联系工程实际，并将试验分为5章，较完整地包含混凝土配合比组成设计流程，实现《高等学校土木工程本科指导性专业规范》提出的通过实践教育，培养学生实践技能、创新创业和工程设计的初步能力。

本书由刘秋美、陆红娜、王壘主编。具体分工：第1~5章由陆红娜（贵州理工学院土木工程学院）编写；第10~15章由王壘（贵州理工学院土木工程学院）编写；绪论、第6~9章及全书的英文注释、复习题与思考题、练习题由刘秋美（贵州理工学院土木工程学院）编写并负责全书统稿。

　　本教材主要参考文献都附列于书末，在此谨向原作者表示感谢。

　　近年来新理论、新材料和新工艺不断涌现，各行业技术标准更新快且不完全一致，再且时间仓促和编者水平有限，难免存在缺点和不足之处，谨请使用本书的教师与读者批评指正。

编　者

2024 年 5 月

　　本书是按照《高等学校土木工程本科指导性专业规范》要求，以全国高等学校土木工程专业教学指导委员会制定的"土木工程材料教学大纲"为依据，并吸收了国内外土木工程材料领域的最新成果，借鉴了同类教材的优点，参考国家、行业现行标准、规范和规程编写，同时编者在总结多年的教学经验的基础上，注重先进性、实用性和系统性，着重培养学生分析与解决实际问题的能力。

　　本书在内容上力求体现新标准、新规范和新成果，囊括土木工程所涉及的各大类材料，在介绍常规土木工程材料的基本概念（均有英文注释）、基本理论、基本方法和试验技能的基础上，引入相应的工程实例分析，引导学生理论联系实际，培养分析解决实际问题的能力。每章均设有学习内容与目标，重点与难点；每章均设有例题，通过典型例题的讲解、分析，加强学生对所学内容的理解；每章均设有复习与思考，练习题，学生通过扫描二维码就可以在手机里练习，帮助学生及时消化所学的内容。

　　本书内容分为上篇基础理论和下篇土木工程材料试验方法，将试验作为重要组成部分，联系工程实际，并将试验分为五章，较完整地包含混凝土配合比组成设计，以实现高等学校土木工程本科指导性专业规范提出的通过实践教育，培养学生实践技能、创新创业和工程设计的初步能力。

　　本书依据高等学校土木工程本科指导下专业规范及行业最新标准、规范进行编写。内容精练、要点突出，既有较为完整的理论，又注重工程实用性，且具有较宽的专业适应面，可作为高等学校土木工程、水利工程、环境工程、建筑学、城市规划、道路与桥梁、交通工程、工程管理等其他相关专业的教学用书，也可作为从事土木工程勘测、设计、施工、科研和管理工作专业人员的参考用书。

　　本书由刘秋美（贵州理工学院土木工程学院）、刘秀伟（贵州理工学院土木工程学院）主编，段莉（贵州理工学院土木工程学院）、曹文泽（贵州理工学院土木工程学院）副主编。具体分工：第1章、第2章、第9章由曹文泽编写；绪论、第4章、第5章、第6章由段莉编写；第3章、第8章、第10章由刘秀伟编写；第7章、第11章、第12章、第13章、第14章、第15章，全书的英文注释、复习题与思考题、练习题由刘秋美编写并负责全书统稿。

本教材主要参考文献都附列于书末，在此谨向原作者表示感谢。

　　近年来新理论、新材料和新工艺不断涌现，各行业技术标准更新快且不完全一致，再且限于时间仓促和编者水平有限，难免存在缺点和不足之处，谨请使用本书的教师与读者批评指正。

编　者

2018 年 11 月

目　录

下篇　土木工程材料试验方法

绪 论

1．土木工程与材料

土木工程泛指建筑工程、道路桥梁工程、水利工程等建设性工程。土木工程中所使用的各种材料及制品，都统称为土木工程材料。材料是一切土木工程的物质基础，也是其重要的质量基础。在材料的选择、生产、储运、保管、使用和检验评定等各个环节中，任何失误都有可能造成土木工程的质量缺陷，甚至是重大质量事故。国内外土木工程中的重大质量事故大多与材料的质量不合格有关。因此，一个合格的土木工程技术人员必须正确、熟练地掌握土木工程材料的有关知识。

一般来说，土木工程对材料的基本要求是：

① 须具备足够的强度，能够安全地承受设计荷载；

② 材料自身的质量以轻为宜（即表观密度较小），以减轻下部结构和地基的负荷；

③ 具有与使用环境相适应的耐久性，以减少维修费用；

④ 用于装饰的材料，应能美化建筑，产生一定的艺术效果；

⑤ 用于特殊部位的材料，应具有相应的特殊功能，例如屋面材料能隔热、防水，楼板和内墙材料能隔声等。

按照建筑物或构筑物对材料性能的要求及使用时的环境条件，正确合理地选用材料，做到"材尽其能，物尽其用"，对于保证建筑结构物的安全、实用、美观、耐久及造价适度等方面有着重大的意义。

2．土木工程材料的分类

构成土木建筑物的材料称为土木工程材料，是应用于土木工程建设中的无机材料、有机材料和复合材料的总称。它包括用于建筑物的地基、基础、地面、墙体、梁、板、柱、屋顶和建筑装饰的所有材料。土木工程材料的种类繁多，性能各异，用途不一，为了便于区分和使用，通常根据材料的组成、功能和用途加以分类。

（1）按化学组成分类

根据材料的化学成分，可将土木工程材料分为无机材料、有机材料和复合材料三大类，如图 0.1 所示。

（2）按使用功能分类

土木工程材料按使用功能可分为结构材料、墙体材料和功能材料。

① 结构材料：构成结构物受力构件，用于承受荷载作用的材料，如构筑物的基础、柱、梁所用的材料。

② 墙体材料：建筑物内、外及分隔墙体所采用的材料，具体分为承重和非承重两类。

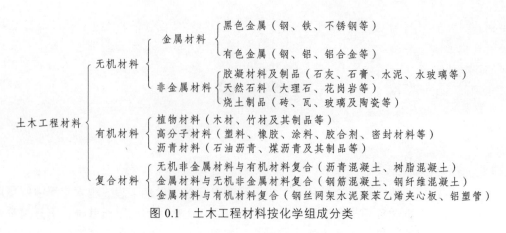

图 0.1　土木工程材料按化学组成分类

③ 功能材料：具有某些特殊功能的材料，用于满足建筑物或构筑物的适用性，如围护结构材料、防水材料、装饰材料、保温隔热材料等。这类材料品种繁多，形式多样，功能各异，正越来越多地应用于各种建筑物或构筑物上。

3. 土木工程材料在建筑工程中的地位和作用

土木工程材料的性能、质量和价格直接影响整个土木工程的质量和造价，在建设工程中起着举足轻重的作用。

① 土木工程材料是建筑工程的物质基础。各种建筑物与构筑物都是在合理设计的基础上，由各种材料建造而成，建筑材料的品种、规格及质量都直接关系到建筑物的适应性、技术性及耐久性。

② 建筑材料的质量直接影响着建设工程的质量。在土木建筑工程中，从材料的选择、生产、使用、检验评定，到材料的储运、保管等，任何环节的失误都可能造成工程质量的缺陷，甚至是重大质量事故。事实说明，国内外土木工程建设中的质量事故绝大部分是与材料的质量缺陷有关。

③ 材料对土木工程造价有很大影响。一般在土木建筑工程的总造价中，与材料有关的费用占 50%以上，有的甚至达到 70%。在实际应用中，同一类型材料，由于来源、生产地的不同，其性能和价格上都有很大差异。学习并研究各种建筑材料的性能和特点，就是为了同学们在今后的工作中能正确地使用这些材料。

④ 建筑工程技术的突破依赖于材料性能的改进。随着材料科学的发展，新型多功能材料不断涌现，也促进了建筑设计、结构设计和施工技术的发展，使建筑物的适用性、艺术性、坚固性和耐久性等得到进一步的改善。

总之，土木工程材料在土木工程建设中的地位和作用是非常重要的。

4. 土木工程材料的发展及趋势

（1）土木工程材料的发展史

土木工程材料是随着人类社会生产力的发展和科学技术水平的提高而逐步发展起来的。远古时期，人类穴居巢处，进入能够制造简单工具的石器时代后，人类开始挖土凿石为洞，伐木搭竹为棚，利用木材、岩石、竹、黏土等天然材料建造简单的房屋。直到人类能够使用黏土烧制砖、瓦，用岩石烧制石灰、石膏后，土木工程材料才由天然材料进入人工生产阶段，为较大规模地建造房屋创造了基本条件。18世纪后，资本主义兴起，促进了工商业和交通运输业的蓬勃发展，在其他科学技术进步的推动下，水泥①和钢材②相继问世，极大地推动了钢结构和钢筋混凝土结构的迅速发展，结构物的跨度从砖、石结构及木结构的几十米发展到百米、几百米，直至现代的千米以上。进入20世纪后，社会生产力的高速发展及材料科学与工程的形成和发展，使土木工程材料在性能和质量上不断得到改善和提高，20世纪30年代，出现了预应力混凝土结构，使土木工程的设计理论和施工技术进一步完善。到了21世纪，全球性的生存环境恶化问题日益显露：人口爆炸性地增长、资源日益匮乏、森林锐减、河流湖泊干涸、土地沙化、地球臭氧层破坏、气候异常等等，人类意识到资源环境问题的严重性，否定了过去为了发展经济在资源环境问题上杀鸡取卵、急功近利的错误做法，使用轻质、高强、节能、高性能的绿色建材成为大势所趋。

（2）土木工程材料的发展方向

土木工程材料行业对资源的利用和对环境的影响都占据着重要位置，在产值、能耗、环保等方面都是国民经济中的大户。为了保证源源不断地为工程建设提供质量可靠的材料，避免新型材料的生产和发展对环境造成损害，土木工程材料的发展必须遵循与工业"循环再生、协调共生、持续自然"的原则。因此，"绿色建材"的概念应运而生。"绿色建材"又称为生态建材、环保建材、健康建材等，是采用清洁的生产技术，少用天然资源，大量使用工业或城市固体废弃物和植物秸秆，所生产的无毒、无污染、无放射性、有利于环保和人体健康的土木工程材料。

发展"绿色建材"是一项长期的战略任务，符合可持续发展的战略方针，既满足现代人安居乐业、健康长寿的需要，又不损害后代人的更大的需求能力和利益。因此，土木工程材料将具有以下发展趋势：

① 高性能。随着现代化建筑向高层、大跨度、节能、美观、舒适的方向发展，迫切需要发展轻质、高强度、高耐久、高保温、高防水性能的材料，而多功能的复合为一，是节约建设成本、减轻结构自重、改善施工现场作业环境的有效途径。

② 绿色环保。充分利用工业废料、废渣作为原材料，生产和使用过程不产生废水、废气、废渣、噪声，使用后的产品可再生循环和回收利用，因此研究开发和应用环保材料已成为趋势。

③ 节能。采用低能耗、无环境污染的生产技术，优先开发、生产低能耗的材料，从而降低材料和建筑物的成本以及建筑使用能耗。

5. 土木工程材料的技术标准

标准是对重复性事物和概念所作出的统一规定，是对某项技术或产品实行统一执行的要求。土木工程材料的品种繁多，材料的生产、使用、储存都须遵照有关的技术标准执行，对于常用的材料，有关部门制定并发布了相应的技术标准，对其质量、规格、检验方法和验收规范均做了详尽而明确的规定。目前，我国的技术标准分为国家标准、行业标准、地方标准、企业标准四级。

---

① 1824年，由英国建筑工程师约瑟夫·阿斯普丁发明了水泥。
② 1859年，英国冶金学家亨利·贝塞发明的转炉炼钢法使钢材得以大量生产。

（1）国家标准

由国家标准局发布的全国性指导技术文件，其代号 GB，如《通用硅酸盐水泥》（GB 175—2023）。其中，"GB"为国家标准的代号，"175"为标准编号，"2023"为标准颁布年代号，"通用硅酸盐水泥"为该标准的技术名称。国家标准是强制性标准，任何技术（产品）不得低于此标准规定的技术指标。

（2）行业标准

由主管生产部门（或总局）发布，如《蒸压灰砂空心砖》（JC/T 637—2023），其中，"JC"为颁布此准的行业标准代号，"T"为推荐标准，它表示也可以执行其他标准，为非强制性标准。

其他还有：JGJ——住房和城乡建设行业标准；JC——建筑材料工业行业标准；YB——冶金行业标准；JTJ——交通行业标准；SD——水电行业标准；JZ——建筑工程行业标准；CH——测绘行业标准；SH——石油化工行业标准。

（3）地方标准（代号是 DB）和企业标准（代号是 QB）

标准的一般表示方法是由标准名称、部门代号、标准编号和颁布年份等组成，如辽宁省地方标准《矿渣混凝土砖建筑技术规程》（DB21/T 147—2007）。

随着我国改革开放的不断深入，经常还涉及一些材料的国际标准或外国标准。具体内容如表 0.1 所示。

表 0.1　国际和国外标准编号

英文缩写	英语名称	中文名称
ISO	International Standard Organization	国际标准化组织标准
ASTM	American Society for Testing Materials	美国材料与试验学会标准
JIS	Japanese Industrial Standard	日本工业标准
BS	British Standard	英国（工业）标准

6. 课程学习内容和学习方法

本课程作为土木工程类的专业基础课，为学习房屋建筑学、混凝土结构设计原理及土木工程施工等后续课程提供材料方面的基本知识，并为学生今后从事设计、施工、工程管理和造价及材料检测等工作提供基本理论和基本技能。

课程任务是使学生获得有关土木工程材料的技术性质及应用的基础知识和必要的基本理论，并获得主要土木工程材料性能检测和试验方法的基本技能训练。

本课程所涉及的材料种类繁多，内容庞杂，且各种材料自成体系。在学习过程中，需了解材料在建筑物上所起的作用和要求，了解常用材料的生产、成分和构造，掌握常用材料的技术性质，以及影响材料性质的主要因素及其相互关系，掌握常用材料的标准，熟悉其分类、等级和规格。

本课程具有很强的理论性和实践性，除了应抓住重点学好理论知识外，还应重视实践环节。为此，本课程开设了相应的实验课，旨在通过动手实践，加深和巩固对理论知识的理解，培养和训练学生对土木工程材料的检测技能，培养应用型人才。

上篇

基础理论

第 1 章　土木工程材料的基本性质

内容提要

　　本章主要介绍材料的组成、结构与性质三方面的关系及材料的物理性质、力学性质和耐久性等内容。
　　① 熟练掌握土木工程材料的力学性质；
　　② 掌握土木工程材料的基本物理性质；
　　③ 掌握土木工程材料的耐久性的基本概念，了解影响因素；
　　④ 了解土木工程材料的基本组成、结构和构造及其与材料基本性质的关系。

【课程思政目标】

　　① 通过感受经过岁月沉淀的建筑材料，体会我国古代灿烂悠久的历史文化，增强文化自信。
　　② 通过案例讲解材料发展概况，弘扬科学家精神。
　　③ 通过案例讲解绿色建材，融入"绿水青山就是金山银山""建设美丽家园是人类的共同梦想"等生态环保理念。
　　④ 讲述土木工程材料性能研究的发展前沿，培养学生好奇心、想象力和创新能力。
　　⑤ 掌握材料性能的好坏决定了整个工程质量的优劣，培养"质量第一，安全第一"的意识。

1.1　材料的组成和结构

　　不同的材料由于内部组成不同而呈现出不同的性质，相同组成的材料由于结构和构造的差异也会表现出不同的性质。因此，材料的组成（Components of Materials）、结构和构造决定材料的性质。要了解材料的性质，就要先研究材料的组成、结构和构造。

1.1.1　材料的组成

1. 化学组成

　　化学组成（Chemical Components）是指材料的化学成分。无机非金属材料的化学组成常以其各氧化物含量表示，如石灰的化学成分是 CaO，金属材料则以化学元素的含量表示，碳素钢以 Fe 元素含量来划分；有机材料以各化合物的含量表示，如聚乙烯的链接节（化合物分子结构间的连接部分）是 C_2H_4 等。

2. 矿物组成

将材料中具有特定的晶体结构和特定物理力学性能的组织结构称为矿物。矿物组成（Mineral Components）是指构成材料的矿物种类和数量。如花岗石的主要矿物组成为长石、石英和少量云母，酸性岩石多，决定了花岗石耐酸性好，但耐火性差；大理石的主要矿物组成为方解石、白云石，含有少量石英，因此大理石不耐酸腐蚀，酸雨会使大理石中的方解石腐蚀成石膏，致使石材表面失去光泽；石英砂的主要成分是石英，如果其中含有玉髓、蛋白石，易降低水泥混凝土的耐久性。

3. 相组成

将材料中结构相近、性质相同的均匀部分称为相（Phase）。同一种材料可由多相物质组成。例如，建筑钢材中就有铁素体、渗碳体、珠光体，铁素体软，渗碳体硬，它们的比例不同，就能生产不同强度和塑性的钢材；利用油和水不相溶，形成油包水或水包油的乳液涂料，能产生梦幻般多彩的效果；复合材料是宏观层次上的多相组成材料，如钢筋混凝土、沥青混凝土、塑料泡沫夹心压型钢板，它们的配比和构造形式不同，材料性质变化可能较大。

1.1.2 材料的结构

材料的结构（the Structure of Materials）是决定材料性质的重要因素之一，包括宏观结构（Macrostructure）、细微结构（Mesostructure）和微观结构（Microstructure）。

1. 宏观结构

宏观结构是用肉眼或放大镜能够分辨的毫米级以上的粗大组织，是指材料宏观存在的状态，其尺寸在 10^{-3} m 级以上。

（1）密实结构

密实结构（Dense Structure）是指材料内部基本无孔隙，这类材料强度高、耐腐蚀、自重大，如钢材、玻璃等。

（2）多孔结构

多孔结构（Porous Structure）是指材料内部有大量开口孔隙和闭口孔隙，大多是轻质材料，如加气混凝土，泡沫混凝土等，常作为保温吸声材料。

（3）纤维结构

纤维结构（Fibrous Structure）是由纤维状物质构成的材料结构，纤维之间存在相当多的孔隙，如木材、钢纤维、玻璃纤维、矿棉等，平行纤维方向的抗拉强度较高，能用作保温隔热和吸声材料。

（4）层状结构

层状结构（Layer Structure）是天然形成或人工采用黏结等方法将材料叠合成层状的结构，如胶合板、纸面石膏板、泡沫压型钢板复合墙等，各层材料性质不同，但叠合后材料综合性质较好，扩大了材料的使用范围。

（5）粒状结构

粒状结构（Particle Structure）是材料呈松散颗粒状结构，如石粉、砂石、粉煤灰陶粒，能作为普通混凝土骨料、沥青混凝土集料及轻混凝土骨料，聚苯乙烯泡沫颗粒能作为轻混凝土和轻砂浆的骨料，赋予材料以保温、隔热性能。

（6）纹理结构

纹理结构（Texture Structure）是指天然材料在生长或形成过程中，自然形成有天然纹理的结构，如木板、大理石板和花岗石板等。也能人工制造表面纹理，如木屑板压粘涂覆三聚氰胺的装饰纸形成书桌面及复合地板，模仿天然木纹；墙地砖烧结出仿天然石材的纹理，具有较强的装饰表现力。

2. 细观结构

细观结构是指用光学显微镜所看到的微米级（$10^{-6} \sim 10^{-3}$ m）的组织结构。细观结构主要研究材料内部的晶粒、颗粒等的大小和形态，晶界或界面，孔隙与微裂纹的大小、形状及分布。如金属材料晶粒的粗细及金相组织；混凝土的粗细骨料、水泥石以及孔隙组织；木材的木纤维、导管、髓线等。

材料在细观结构层次上的差异对材料的性能有显著的影响。如混凝土中毛细孔的数量减少、孔径减小，将使混凝土的强度和抗渗性等性能提高。

3. 微观结构

微观结构是指原子、分子层次的结构，可用电子显微镜和 X 射线来分析该层次的结构特征，其尺寸在 $1 \times 10^{-6} \sim 1 \times 10^{-10}$ m。

（1）晶　体

晶体（the Crystalline State）是质点（离子、原子、分子）在空间上按特定的规律呈周期性排列而形成的结构。晶体具有以下特点：具有特定的几何外形、各向异性、固定的熔点和化学稳定性，结晶接触点和晶面是晶体结构的薄弱环节。根据晶体的质点及化学键的不同，晶体可分为：

① 原子晶体（Atomic Crystal）：中性原子以共价键结合，结合力大，原子晶体的强度、硬度、熔点都高，密度小，如金刚石、石英、刚玉等。

② 离子晶体（Ionic Crystal）：正负离子以离子键结合，离子晶体强度、硬度、熔点均高，但波动大，部分可溶密度中等，如氯化钠、石膏、石灰岩等。

③ 分子晶体（Molecular Crystal）：以分子间的范德华力及分子键结合的晶体。分子晶体强度、硬度、熔点均较低，大部分可溶，密度小。

④ 金属晶体（Metallic Crystal）：自由电子与金属阳离子间以库仑引力相结合。金属晶体强度、硬度变化大，密度大。

从键的结合力来看，共价键和离子键最强，金属键较强，分子键最弱。如纤维状矿物材料玻璃纤维和岩棉，纤维内链状方向上的共价键力要比纤维与纤维之间的分子键结合力大得多，这类材料易分散成纤维，强度具有方向性；云母、滑石等结构层状材料的层间键力是分子力，结合力较弱，这类材料易被剥离成薄片；岛状材料如石英，硅氧原子以共价键结合成四面体，四面体在三维空间形成立体空间网架结构，因此质地坚硬，强度高。

（2）玻璃体

呈熔融状态材料在急速冷却时，其质点来不及或因某种原因不能按规则排列就产生凝固所形成的结构称为玻璃体（Amorphous State）。玻璃体又称无定形体或非晶体，结构特征为质点在空间上呈非周期性排列。

玻璃体是化学不稳定结构，容易与其他物质起化学作用，具有较高的化学活性。如生产水泥熟料时，硅酸盐从高温水泥回转窑急速落入空气中，急冷过程使得它来不及作定向排列，质点间的能量只能以内能的形式储存起来，具有化学不稳定性，能与水反应产生水硬性；粉煤灰、水淬粒化高炉矿渣、火山灰等玻璃体材料，能与石膏、石灰在有水的条件下水化和硬化，常掺入到硅酸盐水泥，丰富了硅酸盐水泥的品种。

（3）胶　体

胶体（Colloid）是指物质以极微小的质点（粒径为 1 ~ 100 μm）分散在介质中所形成的结构。由于胶体中的分散质与分散介质带相反的电荷，胶体能保持稳定。分散质颗粒细小，使胶体具有吸附性、黏结性。根据分散质与分散介质的相对比例不同，胶体结构分为溶胶、溶凝胶和凝胶。乳胶漆是高分子树脂通过乳化剂分散在水中形成的涂料；道路石油沥青要求高温不软低温不脆，需具有溶凝胶结构；硅酸盐水泥水化形成的水化产物中的凝胶将砂和石黏结成一个整体，形成人造石材。

1.2　材料的基本物理性质

1.2.1　材料的孔隙构造

多数材料内部都含有孔隙，由于孔的尺寸与构造不同，使得不同材料表现出不同的性质特点，也决定了它们在工程中的不同用途。

材料内部的孔隙构造包括孔隙尺寸、孔隙率等内容。与外界相通的孔称为开口孔，与外界不连通且外界介质无法侵入的孔称为闭口孔。材料内部的孔隙构造如图 1.1 所示。

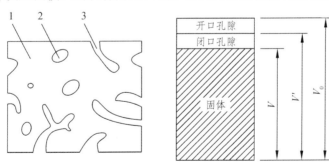

1—固体；2—闭口孔隙；3—开口孔隙。

图 1.1　自然状态下的体积示意图

1.2.2　材料的密度、表观密度、体积密度与堆积密度

（1）密　度

密度（Density）是材料在绝对密实状态下单位体积的质量，按式（1.1）计算。

$$\rho = \frac{m}{V} \tag{1.1}$$

式中　ρ——密度（g/cm³ 或 kg/cm³）；

　　　m——绝对干燥材料的质量（g 或 kg）；

　　　V——材料在绝对密实状态下的体积（cm³）。

　　材料在绝对密实状态下的体积，是指材料中不包括任何孔隙的材料固体物质的体积，亦称实体体积。大多数材料内部都有孔隙，绝对不含孔隙的材料是很少的，如钢材、玻璃等。测定密实材料的绝对密实体积可直接采用排液法；对于大多数含有孔隙的材料，测定绝对密实体积时，须将材料磨成细粉，干燥后用李氏瓶测得。材料磨得越细，测得的密度值越精确。

　　材料的密度 ρ 取决于材料的组成与微观结构。当材料的组成与微观结构一定时，材料的密度 ρ 为常数。

　　（2）表观密度

　　表观密度（Apparent Density）是材料在自然状态下单位体积的质量。

　　材料的自然状态有两种情形：其一是材料内部有不少孔隙，包括开口孔隙和闭口孔隙，有时也区分这两种孔隙体积对表观密度计算带来的影响，如图 1.1 所示。表观体积计算时，如包含材料内部闭口孔隙和开口孔隙体积，得到的表观密度称为体积密度；表观体积计算时，如不包括或者忽略开口孔隙体积，则得到的表观密度称为视密度。其二是材料处在不同的含水状态或环境下，表观密度大小也不同，有干表观密度和湿表观密度之分，故表观密度值必须注明含水情况，未注明者常指气干状态，绝干状态下的表观密度称为干表观密度。

　　视密度是材料单位体积（包含材料实体及闭口孔隙体积）的干燥质量，按式（1.2）计算。

$$\rho' = \frac{m}{V'} \tag{1.2}$$

式中　ρ'——视密度（g/cm³ 或 kg/m³）；

　　　m——干燥材料的质量（g 或 kg）；

　　　V'——材料在绝对干燥状态下的视体积，（cm³ 或 m³）。

　　视体积只包括材料自身及闭口孔隙的体积，即 $V' = V + V_B$，其中，V_B 为材料内部闭口孔隙的体积（cm³ 或 m³）。

　　对于砂石材料，由于其内部空隙率很小，通常无须经过磨细，直接用排水法即可测定其密度。一般采用液体密度天平法或广口瓶法，测得的体积为近似表观体积，也称为视体积。由于此方法忽略了材料内部的孔隙体积，故又将此方法测定的密度称为表观密度，也称为视密度或视比重。

　　体积密度（Bulk Density）是材料在自然状态下单位体积（开口孔隙、闭口孔隙和材料实体的体积）的质量，按式（1.3）计算。

$$\rho_0 = \frac{m}{V_0} \tag{1.3}$$

式中　ρ_0——体积密度（g/m³ 或 kg/m³）；

　　　m——干燥材料的质量（g 或 kg）；

V_0——材料在自然条件下的体积（cm^3 或 m^3），即包括材料自身及闭口孔隙和开口孔隙的总体积，$V_0 = V + V_B + V_K$。其中，V_K 为材料开口孔隙的体积。

材料在自然状态下的体积测定：对于具有规则几何外形的材料，可以直接量取其外形尺寸，利用式（1.3）计算；对于外观形状不规则的材料，应事先用石蜡将材料表面密封后，采用排液法测定。

（3）堆积密度

堆积密度（Stacking density）是指散粒材料或粉状材料在自然堆积状态下单位体积的质量，按式（1.4）计算。

$$\rho_0' = \frac{m}{V_0'} \tag{1.4}$$

式中 ρ_0'——材料的堆积密度（g/cm^3 或 kg/m^3）；

m——干燥材料的质量（g 或 kg）；

V_0'——材料的堆积体积，即包括材料自身及闭口孔隙和开口孔隙以及颗粒之间空隙的总体积（cm^3 或 m^3），$V_0' = V_0 + V_P$，其中，V_P 为材料颗粒之间空隙所占有的体积。

测定散粒材料的堆积密度时，按一定方法将散粒材料装入一定的容器中，则堆积体积为容器的容积。土木建筑工程常见材料的密度如表1.1所示。

表1.1 常用材料的密度、表观密度和堆积密度

材料名称	密度/（g/cm^3）	表观密度/（kg/m^3）	堆积密度/（kg/m^3）
钢材	7.85	7 800 ~ 7 850	—
石灰石（碎石）	2.48 ~ 2.76	2 300 ~ 2 700	1 400 ~ 1 700
砂	2.5 ~ 2.6	—	1 500 ~ 1 700
水泥	2.8 ~ 3.1	—	1 600 ~ 1 800
粉煤灰（气干）	1.95 ~ 2.40	1 600 ~ 1 900	550 ~ 800
烧结普通砖	2.6 ~ 2.7	2 000 ~ 2 800	—
普通水泥混凝土	—	约 2 500	—
红松木	1.55 ~ 1.60	400 ~ 600	—
普通玻璃	2.45 ~ 2.55	2 450 ~ 2 550	—
铝合金	2.7 ~ 2.9	2 700 ~ 2 900	—

1.2.3 材料的基本结构参数

1. 密实度和孔隙率

（1）密实度

密实度（Solidity）指材料体积（自然状态）中被固体物质充实的程度，用 D 表示，按式（1.5）计算。

$$D = \frac{V}{V_0} \times 100\% = \frac{\rho_0}{\rho} \times 100\% \tag{1.5}$$

式中 ρ ——密度（g/cm³ 或 kg/m³）；

       ρ_0 ——材料的体积密度（g/cm³ 或 kg/m³）。

对于绝对密实材料，因 $\rho_0 = \rho$，故密实度 $D=1$ 或 100%。对于大多数土木工程材料，因 $\rho_0 < \rho$，故密实度 $D<1$ 或 $D<100\%$。密实度在量上反映了材料内部固体的含量，对于材料性质的影响正好与孔隙率的影响相反。

（2）孔隙率

孔隙率（Porosity）是指材料体积内孔隙体积占总体积的百分率，用 P 表示，按式（1.6）计算。

$$P = \frac{V_0 - V}{V_0} \times 100\% = \left(1 - \frac{\rho_0}{\rho}\right) \times 100\% \tag{1.6}$$

式中 V ——材料的绝对密实体积（cm³ 或 m³）；

       V_0 ——材料的毛体积（cm³ 或 m³）；

       ρ_0 ——材料的体积密度（g/cm³ 或 kg/m³）；

       ρ ——密度（g/cm³ 或 kg/m³）。

密实度和孔隙率均反映了材料的致密程度。密实度与孔隙率的关系是

$$P + D = 1$$

孔隙率反映了材料内部孔隙的多少，也从另一个侧面反映了材料的致密程度。孔隙率越大，则密实度越小。孔隙率的大小会直接影响材料的多种性质，如强度、吸水性、抗渗性、抗冻性、导热性及吸声性等。

一般来说，孔隙率分为开口孔隙率和闭口孔隙率。材料的孔隙率越小且开口孔隙越少，则材料强度越高，抗渗与抗冻性越好。开口孔隙仅对吸声性有利，而含有大量微孔的材料，其导热性较低，保温隔热性能好。

式（1.6）计算的是材料的总孔隙率，有时还需计算开口孔隙率 P_K 和闭口孔隙率 P_B。

开口孔隙率（P_K）是指材料体积内开口孔隙的体积占总体积的百分率。当开口孔中充满水时，开口孔隙的体积等于吸入水的体积。可用式（1.7）来计算。

$$P_K = \frac{V_K}{V_0} \times 100\% = \frac{m_2 - m_1}{\rho_w V_0} \times 100\% \tag{1.7}$$

式中 P_K ——材料的开口孔隙率（%）

       V_K ——材料内部开口孔孔隙的体积（cm³ 或 m³）；

       V_0 ——材料在自然条件下的体积（cm³ 或 m³）；

       m_2 ——材料在吸水饱和状态下的质量（g）；

       m_1 ——材料在绝对干燥状态下的质量（g）；

       ρ_w ——水的密度（g/cm³ 或 kg/m³）。

闭口孔隙率（P_B）等于总孔隙率与开口孔隙率之差，可按式（1.8）计算。

$$P_B = P - P_K \qquad (1.8)$$

式中　P_B——材料的闭口孔隙率（%）。

2. 填充率和空隙率

（1）填充率

填充率（Filling Rate）是指散粒材料在堆积体积中被其颗粒填充的程度，用 D' 来表示，按式（1.9）计算。

$$D' = \frac{V_0}{V_0'} \times 100\% = \frac{\rho_0'}{\rho_0} \times 100\% \qquad (1.9)$$

（2）空隙率

空隙率（Void Content）是指材料在堆积状态下，颗粒间的空隙体积占堆积体积的百分率又称间隙率，按式（1.10）计算。

$$P' = \frac{V_0' - V_0}{V_0'} \times 100\% = \left(1 - \frac{V_0}{V_0'}\right) \times 100\% = \left(1 - \frac{\rho_0'}{\rho_0}\right) \times 100\% \qquad (1.10)$$

式中　ρ_0——材料的体积密度（g/cm³ 或 kg/m³）；

ρ_0'——材料的堆积密度（g/cm³ 或 kg/m³）。

空隙率的大小反映了散粒材料颗粒之间填充的紧密程度。填充率与空隙率的关系是

$$P' + D' = 1$$

填充率和空隙率从不同侧面反映了散粒材料在堆积体积下颗粒之间的致密程度。在允许的条件下增大填充率，减小空隙率，可以改善混凝土骨料的级配，有利于节约胶凝材料。

1.3　材料与水相关的性质

土木工程材料在使用过程中，不可避免地要与水接触，如雨水、雪水、地下水、生活用水和大气中的水汽等。不同的固体材料表面与水之间发生的作用不同，对材料性质和工程设施的影响程度也不同。因此，有必要研究材料与水接触后的有关性质。

1.3.1　材料的亲水性与憎水性

材料在空气中与水接触，根据其能否被水润湿，可分为亲水性（Hydrophilic of Materials）和憎水性（Hydrophobic of Materials）两种。材料与水接触，若材料与水分子之间的亲和力大于水分子本身分子间的内聚力，材料是亲水的；反之，材料是憎水的。

当水与材料接触时，在材料、水和空气的三相交点处，沿水表面的切线与水和固体接触面所成的夹角 θ 称为润湿角（图 1.2）。θ 越小，润湿性越好。润湿角 $\theta \leq 90°$ 的材料是亲水性材料[图 1.2（a）]，如木材、砖、混凝土、石等；润湿角 $\theta > 90°$ 的材料是憎水性材料[图 1.2（b）]，如沥青、石蜡塑料等。

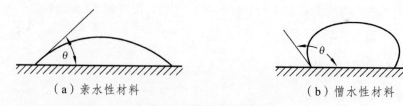

（a）亲水性材料   （b）憎水性材料

图 1.2　材料的润湿边角

1.3.2　材料的吸水性

材料在水中能吸收水分的性质称为吸水性（Absorption of Materials）。吸水性常用吸水率（Absorption Ratio）来表示。吸水率有质量吸水率和体积吸水率两种表示方法。

（1）质量吸水率

质量吸水率是指材料吸水饱和时所吸收的水量与材料绝干质量的百分比，用式（1.11）表示。

$$W_{\mathrm{m}} = \frac{m_{\mathrm{b}} - m_{\mathrm{g}}}{m_{\mathrm{g}}} \times 100\% \qquad (1.11)$$

式中　W_{m}——质量吸水率（%）；

   m_{b}——材料吸水饱和状态下的质量（g 或 kg）；

   m_{g}——材料在干燥状态下的质量（g 或 kg）。

材料吸水率的大小不仅与材料的亲水性和憎水性有关，还与材料的孔隙率的大小及孔隙特征有关。一般孔隙率越大，材料的吸水率越大。

（2）体积吸水率

体积吸水率是指材料在吸水饱和时，所吸水的体积占材料自然体积的百分比，用式（1.12）表示：

$$W_{\mathrm{V}} = \frac{m_{\mathrm{b}} - m_{\mathrm{g}}}{V_0} \cdot \frac{1}{\rho_{\mathrm{w}}} \times 100\% \qquad (1.12)$$

式中　W_{V}——体积吸水率（%）；

   m_{b}——材料吸水饱和状态下的质量（g 或 kg）；

   m_{g}——材料在干燥状态下的质量（g 或 kg）；

   V_0——材料在自然状态下的体积（cm^3 或 m^3）；

   ρ_{w}——水的密度（g/cm^3 或 kg/m^3），常温下取 $\rho_{\mathrm{w}} = 1.0\ g/cm^3$。

材料的质量吸水率与体积吸水率之间存在如下式（1.13）的关系。

$$W_V = W_m \times \rho_{0\mp} \qquad (1.13)$$

式中　$\rho_{0\mp}$——材料绝对干燥状态的体积密度（g/cm^3 或 kg/m^3）。

材料吸水率的大小主要取决于材料的孔隙率及孔隙特征：具有细微而连通孔隙且孔隙率大的材料吸水率较大；具有粗大孔隙的材料，虽然水分容易渗入，但仅能润湿孔壁表面而不易在孔内存留，因此吸水率不高；密实材料及仅有封闭孔隙的材料是不吸水的。

【**例 1.1**】 某材料的密度为 2.60 g/cm³，干燥体积密度为 1 600 kg/m³，将质量为 954 g 的该材料浸入水中，吸水饱和时的质量为 1 086 g。试求该材料的孔隙率、质量吸水率、开口孔隙率和闭口孔隙率。

【**解**】 孔隙率为

$$P = \left(\frac{V_0 - V}{V_0} \right) \times 100\% = \left(1 - \frac{\rho_0}{\rho} \right) \times 100\% = \left(1 - \frac{1.6}{2.6} \right) \times 100\% = 38.5\%$$

质量吸水率为

$$W_m = \frac{m_2 - m_1}{m_1} \times 100\% = \frac{1086 - 954}{954} \times 100\% = 13.8\%$$

开口孔隙率为

$$P_K = W_V = W_m \rho_0 = 13.8\% \times 1.6 = 22.1\%$$

闭口孔隙率为

$$P_B = P - P_K = 38.5\% - 22.1\% = 16.4\%$$

1.3.3　材料吸湿性

材料的吸湿性（Hygroscopicity of Materials）是指材料吸收空气中水分的性质，用含水率（Water Content）表示。

含水率是材料所含空气中水的质量与材料在干燥状态的质量之比，按式（1.14）计算。

$$W_h = \frac{m_s - m_g}{m_g} \times 100\% \tag{1.14}$$

式中　W_h——材料的含水率；

　　　m_s——材料在吸湿状态下的质量（g 或 kg）；

　　　m_g——材料在干燥状态下的质量（g 或 kg）。

材料的含水率与质量吸水率既有区别又有联系。两者的计算公式形式相同，但吸水的前提不同。含水率是在潮湿空气中吸收水分，多数情况未达到饱和，且材料所含水分会随着周围环境的湿度变化而变化，数值往往小于质量吸水率；质量吸水率是材料浸在水中吸水，且已达到饱和状态，对于某种特定材料，质量吸水率是一个定值，也可以说是含水率的最大值。

材料的吸水性和吸湿性均会对材料的性能产生不利影响。材料在吸水或含水状态下，自重和导热性增大，强度和耐久性将产生不同程度的下降。

1.3.4　耐水性

材料长期在饱和水作用下，强度不显著降低的性质称为耐水性（Water resistance of Materials）。材料的耐水性用软化系数表示，可按式（1.15）计算。

$$K_{软} = \frac{f_{饱}}{f_{干}} \tag{1.15}$$

式中　$K_{软}$——材料的软化系数；

　　　　$f_{饱}$——材料在吸水饱和状态下的抗压强度（MPa）；

　　　　$f_{干}$——材料在干燥状态下的抗压强度（MPa）。

软化系数的大小表明材料在浸水饱和后强度降低的程度。一般材料吸收水分后，其内部质点间的结合力被削弱。材料中含有某些可溶性物质，则强度降低更为严重，如硅酸盐水泥中含有微溶于水的 $Ca(OH)_2$，在流水的长期冲蚀下，强度大幅下降。溶解性越小或不溶性的材料，则软化系数越大，如金属材料，$K_{软} = 1$；若材料可溶于水且具有较大的孔隙率，则软化系数较小或很小，如石灰，$K_{软} = 0$。

不同材料由于软化系数不同，使用的环境也会有差异，软化系数在 0~1 之间。工程中将 $K_{软} \geq 0.85$ 的材料，称为耐水材料。对于经常处在水中或受潮严重的重要结构物，必须选用 $K_{软} > 0.85$ 的材料；用于受潮较轻或次要结构时，材料的 $K_{软} > 0.75$；特殊情况下，$K_{软}$ 应更高。

1.3.5　抗渗性

抗渗性（WaterPermeability Resistance of Materials）是材料在压力水作用下抵抗水渗透的性能。土木建筑工程中许多材料常含有孔隙、孔洞或其他缺陷，当材料两侧的水压差较高时，水可能从高压侧通过孔隙或其他缺陷渗透到低压侧。这种压力水的渗透，不仅会影响工程的使用，而且还会有腐蚀性介质侵入，或将材料内的某些成分带出，造成材料的破坏。

抗渗性用渗透系数表示，可通过式（1.16）计算：

$$K = \frac{Qd}{AtH} \tag{1.16}$$

式中　K——渗透系数（cm/h）；

　　　　Q——渗水量（cm³）；

　　　　A——渗水面积（cm²）；

　　　　H——材料两侧的水压差（cm）；

　　　　d——试件厚度（cm）；

　　　　t——渗水时间（h）。

渗透系数反映水在材料中流动的速度。K 越大，说明水在材料中流动速度越快，其抗渗性越差。材料的渗透系数越小，说明材料的抗渗性越强。

对于混凝土和砂浆，其抗渗性常用抗渗等级来表示。

混凝土抗渗等级是以 28 d 龄期的标准试件，按规定方法进行试验，测定其未渗透时的最大水压力来划定的。混凝土的抗渗等级分为 P4、P6、P8、P10 和 P11，表示材料能抵抗 0.4 MPa、0.6 MPa、0.8 MPa、1.0 MPa 及 1.2 MPa 的水压力而不渗透。

材料的抗渗性与其孔隙率和孔隙构造有关。孔隙率越小且多为封闭孔隙，则材料的抗渗性越好。材料内部缺陷、裂缝会降低抗渗性，对于地下建筑和水工构筑物或有防水要求的构件，应受到压力水的作用，要求具有一定的抗渗性。

1.3.6　抗冻性

抗冻性（Freeze resistance）是指材料抵抗冻融循环作用，保持其原有性质的能力。抗冻性用抗冻等级来表示。抗冻等级用材料在吸水饱和状态下经冻融循环作用，强度损失不超过25%，且质量损失不超过 5%时所能抵抗的最大的冻融循环次数来表示。如混凝土材料的抗冻等级分为 F25、F50、F100、F150、F200、F250、F300 等，分别表示材料在经受 25、50、100、150、200、250、300（次）的冻融循环后仍可满足使用要求。

材料的冻融破坏的原因，是由于内部孔隙中的水结冰产生体积膨胀（大约 9%）而造成的，结冰后的体积膨胀给孔壁造成很大的静水压力（可高达 100 MPa），使孔壁开裂。

抗冻性好的材料,抵抗气温变化的能力较强。所以抗冻性是材料耐久性的一项重要指标。影响材料抗冻性的因素有材料的组成、结构、构造、孔隙率的大小和孔隙特征等。同时，抗冻性也受材料孔隙中充水程度、冻结温度、冻结速度的影响。

1.4　材料的力学性质

材料的力学性质（the Mechanical Properties）是指材料在外力作用下，抵抗破坏的能力与变形性质。

1.4.1　材料的强度及强度等级

1. 材料的强度

强度（Strength）是材料抵抗外力破坏的能力。当外力作用于材料时，材料内部会产生内应力，随着外力的增加,内应力增加,直到材料内部质点间的作用力不足以承受外力作用时，材料即破坏。此时的极限应力就是材料的强度。

工程实际中建筑物的受力破坏，通常被认为是材料的断裂，此时的极限应力即是强度；但是，有些工程的破坏并非材料的断裂。如，钢材受力致使内部质点间产生明显的滑移时，材料已呈现塑性变形，此时可认定建筑构件已失去使用功能，材料虽未断裂，但可认为已经破坏。其破坏的强度并非极限强度，而是屈服强度。

根据外力作用的方式不同，材料强度有抗拉强度、抗压强度、抗弯强度、抗剪强度等，这些强度值是在承受静荷载作用下外力逐渐增加的条件下测得的强度。材料的受力状态如图1.3 所示。

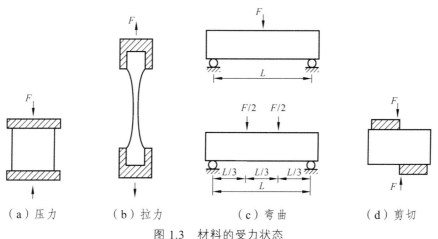

（a）压力　　　　（b）拉力　　　　（c）弯曲　　　　（d）剪切

图 1.3　材料的受力状态

材料的抗压强度(Compressive Strength)、抗拉强度(Tensile Strength)和抗剪强度(Shearing Strength) 可按式（1.17）计算：

$$f = \frac{F}{A}$$ （1.17）

式中　f——材料的强度（MPa）；

　　　F——试件破坏时的最大荷载（N）；

　　　A——试件受力面积（mm^2）。

材料的抗弯强度（Bending Strength）与材料的受力状态、截面形状等有关。材料的抗弯强度，一般采用简支的梁形试件做试验。抗弯强度根据截面上加载条件的不同，计算式也不相同。

当采用集中荷载时，抗弯强度按式（1.18）计算。

$$f_{w} = \frac{3F_{max}L}{2bh^2}$$ （1.18）

当采用三分点加荷方式时，抗弯强度按式（1.19）计算。

$$f_{w} = \frac{F_{max}L}{bh^2}$$ （1.19）

式中　f_w——材料的抗弯强度（MPa）；

　　　F_{max}——材料受弯破坏时的最大荷载（N）；

　　　L——两支点的间距（mm）；

　　　b，h——试件横截面的宽及高（mm）。

材料的强度受内部因素和外部因素影响。内部因素主要指材料的组成、结构和种类，如砖和混凝土由于组成材料不同、成形方法不同，产品的密实程度、孔隙率差异大，因而其强度相差很大。外部因素是指测定材料强度的测试条件，如取样方法、试件的形状与尺寸、加荷速度、环境温度和湿度等。为了使试验结果比较准确，国家规定了各种材料的标准试验方法，在测定材料强度时，必须严格按照规定的试验方法进行。

2. 强度等级

为了生产和使用，结构材料均按强度值划分等级。脆性材料（如砖、混凝土、石材、水泥等）主要根据材料的抗压强度划分等级，如混凝土的强度等级（Scale of the Strength）按其抗压强度值可划分为 C15、C20、C25、C30、C35、C40、C45、C50、C55、C60、C65、C70、C75、C80 等 14 个强度等级；弹性和韧性材料的强度等级，通常按材料的抗拉强度来划分等级，如钢筋按屈服强度值来划分等级。

3. 比强度

比强度（Relative Strength）是衡量材料轻质高强性的一项技术指标，是指材料的抗压强度与表观密度的比值。比强度越大，材料的轻质高强性越好。如普通混凝土、低碳钢、松木（顺纹抗拉）的比强度分别是 0.017、0.054、0.2，说明低碳钢和松木的轻质高强性比混凝土的好。

1.4.2 变形性质

1. 弹性变形

材料在外力作用下产生变形，当外力取消后，变形能完全恢复的性质称为材料的弹性，材料发生这样的变形就是弹性变形（Elastic Deformation），其变形值大小与外力成正比。受力后材料的应力与应变的比值称为材料的弹性模量，即

$$E = \frac{\sigma}{\varepsilon} \tag{1.20}$$

式中　σ——材料所受的应力（MPa）；

　　　ε——在应力作用下的应变。

　　　E——弹性模量（MPa），是土木建筑工程结构设计和变形验算所依据的主要参数之一。

常见土木建筑工程材料的弹性模量如表 1.2 所示。

表 1.2　几种常用土木材料的弹性模量（10^4 MPa）

材料	低碳钢	普通混凝土	烧结普通砖	木材	花岗岩	石灰岩	玄武岩
弹性模量 E	21	1.45～3.60	0.3～0.5	0.6～1.2	200～600	600～1 000	100～800

2. 塑性变形

当外力除去后，材料仍保留一部分残余变形且不产生裂缝的性质称为塑性。这部分残余变形称为塑性变形（Plastic Deformation）或永久变形，属不可逆变形。实际上，完全发生弹性变形的材料是没有的。当材料所受外力在一定范围内，材料产生弹性变形；当外力超出一定限度后，便出现明显的塑性变形。如低碳钢，当应力值低于屈服强度时，材料发生弹性变形；当受力超过屈服强度，材料的变形便表现出明显的塑性变形。准确地讲，大多数材料都是弹塑性材料。低碳钢的变形曲线充分说明这一点，如图 1.4 所示。

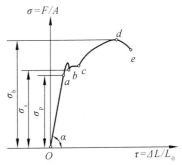

图 1.4　低碳钢的变形曲线

3. 徐　变

材料在恒定应力作用下，其应变随时间而缓慢增长，这种现象称为材料的徐变（Creep）或蠕变。徐变是塑性变形的特殊形式。

材料的徐变与应力成正比，即外力越大，徐变越大；外力过大，将使材料趋于破坏。受初期，材料的徐变速度较快，后期逐步趋于稳定。晶体材料的徐变很小，而非晶体材料及合成高分子材料的徐变较大。如混凝土在长期荷载作用下发生的变形。

1.4.3 脆性和韧性

材料在冲击荷载作用下发生破坏的形式有两种，即脆性破坏和韧性破坏。

脆性（Brittleness）是指材料在外力作用下发生无明显塑性变形的突然破坏的性质。脆性

材料的特点是塑性变形很小，而抗压强度与抗拉强度的比值较大（5~50倍），它对承受振动和冲击作用极为不利。砖、石、陶瓷、玻璃、铸铁、混凝土都是脆性材料。

韧性（Ductility）是指材料在冲击或振动荷载作用下，材料能够吸收较大的能量，同时也能产生一定的变形而不破坏的性质。材料的韧性是用冲击试验来检验的，因而又称为冲击韧性，它用材料受荷载作用达到破坏时所吸收的能量来表示。低碳钢、木材等属于韧性材料。用作路面、桥梁、吊车梁以及有抗震要求的结构都要考虑材料的韧性。

1.4.4 硬度与耐磨性

硬度（Durability）是指材料表面抵抗较硬物质刻划或压入的能力。金属材料等的硬度常用压入法测定，如布氏硬度法，是以单位压痕面积上所受的压力来表示。陶瓷等材料常用刻划法测定。一般情况下，硬度大的材料强度高、耐磨性较强，但不易加工。工程中有时用硬度来间接推算材料的强度，如回弹法用于测定混凝土表面强度，间接推算混凝土强度。

耐磨性（AbrasionResistance of Materials）是指材料表面抵抗磨损的能力。材料的耐磨性用磨损率来表示。材料的耐磨性与材料的组成结构及强度、硬度有关。在土木工程中，道路路面、工业地面等受磨损的部位，选择材料时须考虑其耐磨性。在水流及泥沙的冲击作用下易遭受损失和破坏的部位，也需要考虑材料的磨损率。

【工程实例分析 1.1】 测试强度与加载速度

【现象】人们在测试混凝土等材料的强度时可以观察到，对于同一试件，加载速度过快，所测值偏高。

【原因分析】材料的强度除与其组成结构有关外，还与其测试条件有关，包括加载速度、温度、试件大小和形状等。当加载速度过快时，荷载的增长速度大于材料裂缝扩展速度，测出的数值就会偏高。为此，在材料的强度测试中，一般都规定其加载速度范围。《普通混凝土长期性能和耐久性能试验方法标准》（GB/T 50082—2009）中规定：

<C30 时，加荷速度为 0.3~0.5 MPa/s；

≥C30 时，加荷速度为 0.5~0.8 MPa/s；

≥C60 时，加荷速度为 0.8~1 MPa/s。

1.5 材料的热工性质

1.5.1 导热性

材料传导热量的能力称为导热性（Thermal Conductivity）。当固体物质两侧表面存在温度差时，热量会从温度高的一端传到温度低的一端。传热量用式（1.21）表示：

$$\lambda = \frac{Qd}{FZ(t_2 - t_1)} \tag{1.21}$$

式中 λ——导热系数[W/（m·K）]；

Q——传导的热量（J）；

d——材料厚度（m）;

F——热传导面积（m²）;

Z——热传导时间（h）;

$t_2 - t_1$——材料两面温差（K）。

在物理意义上，导热系数为单位厚度（1 m）的材料，两面温度差为 1 K 时，在单位时间（1 s）内通过单位面积（1 m²）的热量。导热系数越小，表明材料越不易导热，通常将 $\lambda \leqslant 0.23$ 的材料称为绝热材料。

1.5.2 热容量和比热容

材料在受热时吸收热量，冷却时放出热量的性质称为材料的热容量（calorific capacity）。单位质量材料温度升高或降低 1K 所吸收或放出的热量称为热容量系数或比热容。比热容的计算式下式（1.22）所示：

$$C = \frac{Q}{m(t_2 - t_1)} \tag{1.22}$$

式中 C——材料的比热容[W/（g·K）]

Q——材料吸收或放出的热量（热容量）（J）;

m——材料质量（g）;

$t_2 - t_1$——材料受热或冷却前后的温差（K）。

1.5.3 热 阻

热阻（Thermal resistance）是材料层（墙体或其他围护结构）抵抗热流通过的能力，热阻的定义及计算式为

$$R = d / \lambda \tag{1.23}$$

式中 R——材料层热阻[（m²·K）/W];

d——材料层厚度（m）;

λ——材料的导热系数[W/（m·K）]。

热阻的倒数 $1/R$ 称为材料层（墙体或其他围护结构）的传热系数。传热系数是指材料两面温度差为 1 K 时，在单位时间内通过单位面积的热量。

热阻反映热流通过材料层时遇到的阻力大小。热阻越大，通过材料层的热量越少，材料的保温隔热性能越好。因此，要想改善保温隔热性能，就必须增大材料层的热阻，可以加大材料层的厚度，或选用导热系数小的材料。

1.6 材料的耐久性

材料的耐久性（Durability of Materials）是指材料在长期使用过程中，受各种内在或外来自然因素及有害介质的影响，能长久地保持原有使用性质的能力。

造成材料在使用中逐步变质失效的原因主要有内部和外部两种因素。材料本身组分和结构的不稳定、低密实度、各组分热膨胀不均匀、固相界面上的化学生成物膨胀等都是其内部

因素。使用中所处的环境和条件（包括自然的和人为的），诸如日光暴晒、介质侵蚀、温湿度变化、机械摩擦等，都是外部因素。这些内、外部因素，都可归结为物理的、化学的、机械的和生物的作用，单独或复合地作用于材料，使之逐步变质而丧失其使用性能。

1.6.1 物理作用

物理作用包括环境的干湿变化、温度变化及冻融变化等。这些作用将使材料发生体积的干缩湿胀，或导致内部裂缝的扩展，以致会使材料逐渐破坏。在寒冷地区，冻融变化对材料的破坏作用尤其显著。在高温环境下使用的材料，经常处于高温状态的建筑物或构筑物，所选用的建筑材料要具有耐热性能。在民用和公共建筑中，考虑到安全防火的要求，须选用具有抗火性能的难燃或不燃的材料。

1.6.2 化学作用

化学作用包括大气、环境水以及其他使用环境中的酸、碱、盐等液体或有害气体对材料的侵蚀作用。

1.6.3 机械作用

机械作用包括交变荷载、持续荷载作用及撞击引起材料疲劳、冲击、磨损、侵蚀和磨耗等。如水工结构物常受到水流冲磨导致表面磨损而破坏；路面、地坪混凝土常因受到摩擦和冲击，逐渐形成空穴，最终层层磨耗而破坏。

1.6.4 生物作用

生物作用包括昆虫、菌类对材料的侵害作用，如木材因腐朽而破坏。影响材料耐久性的因素如表 1.3 所示。

表 1.3　影响材料耐久性的因素

耐久性内容	破坏因素	具体原因	评定指标
抗渗性	物理作用	压力水	渗透系数、抗渗等级
抗冻性	物理作用	冻融作用	抗冻等级
抗化学侵蚀性	化学作用	酸碱盐作用	*
抗碳化性	化学作用	二氧化碳、水	碳化深度
碱集料反应	物理、化学作用	活性集料、碱、吸水作用	膨胀率
抗老化性	化学作用	阳光、空气、水、温度	*
冲磨气蚀	物理作用	流水、泥沙、机械力	磨蚀率
锈蚀	物理、化学作用	氧气、水、氯离子	锈蚀率
虫蛀	生物作用	昆虫	*

耐久性内容	破坏因素	具体原因	评定指标
耐热	物理、化学作用	冷热交替	*
腐朽	生物作用	氧气、水、菌类	*
耐火	物理、化学作用	高温、火焰	*

注：*表示可参考强度变化率、开裂情况、变形情况等评定。

总之，耐久性反映的是材料的一个复杂的综合性能。随着国内外大量工程经验和教训的总结积累，材料的耐久性问题也日益受到重视，工程界和科研人员正在逐步进行深入的研究与实践，而这对延长结构物的使用寿命、减少维修维护费具有重要意义。

【拓展与延伸】

亲水性材料的含水状态，一般可分为四种基本状态：

① 干燥状态——材料经过干燥处理后，孔隙中绝对不含水的状态，见图1.5（a）。

② 气干状态——材料在自然状态下吸收空气中水分子的含水状态，见图1.5（b）。

③ 饱和面干状态——材料充分吸水，常压下开口孔均吸满水而材料表面无水的状态，见图1.5（c）。

④ 表面湿润状态——材料不仅孔隙内吸水饱和，而且表面上被水湿润附有一层水膜的状态，见图1.5（d）。

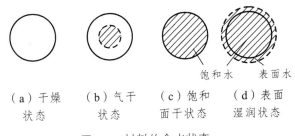

（a）干燥　　（b）气干　　（c）饱和　　（d）表面
状态　　　　状态　　　面干状态　　湿润状态

图1.5　材料的含水状态

【复习与思考】

① 什么是材料的密度、表观密度、体积密度和堆积密度？这些结构参数之间的区别及其与孔隙率的关系是怎样的？

② 材料的力学性能与组成结构之间存在怎样的关系？

③ 材料与水有关的性质包括哪些内容？性能指标如何计算？

④ 材料的耐久性包括哪些内容？引起材料耐久性破坏的因素有哪些？

⑤ 某工地所用卵石材料的密度为 2.65 g/cm³，体积密度为 2.61 g/cm³，堆积密度为 1 680 kg/m³，试计算此石子的孔隙率与空隙率？

⑥ 某石材在气干、绝干、水饱和三种情况下测得的抗压强度分别为 172 MPa、178 MPa、168 MPa，试求该石材的软化系数，并判断该石材可否用于水下工程。

⑦ 500 g 河砂烘干至恒重时的质量为 486 g，求此河砂的含水率？

⑧ 某立方体岩石试件，外形尺寸为 50 mm × 50 mm × 50 mm，测得其在绝干、自然状态及吸水饱和状态下的质量分别为 325 g，325.3 g，326.1 g，并测得该岩石的密度为 2.68 g/cm³。试求该岩石的体积吸水率、质量含水率、体积密度、孔隙率。

练习题

⑨ 岩石试件经完全干燥后，其质量为 482 g，将其放入盛有水的量筒中，经一定时间岩石吸水饱和后，量筒的水面由原来的 452 cm³ 上升至 630 cm³。取出岩石，擦干表面水分后称得质量为 487 g。试求该岩石的密度、表观密度及质量吸水率（假设岩石内无封闭孔隙）？

第 2 章　气硬性胶凝材料

内容提要

本章主要介绍胶凝材料、气硬性胶凝材料、水硬性胶凝材料等重要概念，介绍石灰、石膏的生产原理、凝结硬化过程、技术性质要求、特性及应用。

① 了解石灰、石膏、水玻璃和菱苦土这四种常用气硬性胶凝材料的原料和生产；
② 掌握石膏、石灰的水化（熟化）、凝结、硬化规律；
③ 掌握石灰、石膏的技术性质和用途。

【课程思政目标】

① 介绍天然石膏与工业石膏的区别，使学生认识到工业石膏的无害化、资源化、减量化，以及对工业石膏的迫切需求，深刻认识保护环境的重要性。

② 结合明朝诗人于谦的《石灰吟》，使学生充分了解石灰的生产工艺，引导学生不怕艰难险阻，经过千锤百炼才能成为祖国的栋梁。

③ 通过讲述石灰、石膏的应用历史，使学生对古代劳动人民的智慧产生敬意，增强学生的文化自信，提升民族自豪感。

在建筑上，通常把经过一系列物理、化学作用后，由液体或膏状体变为坚硬的固体，同时将砂、石、砖、砌块等散粒或块状材料胶结成整体并具有一定机械强度的材料，统称为胶凝材料（Cementitious Materials）。胶凝材料品种繁多，按化学组成可分为有机胶凝材料（Organic Gelling Material）和无机胶凝材料（Inorganic Gelling Material），按硬化条件又可分为气硬性胶凝材料和水硬性胶凝材料。气硬性胶凝材料只能在空气中硬化并保持或继续提高其强度，如石灰、石膏、水玻璃及镁质胶凝材料（如菱苦土）等；水硬性胶凝材料不仅能在空气中硬化，而且能更好地在水中硬化并保持或继续提高其强度，如硅酸盐水泥。

气硬性胶凝材料只适用于地上或干燥环境；水硬性胶凝材料既适用于地上，也可用于地下潮湿环境中。

2.1　石　灰

石灰（Lime）是建筑上使用较早的矿物胶凝材料之一，由于其原料丰富，生产简单，成本低廉，胶结性能较好，至今仍广泛应用于建筑中。

2.1.1 石灰的生产

生产石灰的主要原料是石灰岩，其主要成分是碳酸钙和碳酸镁，还有黏土等杂质。此外，还可以利用化工副产品，如用碳化钙制取乙炔时产生的主要成分是氢氧化钙的电石渣等。

高温煅烧碳酸钙时分解和排出二氧化碳而主要得到氧化钙，反应为：

$$CaCO_3 \xrightarrow{900\sim1\,100\ ^\circ C} CaO + CO_2 \uparrow$$

在实际生产中，为了加快石灰石分解，煅烧温度一般高于 900 ℃，常在 1 000 ~ 1 100 ℃，若煅烧温度过低，$CaCO_3$ 尚未分解，表观密度大，就会产生不熟化的欠火石灰，这种石灰的产浆量较低，有效氧化钙和氧化镁含量低，使用时黏结力不足，质量较差。若煅烧温度过高、时间过长，分解出的 CaO 与原料中的 SiO_2 和 Al_2O_3 等杂质熔结，就会产生熟化很慢的过火石灰。过火石灰如用于工程上，其细小颗粒会在已经硬化的砂浆中吸收水分，发生水化反应而体积膨胀，引起局部鼓泡或脱落，影响工程质量。品质好的石灰，煅烧均匀，与水作用速度快，灰膏产量高。所以掌握合适的煅烧温度和时间十分重要。

2.1.2 石灰的消化与硬化

石灰的消化（Slaking of lime）（又称熟化或消解），是指生石灰与水反应生成 $Ca(OH)_2$ 的过程。工程上也称为"淋灰"，其反应式为

$$CaO + H_2O \longrightarrow Ca(OH)_2 + 64.9\,kJ/mol$$

生石灰（Quicklime）在熟化过程中，体积膨胀 1 ~ 2.5 倍，并放出大量的热。过火石灰消化速度极慢，当石灰抹灰层中含有这种颗粒时，由于它吸收空气水分继续消化，体积膨胀，会引起墙面隆起、开裂，局部鼓泡或脱落，严重影响工程质量。为了消除这种危害，生石灰在使用前应提前洗灰，使灰浆在灰坑中储存两周以上，以使石灰得到充分消化，这一过程称为石灰的"陈伏"。陈伏期间，为防止石灰碳化，应在其表面保持一定厚度（2 cm 以上）的水层，以与空气隔绝，如图 2.1 所示。

特别指出的是块状生石灰必须充分熟化后方可用于工程中。若使用将块状生石灰直接破碎且磨细制得的磨细生石灰粉，则可不预先陈伏而直接应用。原因是磨细生石灰的细度高，水化反应速度可提高 30 ~ 50 倍，且水化时体积膨胀均匀。此外，使用磨细生石灰，克服了传统石灰硬化慢、强度低的缺点，不仅提高了功效，还节约了场地，改善了施工环境，但成本较高。

生石灰与水拌和形成石灰浆体，经过一定时间石灰浆体逐步硬化，产生强度并具有胶结能力。石灰浆体的硬化（Hardening of lime）包含两个同时进行的过程：

（1）干燥结晶硬化过程

石灰浆体在干燥过程中，游离水分蒸发，形成网状孔隙这些滞留于孔隙中的自由水由于表面张力的作用而产生毛细管压力，使石灰粒子更紧密，获得一定强度，且由于水分蒸发，$Ca(OH)_2$ 逐渐从饱和溶液中结晶析出，但数目很少，产生强度很低。

$$Ca(OH)_2 + nH_2O \longrightarrow Ca(OH)_2 \cdot nH_2O$$

（2）碳化过程

与空气中的 CO_2 在有水的条件下反应生成 $CaCO_3$ 结晶，释放出水分并蒸发。

$$Ca(OH)_2 + CO_2 + nH_2O \longrightarrow CaCO_3 + (n+1)H_2O$$

产物中 $CaCO_3$ 强度高，碳化对于强度的提高和稳定是很有利的，但空气中的 CO_2 含量很低，碳化作用主要发生在与空气接触的表面，且碳化生成致密的碳酸钙后，阻止 CO_2 继续深入内部，同时阻碍了水分的蒸发，所以自然状态下碳化干燥是很缓慢的。

2.1.3 石灰的分类与标记

1. 石灰的分类

（1）按生石灰的加工情况分类

① 建筑生石灰块：由石灰石煅烧生成的白色疏松结构的块状物，主要成分为 CaO，如图 2.1（a）所示。

② 建筑生石灰粉：由块状生石灰磨细而成，主要成分为 CaO。

③ 消石灰粉（也叫熟石灰）：将生石灰用适量的水经消化和干燥制成的粉末，主要成分为 $Ca(OH)_2$，如图 2.1（b）所示。

（a）生石灰　　　　　　　　（b）消石灰　　　　　　　　（c）石灰膏

图 2.1　石灰品种

④ 石灰膏：将块状生石灰用过量水（为生石灰体积的 3~4 倍）消化，或将消石灰粉与水拌和，所得具有一定稠度的膏状物，主要成分为 $Ca(OH)_2$ 和水，如图 2.2（c）所示。

⑤ 石灰乳：由生石灰加大量水消化而成的一种乳状液体，主要成分为 $Ca(OH)_2$ 与 H_2O。

石灰石煅烧后首先得到块状生石灰。在实际使用中，通常要根据用途以及施工条件将块状生石灰加工成不同的物理形态，以便使用。

（2）按生石灰的化学成分分类

按生石灰的化学成分分为钙质石灰和镁质石灰两类。根据化学成分的含量每类分成各个等级，见表 2.1。

① 钙质石灰（Calcium Lime）。

主要由氧化钙或氢氧化钙组成（MgO≤5%），而不添加任何水硬性的或火山灰质的材料。

② 镁质石灰（Magnesian Lime）。

主要由氧化钙和氧化镁（MgO>5%）或氢氧化钙和氢氧化镁组成，而不添加任何水硬性的或火山灰质的材料。

表 2.1 建筑生石灰的分类

类　别	名　称	代　号
钙质石灰	钙质石灰 90	CL90
	钙质石灰 85	CL85
	钙质石灰 75	CL75
镁质石灰	镁质石灰 85	ML85
	镁质石灰 80	ML80

2. 石灰的标记

生石灰的识别标志由产品名称、加工情况和产品依据标准编号组成。生石灰块在代号后加 Q，生石灰粉在代号后加 QP。示例：符合 JC/T479—2013 的钙质生石灰粉 90，标记为：CL 90-JC/T 479—2013。

说明：CL——钙质石灰；

90——（CaO+MgO）百分含量；

QP——粉状；

JC/T 479—2013——产品依据标准。

2.1.4 石灰的技术要求

建筑生石灰的化学成分应满足表 2.2 的要求。

表 2.2 建筑生石灰的化学成分　　　　　　　　　　　%

名称	氧化钙+氧化镁（CaO+MgO）	氧化镁（MgO）	二氧化碳（CO$_2$）	三氧化硫（SO$_3$）
CL 90-Q CL 90-QP	≥90	≤5	≤4	≤2
CL 85-Q CL 85-QP	≥85	≤5	≤7	≤2
CL 75-Q CL 75-QP	≥75	≤5	≤12	≤2
ML 85-Q ML 85-QP	≥85	>5	≤7	≤2
ML 80-Q ML 80-QP	≥80	>5	≤7	≤2

建筑生石灰的物理性质应满足表 2.3 的要求。

表 2.3 建筑生石灰的物理性质 %

名称	产浆量 dm³/10 kg	细度	
		0.2 mm 筛余量/%	90 μm 筛余量/%
CL 90-Q	≥26	—	—
CL 90-QP	—	≤2	≤7
CL 85-Q	≥26	—	—
CL 85-QP	—	≤2	≤7
CL 75-Q	≥26	—	—
CL 75-QP	—	≤2	≤7
ML 85-Q	—	—	—
ML 85-QP	—	≤2	≤7
ML 80-Q	—	—	—
ML 80-QP	—	≤7	≤2

2.1.5 石灰的技术性质

（1）保水性、可塑性好

由生石灰直接消化所得到的石灰浆体中，能形成颗粒极细的氢氧化钙，表面能吸附一层厚的水膜，使颗粒间的摩擦力减小，具有良好的可塑性，叫作白灰膏。将白灰膏掺入水泥砂浆中，可配制成混合砂浆，能显著提高砂浆的保水性，适用于吸水性砌体材料的砌筑。

（2）硬化慢、强度低

石灰浆体的硬化只能在空气中进行，由于空气中二氧化碳稀薄，不能提供足够的反应物，碳化甚为缓慢。而且表面碳化后，形成紧密外壳，不利于碳化作用的深入，也不利于内部水分的蒸发，因此石灰是硬化缓慢的材料。石灰硬化后的强度也不高，1:3 的石灰砂浆 28 d 抗压强度通常只有 0.2 ~ 0.5 MPa。

（3）吸湿性强

块状生石灰在放置过程中，会缓慢吸收空气中的水分而自动熟化成消石灰粉，再与空气中的二氧化碳作用生成碳酸钙，从而失去胶结能力。

（4）体积收缩大

由于游离水的大量蒸发，导致内部毛细管失水紧缩，引起体积收缩变形，使石灰硬化体产生裂纹。所以除调成石灰乳作薄层涂刷外，不宜单独使用。工程上常在其中掺入骨料、各种纤维材料等减少收缩。

（5）耐水性差

石灰硬化体的主要成分是氢氧化钙晶体，遇水或受潮时易溶解，使硬化体溃散，所以石灰不宜潮湿的环境中使用，也不宜单独用于建筑物基础。

2.1.6 石灰的应用及储存

1. 石灰的应用

（1）室内粉刷

将消石灰粉或消石灰浆掺大量水拌和，调制成稠度合适的石灰乳，可用于建筑室内墙面和顶棚粉刷。

（2）拌制建筑砂浆

石灰浆和消石灰粉可以单独或与水泥一起配制成砂浆，前者称为石灰砂浆，后者称为混合砂浆，可用于墙体砌块之间的胶结材料，或者作为墙体、地面的基层抹灰材料。

（3）配制三合土和灰土

消石灰粉与黏土的拌合物，称为灰土，若再加入砂（或碎石、炉渣等），即成三合土；用石灰、黏土与砂石或碎砖、炉渣等填料可拌制成三合土或碎砖三合土；用石灰与粉煤灰、黏性土可拌制成粉煤灰石灰土；用石灰与粉煤灰、砂、碎石可拌制成粉煤灰碎石土等等，大量应用于建筑物基础、地面、道路等的垫层，地基的换土处理等。为方便石灰与黏土等的拌和，宜用磨细的生石灰或消石灰粉。磨细的生石灰还可使灰土和三合土有较高的紧密度、较高的强度和耐水性。

（4）制作碳化板

碳化板是指将磨细的生石灰、纤维状填料或轻质骨料（如矿渣）搅拌、成型，然后经人工碳化而成的一种轻质板材。为减轻自重，提高碳化效果，多制为薄壁或空心的。碳化板能锯、刨、钉，适合作非承重内墙板、天花板等。

2. 石灰的储存

建筑生石灰粉、建筑消石灰粉一般采用袋装，保管时应分类、分等级存放在干燥的仓库内，不宜长期存储。运输过程中要采取防水措施。由于生石灰遇水会发生反应放出大量的热，所以生石灰不宜与易燃易爆物品共存、共运，以免酿成火灾。

石灰在存放时，可制成石灰膏密封或采取在上面覆盖砂土等方式与空气隔绝。

2.2 石 膏

石膏（Gypsum）是一种历史悠久、应用广泛的气硬性无机胶凝材料，其主要化学成分为硫酸钙，其建筑性能优良，制作工艺简单，与石灰、水泥并列为三大胶凝材料。我国石膏资源丰富且分布较广，已探明的天然石膏储量居世界之首（图 2.2）。同时，化学石膏生产量巨大。近年来，石膏板、建筑饰面板等石膏制品发展迅速，已成为极有发展前途的新型建筑材料之一。

图 2.2 天然石膏

2.2.1　石膏的制备与分类

生产石膏的原料主要为天然石膏（又称生石膏）或含硫酸钙的化工副产品和废渣（如磷石膏、硼石膏、氟石膏等），其化学式为 $CaSO_4 \cdot 2H_2O$，也称二水石膏。常用天然二水石膏。

石膏的生产工序主要是破碎、加热与磨细。二水石膏在不同温度、压力下煅烧，可得到不同品种的石膏。

（1）建筑石膏

二水石膏在不同的压力、湿度和温度条件下，脱水会产生不同的脱水石膏或具有不同内部结构的石膏产品，其水化速度、硬化后强度、耐水性等性质有很大差别。例如，在常压、温度为 $107 \sim 170\ ^\circ C$ 的条件下，天然二水石膏脱去部分水分即得 β 型半水石膏（也称熟石膏），再经磨细成白色粉末，即为建筑石膏（Construction Gypsum）。其反应式如下：

$$CaSO_4 \cdot 2H_2O \xrightarrow{107 \sim 170\ ^\circ C} CaSO_4 \cdot \frac{1}{2}H_2O + 1\frac{1}{2}H_2O$$

建筑石膏晶粒细小，将它调制成一定稠度的浆体时，需水量较大，因此其制品强度较低，多用于建筑抹灰、粉刷及各种石膏制品等。

（2）高强石膏

将二水石膏置于具有 0.13 MPa 和 114 $^\circ C$ 的密闭蒸压釜内脱水，即得α型半水石膏，再经磨细得到的白色粉末，即为高强石膏（High-strength Gypsum）。与β型半水石膏相比，α型半水石膏晶粒粗大且微观结构紧密，水化反应速度很慢，拌和用水量少（是建筑石膏的一半左右），硬化后结构密实，强度较高。由于生产成本较高，因此主要用于室内高级抹灰、装饰制品和石膏板等。如掺入防水剂，可制成高强度防水石膏；加入有机材料（如聚乙烯醇水溶液等），可配成无收缩的黏结剂。

2.2.2　建筑石膏分类与标记

建筑石膏（Calcined Gypsum）是天然石膏或工业副产石膏经一定温度煅烧脱水处理制得的，以 β 半水硫酸钙（β-$CaSO_4 \cdot 1/2H_2O$）为主要成分，不预加任何外加剂或添加物，用于建筑材料的粉状胶凝材料。

建筑石膏按原材料种类分为天然建筑石膏、脱硫建筑石膏和磷建筑石膏三类。

① 天然建筑石膏（Calcined Natural Gypsum）：以天然石膏为原料制成的建筑石膏，代号 N。

② 脱硫建筑石膏（Calcined Gypsum from Flue Gas Desulfurization）：以石灰、氢氧化钙或石灰石湿法脱除烟气中二氧化硫时产生的以二水硫酸钙（$CaSO_4 \cdot 2H_2O$）为主要成分的副产品为原料制成的建筑石膏，代号 S。

③ 磷建筑石膏（Calcined Gypsum from Phosphogypsum）：以磷矿石湿法制取磷酸时产生的以二水硫酸钙（$CaSO_4 \cdot 2H_2O$）为主要成分的副产品为原料制成的建筑石膏，代号 P。

2.2.3　建筑石膏的水化与硬化

（1）建筑石膏的水化

建筑石膏是白色、粉末状材料，易溶于水，干燥状态下的密度为 2.60 $\sim$ 2.75 g/cm³，堆积密度为 800～1 000 kg/m³。将建筑石膏与适量的水拌和可得到具有可塑性的浆体，构成半水石膏-水体系，在该体系中半水石膏将与水发生化学反应生成二水石膏，该反应叫作石膏的水化反应，简称水化（Hydration）。其反应式如下：

$$CaSO_4 \cdot \frac{1}{2}H_2O + \frac{3}{2}H_2O \longrightarrow CaSO_4 \cdot 2H_2O$$

建筑石膏加水，首先是溶解于水，然后发生上述反应，生成二水石膏。由于二水石膏的溶解度较半水石膏的溶解度小，因此半水石膏的水化产物二水石膏在过饱和溶液中沉淀并析出，促使上述反应不断向右进行，直至全部转变为二水石膏为止。

（2）建筑石膏的凝结与硬化

随着水化的不断进行，生成的二水石膏胶体微粒不断增多，这些微粒较原来的半水石膏更加细小，比表面积很大，吸附很多水分；同时浆体中自由水分由于水化和蒸发而不断减少，浆体的稠度不断增加，胶体微粒间的搭接、黏结逐步增强，颗粒间产生摩擦力和黏结力，使得浆体逐渐失去可塑性，即浆体逐渐凝结。随着水化的不断进行，二水石膏胶体微粒凝聚并转变为晶体，彼此互相联结，使石膏具有了强度，即浆体产生了硬化（Hardening）。

浆体的凝结硬化过程是一个连续进行的过程。浆体开始失去可塑性的状态称为初凝，从加水拌和到发生初凝所用的时间称为初凝时间；浆体完全失去可塑性并开始产生强度的状态称为终凝，从加水拌和到发生终凝所用的时间称为终凝时间。

2.2.4　建筑石膏的技术性质

（1）密度与堆积密度

建筑石膏的密度为 2 600～2 750 kg/m³，堆积密度为 800～1 000 kg/m³，属轻质材料。

（2）凝结硬化快

建筑石膏加水拌和后初凝时间不小于 3 min，终凝时间不大于 30 min，一周左右完全硬化。施工时可根据需要做适当调整加速凝固可掺入少量磨细的未经煅烧的石膏；缓凝可掺入硼砂、亚硫酸盐、酒精废液等。

（3）硬化后体积微膨胀

石膏浆体凝结硬化时不像石灰和水泥那样出现体积收缩，反而略有膨胀（膨胀量约 0.1%），这一特性使石膏制品在硬化过程中不会产生裂缝，造型棱角清晰饱满，适宜制作建筑艺术配件及建筑装饰件等。

（4）孔隙率大、强度较低

石膏硬化后由于多余水分的蒸发，内部形成大量的毛细孔，石膏制品的孔隙率可达50%～60%，表观密度小，导热性较小，强度较低。而保温、隔热、吸声性能较好，可做成轻质隔板。

（5）具有一定的调湿性

由于石膏制品内部的大量毛细孔隙而产生的呼吸功能，可起到调节室内湿度、温度的作用，从而创造出舒适的工作和生活环境。

（6）防火性能好、但耐火性差

建筑石膏制品的防火性能表现在以下三个方面：

① 在火灾时，二水石膏中的结晶水蒸发成水蒸气，吸收大量热。

② 石膏中结晶水蒸发后产生的水蒸气形成蒸汽幕，能阻碍火势蔓延。

③ 脱水后的石膏制品隔热性能更好，形成隔热层，并且无有害气体产生。

但是，石膏制品若长期靠近 65 ℃ 以上高温的部位，二水石膏就会脱水分解，强度降低，不再耐火。

（7）耐水性和抗冻性差

由于建筑石膏硬化后孔隙率较大，二水石膏又微溶于水，具有很强的吸湿性和吸水性，如果处在潮湿环境中，晶体间的黏结力就会削弱，强度显著降低，遇水则晶体溶解而引起破坏，所以石膏及其制品的耐水性较差，不能用于潮湿环境中，但经过加工处理可做成耐水纸面石膏板。

2.2.5　建筑石膏的技术要求

国家标准《建筑石膏》（GB/T 9776—2022）将建筑石膏按原材料种类分为天然建筑石膏（N）、脱硫建筑石膏（S）和磷建筑石膏（P）三类，按 2 h 湿抗折强度分为 4.0、3.0、2.0 三个等级；按产品名称、分类代号、等级及标准编号的顺序标记。如等级为 2.0 的天然建筑石膏标记为：建筑石膏 N2.0 GB/T 9776—2022。

（1）组　成

建筑石膏组成中有效胶凝材料 β 半水硫酸钙（$\beta\text{-}CaSO_4 \cdot 1/2H_2O$）与可溶性无水硫酸钙（$A\text{III-}CaSO_4$）含量之和应不小于 60.0%，且二水硫酸钙（$CaSO_4 \cdot 2H_2O$）含量应不大于 4.0%；可溶性无水硫酸钙（$A\text{III-}CaSO_4$）含量由供需双方商定。

（2）物理力学性能

建筑石膏物理力学性能应符合表 2.4 要求。

表 2.4　建筑石膏的物理力学性能（GB/T 9776—2022）

等级	凝结时间/min		强度/MPa			
	初凝时间	终凝时间	2 h 湿抗折强度	2 h 湿抗压强度	干抗折强度	干抗压强度
4.0	≥3	≤30	≥4.0	≥8.0	≥7.0	≥15.0
3.0			≥3.0	≥6.0	≥5.0	≥12.0
2.0			≥2.0	≥4.0	≥4.0	≥8.0

（3）放射性核素限量

产品的放射性核素限量内照射指数（I_{Ra}）应不大于 1.0，外照射指数（I_r）应不大于 1.0。

（4）限制成分含量

建筑石膏的水溶性氧化镁（MgO）、水溶性氧化钠（Na_2O）、水溶性氯离子（Cl^-）、水溶性五氧化二磷（P_2O_5）、水溶性氟离子（F^-）的含量应符合表 2.5 的要求。由磷石膏和脱硫石膏混合原料制成的建筑石膏应满足所有指标。

表 2.5　限制成分含量

类别	水溶性氧化镁（MgO）/%	水溶性氧化钠（Na_2O）/%	水溶性氯离子（Cl^-）/%	水溶性五氧化二磷（P_2O_5）/%	水溶性氟离子（F^-）/%
N				—	—
S	0.10	≤0.05	≤0.05	—	—
P				≤0.20	≤0.10

2.2.6　建筑石膏的应用

建筑石膏常用于室内抹灰、粉刷、油漆打底层，也可制作各种建筑装饰品和石膏板材等。

（1）普通纸面石膏板

普通纸面石膏板是以建筑石膏为主要原料，掺入纤维和外加剂构成芯材，并与护面纸牢固地结合在一起的建筑板材。护面纸板主要起提高板材抗弯、抗冲击的作用。

普通纸面石膏板具有质轻、保温、防火、吸声、抗冲击、调节室内温度湿度等性能，可锯、可钉、可钻，并可用钉子、螺栓和以石膏为基材的胶黏剂黏结。

普通纸面石膏板主要适用于室内隔断和吊顶，而且要求环境干燥。不适用于厨房、卫生间以及空气相对湿度大于 70%的潮湿环境。

（2）装饰石膏板

装饰石膏板是以建筑石膏为主要原料，掺入适量纤维增强材料和外加剂，经搅拌、浇筑、干燥而成的不带护面纸的板材。装饰石膏板无须作饰面处理，可用于宾馆、商场、音乐厅、会议室、幼儿园、住宅等建筑的墙面和吊顶装饰。

（3）石膏空心条板

石膏空心条板是以建筑石膏为主要原料，常加入纤维材料（如无碱玻璃纤维）和轻质填料以及外加剂，以提高板的抗折强度、减轻重量。这种板不用纸和黏结剂，也不用龙骨，施工方便，是一种具有发展前景的轻板。其主要用于隔墙板，并且对室内温度和湿度起一定的调节作用。

（4）耐水、耐火纸面石膏板

耐水纸面石膏板是以建筑石膏为主要原料，掺入适量耐水外加剂构成芯材，并与耐水的护面纸牢固黏结在一起的轻质建筑板材。耐水纸面石膏板主要用于厨房、卫生间等潮湿环境的装饰，其表面需进行饰面处理。

耐火纸面石膏板是以建筑石膏为主，掺入适量无机耐火纤维增强材料构成芯材，并与护面纸牢固黏结在一起的耐火轻质建筑板材。耐火纸面石膏板主要用作防火等级要求高的建筑物的装饰材料，如影剧院、体育馆、幼儿园、商场、娱乐场所及其通道、楼梯间、电梯间等的吊顶、墙面、隔断等。

石膏板具有轻质、保温、隔热、吸音、不燃及热容量大、吸湿性强，可调节室内温湿度，施工方便等特点，是具有发展前途的新型墙体材料。但石膏板具有长期徐变的性质，在潮湿环境中更为严重，且建筑石膏自身强度低，因其呈微酸性，不能配加强钢筋，故不宜用于承重结构。

2.3 水玻璃

水玻璃（Sodium Silicate）俗称"泡花碱"，是一种水溶性硅酸盐，由碱金属氧化物和二氧化硅组成，其化学式为 $R_2O \cdot nSiO_2$，其中 n 为 SiO_2 与 R_2O 的摩尔数比值，称为水玻璃的模数。水玻璃的模数越大，越难溶于水，但容易分解硬化，黏结力强。建筑上常用的水玻璃是硅酸钠的水溶液（简称钠水玻璃），其化学式为 $Na_2O \cdot nSiO_2$，为无色、青绿色或棕色的黏稠液体，模数 $n = 2.6 \sim 2.8$。

2.3.1 水玻璃的生产及硬化原理

水玻璃的生产方法一般采用碳酸盐法，钠水玻璃的主要原料是石英砂、纯碱或含硫酸钠的原料。将原料磨细，按比例拌匀，在玻璃熔炉内熔融而生成硅酸钠，冷却后得固态水玻璃，然后在水中加热溶解而成液体水玻璃。其化学反应式为

$$NaCO_3 + nSiO_2 \xrightarrow{1\,300 \sim 1\,400\ ^\circ C} Na_2O \cdot nSiO_2 + CO_2$$

2.3.2 水玻璃的硬化

液体水玻璃在空气中与二氧化碳作用，析出无定形的二氧化硅凝胶，凝胶因干燥而逐渐硬化，其反应式为

$$Na_2O \cdot nSiO_3 + CO_2 + mH_2O \longrightarrow Na_2CO_3 + nSiO_2 \cdot mH_2O$$

由于空气中二氧化碳含量低，上述硬化过程很慢，为加速硬化，可掺入适量的促硬剂，如氟硅酸钠（Na_2SiF_6），促使二氧化硅凝胶快速析出。氟硅酸钠的适当掺量为水玻璃重量的 11% ~ 15%。如果用量太少，不但硬化速度缓慢、强度低，而且未经反应的水玻璃易溶于水，因而耐水性差。如果用量过多，则凝结硬化速度过快，使施工困难，而且渗透性大，强度也低。加入氟硅酸钠后，水玻璃的初凝时间可缩短到 30 ~ 60 min，终凝时间可缩短到 240 ~ 360 min，7 d 基本达到最高强度。

2.3.3 水玻璃的性质与应用

水玻璃通常为青灰色或黄灰色黏稠液体，密度为 1.38 ~ 1.45 g/cm³。水玻璃具有黏结力高、耐热性好、耐酸性强的优点，但耐碱性和耐水性较差。

水玻璃在建筑工程中有以下几方面的用途：

（1）涂刷建筑材料表面，提高材料的抗渗和抗风化能力

用浸渍法处理多孔材料时，可使其密实度和强度提高。对黏土砖、硅酸盐制品、水泥混凝土等，均有良好的效果。但不能用以涂刷或浸渍石膏制品，因为硅酸钠与硫酸钙会发生化学反应生成硫酸钠，在制品孔隙中结晶，体积显著膨胀，从而导致制品的破坏。

（2）配制耐热砂浆、耐热混凝土或耐酸砂浆、耐酸混凝土

水玻璃有很高的耐热、耐酸性，以水玻璃为胶凝材料，氟硅酸钠做促硬剂，耐热或耐酸粗细集料按一定比例配制而成的制品可用于耐腐蚀工程，如水玻璃耐酸混凝土用于储酸槽、酸洗槽、耐酸地坪及耐酸器材等。

（3）配制快凝防水剂

以水玻璃为基料，加入二种、三种或四种矾配制而成二矾、三矾或四矾快凝防水剂。这种防水剂凝结速度非常快，一般不超过 1 min，工程上利用它的速凝作用和黏附性，掺入水泥浆、砂浆或混凝土中，作修补、堵漏、抢修、表面处理用。

（4）加固地基，提高地基的承载力和不透水性

将液体水玻璃和氯化钙溶液交替向土壤压入，反应生成的硅酸凝胶将土壤颗粒包裹并填实其空隙。硅酸胶体是一种吸水膨胀的冻状凝胶，因吸收地下水而经常处于膨胀状态，阻止水分的渗透而使土壤固结。

水玻璃应在密闭条件下存放，以免水玻璃和空气中的二氧化碳反应分解，并避免落进灰尘和杂质。长时间存放后，水玻璃会产生一定的沉淀，使用时应搅拌均匀。

【复习与思考】

① 试区分胶凝材料、气硬性胶凝材料和水硬性胶凝材料的定义。

② 何谓石灰的"熟化"和"陈伏"？"陈伏"的目的是什么？

③ 什么是生石灰、熟石灰、过火石灰和欠火石灰？

④ 对石灰的运输和储存有哪些要求？为什么？

⑤ 石灰和石膏是如何硬化的？有哪些用途？

⑥ 为什么用不耐水的石灰拌制成的灰土、三合土具有一定的耐水性，并可用于基础的垫层、道路基层等潮湿部位？

⑦ 某建筑的内墙使用石灰砂浆抹面，数月后墙面上出现了许多不规则的网状裂纹，同时个别部位还有一部分凸出的呈放射状的裂纹。试分析上述现象产生的原因。

⑧ 建筑石膏及其制品为什么适用于室内，而不适用于室外？

练习题

第3章 水 泥

> ## 内容提要
>
> 本章主要介绍了硅酸盐水泥和其他类水泥的生产工艺及技术性能。
> ① 掌握通用硅酸盐水泥熟料的矿物组成及其特性;
> ② 掌握影响水泥凝结硬化及强度发展的因素;
> ③ 熟悉通用硅酸盐水泥的性能特点和应用;

【课程思政目标】

① 讲授水泥的发明、发展过程,使学生认识到水泥的产生和应用是全人类共同智慧的结果,激发学生研发新型材料的兴趣。

② 通过水泥发明过程及其在各国的发展历程,开阔学生视野。

③ 通过我国水泥发展史,弘扬优秀民族文化。

④ 水泥是能源和资源消耗型、环境负荷大的产品,但在目前工程中又不可缺,尚无替代产品,进而鼓励学生形成创新意识,并引导学生践行绿色发展理念,深入学习贯彻习近平生态文明思想。

水泥(Cement)是土木建筑工程中使用较为广泛的无机粉末状材料,与适量水拌和后能形成具有流动性、可塑性的浆体(称为水泥浆),随着时间的延长,水泥浆由可塑性的浆体变成坚硬的固体,具有一定的强度,并能将块状或颗粒状材料胶结成为整体。水泥不仅能在空气中凝结硬化,也能在水中硬化并保持和发展其强度,是典型的水硬性胶凝材料。

水泥是最主要的建筑材料之一,按其用途和性能不同,可分为通用水泥、专用水泥和特性水泥三类。用于一般土木建筑工程中的水泥称为通用水泥,主要包括硅酸盐水泥、普通硅酸盐水泥、矿渣硅酸盐水泥、火山灰质硅酸盐水泥、粉煤灰硅酸盐水泥和复合水泥六个品种;具有专门用途的水泥称为专用水泥,如油井水泥、大坝水泥、砌筑水泥、道路水泥等;某种性能比较突出的水泥称为特性水泥,如快硬硅酸盐水泥、低热矿渣硅酸盐水泥、膨胀硫铝酸盐水泥等。此外,水泥按其化学成分不同,又可分为硅酸盐类水泥、铝酸盐类水泥、硫铝酸盐类水泥、铁铝酸盐类水泥等。

水泥的种类、品种繁多,从生产量和工程实际使用量来看,通用硅酸盐类水泥是使用最普遍、产量最多的水泥品种。本章主要介绍通用硅酸盐系水泥的技术特性和应用。

3.1 通用硅酸盐水泥

通用硅酸盐水泥按混合材料的品种和掺量分为硅酸盐水泥、普通硅酸盐水泥、矿渣硅酸盐水泥、粉煤灰硅酸盐水泥、火山灰质硅酸盐水泥和复合硅酸盐水泥。

3.1.1 通用硅酸盐水泥的材料

1. 硅酸盐水泥熟料

硅酸盐水泥熟料是由主要含 CaO、SiO_2、Al_2O_3、Fe_2O_3 的原料，按适当比例磨成细粉烧至部分熔融，得到的以硅酸钙为主要矿物成分的水硬性胶凝物质。其中硅酸钙矿物含量质量分数不小于 60%，CaO 和 SiO_2 质量比不小于 2.0。

2. 石　膏

由于铝酸三钙的剧烈水化，浆体会迅速凝结，导致凝结时间很短，不便使用。为了调节水泥凝结时间，在水泥生产时必须加入适量的石膏调凝剂，使水泥的凝结时间满足工程施工的要求。水泥中添加适量的石膏能与反应最快的铝酸三钙的水化产物作用生成难溶的水化硫铝酸钙，覆盖于未水化的铝酸三钙周围，阻止其继续快速水化，从而延缓了水泥的凝结时间。但石膏掺量过多时，会造成后期体积安定性不良。一般生产水泥时石膏掺量占水泥质量的 3%～5%，实际掺量应通过试验确定。天然石膏应符合国家标准《天然石膏》（GB/T 5483—2008）中规定的 G 类石膏或 M 类混合石膏，品位（质量分数）55%。工业副产石膏应符合国家标准《用于水泥中的工业副产石膏》（GB/T 21371—2019）规定的技术要求。

3. 混合材料

在磨制水泥时掺入的矿物质材料叫作混合材料，可改善水泥性能，调节水泥强度等级。

（1）粒化高炉矿渣

炼铁高炉的废渣在高温熔融状态下冲入水池，经急冷形成的质地疏松的颗粒状物料即为粒化高炉矿渣，简称矿渣。矿渣的主要化学成分是活性 CaO、SiO_2 和 Al_2O_3。由于在短时间内温度急剧下降，粒化高炉矿渣的内部形成玻璃体结构，储有大量的化学潜能。粒化高炉矿渣/矿渣粉应符合《用于水泥中的粒化高炉矿渣》（GB/T 203—2008）规定的技术要求。

（2）火山灰质混合材料

火山灰质混合材料是指天然或人工的以 Al_2O_3 和 SiO_2 为主要成分的矿物质原料，磨细后与水拌和，本身不硬化，但与石灰混合后加水能起胶凝作用，火山灰质混合材料应符合《用于水泥中的火山灰质混合材料》（GB/T 2847—2022）规定的技术要求（水泥胶砂 28 d 抗压强度比除外）。

（3）粉煤灰

粉煤灰是火力发电厂用收尘器从烟道中收集的灰粉，也称飞灰。粉煤灰为密实带釉状的玻璃体，主要化学成分是活性二氧化硅（SiO_2）和活性三氧化二铝（Al_2O_3），它也是具有潜在水硬性的混合材料。其潜在的水硬性原理与火山灰质混合材料相同。水泥活性混合材料用粉煤灰不分级。粉煤灰应符合《用于水泥和混凝土中的粉煤灰》（GB/T 1596—2017）规定的技术要求（强度活性指数、碱含量除外）。粉煤灰中铵离子含量不大于 210 mg/kg.

（4）石灰石和砂岩

砂岩专指以石英砂为主的坚硬沉积岩，其主要矿物为石英和长石，一般石英质矿物在 52% 以上、黏土质矿物在 15% 左右、针铁矿在 18% 左右、其他矿物 10% 以上。砂岩属于惰性材料，用于水泥的生产主要是利用其难磨以促进熟料的粉磨、细化，提高熟料的利用率。与砂岩相类似的矿物还有石英砂、石英岩、花岗岩、长石等，只要其亚甲蓝值符合要求，也可用于通用硅酸盐水泥的生产，这对于机制砂尾砂的综合利用具有积极的意义。石灰石、砂岩的亚甲蓝值应不大于 1.4 g/kg。亚甲蓝值按《用于水泥、砂浆和混凝土中的石灰石粉》（GB/T 35164—2017）中附录 A 的规定进行检验。

（5）混合材料的水化硬化

常用混合材料的主要成分均是活性 SiO_2 和 Al_2O_3，它们单独与水拌和不具备水硬性，但是磨细后与石灰、石膏或硅酸盐水泥等一起加水拌和，则具有化学活性，能生成水硬性胶凝性物质，典型的化学反应式如下：

$$x\,Ca(OH)_2 + SiO_2 + (m-x)H_2O \longrightarrow x\,CaO \cdot SiO_2 \cdot m\,H_2O$$

$$y\,Ca(OH)_2 + Al_2O_3 + (n-y)H_2O \longrightarrow y\,CaO \cdot Al_2O_3 \cdot n\,H_2O$$

此外，当体系中有石膏存在时，生成的水化铝酸钙还能与石膏进一步反应，生成水化硫铝酸钙。这些水化产物与硅酸盐水泥的水化产物类似，具有一定的强度和较高的水硬性。

由上述反应机理可以看出，$Ca(OH)_2$ 和石膏的存在使活性混合材料的潜在活性得以发挥，所以称 $Ca(OH)_2$ 为碱性激发剂，石膏为硫酸盐激发剂。

3.1.2 通用硅酸盐水泥的组分

根据国家标准《通用硅酸盐水泥》（GB175—2023）标准规定，通用硅酸盐水泥的组分应分别符合表 3.1、表 3.2 和表 3.3 的规定。

表 3.1 硅酸盐水泥的组分要求

品种	代号	组分（质量分数）/%		
		熟料+石膏	混合材料	
			粒化高炉矿渣/矿渣粉	石灰石
硅酸盐水泥	P·Ⅰ	100	—	—
	P·Ⅱ	95～100	0～<5	—
			—	0～<5

表 3.2　普通硅酸盐水泥、矿渣硅酸盐水泥、粉煤灰硅酸盐水泥
和火山灰质硅酸盐水泥的组分要求

品种	代号	组分（质量分数）/%					
		熟料+石膏	混合材料				
			主要混合材料				替代混合材料
			粒化高炉矿渣/矿渣粉	粉煤灰	火山灰质混合材料		
普通硅酸盐水泥	P·O	80~<94	6~<20[a]				0~<5[b]
矿渣硅酸盐水泥	P·S·A	50~<79	21~<50	—	—		0~<8[c]
	P·S·B	30~<49	51~<70	—	—		
粉煤灰硅酸盐水泥	P·F	60~<79	—	21~<40	—		0~<5[d]
火山灰质硅酸盐水泥	P·P	60~<79	—	—	21~<40		

注：a 主要混合材料由符合《通用硅酸盐水泥》（GB175—2023）标准规定的粒化高炉矿渣/矿渣粉、粉煤灰、
火山灰质混合材料组成。
　　b 替代混合材料为符合《通用硅酸盐水泥》（GB175—2023）规定的石灰石。
　　c 替代混合材料为符合《通用硅酸盐水泥》（GB175—2023）规定的粉煤灰或火山灰、石灰石。替代后 P·S·A
矿渣硅酸盐水泥中粒化高炉矿渣/矿渣粉含量（质量分数）不小于水泥质量的 21%，P·S·B 矿渣硅酸盐
水泥中粒化高炉矿渣/矿渣粉含量（质量分数）不小于水泥质量的 51%。
　　d 替代混合材料为符合《通用硅酸盐水泥》（GB175—2023）规定的石灰石。替代后粉煤灰硅酸盐水泥中粉
煤灰含量（质量分数）不小于水泥质量的 21%，火山灰质硅酸盐水泥中火山灰质混合材料含量（质
量分数）不小于水泥质量的 21%。

表 3.3　复合硅酸盐水泥的组分要求

品种	代号	组分（质量分数）/%					
		熟料+石膏	混合材料				
			粒化高炉矿渣/矿渣粉	粉煤灰	火山灰质混合材料	石灰石	砂岩
复合硅酸盐水泥	P·C	50~<79	6~<20[a]				

注：a 混合材料由符合《通用硅酸盐水泥》（GB175—2023）标准规定的粒化高炉矿渣矿渣粉、粉煤灰火山
灰质混合材料、石灰石和砂岩中的三种（含）以上材料组成。其中，石灰石含量（质量分数）不大于
水泥质量的 15%。

3.1.3　通用硅酸盐水泥的生产工艺

　　生产通用硅酸盐水泥的原料主要是石灰石和黏土质原料两类。石灰质原料主要提供
CaO，常采用石灰石、白垩、石灰质凝灰岩等。黏土质原料主要提供 SiO_2、Al_2O_3 及 Fe_2O_3，
常采用黏土、黏土质页岩、黄土等。为了补充铁质及改善煅烧条件，还可加入适量铁粉、
萤石等。

　　生产水泥的基本工序可以概括为"两磨一烧"：先将原材料破碎并按其化学成分配料后，
在球磨机中研磨为生料；然后入窑煅烧至部分熔融，得到以硅酸钙为主要成分的硅酸盐水
泥熟料，配以适量的石膏及混合材料在球磨机中研磨至一定细度，即得到通用硅酸盐水泥。
其生产工艺流程如图 3.1 所示。

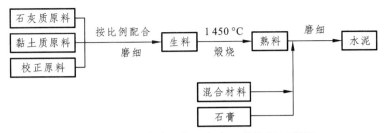

图 3.1　通用硅酸盐水泥生产工艺流程示意图

硅酸盐水泥熟料主要由 4 种矿物组成,其名称、成分、化学分子式及含量如表 3.4 所示。

表 3.4　硅酸盐水泥熟料的组成

矿物名称	化学成分	分子式缩写	含量
硅酸三钙	$3CaO \cdot SiO_2$	C_3S	37% ~ 60%
硅酸二钙	$2CaO \cdot SiO_2$	C_2S	15% ~ 37%
铝酸三钙	$3CaO \cdot Al_2O_3$	C_3A	7% ~ 15%
铁铝酸四钙	$4CaO \cdot Al_2O_3 \cdot Fe_2O_3$	C_4AF	10% ~ 18%

水泥熟料中除了含有上述熟料矿物外,还含有少量的游离氧化钙（f-CaO）、方镁石、碱性氧化物和玻璃体等

3.1.4　硅酸盐水泥的水化和凝结硬化

水泥加水拌和后,最初形成具有可塑性的浆体（称为水泥净浆）,随着水泥水化反应的进行逐渐变稠失去塑性,这一过程称为凝结。此后,随着水化反应的继续,浆体逐渐变为具有一定强度的坚硬的固体水泥石,这一过程称为硬化。可见,水化是水泥产生凝结硬化的前提,而凝结硬化则是水泥水化的必然结果。

1. 水泥的水化

水泥与水拌和后,其熟料颗粒表面的四种矿物立即与水发生水化反应,生成水化产物,并放出一定的热量。因此,要讨论硅酸盐水泥的水化（Hydration）,须先讨论水泥熟料单矿物的水化反应。

（1）硅酸三钙

硅酸三钙在常温下的水化反应如下:

$$2(3CaO \cdot SiO_2) + 6H_2O \longrightarrow 3CaO \cdot 2SiO_2 \cdot 3H_2O + Ca(OH)_2$$

硅酸三钙的反应速度较快,生成的水化硅酸钙（C-S-H 凝胶）胶体几乎不溶于水,而以凝胶的形态析出,构成具有很高强度的空间网状结构,生成的氢氧化钙很快在溶液中达到饱和,呈六方板状晶体析出。硅酸三钙早期与后期强度均高。

（2）硅酸二钙

硅酸二钙的水化与 C_3S 相似,只是水化速度慢,其水化反应如下:

$$2(2CaO \cdot SiO_2) + 4H_2O \longrightarrow 3CaO \cdot 2SiO_2 \cdot 3H_2O + Ca(OH)_2$$

硅酸二钙的水化反应产物同硅酸三钙相同,但由于其反应速度较慢,早期生成的水化硅酸钙凝胶较少,因此早期强度低。但当有硅酸三钙存在时,可以提高硅酸二钙的水化反应速度,一般一年以后硅酸二钙的强度可以达到硅酸三钙 28 d 的强度。

(3)铝酸三钙

铝酸三钙的水化反应如下:

$$3CaO \cdot Al_2O_3 + 6H_2O \longrightarrow 3CaO \cdot Al_2O_3 \cdot 6H_2O$$

铝酸三钙的水化反应速度极快,水化放热量最大,其部分水化产物——水化铝酸三钙晶体在氢氧化钙的饱和溶液中能与氢氧化钙进一步反应,生成水化铝酸钙晶体,二者的强度均较低。

由于铝酸三钙与水反应生成的水化铝酸三钙晶体,继续与水泥中加入的石膏反应,生成高硫型的水化硫铝酸钙(3CaO · Al₂O₃ · 3CaSO₄ · 32H₂O),又称钙矾石,用 AFt 表示;当进入反应的后期时,由于石膏耗尽,此时水化铝酸三钙又会与钙矾石反应生成单硫型的水化硫铝酸钙(3CaO · Al₂O₃ · CaSO₄ · 12H₂O),用 AFm 表示,其反应式如下:

钙矾石是难溶于水的针状晶体,它包裹在 C₃A 的表面,阻止水分的进入,延缓了水泥的水化,起到了缓凝的作用。但石膏掺量不能过多,过多时不仅缓凝作用不大,还会引起水泥安定性不良。

(4)铁铝酸四钙

$$4CaO \cdot Al_2O_3 \cdot Fe_2O_3 + 7H_2O \longrightarrow 3CaO \cdot Al_2O_3 \cdot 6H_2O + CaO \cdot Fe_2O_3 \cdot H_2O$$

铁铝酸四钙水化反应快,水化放热中等,生成的水化产物为水化铝酸三钙立方晶体与水化铁酸钙凝胶,强度较低。

硅酸盐水泥熟料中的矿物与水作用时所表现的特性如表 3.5 所示。

表 3.5　硅酸盐水泥熟料矿物特性

矿物名称		硅酸三钙	硅酸二钙	铝酸三钙	铁铝酸四钙
水化反应速率		快	慢	最快	快
水化放热量		大	小	最大	中
强度	早期强度	高	低	低	高
	后期强度	高	高	低	高
耐腐蚀性		差	好	最差	中

如果不考虑硅酸盐水泥水化后的一些少量生成物,那么硅酸盐水泥水化后的主要成分有:凝胶(水化硅酸三钙、水化铁酸一钙)、晶体(氢氧化钙、水化铝酸钙和水化硫铝酸钙)。在充分水化的水泥中,水化硅酸三钙的含量约占 70%,氢氧化钙的含量约占 20%,钙矾石和单硫型水化硫铝酸钙约占 7%,其他约占 3%。

硅酸盐水泥熟料的四种矿物在水化时所放出的热量是不同的：首先是 C_3A 的水化放热速度最快，其放热量也最大；其次是 C_3S，C_4AF 放热速度较慢；最后是放热速度和放热量最小的 C_2S。水泥四种单矿物的水化反应速度、干缩和耐腐蚀性的规律同水化放热量的规律基本是一致的。适当地调整四种矿物的含量，可以制得不同品种的水泥。当提高 C_3S 和 C_3A 的含量时，可以生产快硬硅酸盐水泥；提高 C_2S 和 C_4AF 的含量，降低 C_3S、C_3A 的含量就可以生产出低热大坝水泥。

2. 硅酸盐水泥的凝结和硬化

硅酸盐水泥的水化和凝结硬化过程是一个连续复杂的过程（图 3.2）。硅酸盐水泥水化初期，水化产物的数量较少，水泥浆还具有良好的可塑性。随后水化产物的数量不断增加，自由水分不断减少，水化产物颗粒间逐渐接近，部分颗粒黏结在一起形成了一定的网状结构，水泥浆体失去可塑性，产生凝结。石膏对硅酸盐水泥水化起缓凝剂作用。随着水化的进一步进行，水化产物不断生成并填充水泥颗粒的空隙。更多的水化产物颗粒间产生黏结作用，使所形成的网状结构更加密实，此时水泥浆体逐步产生强度进入硬化阶段。

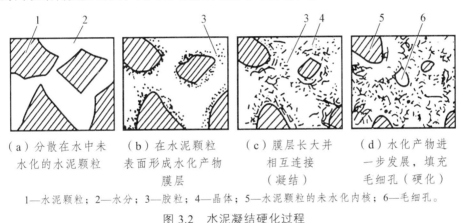

（a）分散在水中未 （b）在水泥颗粒 （c）膜层长大并 （d）水化产物进
水化的水泥颗粒 表面形成水化产物 相互连接 一步发展，填充
膜层 （凝结） 毛细孔（硬化）

1—水泥颗粒；2—水分；3—胶粒；4—晶体；5—水泥颗粒的未水化内核；6—毛细孔。

图 3.2 水泥凝结硬化过程

水泥从加水开始拌和到失去流动性，即从可塑状态发展到固体状态分为初凝和终凝。水泥从开始加水拌和起至水泥浆开始失去可塑性为水泥的初凝，所需时间为初凝时间。从水泥开始加水拌和起至水泥浆完全失去可塑性，并开始产生强度为水泥的终凝，所需的时间为终凝时间。此过程如图 3.3 所示。

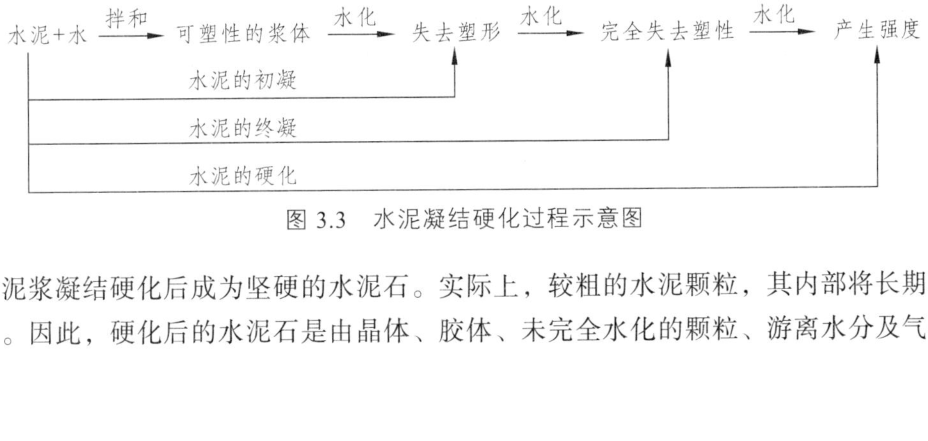

图 3.3 水泥凝结硬化过程示意图

水泥浆凝结硬化后成为坚硬的水泥石。实际上，较粗的水泥颗粒，其内部将长期不能完全水化。因此，硬化后的水泥石是由晶体、胶体、未完全水化的颗粒、游离水分及气孔等组

成的非均质的结构体。而在硬化过程的各不同龄期，水泥石中晶体、胶体、未完全水化的颗粒等所占的比率，将直接影响着水泥石的强度及其他性质。

3. 影响水泥凝结、硬化的因素

（1）水泥的熟料矿物组成及细度

水泥熟料中各种矿物的凝结硬化特点不同，当水泥中各种矿物的相对含量不同时，水泥的凝结硬化特点就不同。

水泥颗粒的粗细直接影响水泥的水化、凝结硬化、水化热、强度、干缩等性质。水泥颗粒越细，其与水接触越充分，水化反应速度越快，水化热越大，早期强度较高。但水泥颗粒太细，在相同的稀稠程度下，单位需水量增多，硬化后，水泥石中的毛细孔增多，干缩增大，反而会影响后期强度。另外，水泥颗粒太细，易与空气中的水分及二氧化碳反应，使水泥不易久存，而且磨制过细的水泥能耗大，成本高。通常水泥颗粒的粒径在 0.007~0.200 mm。

（2）水泥浆的水胶比（W/B）

水胶比是指拌和水泥浆时，水与水泥的质量比。W/B 越大，水泥浆越稀，水泥的初期水化反应得以充分进行。但是水泥颗粒间被水隔开的距离较远，颗粒间相互连接形成骨架结构所需的凝结时间长，所以水泥浆凝结硬化和强度发展较慢，且孔隙多，强度越低。W/B 过小，会影响施工性质（可塑性、保水性），造成施工困难。所以，只有在满足施工要求的前提下，水胶比越小，毛细孔越少，凝结硬化和强度发展较快，且强度越高。

（3）环境温度和湿度

水泥水化反应的速度与环境的温度有关，只有处于适当温度下，水泥的水化、凝结和硬化才能进行。通常，温度较高时，水泥的水化、凝结和硬化速度较快。当环境温度低于 0 ℃时水泥水化趋于停止，就难以凝结硬化。因此，冬季施工时，需要采取保温措施，以保证凝结硬化的不断发展。

水泥水化是水泥与水之间的反应，必须在水泥颗粒表面保持有足够的水分，水泥的水化、凝结硬化才能充分进行。保持水泥浆温度和湿度的措施称为水泥的养护。

（4）龄期（水化时间）

龄期是指水泥在正常养护条件下所经历的时间。水泥石强度的增长是随着龄期而发展的，一般在 28 d 以内较快，以后渐慢，三个月以后则更为缓慢。但此种强度的增长，只有在温暖与潮湿的环境中才能继续。若水泥石处于干燥的环境中，当水分蒸发完毕后，水化作用将无法继续，硬化即行停止。

3.1.5 通用硅酸盐水泥的技术要求

1. 化学要求

通用硅酸盐水泥化学要求应符合表 3.6 规定。

表 3.6　通用硅酸盐水泥的化学要求

品种	代号	不溶物（质量分数）	烧失量（质量分数）	三氧化硫（质量分数）	氧化镁（质量分数）	氯离子（质量分数）
硅酸盐水泥	P·I	≤0.75%	≤3.0%	≤3.5%	≤5.0%[a]	≤0.06%[c]
	P·II	≤1.50%	≤3.5%			
普通硅酸盐水泥	P·O	—	≤5.0%			
矿渣硅酸盐水泥	P·S·A	—	—	≤4.0%	≤6.0%[b]	
	P·S·B	—	—		—	
火山灰质硅酸盐水泥	P·P	—	—	≤3.5%	≤6.0%	
粉煤灰硅酸盐水泥	P·F					
复合硅酸盐水泥	P·C					

注：a 如果水泥压蒸安定性合格，水泥中氧化镁含量（质量分数）允许放宽至 6.0%。
　　b 如果水泥中氧化镁含量（质量分数）大于 6.0%，需进行水泥压蒸安定性试验并合格。
　　c 当买方有更低要求时，买卖双方协商确定。

2．水泥中水溶性铬（VI）

水泥中水溶性铬（VI）含量不大于 10.00 mg/kg，应符合 GB 31893 的要求。

3．水化热

水化热（Hydration heat）是指水泥与水发生水化反应所放出的热量。水泥的放热过程可以持续很长时间，但大部分热量集中在早期放出，3～7 d 以后逐步减少。水化热和放热速率与水泥细度及矿物组成有关。颗粒愈细，水化热愈大；矿物中 C_3S 和 C_3A 含量愈多，水化放热愈高。

水化热在混凝土工程中，既有有利的影响，也有不利的影响。水化热大，对一般建筑工程的冬季施工是有利的，但在大体积混凝土工程中是非常不利的（如大坝、大型基础、桥墩等）。这是由于水泥水化释放的热量积聚在混凝土内部散发非常缓慢，混凝土表面与内部因温差过大而导致温差应力，致使混凝土受拉而开裂破坏。因此在大体积混凝土工程中，应选择低水化热的水泥。

4．碱含量

当水泥中的碱含量（Alkali content）高，配制混凝土的骨料里含有活性的 SiO_2 时，就会产生碱骨料反应，使混凝土产生不均匀的体积变化，甚至导致混凝土产生膨胀破坏。国家标准规定：水泥中的碱含量按 $Na_2O + 0.658K_2O$ 计算值表示，当买方要求提供低碱水泥时，由买卖双方协商确定。

5．物理要求

（1）细　度

细度（Fineness）是指水泥颗粒的粗细程度，它是影响水泥性能的重要指标，也是鉴定水泥品种的主要项目之一。一般情况，水泥颗粒越细，与水接触的面积越大，水化反应速度就越快，凝结硬化也越快，早期强度就越高。但生产中能耗大、成本高，且在空气中硬化时收缩增大，在储存和运输时易受潮降低活性。

《通用硅酸盐水泥》（GB 175—2023）规定，硅酸盐水泥细度以比表面积表示，应不低于 300 m²/kg，且不高于 400 m²/kg。普通硅酸盐水泥、矿渣硅酸盐水泥、粉煤灰硅酸盐水泥、火山灰质硅酸盐水泥、复合硅酸盐水泥的细度以 45 μm 方孔筛筛余表示，应不低于 5%。当买方有特殊要求时，由买卖双方协商确定。

（2）凝结时间

水泥的凝结时间（Setting time）对施工有重大的意义。硅酸盐水泥的初凝不宜过早，以便在施工时有足够的时间完成混凝土或砂浆的搅拌、运输、浇捣和砌筑等操作；终凝时间也不宜太迟，这是为了使混凝土和砂浆尽快凝结硬化，以利于下一道工序的及早进行，以免拖延施工工期。

《通用硅酸盐水泥》（GB 175—2023）规定：硅酸盐水泥的初凝时间不小于 45 min，终凝时间不大于 390 min。普通硅酸盐水泥、矿渣硅酸盐水泥、粉煤灰硅酸盐水泥、火山灰硅酸盐水泥、复合硅酸盐水泥的初凝时间应不小于 45 min，终凝时间应不大于 600 min。

（3）体积安定性

体积安定性（Volume Soundness）是指水泥在凝结硬化过程中体积变化的均匀程度。若水泥硬化后体积变化均匀，则为安定性合格；若水泥硬化后发生了不稳定、不均匀的体积变化，即安定性不良，会导致水泥石膨胀开裂、翘曲。安定性不良的水泥会降低建筑物质量，甚至引起严重的工程质量事故。

引起水泥安定性不良（poor dimensional stability）的原因有 3 个：

① 水泥中含过多游离氧化镁（f-MgO）。水泥中的氧化镁（MgO）在水泥凝结硬化后，会与水生成 $Mg(OH)_2$。该反应比过烧的氧化钙与水的反应更加缓慢，且体积膨胀，会在水泥硬化几个月后导致水泥石开裂。

② 石膏掺量过多。当石膏掺量过多时，水泥硬化后，在有水存在的情况下，它还会继续与固态的水化铝酸钙反应生成 AFt，体积约增大 1.5 倍，从而引起水泥石开裂。

③ 熟料中游离氧化钙（f-CaO）过多。水泥熟料中含有游离氧化钙，其中部分过烧的氧化钙 CaO 在水泥凝结硬化后，会缓慢与水生成 $Ca(OH)_2$。该反应体积膨胀，使水泥石发生不均匀体积变化。因为氧化镁和三氧化硫已作定量限制，而游离氧化钙对安定性的影响不仅与其含量有关，还与水泥的煅烧温度有关，故难以定量。沸煮可加速氧化钙的熟化，故需用沸煮法检验水泥的体积安定性，测试方法可以用试饼法也可用雷氏法，本书实验部分介绍了这两种方法，有争议时以雷氏法为准。《通用硅酸盐水泥》（GB 175—2023）规定：沸煮法合格或压蒸法合格。

（4）强　度

强度（Strength）是水泥的重要力学性能指标，是确定水泥强度等级的依据。它与水泥熟料的矿物组成、水泥颗粒的细度、水胶比，以及试件制作及养护的温度、湿度等有很密切的关系。

水泥的强度不仅反映硬化后水泥凝胶体自身的强度，而且还要反映胶结能力。因此，检验水泥强度的试件不采用水泥净浆，而是将砂、水、水泥一起拌制成砂浆，制作胶砂试件。按照国家标准《水泥胶砂强度检验方法（ISO 法）》（GB 17671—2021），测定 3 d、28 d 的抗压强度和抗折强度，根据所测的强度值划分水泥的强度等级，同时按 3 d 的强度等级分为普通型和早强型（用 R 表示）。各龄期的强度值不得低于《通用硅酸盐水泥》（GB 175—2023）标准的规定，如表 3.7 所示。

表 3.7　通用硅酸盐水泥不同龄期强度要求

强度等级	抗压强度/MPa		抗折强度/MPa	
	3 d	28 d	3 d	28 d
32.5	≥12.0	≥32.5	≥3.0	≥5.5
32.5R	≥17.0		≥4.0	
42.5	≥17.0	≥42.5	≥4.0	≥6.5
42.5R	≥22.0		≥4.5	
52.5	≥22.0	≥52.5	≥4.5	≥7.0
52.5R	≥27.0		≥5.0	
62.5	≥27.0	6≥2.5	≥5.0	≥8.0
62.5R	≥32.0		≥5.5	

注：a 硅酸盐水泥、普通硅酸盐水泥的强度等级分为 42.5、42.5R、52.5、52.5R、62.5、62.5R 六个等级。
　　b 矿渣硅酸盐水泥、粉煤灰硅酸盐水泥、火山灰质硅酸盐水泥的强度等级分为 32.5、32.5R、42.5、42.5R、52.5、52.5R 六个等级。
　　b 复合硅酸盐水泥的强度等级分为 42.5、42.5R、52.5、52.5R 四个等级。

6. 放射性核素限量

水泥内照射指数 I_{Ra} 应不大于 1.0，外照射指数 I_r 应不大于 1.0。

3.1.6　通用硅酸盐水泥的特性、应用

1. 硅酸盐水泥的特性及应用

凡是以适当成分的生料烧至部分熔融，所得以硅酸钙为主要成分的水泥熟料，并掺入 5% 的石灰石或粒化高炉矿渣，适量石膏等磨细制成的水硬性胶凝材料，称为硅酸盐水泥（Silicate cement）。硅酸盐水泥分为两种类型：不掺任何混合材料的为Ⅰ型硅酸盐水泥，代号为 P·Ⅰ；掺入不超过水泥质量 5% 的石灰石或粒化高炉矿渣混合材料的为Ⅱ型硅酸盐水泥，代号为 P·Ⅱ。

（1）凝结硬化快，早期强度及后期强度高

硅酸盐水泥的凝结硬化速度快，强度高，尤其是早期强度增长率高，故适用于早强要求高的混凝土、高强混凝土和预应力混凝土、冬季施工混凝土。

（2）抗冻性好

硅酸盐水泥采用合理的配合比和充分养护后，可获得较低孔隙率的水泥石，且强度高，

所以具有良好的抗冻性，适用于冬季施工及严寒地区水位升降范围内遭受反复冻融的工程。

（3）水化热大

硅酸盐水泥熟料中大量的 C_3S 及较多的 C_3A 在水泥水化时放热速度快且放热量大，因而不宜用于大体积混凝土工程，但可用于低温季节或冬季施工。

（4）耐腐蚀性差

硅酸盐水泥水化产物中有较多的氢氧化钙和水化铝酸钙，耐软水及耐化学腐蚀能力差，故硅酸盐水泥不适宜用于与海水、矿物水、硫酸盐等化学侵蚀性介质接触的地方。

（5）耐热性差

当水泥石处在温度高于 250～300 ℃ 时，水泥石中的水化硅酸钙开始脱水，体积收缩，强度下降。氢氧化钙在 600 ℃ 以上会分解成氧化钙和二氧化碳，高温后的水泥石受潮时，生成的氧化钙与水作用，体积膨胀，造成水泥石的破坏，因此，硅酸盐水泥不宜用于温度高于 250 ℃ 的混凝土工程，如工业窑炉和高温炉基础。

（6）碱度高，抗碳化性好

碳化是指水泥石中的氢氧化钙与空气中的二氧化碳反应生成碳酸钙的过程。碳化会使水泥石内部碱度降低，从而使其中的钢筋发生锈蚀。而硅酸盐水泥水化后，形成较多的 $Ca(OH)_2$，碳化时间碱度降低不明显，因此，特别适合于重要的钢筋混凝土结构以及二氧化碳浓度高的环境。

（7）干缩性小，耐磨性好

硅酸盐水泥硬化过程中，形成大量的水化硅酸钙凝胶体，使水泥石密实，游离水分少，不易产生干缩裂缝，可用于干燥环境混凝土工程。强度高、耐磨性好，可用于路面与地面工程。

2. 普通硅酸盐水泥的特性及应用

由硅酸盐水泥熟料、6%～20%混合材料和适量石膏共同磨细，制成的水硬性胶凝材料，称为普通硅酸盐水泥（简称普通水泥），代号为 P·O。根据《通用硅酸盐水泥》（GB 175—2023）规定，主要混合材料由粒化高炉矿渣/矿渣粉、粉煤灰、火山灰质混合材料组成，可以是一种主要混合材，也可以是两种或三种主要混合材。活性混合材料的掺量介于 6%～20%，其中允许用 0～5%符合本标准规定的石灰石来代替。

普通硅酸盐水泥由于掺加的混合材料较少，因此它的性质同硅酸盐水泥的性质基本上相同。在应用范围方面，与硅酸盐水泥也基本相同，甚至在一些不能用硅酸盐水泥的地方也可采用普通水泥，使得普通水泥成为建筑行业应用面最广、使用量最大的水泥品种。

3. 矿渣硅酸盐水泥的特性及应用

由硅酸盐水泥熟料、20%～70%的粒化高炉矿渣及适量的石膏磨细所得的水硬性胶凝材料，称为矿渣硅酸盐水泥，简称矿渣水泥，代号为 P·S。其中允许用粉煤灰、火山灰和石灰石混合材料中的一种材料代替粒化高炉矿渣，代替总量不得超过水泥质量的 8%，替代后粒化高炉矿渣的总量不得少于 20%。

矿渣水泥的水化反应和硅酸盐水泥的水化反应有所不同，存在着二次水化。首先是水泥熟料的水化，生成同硅酸盐水泥水化完全相同的水化产物；然后是矿渣的水化，矿渣中的活性 SiO_2 和活性 Al_2O_3 与熟料矿物水化产物中的 $Ca(OH)_2$ 作用，生成水化硅酸钙和水化铝酸钙，生成的水化铝酸钙与石膏反应生成水化硫铝酸钙。

（1）凝结硬化速度慢，但后期强度高

凝结硬化速度慢，早期强度低，但后期强度高，甚至可以超过同强度等级的硅酸盐水泥。因此，这种水泥不能用于早期强度有要求的工程，如现浇混凝土楼板、梁、柱等。

（2）对温度湿热敏感性强

温度低时，凝结硬化慢，但在湿热条件下（温度 60～70 ℃ 时），凝结硬化速度加快，28 D 的强度可以提高 10%～20%。特别适用于蒸汽养护的混凝土预制构件。

（3）耐腐蚀性好

由于二次水化消耗了大量的 $Ca(OH)_2$，因此，水泥的抗软水和海水侵蚀能力增强，可用于海港工程和水工大坝的建设。

（4）水化热小、耐热性好

水泥中掺加大量的矿渣，水泥熟料很少，因此其水化热小，可以用于大体积的混凝土工程，如大型基础和混凝土大坝等。

矿渣水泥中的矿渣有一定的耐高温性，因此，矿渣水泥具有较好的耐热性，可以用于轧钢、铸造等高温车间，高温窑炉基础工程及温度达到 300～400 ℃ 的热气体通道等耐热工程。

（5）抗碳化能力差、保水性差、抗渗性差、抗冻性差

由于水泥石中 $Ca(OH)_2$ 的含量少，因而其碱度低，在相同的二氧化碳的含量中，碳化进行得较快，碳化深度也较大，因此其抗碳化能力差，一般不能用于热处理车间的修建。

矿渣水泥水化后的泌水通道较多、干缩较大，使用中要严格控制用水量，加强早期养护。矿渣水泥不宜用于冬季施工，特别是不能用于严寒地区水位升降范围的混凝土工程。

4. 火山灰质硅酸盐水泥的特性及应用

凡是由硅酸盐水泥熟料和火山灰质混合材料（掺量为水泥熟料质量的 20%～40%），以及适量的石膏共同磨细制成的水硬性胶凝材料，称为火山灰质硅酸盐水泥，简称火山灰质水泥，代号为 P·P。

（1）特 征

火山灰质水泥保水性好，干缩特别大，在干燥、高温的环境中，与空气中的二氧化碳反应使水化硅酸钙分解成碳酸钙和氧化硅，易产生"起粉"现象。抗冻性和耐磨性比矿渣水泥还要差，由于火山灰质水泥水化生成的水化硅酸钙凝胶较多，所以水泥石致密，从而提高了火山灰质水泥的抗渗性。因此，火山灰质水泥的抗渗性高，适合用于有抗渗性要求的混凝土工程，特别适用于水中的混凝土工程，不宜用于干燥环境的工程，也不宜用于有抗冻和耐磨要求的混凝土工程。

火山灰质水泥的耐硫酸盐侵蚀性能与掺入的火山灰的品种有关。含有较多黏土质的混合材料，因含较多的 Al_2O_3，而活性的 SiO_2 含量少，在水化和硬化时，$Ca(OH)_2$ 与 Al_2O_3 反应生成较多的水化铝酸三钙，因此，掺入黏土质的火山灰质水泥不抗硫酸盐侵蚀。

（2）工程应用

火山灰质硅酸盐水泥的主要适用范围如下：

① 最适宜用在地下或水中工程，尤其是需要抗渗性、抗淡水及抗硫酸盐侵蚀的环境中。

② 可用于地面工程，但使用软质混合材料的火山灰质水泥，由于干缩变形较大，不宜用于干燥环境或高温车间。

③ 适宜用蒸汽养护生产混凝土预制构件。

④ 由于水化热较低，宜用于大体积混凝土工程。

火山灰质硅酸盐水泥不适用于早期强度要求较高、耐磨性要求较高的混凝土工程；抗冻性较差，不宜用于受冻部位。

5. 粉煤灰硅酸盐水泥的特性及应用

凡由硅酸盐水泥熟料与粉煤灰（掺量按质量百分比计，在 20%~40%）加适量的石膏磨细制成的水硬性胶凝材料，称为粉煤灰硅酸盐水泥，简称粉煤灰水泥，代号为 P·F。

（1）技术性质

粉煤灰水泥的水化硬化过程与火山灰质水泥基本相同，其性质也与火山灰质水泥差不多。粉煤灰水泥的最大特点是干缩较小，比同强度等级的硅酸盐水泥还小，这是因为粉煤灰颗粒多呈球形，且较为致密，吸水性小，能减小拌合物内摩擦力。因此，用粉煤灰水泥配制的混凝土和易性好，抗裂性好。但用粉煤灰水泥制备的混凝土初始泌水速度较快，易造成较多的连通孔隙，表面易产生收缩裂缝，不宜用于抗渗要求高的混凝土工程。

（2）适用范围

粉煤灰硅酸盐水泥的主要适用范围如下：

① 除可用于地面工程外，还非常适用于大体积混凝土以及水中结构工程等。

② 由于泌水较快，易引起失水裂缝，在混凝土凝结期间宜适当增加抹面次数，在硬化期应加强养护。

6. 复合硅酸盐水泥的特性及应用

凡由硅酸盐水泥熟料，三种（含）以上规定的混合材料，适量的石膏共同磨细所得的水硬性胶凝材料称为复合硅酸盐水泥，代号为 P·C。水泥中混合材料的总掺量按质量的百分比为大于 20%且不超过 50%。混合材料由符合国家标准规定的粒化高炉矿渣/矿渣粉、粉煤灰、火山灰质混合材料、石灰石、砂岩中的三种（含以上）材料组成。其中石灰石含量（质量百分数）不大于水泥质量的 15%。当用新的混合材料生产复合水泥时，必须经国家级水泥质量监督和检验机构鉴定。

复合水泥的综合性质较好、耐腐蚀性好、水化热小、抗渗性好。复合水泥由于使用了复合混合材料，改变了水泥石的微观结构，促进了水泥熟料的水化，因此，其早期强度大于同标号的矿渣水泥、粉煤灰水泥、火山灰质水泥，因而复合水泥的用途较硅酸盐水泥、矿渣水泥等更为广泛，是一种大力发展的新型水泥。

通用硅酸盐水泥在土建工程中应用最广，用量最大。

现将通用硅酸盐水泥的主要特性列于表 3.8 中，在混凝土结构工程中水泥的选用可参考表 3.9 所示。

表 3.8　通用硅酸盐水泥的主要特性一览

名称		硅酸盐水泥	普通硅酸盐水泥	矿渣硅酸盐水泥	火山灰质硅酸盐水泥	粉煤灰硅酸盐水泥	复合硅酸盐水泥
密度 /（g/cm³）		3.00～3.15	3.00～3.15	2.80～3.10	2.80～3.10	2.80～3.10	2.80～3.10
强度等级		42.5、42.5R、52.5、52.5R、62.5、62.5R	42.5、42.5R、52.5、52.5R	32.5、32.5R、42.5、42.5R、52.5、52.5R			42.5、42.5R、52.5、52.5R
特性	硬化	快	较快	慢	慢	慢	慢
	早期强度	高	较高	低	低	低	低
	水化热	高	高	低	低	低	低
	抗冻性	好	较好	差	差	差	差
	耐热性	差	较差	好	较差	较差	好
	干缩性	较小	较小	较大	较大	较小	较大
	抗渗性	较好	较好	差	较好	较好	较好
	耐腐蚀性	差	较差	较强	较强	较强	较强
	泌水性	较小	较小	明显	小	小	较大

表 3.9　通用硅酸盐水泥的选用

混凝土工程特点或所处环境条件		优先选用	可以选用	不宜选用
普通混凝土	普通气候环境	普通硅酸盐水泥	矿渣硅酸盐水泥、火山灰质硅酸盐水泥、粉煤灰硅酸盐水泥复合硅酸盐水泥	
	干燥环境	普通硅酸盐水泥	矿渣硅酸盐水泥	火山灰质硅酸盐水泥、粉煤灰硅酸盐水泥
	高湿度环境或永久水下	矿渣硅酸盐水泥	普通硅酸盐水泥、火山灰质硅酸盐水泥、粉煤灰硅酸盐水泥复合硅酸盐水泥	
	厚大体积混凝土	矿渣硅酸盐水泥、火山灰质硅酸盐水泥、粉煤灰硅酸盐水泥复合硅酸盐水泥		硅酸盐水泥

混凝土工程特点或所处环境条件		优先选用	可以选用	不宜选用
有特殊要求的混凝土	要求快硬的混凝土	硅酸盐水泥	普通硅酸盐水泥	矿渣硅酸盐水泥、火山灰质硅酸盐水泥、粉煤灰硅酸盐水泥、复合硅酸盐水泥
	高强（强度等级高于C40）的混凝土	硅酸盐水泥	普通硅酸盐水泥、矿渣硅酸盐水泥	
	严寒地区的露天混凝土，寒冷地区处于水位升降范围内的混凝土	普通硅酸盐水泥	矿渣硅酸盐水泥	
	严寒地区处在水位升降范围内的混凝土	普通硅酸盐水泥火山灰质硅酸盐水泥		
	有耐磨要求的混凝土	硅酸盐水泥普通硅酸盐水泥	矿渣硅酸盐水泥	

3.1.7 通用硅酸盐水泥的包装、标志、运输与贮存

1. 包 装

水泥可以袋装或散装，袋装水泥每袋净含量 50 kg，且不得少于标志质量的 99%：随机抽取 20 袋总质量（含包装袋）应不少于标志质量的 100%，不得少于 1 000 kg。其他包装形式由买卖双方协商确定。

2. 标 志

水泥包装袋上应清楚标明：本文件编号、水泥品种、代号、强度等级、生产者名称生产许可证标志（QS）及编号、出厂编号、包装日期、净含量。

硅酸盐水泥和普通硅酸盐水泥包装袋两侧应采用红色印刷或喷涂水泥名称和强度等级，矿渣硅酸盐水泥粉煤灰硅酸盐水泥，火山灰质硅酸盐水泥和复合硅酸盐水泥包装袋两侧应采用黑色或蓝色印刷或喷涂水泥名称和强度等级，散装发运时应提交与袋装标志相同内容的卡片。

3. 运输与贮存

水泥在运输与贮存时应避免受潮和混入杂物，不同品种和强度等级的水泥应分别贮运。

3.1.8 水泥石的腐蚀与防止（Corrosion and Prevention of Hardened Cement）

硅酸盐水泥硬化后形成的水泥石，在一般使用条件下是能够抵抗多种介质侵蚀的。但在腐蚀性液体或气体的长期作用下，水泥石仍会受到不同程度的腐蚀，严重时会使水泥石强度明显下降，甚至完全破坏。

1. 水泥石腐蚀的种类

（1）软水侵蚀（溶出性侵蚀）

硅酸盐水泥作为水硬性胶凝材料的代表，有足够抵抗腐蚀的能力。但是受到含重碳酸盐

其少的软水作用后水泥石会被腐蚀，如工业冷凝水、蒸馏水、天然的雨水、雪水及相当多的河水、江水、湖泊水等都属于软水。

硬化的水泥石中含有 20%的氢氧化钙晶体，具有溶解性。如果水泥石长期处于流动的软水环境下，其中的氢氧化钙将逐渐溶出并被水流带走，并促使其他水化产物发生分解，所以软水侵蚀也称为溶出性侵蚀，会使水泥石出现孔洞，降低水泥石的密实度及其他性能。

在静水及无水压的水中，由于周围的水被 $Ca(OH)_2$ 饱和，使水泥石的溶出逐渐停止，在此情况下，软水侵蚀作用仅限于表面，影响不大。但是在流水或有水压的水中，溶出 $Ca(OH)_2$ 不断被水冲走，则侵蚀作用不断深入内部，使水泥石孔隙增大，强度下降，以致全部溃裂。

当环境水中含有一定量重碳酸盐，即水的硬度较高时，重碳酸盐能与水泥石中的 $Ca(OH)_2$ 进行化学反应，形成不溶于水的 $CaCO_3$、$MgCO_3$，生成物可积聚在水泥石的孔隙中，形成致密的保护层，阻止外界水的侵入和内部氢氧化钙的扩散析出。因此，对需与软水接触的混凝土，应事先在其表面形成一层 $CaCO_3$、$MgCO_3$ 外壳，可对溶出性侵蚀起到一定的防护作用。

（2）一般酸的腐蚀

某些地下水或工业废水中常含有游离的酸类。这些酸类能与水泥石中的氢氧化钙起作用，生成化合物可能易溶于水，或可能在水泥石孔隙内形成结晶，体积膨胀，产生破坏作用。腐蚀作用最快的是无机酸中的盐酸、氢氟酸、硝酸、硫酸和有机酸中的醋酸、蚁酸和乳酸等。

（3）碳酸的腐蚀

工业污水、地下水、雨水中常溶解有较多的 CO_2，水中的 CO_2 与水泥石中的 $Ca(OH)_2$ 会发生反应

$$CO_2 + H_2O + Ca(OH)_2 \longrightarrow CaCO_3 + 2H_2O$$

当水中 CO_2 浓度较低时，$CaCO_3$ 积聚在水泥石的表面，形成密实的保护层使腐蚀停止；当浓度较高时，CO_2 会与 $CaCO_3$ 在水中继续反应，生成易溶于水的 $Ca(HCO_3)_2$，使水泥石腐蚀，其反应如下：

$$CO_2 + H_2O + CaCO_3 \longrightarrow Ca(HCO_3)_2$$

（4）盐类的腐蚀

在海水、湖水、地下水及工业污水中，常不同程度地含有一些盐类，它们对水泥石都有不同程度的腐蚀作用，比较严重的是镁盐和硫酸盐。

① 硫酸盐腐蚀

在海水、地下水及盐沼水等矿物水中，常含有大量的硫酸盐类，如硫酸镁、硫酸钠及硫酸钙等，对水泥均有严重的破坏作用，硫酸盐腐蚀实质上是膨胀性化学腐蚀。当水泥石受到侵蚀性介质作用后生成新的化合物，由于新生成物的体积膨胀而使水泥石破坏的现象。

硫酸盐类能与水泥石中的氢氧化钙起作用，生成 $CaSO_4 \cdot 2H_2O$。硫酸钙在水泥石孔隙中结晶时体积膨胀，使水泥石破坏，更严重的是，硫酸钙与水泥石中的固态水化铝酸钙作用将生成高硫型水化硫铝酸钙，体积增大 1.5 倍左右，由于生成的高硫型水化硫铝酸钙属于针状晶体，其危害作用很大，所以被称为"水泥杆菌"，其反应如下：

$$NaSO_4 + Ca(OH)_2 + 2H_2O \longrightarrow CaSO_4 \cdot 2H_2O + 2NaOH$$

$$3CaO \cdot Al_2O_3 \cdot 6H_2O + 3(CaSO_4 \cdot 2H_2O) + 19H_2O \longrightarrow 3CaO \cdot Al_2O_3 \cdot 3CaSO_4 \cdot 31H_2O$$

② 镁盐侵蚀

在海水及地下水中含有的镁盐，将与水泥石中的氢氧化钙发生复分解反应

$$MgSO_4 + Ca(OH)_2 + 2H_2O \longrightarrow CaSO_4 \cdot 2H_2O + Mg(OH)_2$$

$$MgCl_2 + Ca(OH)_2 \longrightarrow CaCl_2 + Mg(OH)_2$$

生成的氢氧化镁松软、无胶结能力，氯化钙易溶于水，二水石膏还可能引起硫酸盐侵蚀作用。因此，镁盐对水泥石起着镁盐和硫酸盐的双重侵蚀作用。

（5）强碱的腐蚀

碱类溶液如果浓度不高时一般无害。但铝酸盐含量较高的硅酸盐水泥遇到强碱（如氢氧化钠）作用后也会被腐蚀破坏。氢氧化钠与水泥熟料中未水化的铝酸盐作用，生成易溶的铝酸钠，引起侵蚀，其反应如下：

$$3CaO \cdot Al_2O_3 + 6NaOH \longrightarrow 3Na_2O \cdot Al_2O_3 \cdot 3Ca(OH)_2$$

另外，当水泥石被氢氧化钠溶液浸透后，又在空气中干燥，会与空气中的二氧化碳反应生成碳酸钠，碳酸钠在水泥石毛细孔中结晶沉积，可使水泥石胀裂。

2. 造成腐蚀的原因

由上述水泥石腐蚀的类型可以归纳出引起腐蚀的主要原因是：

① 水泥石中存在着易受腐蚀的成分，如 $Ca(OH)_2$ 和 C_3AH_6（水化铝酸钙）；

② 水泥石的结构本身不密实而使侵蚀性介质易于进入其内部；

③ 水泥石周围有以液相形式存在的侵蚀性介质，有适宜的环境温度、湿度、介质浓度等。

3. 防止水泥石腐蚀的措施

根据以上腐蚀原因的分析，为了防止水泥石受到腐蚀，可以采取以下防范措施：

（1）根据工程所处环境特点，合理选择水泥品种

采用水化产物中 $Ca(OH)_2$、水化铝酸钙含量少的水泥品种，如采用氢氧化钙含量少的水泥，可提高对淡水、侵蚀性液体的抵抗能力；采用含水化铝酸钙低的水泥，可抵抗硫酸盐的腐蚀。选择掺入混合材料的水泥，可提高抗腐蚀能力。

（2）尽量提高水泥的密实度，降低孔隙率

在实际工作中，可通过降低水胶比、仔细选择集料、掺外加剂、改善施工方法等措施，提高水泥石的密实度，则可减轻环境水的侵蚀破坏作用，减慢侵蚀破坏的速度，从而提高水泥石的抗腐蚀性能。

（3）必要时可在混凝土表面设置防护层

可用耐腐蚀的材料，如石料、沥青防水层、不透水的水泥喷浆层或塑料防水层等，隔断腐蚀介质与水泥石的接触，达到防腐的目的。

3.2 特性水泥和专用水泥

特性水泥品种很多，本节介绍土木工程中常用的几种特性水泥（铝酸盐水泥、快硬硅酸盐水泥、白色硅酸盐水泥、道路硅酸盐水泥）以及专用水泥（主要介绍砌筑水泥）。

3.2.1 铝酸盐水泥

根据国家标准《铝酸盐水泥》（GB/T 201—2015）标准的规定。铝酸盐水泥熟料（Calcium Aluminate Cement Clinker）以钙质和铝质材料为主要原料，按适当比例配制成生料，煅烧至完全或部分熔融，并经冷却所得以铝酸钙为主要矿物组成的产物。

铝酸盐水泥（Calcium Aluminate Cement）由铝酸盐水泥熟料磨细制成的水硬性胶凝材料，代号 CA。

1. 铝酸盐水泥的分类

铝酸盐水泥按水泥中 Al_2O_3 含量（质量分数）分为 CA50、CA60、CA70 和 CA80 四个品种，各品种作如下规定：

① CA50：$50\% \leqslant w（Al_2O_3）<60\%$，该品种根据强度分为 CA50-I、CA50-II、CA50-III 和 CA50-IV。

② CA60：$60\% \leqslant w（Al_2O_3）<68\%$，该品种根据主要矿物组成分为 CA60-I（以铝酸一钙为主）和 CA60-II（以铝酸二钙为主）。

③ CA70：$68\% \leqslant w（Al_2O_3）<77\%$。

④ CA80：$w（Al_2O_3）\geqslant 77\%$。

注：在磨制 CA70 水泥和 CA80 水泥时可掺加适量的 $\alpha\text{-}Al_2O_3$ 粉。

2. 铝酸盐水泥的技术指标

（1）化学成分

铝酸盐水泥的化学成分以质量分数计，指标应符合表 3.10 的规定。

表 3.10　化学成分

品　种	Al_2O_3	SiO_2	Fe_2O_3	（$Na_2O+0.658K_2O$）	S	Cl
CA-50	$50\% \leqslant Al_2O_3 <60\%$	$\leqslant 9.0\%$	$\leqslant 3.0\%$	$\leqslant 0.50\%$	$\leqslant 0.2\%$	
CA-60	$60\% \leqslant Al_2O_3 <68\%$	$\leqslant 5.0\%$	$\leqslant 2.0\%$			$\leqslant 0.06\%$
CA-70	$68\% \leqslant Al_2O_3 <77\%$	$\leqslant 1.0\%$	$\leqslant 0.7\%$	$\leqslant 0.40\%$	$\leqslant 0.1\%$	
CA-80	$77\% \leqslant Al_2O_3$	$\leqslant 0.5\%$	$\leqslant 0.5\%$			

（2）物理性能

① 细度、密度。

细度：比表面积不小于 300 m^2/kg 或 0.045 mm 的筛余量不得大于 20%，由供需双方商定，在无约定条件下发生争议以比表面积为准。

密度：与硅酸盐水泥相近，为 3.0 ~ 3.2 g/cm^3。

② 水泥胶砂凝结时间。

应符合表 3.11 的要求。

表 3.11　凝结时间

水泥种类	初凝时间/min	终凝时间/min
CA-50、CA-70、CA-80	≥30	≤360
CA-60-Ⅰ	≥30	≤360
CA-60-Ⅱ	≥60	≤1 080

③ 强度。

铝酸盐水泥各龄期的强度值不得小于表 3.12 中的数据。

表 3.12　铝酸盐水泥各龄期强度值

水泥类型		抗压强度/MPa				抗折强度/MPa			
		6 h	1 d	3 d	28 d	6 h	1 d	3 d	28 d
CA-50	CA-50-Ⅰ	≥20ᵃ	≥40	≥50	—	≥3.0ᵃ	≥5.5	≥6.5	—
	CA-50-Ⅱ		≥50	≥60	—		≥6.5	≥7.5	—
	CA-50-Ⅲ		≥60	≥70	—		≥7.5	≥8.5	—
	CA-50-Ⅳ		≥70	≥80	—		≥8.5	≥9.5	—
CA-60	CA-60-Ⅰ	—	≥65	≥85	—	—	≥7.0	≥10.0	—
	CA-60-Ⅱ	—	≥20	≥45	≥85	—	≥2.5	≥5.0	≥10.0
CA-70		—	≥30	≥40	—	—	≥5.0	≥6.0	—
CA-80		—	≥25	≥30	—	—	≥4.0	≥5.0	—

注：a 用户要求时，生产厂应提供试验结果。

（3）耐火度（选择性指标）

如用户有耐火度要求时，水泥的耐火度由买卖双方商定。

3. 铝酸盐水泥的特性及应用

（1）铝酸盐水泥的特性

① 凝结速度快，早期强度高。1 d 强度可达最高强度的 80% 以上，因此铝酸盐水泥主要注重 1 d 和 3 d 强度。

② 水化热大，且放热量集中。最初 1 d 内的放热量为总放热量的 80% 以上，使混凝土内部温度上升较高，即使在 -10 ℃ 下施工，铝酸盐水泥也能很快凝结硬化。

③ 抗硫酸盐腐蚀性较强，其主要原因是水化产物中没有 $Ca(OH)_2$。

④ 耐热性好，能承受 1 300～1 400 ℃ 高温。

⑤ 长期强度约降低 40%～50%。

（2）铝酸盐水泥的应用

铝酸盐水泥在土建工程中的主要用途如下：

① 配制耐热混凝土或不定形耐火材料,例如高温窑炉炉衬、耐火砖等。

② 配制膨胀水泥、自应力水泥、化学建材的添加料等。

③ 用于抢建、抢修和冬季施工的工程,例如军事筑路、桥梁、隧道的抢修堵洞等。

④ 用于硫酸盐侵蚀的部位,例如用于工业烟囱的内衬,能有效地防止侵蚀。以煤为燃料的大型蒸汽锅炉或热电厂的烟囱,由于烟囱通道较长,低温时,烟气冷凝,其中的二氧化硫则生成硫酸,对现浇的普通混凝土内壁有腐蚀作用。如果采用铝酸盐水泥砌筑耐火砖,或用加钢丝网的铝酸盐水泥砂浆覆面,做工业烟囱的衬料,则能有效地防止侵蚀。

（3）注意事项

① 在施工过程中,为了防止凝结时间失控(即瞬间凝结,叫作"闪凝"),一般不得将铝酸盐水泥与硅酸盐水泥、石灰等能析出氢氧化钙的胶凝物质混合,使用前必须将拌和设备冲洗干净。

② 不得用于接触碱性溶液的工程。

③ 铝酸盐水泥的水化热集中在早期释放。从硬化开始应立即浇水养护,不宜浇筑大体积混凝土。

④ 铝酸盐水泥混凝土后期强度下降较大,所以不适合用于长期承载的承重构件,受长期荷载作用时,应尽量采用低水胶比($W/B<0.4$)配制混凝土,并且按最低稳定强度设计。

⑤ 若用蒸汽养护加速混凝土硬化时,养护温度不得高于 500 ℃。

⑥ 用于钢筋混凝土时,钢筋保护层厚度不得小于 60 mm。

⑦ 未经试验,不得加入任何外加剂。

⑧ 不得与未硬化的硅酸盐水泥混凝土接触使用,可以与具有脱模强度的硅酸盐水泥混凝土接触使用,但接茬处不应长期处于潮湿状态。

3.2.2 快硬硅酸盐水泥

凡以硅酸盐水泥熟料和适量石膏磨细制成的,以 3 d 抗压强度表示强度等级的水硬性胶凝材料,称为快硬硅酸盐水泥,简称快硬水泥。

快硬水泥制造过程与硅酸盐水泥基本相同,主要区别在于提高了熟料中硬化快的矿物的含量,如硅酸三钙和铝酸三钙,它们的总量应不少于 60% ~ 65%,为了提高早期强度,适当增加了石膏的掺量,并提高水泥的粉磨细度,通常比表面积达 330 ~ 450 m²/kg。

快硬水泥的初凝时间不得早于 45 min,终凝时间不得迟于 10 h。体积安定性用沸煮法检验必须合格。快硬水泥以 3 d 强度定等级,分为 32.5、37.5、42.5 三种,各龄期强度不得低于表 3.13 中的数值。

表 3.13 快硬硅酸盐水泥各龄期强度值

标号	抗压强度/MPa			抗折强度/MPa		
	1 d	3 d	28 d	1 d	3 d	28 d
32.5	15.0	32.5	52.5	3.5	5.0	7.2
37.5	17.0	37.5	57.4	4.0	6.0	7.6
42.5	19.0	42.5	62.5	4.5	6.4	8.0

注:28 d 强度作为供需双方参考指标。

3.2.3 白色硅酸盐水泥

根据《白色硅酸盐水泥》（GB/T 2015—2017）规定，白色硅酸盐水泥熟料指以适当成分的生料烧至部分熔融，得到以硅酸钙为主要成分，氧化铁含量少的熟料。熟料中氧化镁的含量不宜超过 5.0%；白色硅酸盐水泥（White Portland Cement）指由白色硅酸盐水泥熟料，加入适量石膏和混合材料（石灰岩、白云质石灰岩和石英砂等天然矿物）磨细制成的水硬性胶凝材料，简称白水泥，代号 P·W。其中，白色硅酸盐水泥熟料和石膏共 70% ~ 100%，石灰岩、白云质石灰岩和石英砂等天然矿物 0% ~ 30%。

一般水泥的颜色呈灰色，主要是因为由于水泥熟料中含有较多的氧化铁及其他杂质所致。因此，生产白水泥的关键是严格控制水泥原料的铁含量，严防在生产过程中混入铁质。除此之外，锰、铬等氧化物也会导致水泥白度降低，故生产中也需严格控制。

1. 生产白水泥的主要技术要求

白水泥的生产与硅酸盐水泥基本相同。首先要精选原材料，限制着色氧化物含量。采用纯净的高岭土、石英砂、石灰石，选择洁白的雪花石膏或优质纤维石膏作缓凝剂；为了保证白度，尽量使用油或气体燃料；粉磨时为了避免在水泥中混入着色氧化物，在球磨机内壁要镶贴白色花岗岩或高强陶瓷衬板，并采用烧结刚玉、瓷球、卵石等作研磨体。

2. 白水泥的技术性质

（1）细　度

白水泥的细度要求为 45 μm 方孔筛的筛余量不得大于 30%。

（2）凝结时间

初凝时间不得早于 45 min，终凝时间不得迟于 600 min。

（3）体积安定性

用沸煮法检验必须合格。同时熟料中氧化镁含量不得超过 5.0%，水泥中三氧化硫不得超过 3.5%。

（4）强　度

按 3 d、28 d 的强度值将白水泥划分为 32.5、42.5、52.5 三个等级，各等级、各龄期强度不得低于表 3.14 中的数值。

表 3.14　白色硅酸盐水泥各龄期强度值

标号	抗压强度/MPa		抗折强度/MPa	
	3 d	28 d	3 d	28 d
32.5	≥12.0	≥32.5	≥3.0	≥6.0
42.5	≥17.0	≥42.5	≥3.5	≥6.5
52.5	≥22.0	≥52.5	≥4.0	≥7.0

（5）白　度

白水泥的白度分为 1 级和 2 级，其白度分别不小于 89、87，代号分别为 P·W-1 和 P·W-2。

白水泥主要用于建筑内外的装饰，如地面、楼面、楼梯、墙柱，建筑立面的线条等。粉磨时加入碱性颜料，可制成彩色水泥。配以彩色的大理石、石英石砂作为骨料可生产彩色砂浆和彩色混凝土，做成水磨石、水刷石、斩假石等饰面，用于彩色路面、建筑物外饰面或装饰性混凝土构件，起到艺术装饰效果。

（6）放射性

水泥内照射指数 I_{Ra} 应不大于 1.0，外照射指数 I_r 应不大于 1.0。

3.2.4 道路硅酸盐水泥

随着我国经济建设的发展，高等级公路越来越多，水泥混凝土路面已成为主要路面之一。对专供公路、城市道路和机场跑道所用的道路水泥，我国已制定了相关的国家标准《道路硅酸盐水泥》（GB/T 13693—2017）。以适当的生料烧至部分熔融，所得的以硅酸钙为主要成分和较多的铁铝酸四钙的硅酸盐熟料，加入适量的石膏共同磨细，所得的水硬性胶凝材料，称为道路硅酸盐水泥（Road Portland Cement），代号为 P·R。在道路硅酸盐水泥中，熟料的化学组成和硅酸盐水泥是完全相同的，只是水泥中的铝酸三钙的含量小于 5.0%，铁铝酸四钙的含量要大于 16.0%，游离氧化钙的含量不应大于 1.0%。

1. 技术要求

（1）化学成分

① 水泥中氧化镁的含量（质量分数）不大于 5.0%。如果水泥压蒸试验合格，则水泥中氧化镁的含量（质量分数）允许放宽至 6.0%。

② 三氧化硫的含量（质量分数）不大于 3.5%。

③ 烧失量不大于 3.0%。

④ 氯离子的含量（质量分数）不大于 0.06%。

⑤ 碱含量（选择性指标）：水泥中碱含量按（Na_2O）+0.658（K_2O）计算值表示。若使用活性骨料，用户要求提供低碱水泥时，水泥中的碱含量不应大于 0.60%或由买卖双方协商确定。

（2）物理性能

① 比表面积（选择性指标）：300～450 m^2/kg。

② 凝结时间：初凝时间不小于 90 min，终凝时间不大于 720 min。

③ 沸煮法安定性：用雷氏夹检验合格。

④ 干缩率：28 d 干缩率不大于 0.10%。

⑤ 耐磨性：28 d 磨耗量不大于 3.00 kg/m^2。

⑥ 强度：道路硅酸盐水泥，代号 P·R，按照 28 d 抗折强度分为 7.5 和 8.5 两个等级，如 P.R7.5。各龄期的强度应符合表 3.15 的规定。

表 3.15　水泥的等级与各龄期强度

标号	抗压强度/MPa		抗折强度/MPa	
	3 d	28 d	3 d	28 d
7.5	≥21.0	≥42.5	≥4.0	≥7.5
8.5	≥26.0	≥52.5	≥5.0	≥8.5

2．技术性质及应用

道路水泥是一种专用水泥，其主要特性是抗折强度高，耐磨性好，干缩小，抗冻性、抗冲击性、抗硫酸盐性能好，可减少混凝土路面的断板、温度裂缝和磨耗，减少路面维修费用，延长使用年限，适用于道路路面、机场跑道、城市人流较多的广场等工程的面层混凝土。

3.2.5　砌筑水泥

根据国家标准《砌筑水泥》（GB/T 3183—2017）标准规定，砌筑水泥（Masonry Cement）由硅酸盐水泥熟料加入规定的混合材料和适量石膏，磨细制成的保水性较好的水硬性胶凝材料，代号为 M。水泥中混合材料掺加量按质量百分数计应大于 50%，允许掺入适量的石灰石或窑灰。

1．技术要求

（1）化学成分

① 三氧化硫含量（质量分数）不大于 3.5%。

② 氯离子含量（质量分数）不大于 0.06%。

③ 水泥中水溶性铬（Ⅵ）含量不大于 10.0 mg/kg。

（2）物理性能

① 细度：80 μm 方孔筛筛余不大于 10.0%。

② 凝结时间：初凝时间不小于 60 min，终凝时间不大于 720 min。

③ 体积安定性：采用沸煮法检验必须合格。

④ 保水率：保水率不小于 80%。

⑤ 强度：砌筑水泥分为 12.5、22.5 和 32.5 三个强度等级。水泥不同龄期的强度应符合表 3.16 的规定。

表 3.16　砌筑水泥各龄期强度值

等级	抗压强度/MPa			抗折强度/MPa		
	3 d	7 d	28 d	3 d	7 d	28 d
11.5	—	≥7.0	≥12.5	—	≥1.5	≥3.0
22.5	—	≥10.0	≥22.5	—	≥2.0	≥4.0
32.5	≥10.0	—	≥32.5	≥2.5	—	≥5.5

2．技术性质及应用

砌筑水泥的和易性很好，但强度低，主要用于拌制砌筑砂浆，作为砌筑墙体、块体材料之间的胶结材料。

【复习与思考】

① 硅酸盐水泥的主要矿物成分有哪些？它们的水化特性如何？它们对水泥的性质有何影响？

② 制造硅酸盐水泥时为什么必须掺入适量的石膏？石膏掺得太少或太多时，将产生什么情况？

③ 水泥石凝结硬化过程中为什么会出现体积安定性不良？安定性不良的水泥有什么危害？如何处理？

④ 在国家标准中，为什么要限制水泥的细度、初凝时间和终凝时间必须在一定范围内？

⑤ 在水泥中掺入活性混合材料后，对水泥性能有何影响？

⑥ 矿渣水泥、火山灰质水泥和粉煤灰水泥这三种水泥在性能及应用方面有何异同？

⑦ 某工地材料仓库存有白色胶凝材料 3 桶，原分别表明为磨细生石灰、建筑石膏和白水泥，后因保管不善，标签脱落，问可用什么简易方法来加以辨认？

⑧ 现有甲、乙两厂生产的硅酸盐水泥熟料，其矿物组成如表 3.17 所示，试估计和比较这两厂生产的硅酸盐水泥的强度增长速度和水化热等性质上有何差异？为什么？

表 3.17　硅酸盐水泥矿物组成

生产厂	熟料矿物组成/%			
	C_3S	C_2S	C_3A	C_4AF
甲厂	52	21	10	17
乙厂	45	30	7	18

⑨ 在下列混凝土工程中，试分别选用合适的水泥品种，并说明选用的理由？

A. 干燥环境的混凝土

B. 湿热养护的混凝土

C. 大体积混凝土

D. 水下工程混凝土

E. 高强混凝土

F. 热工窑炉的基础

G. 路面工程的混凝土

H. 冬季施工的混凝土

J. 严寒地区水位升降范围内的混凝土

练习题

第 4 章　混凝土

内容提要

　　本章是"土木工程材料"课程重点内容之一，主要介绍普通混凝土的组成材料，新拌混凝土的和易性，混凝土化学外加剂与矿物掺合料的作用原理和应用，硬化混凝土的变形性能、耐久性及其影响因素，普通混凝土的配合比设计方法和质量控制等；简要介绍其他品种混凝土的特性和用途。

① 了解普通混凝土的优缺点；
② 掌握普通混凝土的组成材料要求及选用；
③ 掌握普通混凝土的技术性质及其影响因素和测定方法；
④ 掌握混凝土的配合比设计方法；
⑤ 熟悉混凝土的质量控制方法；
⑥ 了解其他品种混凝土。

【课程思政目标】

　　① 讲授混凝土的发明、发展过程，使学生认识到混凝土的发明和应用是建筑材料发展史上的一次革命性创举，极大地推动人类社会的发展。

　　② 通过相关标准规范，使学生意识到标准的重要性、决定性和现行性，使其逐步养成严格遵守标准规范的习惯，培养学生良好的道德品质，增强遵纪守法意识和工程伦理意识。

　　③ 结合我国企业在全球的工程案例，鼓励学生树立专业信心，为使自己成为具有全球视野和具备"走出去"知识能力的复合型人才而不懈努力。

　　④ 结合相关工程事故，让学生深刻理解人民的生命财产安全与施工者的能力有关系，与监管不到位有关系，在施工过程中微小的失误可能导致严重的后果。

　　⑤ 结合绿色混凝土、再生混凝土等新型混凝土，培养学生环保节能意识和创新创造思维。

4.1　概　述

　　现代土木建筑工程中，混凝土被广泛应用在各种工程中。土木工程的迅速发展，要求混凝土具有不同的性能，而混凝土科学研究的新成果，又促进了土木工程的不断革新。因此，混凝土已成为当代最重要的建筑材料之一，是世界上用量最大的人工建筑材料。

　　混凝土（Concrete）是由胶凝材料和粗、细骨料按适当比例加水拌制成的混合物，经成型硬化而制成的人造石材。胶凝材料是混凝土中水泥和矿物掺合料的总称。

4.1.1　混凝土的分类

1. 按所用胶结材料（Binding Material）分类

混凝土可分为水泥混凝土、石膏混凝土、水玻璃混凝土、沥青混凝土、聚合物混凝土、树脂混凝土等。工程中，被大量使用的是水泥混凝土。

2. 按表观密度（Apparent Density）分类

（1）重混凝土（Heavy Concrete）

重混凝土的干表观密度（试件在温度 $105 \pm 5\,℃$ 的条件下干燥至恒重后测定）大于 $2\,800\,kg/m^3$，采用重晶石、铁矿石或钢屑等作骨料制成，对 X 射线、γ 射线具有较高的屏蔽能力。

（2）普通混凝土（Plaint Concrete）

普通混凝土的表观密度为 $2\,000 \sim 2\,800\,kg/m^3$，一般采用天然砂、石作为骨料制成，在土建工程中广泛使用。

（3）轻混凝土（Light Weight Concrete）

轻混凝土表观密度小于 $2\,000\,kg/m^3$，包括轻骨料混凝土、多孔混凝土和无砂大孔混凝土等。轻混凝土主要用在有保温绝热要求的部位，强度等级高的轻骨料混凝土也可用于承重结构。

3. 按强度等级（The Intensity）分类

（1）低强度混凝土

低强度混凝土的抗压强度小于 30 MPa。

（2）中强度混凝土

中强度混凝土的抗压强度范围为 30 ~ <60 MPa。

（3）高强度混凝土

高强度混凝土的抗压强度 60 ~ <100 MPa。

（4）超高强混凝土

超高强混凝土的抗压强度超过 100 MPa。

4. 按施工工艺（The Construction Techniques）分类

混凝土按施工工艺可分为泵送混凝土、喷射混凝土、真空脱水混凝土、造壳混凝土、碾压混凝土、压力灌浆混凝土、热拌混凝土、自密实混凝土等。

5. 按掺合料（The Mineral Admixture）分

混凝土按掺合料分为粉煤灰混凝土、硅灰混凝土、磨细高炉矿渣混凝土、纤维混凝土等。

6. 按用途（The Purposes）分类

混凝土按使用部位、功能和特性可分为结构混凝土、防水混凝土、道路混凝土、水工混凝土、耐热混凝土、耐酸混凝土、防辐射混凝土、补偿收缩混凝土、修补混凝土等。

4.1.2　普通混凝土的特点

我国混凝土年使用量已经超过 5 亿 m³，其技术与经济意义是其他建筑材料所无法比拟的，根本原因是混凝土材料具备一系列的优良性能：

（1）原材料来源广泛

混凝土中约 70%以上的材料是砂石料，都属地方材料，可就地取材，原料易得，价格便宜，能耗低，符合经济原则。

（2）施工方便

混凝土拌合物具有良好的流动性和可塑性，可根据工程需要浇筑成各种形状、尺寸的结构构件。既可现场浇筑，也可预制成型。

（3）性能可根据设计需要调整

通过调整各组成材料的品种和数量特别是掺加不同外加剂和掺合料，可配制出不同和易性、强度、耐久性或有特殊性能要求的混凝土，满足工程上不同的需求。

（4）配制成高强度的钢筋混凝土

混凝土的抗压强度一般在 7.5 ~ 60 MPa，高强度混凝土的抗压强度可高达 100 MPa。且混凝土与钢筋的匹配性好，与钢筋有牢固的黏结力，热膨胀系数相近，二者可制成钢筋混凝土，应用于各种结构部位。

（5）利于环保

混凝土可充分利用工业废料，如矿渣、粉煤灰等，降低环境污染。

不过混凝土也存在以下缺点：

（1）自重大

普通混凝土的表观密度约 2 450 kg/m³，混凝土结构的自重较大，增加了地基的负荷。

（2）抗拉强度低、脆性大、易开裂

混凝土的抗拉强度一般是抗压强度的 1/20 ~ 1/10，脆性指数为 4 200 ~ 9 350，单独使用混凝土的结构部位脆性大。

现代混凝土科研技术也正着眼于解决这些问题，在工程使用时应注意扬长补短，克服混凝土性能上的缺点。

4.1.3　土木工程对混凝土质量的基本要求

土木工程对混凝土质量的基本要求可以归纳为以下 4 条：
① 具有与施工条件相适应的和易性；
② 具有符合设计要求的强度；
③ 具有与工程环境相适应的耐久性；
④ 材料组成经济合理，生产制作节约能源。

为达到上述基本要求，就需要了解原材料性能，分析可能影响到混凝土和易性、强度及耐久性的因素，掌握配合比设计原理、混凝土质量波动规律及相关的检验评定标准等。这些正是本章要学习的重点内容。

4.2 普通混凝土的组成材料

普通混凝土（以下简称"混凝土"）的基本组成材料是水泥、砂、石和水。为改善混凝土的某些性能，常加入适量的外加剂或掺合料。在混凝土中，砂、石起骨架作用，称为骨料；水泥和水形成水泥浆，包裹骨料并填充其空隙。水泥浆在硬化前起润滑作用，赋予混凝土拌合物良好的流动性，便于施工操作；硬化后，水泥浆将砂、石骨料胶结形成坚硬的整体。砂石材料一般不参与水泥与水的化学反应，主要是节约水泥，承受荷载，限制硬化水泥的收缩，起骨架和填充作用。混凝土内部结构如图4.1所示。

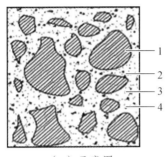
（a）示意图

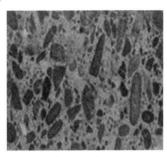
（b）实物图

1—石子；2—砂子；3—水泥浆；4—气孔。

图4.1　混凝土结构示意图

4.2.1 水　泥

水泥是混凝土中很重要的组分，其技术性能已在本书第3章介绍。在制备混凝土时，应选用合适的水泥品种和强度等级。

（1）水泥品种的选择

水泥品种应根据混凝土工程性质、部位、特点、所处的环境和施工条件等，按各品种水泥的特性合理选择水泥品种。

（2）水泥强度和用量

选择水泥时，应考虑充分发挥水泥强度的作用，强度等级低了肯定不行，但过高既不经济也不合理。从工程实践中归纳可知，水泥强度等级的选择应与混凝土设计强度等级相适应。对于C30及其以下的混凝土，水泥强度等级一般为混凝土强度等级标准值的1.5～2倍；对于高强混凝土，水泥强度等级一般为混凝土强度等级的1～1.5倍。

水泥强度等级选择得是否合适，直接影响水泥的用量。如采用强度等级高的水泥配制低强度等级混凝土时，会使水泥用量偏少，影响和易性和耐久性；采用强度等级低的水泥配制高强度混凝土，会使水泥用量过多，不经济，而且会造成水化热大、干缩大等技术问题。

4.2.2 混凝土用水

1. 混凝土用水（Waier for Concrete）

（1）定　义

混凝土用水是拌和用水和养护用水的总称，包括：饮用水、地表水、地下水、再生水、混凝土企业设备洗刷水和海水等。

地表水（Nature Surface Waier）：存在于江、河、湖、塘、沼泽和冰川等中的水。

地下水（Underground Water）：存在于岩石缝隙或土壤孔隙中可以流动的水。

再生水（Urban Recycling Water）：污水经适当再生工艺处理后具有使用功能的水。

（2）技术要求

① 国家标准《混凝土结构工程施工质量验收规范》（GB 50204—2021）中规定，混凝土用水水质要求符合《混凝土用水标准》（JGJ 63）规定，应符合表 4.1 的规定。对于设计使用年限为 100 年的结构混凝土，氯离子含量不得超过 500 mg/L；对使用钢丝或经热处理钢筋的预应力混凝土，氯离子含量不得超过 350 mg/L。

表 4.1　混凝土用水中的物质含量限值

项目	预应力混凝土	钢筋混凝土	素混凝土
pH	≥5	≥4.5	≥4.5
不溶物/（mg/L）	≤2 000	≤2 000	≤5 000
可溶物/（mg/L）	≤2 000	≤5 000	≤10 000
氯化物（以 Cl^- 计）/（mg/L）	≤500	≤1 000	≤3 500
硫酸盐（以 SO_4^{2-} 计）/（mg/L）	≤600	≤2 000	≤2 700
碱含量（mg/L）	≤1 500	≤1 500	≤1 500

注：碱含量按 $Na_2O+0.658K_2O$ 计算值来表示。采用非碱活性骨料时，可不检验碱含量。

② 地表水、地下水、再生水的放射性应符合现行国家标准《生活饮用水卫生标准》（GB 5749）的规定。

③ 被检验水样应与饮用水样进行水泥凝结时间对比试验，对比试验的水泥初凝时间差及终凝时间差均不应大于 30 min；同时，初凝和终凝时间应符合现行国家标准《通用硅酸盐水泥》（GB 175）的规定。

④ 被检验水样应与饮用水样进行水泥胶砂强度对比试验，被检验水样配制的水泥胶砂 3 d 和 28 d 强度不应低于饮用水配制的水泥胶砂 3 d 和 28 d 强度的 90%。

⑤ 混凝土拌和用水不应有漂浮明显的油脂和泡沫，不应有明显的颜色和异味。

⑥ 混凝土企业设备洗涮水不宜用于预应力混凝土、装饰混凝土、加气混凝土和暴露于腐蚀环境的混凝土；不得用于使用碱活性或潜在碱活性骨料的混凝土。

⑦ 未经处理的海水严禁用于钢筋混凝土和预应力混凝土。

⑧ 在无法获得水源的情况下，海水可用于素混凝土，但不宜用于装饰混凝土。

⑨ 混凝土养护用水可不检验不溶物和可溶物含量，其他检验项目应符合上述①②的规定。

⑩ 混凝土养护用水可不检验水泥凝结时间和水泥胶砂强度。

4.2.3　细骨料——砂

混凝土用骨料，按其粒径大小不同可分为细骨料（Fine Aggregate）和粗骨料（Coarse

Aggregate）。粒径在 0.15～4.75 mm 的称为细骨料（俗称砂）；粒径大于 4.75 mm 的称为粗骨料（俗称石）。

普通混凝土中所用细骨料有天然砂、机制砂和混合砂。

天然砂（Natural Sand）：在自然条件作用下岩石产生破碎、风化、分选、运移、堆（沉）积，形成的粒径小于 4.75 mm 的岩石颗粒。天然砂包括河砂、湖砂、山砂、净化处理的海砂，但不包括软质、风化的颗粒；

机制砂（Manufactured Sand）：以岩石、卵石、矿山废石和尾矿等为原料，经除土处理，由机械破碎、整形、筛分、粉控等工艺制成的，级配、粒形和石粉含量满足要求且粒径小于 4.75 mm 的颗粒。机制砂不包括软质、风化的颗粒。

混合砂（Mixed Sand）：由机制砂和天然砂按一定比例混合而成的砂。

细骨料按颗粒级配、含泥量（石粉含量）、亚甲蓝值、泥块含量、有害物质、坚固性、压碎指标、片状颗粒含量技术要求分为Ⅰ类、Ⅱ类和Ⅲ类：Ⅰ类细骨料宜用于大于 C60 的高强度混凝土；Ⅱ类细骨料宜用于 C30～C60 的混凝土；Ⅲ类细骨料宜用于小于 C30 的混凝土。配制混凝土所采用的细骨料的质量要求有以下几个方面：

（1）粗细程度与颗粒级配

砂的粗细程度是指不同粒径的砂粒混合在一起后的平均粗细程度。通常有粗砂、中砂、细砂和特细砂之分。在相同质量条件下，细砂的总表面积较大，而粗砂的总表面积较小。砂的总表面积越大，则在混凝土中需要包裹砂粒表面的水泥浆就愈多。当混凝土拌合物的流动性要求一定时，用粗砂拌制的混凝土比用细砂拌制的更省水泥浆。不过，用砂过粗虽能少用水泥浆，但拌出的混凝土拌合物黏聚性较差，容易分层离析。因此，用作拌制混凝土的砂不宜过粗，也不宜过细。

砂的颗粒级配（Size Grading）是指骨料中不同粒径颗粒的砂的搭配分布情况。在混凝土中，砂粒之间的空隙由水泥浆所填充，为达到节约水泥和提高强度的目的，应尽量减小砂粒间的空隙。从图 4.2 可以看出：如果是同样粗细的砂，空隙最大[图 4.2（a）]；两种粒径的砂搭配起来，空隙就减小了[图 4.2（b）]；三种粒径的砂搭配，空隙就更小了[图 4.2（c）]。由此可见，要想减小砂粒间的空隙，就必须有大小不同的颗粒搭配。

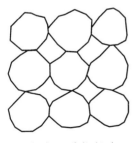 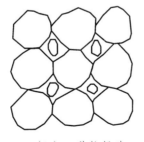 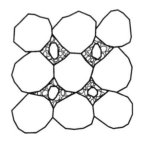

（a）一种粒径砂　　　　　（b）二种粒径砂　　　　　（c）三种粒径砂

图 4.2　集料颗粒级配

因此，评定砂的质量应同时考虑砂的粗细程度和颗粒级配。当砂中含有较多的粗粒径砂，并以适当的中等粒径砂及少量细粒径砂填充其空隙，则可达到空隙率及总表面积均较小的目的，这样的砂不仅水泥浆用量较小，而且还可提高混凝土的密实性与强度。可见，控制砂的粗细程度和颗粒级配有很大的技术经济意义。

砂的粗细程度及颗粒级配，常采用筛分析方法进行测定。用细度模数判断砂的粗细，用级配区表示砂的颗粒级配。

筛分析法是用一套孔径（净孔）为 4.75 mm、2.36 mm、1.18 mm、0.60 mm、0.30 mm 及 0.15 mm 的标准筛，将抽样所得的 500 g 干砂由粗到细依次过筛，然后称得余留在各筛上的砂的质量（分计筛余量），并计算出各筛上的分计筛余百分率及累计筛余百分率。计算方法如下：

① 分计筛余百分率（Percentage Retained）指各筛上的分计筛余量占砂样总质量的百分率，按式（4.1）计算。

$$a_i = \frac{m_i}{m} \times 100 \qquad (4.1)$$

式中　a_i——i 号筛的分计筛余百分率（%）；

　　　m_i——存留在 i 号筛上的试样质量（g）；

　　　m——试样总质量（g）。

② 累计筛余百分率（Cumulative Percentage Retained）指各筛与比该筛粗的所有分计筛余百分率之和。按式（4.2）计算，累计筛余和分计筛余的关系见表 4.2。

$$A_i = \sum_{i=1}^{6} a_i \qquad (4.2)$$

式中　A_i——累计筛余百分率（%）。

表 4.2　累计筛余和分计筛余的关系

筛孔尺寸/mm	分计筛余量/g	分计筛余/%	累计筛余/%
4.75	m_1	a_1	$A_1 = a_1$
2.36	m_2	a_2	$A_2 = a_1 + a_2$
1.18	m_3	a_3	$A_3 = a_1 + a_2 + a_3$
0.60	m_4	a_4	$A_4 = a_1 + a_2 + a_3 + a_4$
0.30	m_5	a_5	$A_5 = a_1 + a_2 + a_3 + a_4 + a_5$
0.15	m_6	a_6	$A_6 = a_1 + a_2 + a_3 + a_4 + a_5 + a_6$

注：$a_i = m_i / 500$。

③ 砂的粗细程度用细度模数（Fineness Modulus）表示。细度模数的按式（4.3）计算：

$$M_x = \frac{(A_2 + A_3 + A_4 + A_5 + A_6) - 5A_1}{100 - A_1} \qquad (4.3)$$

细度模数 M_x 数值越大，表示砂越粗。普通混凝土用砂的细度模数范围一般在 3.7 ~ 0.7，其中 M_x 在 3.7 ~ 3.1 为粗砂，M_x 在 3.0 ~ 2.3 为中砂，M_x 在 2.2 ~ 1.6 为细砂，M_x 在 1.5 ~ 0.7 为特细砂。配制混凝土时，宜优先选用中砂。当砂的细度模数小于 0.7 时，将增加较多的水泥用量，而且强度显著下降。I 类砂的细度模数应为 2.3 ~ 3.2。

④ 国家标准《建设用砂》（GB/T 14684—2022）规定：建设用砂根据 0.60 mm 筛孔的累计筛余百分率分成三个级配区，如表 4.3 所示。除特细砂外，Ⅰ类砂的累计筛余应符合表 4.3 中 2 区的规定，分计筛余应符合表 4.4 的规定；Ⅱ类和Ⅲ类砂的累计筛余应符合表 4.3 的规定。砂的实际颗粒级配除 4.75 mm 和 0.60 mm 筛档外，可以超出，但各级累计筛余超出值总和应不大于 5%。

表 4.3　砂的颗粒级配区

砂的分类	天然砂			机制砂、混合砂		
级配区	1 区	2 区	3 区	1 区	2 区	3 区
方筛孔尺寸/mm	累计筛余（按质量计）/%					
4.75	10 ~ 0	10 ~ 0	10 ~ 0	5 ~ 0	5 ~ 0	5 ~ 0
2.36	35 ~ 5	25 ~ 0	15 ~ 0	35 ~ 5	25 ~ 0	15 ~ 0
1.18	65 ~ 35	50 ~ 10	25 ~ 0	65 ~ 35	50 ~ 10	25 ~ 0
0.60	85 ~ 71	70 ~ 41	40 ~ 16	85 ~ 71	70 ~ 41	40 ~ 16
0.30	95 ~ 80	92 ~ 70	85 ~ 55	95 ~ 80	92 ~ 70	85 ~ 55
0.15	100 ~ 90	100 ~ 90	100 ~ 90	97 ~ 85	94 ~ 80	94 ~ 75

表 4.4　分计筛余

方筛孔尺寸/mm	4.75[a]	2.36	1.18	0.60	0.30	0.15[b]	筛底[c]
分计筛余/%	0 ~ 10	10 ~ 15	10 ~ 25	20 ~ 31	20 ~ 30	5 ~ 15	0 ~ 20

注：a 对于机制砂，4.75 mm 筛的分计筛余不应大于 5%。
　　b 对于亚甲蓝值>1.4 的机制砂，0.15 mm 筛和筛底的分计筛余之和不应大于 25%。
　　c 对于天然砂，筛底的分计筛余不应大于 10%。

【例 4.1】　某河砂样经筛分析试验，各筛的筛余的筛余量列于表 4.5，试对该砂样的级配及粗细程度进行评定。

表 4.5　筛分析结果

筛孔尺寸/mm	9.5	4.75	2.36	1.18	0.60	0.30	0.15	<0.15
各筛存留/g	0	20	35	95	110	130	75	25

【解】　分计筛余百分率和累计筛余百分率的计算结果见表 4.6。

表 4.6　筛分计算结果

筛孔尺寸/mm	9.5	4.75	2.36	1.18	0.60	0.30	0.15	<0.15
各筛存留量/g	0	20	35	95	110	130	75	25
分计筛余百分率 a_i/%	0	4	7	19	24	26	15	5
累计筛余百分率 A_i/%	0	4	11	30	54	80	95	100

细度模数 M_x 的计算如下：

$$M_x = \frac{(A_2 + A_3 + A_4 + A_5 + A_6) - 5A_1}{100 - A_1} = \frac{(11 + 30 + 54 + 80 + 95) - 5 \times 4}{100 - 4} = 2.60$$

该砂满足天然砂 2 区砂的级配范围要求,按细度模数评定为中砂。

（2）含泥量、泥块含量和石粉含量

天然砂中粒径小于 0.075 mm 的颗粒的含量称为含泥量（Clay Content）。

泥块含量（Clay Lumps and Friable Particles Content）：对于细骨料,是指粒径大于 1.18 mm,经水洗手捏后变成小于 0.60 mm 的颗粒含量；对于粗骨料,是指粒径大于 4.75 mm,经水洗手捏后变成小于 2.36 mm 的颗粒含量。骨料中的泥颗粒极细,会黏附在骨料的表面,削弱骨料与水泥之间的结合力,而泥块会在混凝土中形成薄弱部分,影响混凝土的强度。因此,对细骨料中的泥和泥块含量必须严加限制,具体指标如表 4.7 所示。

表 4.7　砂的含泥量和泥块含量限值

类别	Ⅰ 类	Ⅱ 类	Ⅲ 类
天然砂含泥量（质量分数）/%	≤1.0	≤3.0	≤5.0
含泥块量（质量分数）/%	≤0.2	≤1.0	≤2.0

石粉含量（fine content）：机制砂中粒径小于 75 μm 的颗粒含量。机制砂的石粉含量应符合表 4.8 的规定。

表 4.8　机制砂的石粉含量

类别	亚甲蓝值（MB）	石粉含量（质量分数）/%
Ⅰ 类	$MB \leq 0.5$	≤15.0
	$0.5 < MB \leq 1.0$	≤10.0
	$1.0 < MB \leq 1.4$ 或快速试验合格	≤5.0
	$MB > 1.4$ 或快速试验不合格	≤1.0[a]
Ⅱ 类	$MB \leq 1.0$	≤15.0
	$1.0 < MB \leq 1.4$ 或快速试验合格	≤10.0
	$MB > 1.4$ 或快速法不合格	≤3.0[a]
Ⅲ 类	$MB \leq 1.4$ 或快速试验合格	≤15.0
	$MB > 1.4$ 或快速法不合格	≤5.0[a]

注：a 根据使用环境和用途,经试验验证,由供需双方协商确定,Ⅰ 类砂石粉含量可放宽至不大于 3.0%,Ⅱ 类砂石粉含量可放宽至不大于 5.0%,Ⅲ 类砂石粉含量可放宽至不大于 7.0%。

砂浆用砂的石粉含量不做限制。

（3）有害物质含量

用来制备混凝土的砂要求清洁不含杂质,以保证混凝土的质量。但实际上砂中常含有云母、贝壳、轻物质、有机物、氯化物、硫化物及硫酸盐等有害杂质,这些杂质黏附在砂的表面,会妨碍水泥与砂的黏结,从而降低混凝土强度,同时还增加混凝土的用水量,加大混凝土的收缩，降低混凝土耐久性。其中，轻物质（Lightweight Material）指砂中表观密度小于 2 000 kg/m³ 的物质。

《建设用砂》（GB/T 14684—2022）对有害物质含量的限值如表 4.9 所示。

表 4.9　砂中有害物质含量限值

项目	Ⅰ 类	Ⅱ 类	Ⅲ 类
云母含量（按质量计）/%	≤1.0	≤2.0	
硫化物与硫酸盐含量（按 SO₃ 质量计）/%	≤0.5		
轻物质 ª（按质量计）/%	≤1.0		
有机物含量（用比色法试验）	合格		
氯化物含量（以氯离子质量计）/%	≤0.01	≤0.02	≤0.06ᵇ
贝壳含量 ᶜ（按质量计）/%	≤3.0	≤5.0	≤8.0

注：a 天然砂中如含有浮石、火山渣等天然轻骨料时，经试验验证后，该指标可不做要求。
　　b 对于钢筋混凝土用净化处理的海砂，其氯化物含量应小于或等于 0.02%。
　　c 该指标仅适用于净化处理的海砂，其他砂种不做要求。

海砂含盐量较大，对钢筋有锈蚀作用，因此，对位于水上和水位变化区，或在潮湿或露天条件下使用的钢筋混凝土，所用海砂的含盐量（氯化钠的总量）不宜超过 0.1%。对预应力混凝土结构，更应从严要求。必要时应淋洗海砂，也可在混凝土中掺入占水泥质量 0.6%～1.0% 的亚硝酸钠（阻锈剂），以抑制钢筋锈蚀。

（4）颗粒形状及表面特征

河砂、海砂颗粒多呈圆形，表面光滑，与水泥的黏结较差。而山砂颗粒多具有棱角，表面粗糙，与水泥黏结较好。因而在水泥和水用量相同的情况下，山砂拌制的混凝土流动性较差，但强度较高，而河砂和海砂则反之。

（5）坚固性（Soundness）

砂在外界物理化学因素作用下抵抗破裂的能力。采用硫酸钠溶液法进行试验时，试样经 5 次循环后，砂的质量损失应符合表 4.10 的规定。

表 4.10　坚固性指标

项目	Ⅰ 类	Ⅱ 类	Ⅲ 类
质量损失/%	≤8		≤10

（6）压碎值指标（Crushing Value Index）

机制砂抵御压碎能力，机制砂的压碎指标还应满足表 4.11 的规定。

表 4.11　机制砂压碎指标

项目	Ⅰ 类	Ⅱ 类	Ⅲ 类
单级最大压碎指标/%	≤20	≤25	≤30

（7）碱骨料反应（Alkali-Aggregate Reaction）

砂中碱活性矿物与水泥、矿物掺合料、外加剂等混凝土组成物及环境中的碱在潮湿环境下缓慢发生并导致混凝土开裂破坏的膨胀反应。当买方提出要求时，应出示膨胀率实测值及碱活性评定结果。

（8）片状颗粒（flaky particles in manufactured sand）

机制砂中粒径 1.18 mm 以上的机制砂颗粒中最小一维尺寸小于该颗粒所属粒级的平均粒径 0.45 倍的颗粒叫片状颗粒。I 类机制砂的片状颗粒含量不应大于 10%。

（9）表观密度、松散堆积密度和空隙率

除特细砂外，砂的表观密度不小于 2 500 kg/m³，松散堆积密度不小于 1 400 kg/m³，空隙率不大于 44%。

4.2.4 粗骨料——石子

粒径大于 4.75 mm 的岩石颗粒称为粗骨料（Coarse Aggregate）。混凝土工程中常用的有碎石（Crushed Stone）和卵石（Pebble）两大类。碎石为岩石经破碎、筛分而得；卵石多为自然形成的河卵石经冲洗筛分而得。在自然条件作用下岩石产生破碎、风化、分选、运移、堆（沉）积，而形成的粒径大于 4.75 mm 的岩石颗粒。石子的表面形状会直接影响石子与水泥浆的结合能力。碎石呈不规则立方形，表面棱角突出，粗糙不平，与水泥浆牢固地咬合在一起，对提高混凝土强度十分有利，但孔隙率与总表面积较大，水泥用量较高，且配制的混凝土拌合物的和易性也较差。卵石表面光滑，空隙率与表面积都较小，对混凝土拌合物的和易性有利，水泥用量少，但不利于与水泥石的黏结，配制混凝土的强度低。

制备混凝土选用碎石还是卵石，要做全面比较衡量，根据工程性质、成本等条件综合考虑，尽可能就地取材。根据国家标准《建设用卵石、碎石》（GB/T14685—2022）规定，建设用石按卵石含泥量（碎石泥粉含量），泥块含量，针、片状颗粒含量，不规则颗粒含量，硫化物及硫酸盐含量，坚固性，压碎指标，连续级配松散堆积空隙率，吸水率等技术要求分为 I 类、II 类和 III 类。I 类宜用于强度等级大于 C60 的高强度混凝土；II 类宜用于 C30 ~ C60 及有抗冻、抗渗或其他要求的混凝土；III 类宜用于强度等级小于 C30 的混凝土。

1. 最大粒径与颗粒级配

（1）最大粒径（Maximum Size）

粗骨料公称粒级的上限称为最大粒径，例如，当使用 5 ~ 40 mm 的粗骨料时，最大粒径为 40 mm。粗骨料最大粒径增大时，其表面积减小，有利于节约水泥。因此，只要条件允许，拌制混凝土应尽可能把石子选得大一些。但研究表明，粗骨料最大粒径超过 150 mm 后，节约水泥的效果已经很不明显了。同时，选用过大的石子，给运输、搅拌、振捣都带来困难，因此需要综合考虑确定石子的最大粒径。

国家标准《混凝土结构工程施工质量验收规范》（GB 50204—2021）从结构的角度规定，混凝土用粗骨料最大粒径不得超过结构截面最小尺寸的 1/4，同时不得超过钢筋间最小净距的 3/4。对混凝土实心板，骨料的最大粒径不宜超过板厚的 1/3，且不得超过 40 mm。对于泵送混凝土，骨料最大粒径与输送管内径之比为：碎石不宜大于 1∶3，卵石不宜大于 1∶2.5。

（2）颗粒级配（Size Grading）

石子的颗粒级配是指石子各级粒径大小颗粒的分布情况。石子的级配有两种类型，即连续级配和间断级配。

连续级配由连续粒级组成，是表示石子的颗粒尺寸由大到小连续分级，每一级都占有适当比例。选用连续级配的石子拌制的混凝土拌合物不易离析，和易性较好。当最大粒径超过40 mm时，开采、加工过程可能出现各级颗粒比例变动频繁，或在运输和堆放过程中发生离析引起级配不均匀、不稳定。为了保证粗骨料具有均匀而稳定的级配，工程中常按颗粒大小分级过筛，分别堆放，需要时再按要求的比例配合。对这种预先分级筛分的粗骨料称为单粒级，单粒级一般不单独使用，可组成间断级配。

间断级配是指人为剔除某些级别的单粒级，使粗骨料尺寸不连续。大粒径骨料之间的空隙，由小许多的小粒径颗粒填充，使空隙率达到最小，密实度增加，并节约水泥，但因其不同粒级的颗粒粒径相差较大，拌合物容易产生分层离析，一般工程中较少采用。

石子的最大粒径和颗粒级配都需通过筛分析试验来确定。

石子标准筛的孔径分别为 2.36 mm、4.75 mm、9.50 mm、16.0 mm、19.0 mm、26.50 mm、31.50 mm、37.50 mm、53.0 mm、63.0 mm、75.0 mm、90 mm，共 12 个筛子，可按需选用筛分石子。累计筛余和分计筛余的计算方法与砂的计算方法相同。碎石和卵石的颗粒级配应符合表 4.12 的规定。

表 4.12　卵石或碎石的颗粒级配范围〔GB/T 14685—2022〕

公称粒级/mm		累计筛余（按质量计）/%											
		2.36	4.75	9.50	16.0	19.0	26.5	31.5	37.50	53.0	63.0	75.0	90
连续粒级	5~16	95~100	85~100	30~60	0~10	0	—	—	—	—	—	—	—
	5~20	95~100	90~100	40~80	—	0~10	0	—	—	—	—	—	—
	5~25	95~100	90~100	—	30~70	—	0~5	0	—	—	—	—	—
	5~31.5	95~100	90~100	70~90	—	15~45	—	0~5	0	—	—	—	—
	5~40	—	95~100	70~90	—	30~65	—	—	0~5	0	—	—	—
单粒级	5~10	95~100	80~100	0~15	0	—	—	—	—	—	—	—	—
	10~16	—	95~100	80~100	0~15	0	—	—	—	—	—	—	—
	10~20	—	95~100	85~100	—	0~15	0	—	—	—	—	—	—
	16~25	—	—	95~100	55~70	25~40	0~10	0	—	—	—	—	—
	16~31.5	—	95~100	—	85~100	—	—	0~10	0	—	—	—	—
	20~40	—	—	95~100	—	80~100	—	—	0~10	0	—	—	—
	25~31.5	—	—	—	95~100	—	80~100	0~10	0	—	—	—	—
	40~80	—	—	—	—	95~100	—	—	70~100	—	30~60	0~10	0

注："—"表示该孔径累计筛余不做要求；"0"表示该孔径累计筛余为 0。

2. 卵石含泥量、碎石泥粉含量和泥块含量

卵石含泥量（Clay Content in Pebble）：卵石中粒径小于 75 μm 的黏土颗粒含量。

碎石泥粉含量（Clay Content and Fine Content in Crushed Stone）：碎石中粒径小于 75 μm 的黏土和石粉颗粒含量。

泥块含量（Clay Lumps and Friable Particles Content）：卵石、碎石中原粒径大于 4.75 mm，经水浸泡、淘洗等处理后小于 2.36 mm 的颗粒含量。

卵石含泥量、碎石泥粉含量和泥块含量应符合表 4.13 的规定。

表 4.13　卵石含泥量、碎石泥粉含量和泥块含量

项目	Ⅰ类	Ⅱ类	Ⅲ类
卵石含泥量（质量分数）/%，	≤0.5	≤1.0	≤1.5
碎石泥粉含量（质量分数）/%，	≤0.5	≤1.5	≤2.0
泥块含量（质量分数）/%，	≤0.1	≤0.2	≤0.7

3. 针、片状颗粒含量和不规则颗粒含量

（1）针、片状颗粒（Elongated or Flaky Particle）

卵石、碎石颗粒的最大一维尺寸大于该颗粒所属粒级的平均粒径 2.4 倍者为针状颗粒；最小一维尺寸小于该颗粒所属粒级的平均粒径 0.4 倍者为片状颗粒。

卵石、碎石的针、片状颗粒含量应符合表 4.14 的规定。

表 4.14　针、片状颗粒含量

项目	Ⅰ类	Ⅱ类	Ⅲ类
针、片状颗粒含量（质量分数）/%	≤5	≤8	≤15

（2）不规则颗粒（Irregular Particle）

卵石，碎石颗粒的最小一维尺寸小于该颗粒所属粒级的平均粒径 0.5 倍的颗粒。Ⅰ类卵石、碎石的不规则颗粒含量不应大于 10%。

4. 有害物质

粗骨料中常含有硫酸盐、硫化物和有机物质等一些有害杂质，其危害作用与其在细骨料中的相同，其含量一般应符合表 4.15 的规定。

表 4.15　有害物质含量（GB/T 14685—2022）

项目	Ⅰ类	Ⅱ类	Ⅲ类
有机物含量	合格	合格	合格
硫化物与硫酸盐含量（以 SO_3 质量计）/%	≤0.5	≤1.0	≤1.0

5. 坚固性（Soundness）

坚固性指卵石、碎石在外界物理化学因素作用下抵抗破裂的能力。通常用硫酸盐浸泡法来检验，试样经 5 次循环后，其质量损失应不超过表 4.16 的规定。

表 4.16　坚固性指标

类别	Ⅰ类	Ⅱ类	Ⅲ类
质量损失率/%	≤ 5	≤ 8	≤ 12

6. 强度（Strength）

为了保证混凝土的强度，粗骨料必须具有一定强度，碎石或卵石的强度有两种方法测定：抗压强度测定和压碎指标测定。

（1）立方体抗压强度

将岩石制作成 50 mm × 50 mm × 50 mm 的立方体（或直径与高均为 50 mm 的圆柱体）试件测定。

碎石抗压强度一般在混凝土强度等级不小于 C60 时才试验，其他情况如有必要，也可测定。通常，要求岩石抗压强度与混凝土强度等级之比不应小于 1.5，岩浆岩强度不宜低于 80 MPa，变质岩强度不宜低于 60 MPa，沉积岩强度不宜低于 45 MPa。

（2）压碎指标

将一定量气干状态的 10～20 mm 石子装入标准筒内按规定的加荷速度加荷至 200 kN 稳定 5 s，卸载后称取试样质量 m_0，再用孔径 2.36 mm 的筛子筛除被压碎的细粒，称出留在筛上的试样质量 m_1，按式（4.4）计算压碎指标值 δ_a：

$$\delta_a = \frac{m_0 - m_1}{m_0} \times 100\% \qquad (4.4)$$

式中　δ_a——压碎指标值（%）

　　　m_0——试样质量（g）；

　　　m_1——压碎试验后试样的筛余量（g）。

压碎指标值越小，骨料抵抗压碎的能力越强。骨料的压碎指标值不应超过表 4.17 的规定。

表 4.17　碎石及卵石的压碎指标

类别		Ⅰ类	Ⅱ类	Ⅲ类
压碎指标值/%	碎石	≤ 10	≤ 20	≤ 30
	卵石	≤ 12	≤ 14	≤ 16

7. 碱骨料反应（Alkali-Aggregate Reaction）

卵石、碎石中碱活性矿物与水泥、矿物掺合料、外加剂等混凝土组成物及环境中的碱在潮湿环境下缓慢发生并导致混凝土开裂破坏的膨胀反应。

碱骨料反应是指当水泥中含碱量（K_2O、Na_2O）较高，又使用了活性骨料（主要指活性 SiO_2），水泥中的碱类便可能与骨料中的活性 SiO_2 发生反应，在骨料表面生成复杂的碱-硅酸凝胶。这种凝胶体吸水时，体积会膨胀，从而改变了骨料与水泥浆原来的界面，会把水泥石胀裂。引起碱-骨料反应的必要条件是：水泥超过安全含碱量（以 Na_2O 计，为水泥质量的 0.6%）；使用了活性骨料；水。

抑制碱-骨料反应可考虑以下措施：

① 根据工程条件，选择非活性骨料；

② 控制水泥含碱量不超过 0.6%；

③ 在水泥中加入某些磨细的活性混合材料，使其在水泥硬化前就比较充分地和水泥中的碱成分发生反应，或者能促使反应产物在水泥浆中均匀分散阻止过分膨胀；

④ 防止外界水分渗入混凝土，保持混凝土处于干燥状态，以减轻反应的危害程度。

当买方提出要求时，应出示膨胀率实测值及碱活性评定结果。

8. 表观密度、连续级配松散堆积空隙率

卵石、碎石的表观密度不小于 2 600 kg/m³，连续级配松散堆积空隙率应符合表 4.18 的规定。

表 4.18　连续级配松散堆积空隙率

类别	Ⅰ 类	Ⅱ 类	Ⅲ 类
空隙率/%	≤43	≤45	≤47

9. 吸水率

卵石、碎石的吸水率应符合表 4.19 的规定。

表 4.19　吸水率

类别	Ⅰ 类	Ⅱ 类	Ⅲ 类
吸水率/%	≤1.0	≤2.0	≤2.5

4.2.5　混凝土外加剂（Admixture）

练习题

混凝土外加剂是在拌制混凝土过程中掺入的用以改善混凝土性能的物质。外加剂掺量一般不大于水泥质量的 5%（特殊情况除外）。不过外加剂掺量虽小，但其技术经济效果很显著，因此，外加剂已成为混凝土的重要组成部分，被称为混凝土的第五组分，越来越广泛地应用于混凝土中。混凝土外加剂按其功能分为四类：

① 改善混凝土拌合物流变性能的外加剂，包括各种减水剂、引气剂和泵送剂等。

② 调节混凝土凝结硬化性能的外加剂，包括缓凝剂、早强剂和速凝剂等。

③ 改善混凝土耐久性的外加剂，包括引气剂、防水剂和阻锈剂等。

④ 提供混凝土其他性能的外加剂，包括加气剂、膨胀剂、防冻剂、隔离剂等。

建筑工程上常用的外加剂有：减水剂、早强剂、缓凝剂、引气剂和复合型外加剂等。外加剂的掺入方法有三种：

① 先掺法：先将外加剂与水泥混合，然后再与骨料和水一起搅拌。

② 后掺法：在混凝土拌合物送到浇筑地点后，才加入外加剂并再次搅拌均匀。

③ 同掺法：将外加剂先溶于水形成溶液后再加入拌合物中一起搅拌。

1. 减水剂（Water Reducing Admixture）

减水剂是指在混凝土拌合物坍落度不变的条件下，起到减水增强作用的外加剂。根据减水率大小及功能，减水剂可分为普通减水剂和高效减水剂两大类。此外，还有复合型减水剂，如既具有减水作用又能提高早期强度的引气减水剂。

（1）减水剂的主要作用

① 在混凝土拌合物和易性和水泥用量不变的条件下，可减少用水量，降低水胶比。

② 在不改变混凝土拌合用水量时，可大幅度提高新拌混凝土的流动性。

③ 在保持混凝土拌合物流动性和混凝土强度不变的条件下，可减少用水量，节约水泥。

④ 改善混凝土拌合物的综合性能，减少混凝土拌合物的分层、离析和泌水。

（2）减水剂的作用机理

尽管减水剂种类繁多，但都属于表面活性剂，其减水作用机理相似。

减水剂提高混凝土拌合物和易性的原因，可归纳为两方面：吸附-分散作用和润滑塑化作用。

① 吸附-分散作用。

水泥加水拌和后，由于水泥颗粒间分子引力的作用，产生许多絮状物形成絮凝结构，使10%~30%的拌和水（游离水）被包裹在其中（图 4.3），从而降低了混凝土拌合物的流动性。当加入适量减水剂后，减水剂分子定向吸附于水泥颗粒表面，亲水基指向水溶液。因亲水基团的电离作用，使水泥颗粒表面带上电性相同的电荷，产生静电斥力[图 4.4（a）]。水泥颗粒相互分散，导致絮凝结构解体，释放出游离水，从而有效地增大了混凝土拌合物的流动性[图 4.4（b）]。

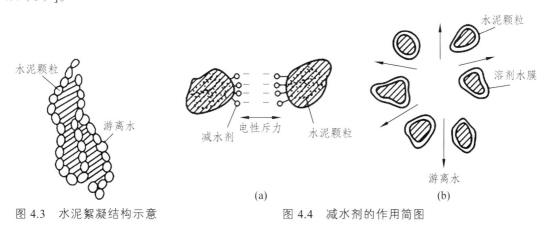

图 4.3　水泥絮凝结构示意　　　　图 4.4　减水剂的作用简图

② 润滑塑化作用。

阴离子表面活性剂类减水剂，其亲水基团极性很强，易与水分子以氢键形式结合，在水泥颗粒表面形成一层稳定的溶剂化水膜[图 4.5（b）]，这层水膜是很好的润滑剂，有利于水泥颗粒的滑动，从而使混凝土流动性进一步提高。减水剂还能使水泥更好地被水湿润，也有利和易性的改善。

聚羧酸减水剂（Polycarboxylate Superplasticizer）是目前常用的高性能减水剂，是水泥混凝土运用中的一种水泥分散剂，广泛地应用于公路、桥梁、大坝、隧道、高层建筑等工程。聚羧酸减水剂具有绿色环保、不易燃、不易爆等优点，可以安全地使用火车和汽车运输。

在聚羧酸外加剂出现之前，有木质素磺酸盐类外加剂，萘系磺酸盐甲醛缩合物，三聚氰胺甲醛缩聚物，丙酮磺酸盐甲醛缩合物，氨基磺酸盐甲醛缩合物等。20世纪80年代初日本率先成功研制了聚羧酸系减水剂。新一代聚羧酸系高效减水剂克服了传统减水剂一些弊端，具有掺量低、保坍性能好、混凝土收缩率低、分子结构上可调性强、高性能化的潜力大、生产过程中不使用甲醛等突出优点。

2. 引气剂（Air Entraining Admixture）

引气剂是指在混凝土搅拌过程中能引入大量均匀分布、稳定而封闭的微小气泡的外加剂。引气剂也是表面活性剂，其憎水基团朝向气泡，亲水基团吸附一层水膜，气泡薄膜的形成也起到了保水作用。引气剂引入的封闭气孔（直径为 20~1 000 μm）能有效隔断毛细孔通道，并能减少泌水造成的空隙，从而增强抗渗性。同时，引入的封闭气孔在水结冰膨胀时，能起到有效的缓冲作用，从而提高抗冻性。不过，加入引气剂，会使混凝土的强度和弹性模量有所降低。

常用的引气剂有松香热聚物、松香皂、烷基苯磺酸盐类、脂肪醇磺酸盐类等。适宜的掺量为水泥质量的 0.005%~0.01%。引气剂适用于配制抗冻混凝土、泵送混凝土、防水混凝土、港口混凝土、泌水严重的混凝土及腐蚀环境的混凝土。

3. 早强剂（Hardening Accelerating Admixture）

早强剂是指加速混凝土早期强度发展的外加剂。早强剂可改变水泥的水化过程或速度，加快混凝土强度的发展。常用早强剂有以下几种：

（1）氯化钙（氯化钠）早强剂

氯化钙的早强作用主要是因为它能与 C_3A 和 $Ca(OH)_2$ 反应生成不溶性复盐，即水化氯铝酸钙和氧氯酸钙，增加水泥浆体中的固相比例，提高早期强度；同时，液相中 $Ca(OH)_2$ 浓度降低，也促使 C_3S、C_2S 加速水化，使早期强度提高。

氯化钙的适宜掺量为 0.5%~3%。氯化钙早强效果显著，能使混凝土 3 d 强度提高 50%~100%，7 d 强度提高 20%~40%。但因氯化钙早强剂会产生氯离子，易使钢筋锈蚀，故施工中必须严格控制掺量。在钢筋混凝土中氯化钙的掺量不得超过水泥质量的 1%，必要时应与阻锈剂亚硝酸钠 $NaNO_2$ 复合使用；在无筋混凝土中掺量不得超过 3%。

（2）硫酸盐类早强剂

硫酸盐类早强剂主要有硫酸钠、硫代硫酸钠、硫酸钙、硫酸铝等。硫酸钠应用最多，效果较好。硫酸盐的早强作用主要是与水泥的水化产物 $Ca(OH)_2$ 反应，能迅速生成水化硫铝酸钙，增加固相体积，提高早期结构的密实度，同时也会加快水泥的水化速度，因而提高混凝土的早期强度。

硫酸钠的适宜掺量为 0.5%~2%，若掺量过多，则会导致混凝土后期强度变差，常以复合使用效果更佳。

（3）有机胺类早强剂

有机胺类早强剂主要有三乙醇胺、三乙丙醇胺、二乙醇胺等。其中，以三乙醇胺的早强效果为最佳。三乙醇胺是一种非离子型表面活性剂，它能降低水溶液的表面张力，增加水泥的分散速度，从而加快水泥的水化速度。

三乙醇胺掺量一般为 0.02%～0.05%，可使 3 d 强度提高 20%～40%，对后期强度影响较小，对钢筋无锈蚀作用，但会增大干缩。

4. 缓凝剂（Set Retarder）

缓凝剂是一种能推迟水泥水化反应，从而延长混凝土凝结时间的外加剂。使用缓凝剂可使新拌混凝土在较长时间内保持塑性，方便浇注，提高施工效率，同时不会对混凝土后期各项性能造成不良影响。

对于商品泵送混凝土，或者在夏季高温环境下施工的混凝土，采用缓凝剂还可以减少坍落度损失，保证混凝土正常运输和泵送施工，提高工效，避免材料浪费。对于大体积混凝土，通过添加缓凝剂，还可以降低混凝土绝对温升，延迟温峰出现时间，有效避免混凝土温度应力裂缝的产生。

缓凝剂种类较多，按其化学成分可分为无机缓凝剂和有机缓凝剂两大类。

无机缓凝剂主要包括磷酸盐、偏磷酸盐、锌盐、硫酸铁、硫酸铜、氟硅酸盐和硼砂等。应用较为广泛的无机缓凝剂是磷酸盐和偏磷酸盐类缓凝剂。

有机缓凝剂主要包括以下几种：

① 羟基羧酸、氨基羧酸及其盐，常见的有柠檬酸、葡萄糖酸、水杨酸等及其盐。其掺量一般为水泥质量的 0.005%～0.02%；

② 多元醇及其衍生物。这类缓凝剂的缓凝作用较为稳定，受温度影响较小，掺量一般为水泥质量的 0.005%～0.02%；

③ 糖类，如葡萄糖、蔗糖、糖蜜等及其衍生物。由于其原料广泛、价格低廉且缓凝作用较稳定而被广泛应用，掺量一般为水泥质量的 0.001%～0.03%。

5. 防冻剂（Anti-freezing Admixture）

能使混凝土在负温下硬化，并在规定养护条件下达到预期性能与足够防冻强度的外加剂。它是一种能在低温下防止水泥浆体中水分结冰的物质。防冻剂能降低混凝土拌和物的液相冰点，使水泥在负温下仍能继续水化，提高混凝土早期强度，以抵抗水结冰产生的膨胀压力，起到防冻作用。

防冻剂按其成分可分为强电解质无机盐类（氯盐类、氯盐阻锈类、无氯盐类）、水溶性有机化合物类、有机化合物与无机盐复合类、复合型防冻剂。防冻剂主要成分为亚硝酸钠、碳酸盐、氯化钙、亚硝酸钙、尿素、乙二醇等。它们可以降低混凝土拌合物中的冰点，用于各种混凝土工程，在寒冷季节施工时使用。实际应用中，防冻剂也可以与减水剂、引气剂等复合防冻，效果更好。

防冻剂主要适用于冬季负温条件下的施工。需注意的是，防冻剂本身并不一定能提高硬化后的混凝土抗冻性。

6. 矿物掺合料

制备混凝土时，为改善混凝土性能、节约水泥、调节混凝土强度等级而加入的天然或者人造的矿物材料，称为矿物掺合料（Mineral Admixture）。掺合料能显著改善混凝土的和易性，提高混凝土的强度，特别是后期强度；能降低单位体积混凝土内的水化热；能减少混凝土的收缩，主要是减少干燥收缩；能改善混凝土的耐久性。这里介绍的掺合料，是作为混凝土的第六种组分材料。

矿物掺合料分活性和非活性两种，通常使用的为活性矿物掺合料。它们具有火山灰活性，主要成分为 SiO_2 及 Al_2O_3。这种掺合料本身不具有或具有极低的胶凝特性，但在有水条件下，能与混凝土中的游离 $Ca(OH)_2$ 反应，生成胶凝性水化物，并能在空气或水中硬化。如粉煤灰、硅灰、磨细高炉矿渣及凝灰岩、硅藻土、沸石粉等天然火山灰质材料。

混凝土活性矿物掺合料有着悠久的应用历史。由于它能改善混凝土拌合物的和易性和抗离析性，且能提高硬化后混凝土的密实性、抗渗性、耐腐蚀性和强度，应用越来越广泛。特别是在商品混凝土、泵送高强混凝土中，粉煤灰等掺合料的应用效果更好。

（1）粉煤灰（Fly Ash）

粉煤灰是从燃烧煤的锅炉烟气中收集到的细粉末，其颗粒多呈球形，表面光滑。掺入混凝土中不仅可节约水泥，还能改善混凝土拌合物的和易性、可泵性，降低水化热，提高混凝土的抗渗性、抗硫酸盐腐蚀性，抑制碱-骨料反应。

根据燃煤品种分为 F 类粉煤灰（由无烟煤或烟煤燃烧收集的粉煤灰）和 C 类粉煤灰（由褐煤或次烟煤燃烧收集的粉煤灰，CaO 含量大于或等于 10%）。按国家标准《用于水泥和混凝土中的粉煤灰》（GB/T 1596—2017），根据细度、需水量和烧失量等分为三个等级：Ⅰ级、Ⅱ级、Ⅲ级。

拌制混凝土和砂浆用粉煤灰应符合表 4.20 中技术要求。

表 4.20　拌制混凝土和砂浆用粉煤灰技术要求

项目		技术要求		
		Ⅰ级	Ⅱ级	Ⅲ级
细度 （45 μm 方孔筛筛余）	F 类粉煤灰	≤12.0%	≤30.0%	≤45.0%
	C 类粉煤灰			
需水量比	F 类粉煤灰	≤95.0%	≤105.0%	≤115.0%
	C 类粉煤灰			
烧失量	F 类粉煤灰	≤5.0%	≤8.0%	≤10.0%
	C 类粉煤灰			
含水量	F 类粉煤灰	≤1.0%		
	C 类粉煤灰			
三氧化硫	F 类粉煤灰	≤3.0%		
	C 类粉煤灰			
游离氧化钙	F 类粉煤灰	≤1.0%		
	C 类粉煤灰	≤4.0%		
安定性 （雷氏夹沸煮后增加距离）	F 类粉煤灰	≤5.0 mm		
	C 类粉煤灰			

（2）粒化高炉矿渣粉（Ground Granulated Blast Furnace Slag Powder）

用作混凝土掺合料的粒化高炉矿渣粉，是由粒化高炉矿渣经干燥、磨细到一定细度而成的粉体，含有活性 SiO_2 和 Al_2O_3，因此具有较高的活性，其掺量及效果均高于粉煤灰。粒化高炉矿渣粉是混凝土优质掺合料，它不仅可等量取代混凝土中的水泥，而且能使混凝土的每项性能均获得显著改善，如降低水化热，提高抗渗性和抗化学腐蚀等耐久性、抑制碱-骨料反应，以及大幅度提高长期强度。

粒化高炉矿渣粉按其活性指数和流动度比两项指标分为 3 个等级：S105、S95 和 S75。活性指数是指以粒化高炉矿渣粉取代 50%水泥后的试验砂浆强度与对比的水泥砂浆强度值之比。流动度比则是这两种砂浆流动度的比值。按《用于水泥和混凝土中的粒化高炉矿渣粉》（GB/T 18046—2017）规定，粒化高炉矿渣粉应符合表 4.21 所列的技术要求。

表 4.21　粒化高炉矿渣粉技术要求

项目		技术要求		
		S105	S95	S75
密度/（g/cm³）		≥2.8		
比表面积/（m²/kg）		≥500	≥400	≥300
活性指数/%	7 d	≥95	≥70	≥55
	28 d	≥105	≥95	≥75
流动度比/%		≥95		
初凝时间比/%		≤200		
含水量（质量分数）/%		≤1.0		
三氧化硫（质量分数）/%		≤4.0		
氯离子（质量分数）/%		≤0.06		
烧失量（质量分数）/%		≤1.0		
玻璃体含量（质量分数）/%		≥85		
放射性		$I_{Ra} ≤ 1.0$ 且 $I_r ≤ 1.0$		

掺粒化高炉矿渣粉的混凝土与普通混凝土用途一样，可用于钢筋混凝土、预应力钢筋混凝土和素混凝土。大掺量粒化高炉矿渣粉混凝土更适用于大体积混凝土、地下工程和水下工程等。粒化高炉矿渣粉还可用于配制高强度混凝土、高性能混凝土。

（3）硅灰（Silica Fume）

硅灰又称硅粉或硅烟灰，是从生产硅铁合金或硅钢等所排放的烟气中收集到的颗粒极细的烟尘，色呈浅灰到深灰。硅灰颗粒是极细的玻璃球体，平均粒径为 0.1 ~ 0.2 μm，是水泥颗粒粒径的 1/50 ~ 1/100，比表面积为 20 000 ~ 25 000 m²/kg。硅灰成分中 SiO_2 含量高达 80%以上，具有很高的火山灰活性，可配制高强、超高强混凝土，其掺量一般为水泥用量的 5% ~ 10%。在配制超高强度混凝土时，掺量可达 20% ~ 30%。由于硅灰具有高比表面积，需水量大，将其作为混凝土掺合料须配以减水剂才能保证混凝土的和易性。

硅灰取代水泥后，其作用与粉煤灰相似，可改善混凝土拌合物的和易性，降低水化热，提高混凝土抗侵蚀、抗冻、抗渗性能，抑制碱-骨料反应，且效果要比粉煤灰的好很多。硅灰中 SiO_2 在早期即可与 $Ca(OH)_2$ 发生反应，生成水化硅酸钙，因此，用硅灰取代水泥可提高混凝土的早期强度。

【工程实例分析 4.1】 使用受潮水泥

【现象】 某车间建造单层砖房屋，采用预制空心板及 11 m 跨现浇钢筋混凝土大梁，10 月开工，使用进场已 3 个多月并存放在潮湿处的水泥施工。次年 1 月 4 日下午，拆完大梁底模板和支撑后，房屋全部倒塌。

【原因分析】 事故的主因是使用受潮水泥，且采用人工搅拌，无严格配合比。在倒塌后用回弹仪测定大梁混凝土的平均抗压强度仅 5 MPa，有些地方甚至测不出回弹值。此外，还存在振捣不密实、配筋不足等问题。

【防治措施】
① 施工现场入库水泥应按品种、强度等级、出厂日期分别堆放，并建立标志。先到先用，防止混乱。
② 防止水泥受潮。如水泥不慎受潮，可分情况处理后使用。

【工程实例分析 4.2】 骨料杂质多，危害混凝土强度

【现象】 某中学一栋砖混结构教学楼，在结构完工、进行屋面施工时，屋面局部倒塌。对设计方面审查未发现任何问题。对施工方面审查发现：设计使用 C20 的混凝土，施工时未留试块，事后鉴定其强度仅 C7.5 左右，在断口处可清楚看出砂石未洗净，骨料中混有鸽蛋大小的黏土块和树叶等杂质。此外，梁主筋偏于一侧，受拉区 1/3 宽度内几乎无钢筋。

【原因分析】 骨料中的杂质对混凝土强度有重大的影响，必须严格控制杂质含量。树叶等杂质会影响混凝土的强度。泥块对混凝土性能影响严重。泥块黏附在骨料表面，也会妨碍水泥石与骨料的黏结，降低混凝土强度，还会增加拌和水量，加大混凝土的干缩，降低抗渗性和抗冻性。

【工程实例分析 4.3】 含糖分的水使混凝土 2 d 仍未凝结

【现象】 某糖厂修建宿舍，以自来水拌制混凝土，浇筑后用曾装过食糖的麻袋覆盖于混凝土表面，再淋水养护。后来发现该水泥混凝土 2 d 仍未凝结，而水泥经检验无质量问题。

【原因分析】 由于养护水淋于曾装过食糖的麻袋，养护水混入了食糖，而含糖的水对水泥的凝结有抑制作用，从而使混凝土凝结异常。

4.3 普通混凝土的主要性能

混凝土的主要性能包括混凝土拌合物（Mixture）的和易性，硬化混凝土的强度、变形及耐久性。

4.3.1 混凝土拌合物的和易性

混凝土的各组成材料按一定比例配合，经搅拌均匀后、未凝结硬化之前，称为混凝土拌合物（Mixture）。为保证施工顺利，混凝土拌合物在搅拌、浇筑、振捣、成型过程中应表现出良好的综合性能。混凝土拌合物的性能主要包括和易性和凝结时间等。

1. 和易性的概念

和易性（Workability）又称工作性，是指混凝土拌合物易于施工操作（搅拌、运输、浇筑、振捣）并能获得质量均匀、成型密实的混凝土的性质。和易性是一项综合性质，包括流动性、黏聚性和保水性三方面的含义。

（1）流动性

流动性（Fluidity 或 Mobility）是指新拌混凝土在自重或机械振捣作用下，能产生流动，并自动均匀地充满模板的性能。流动性好的混凝土操作方便，易于捣实成型。

（2）黏聚性

黏聚性（Cohesiveness）是指新拌混凝土在施工过程中，其组成材料之间具有一定黏聚力，不致发生分层（即混凝土拌合物各组分出现层状分离现象）和离析（即混凝土拌合物内某些组分分离、析出现象）现象。在外力作用下，混凝土拌合物各组成材料的沉降不同，若配合比例不当，黏聚性差，则施工中易发生分层和离析等情况，致使混凝土硬化后出现"蜂窝""麻面"等缺陷，影响混凝土的强度和耐久性。

（3）保水性

保水性（Water Retentivity）是指新拌混凝土在施工过程中，具有一定的保水能力，不致发生严重泌水现象（即混凝土拌合物中部分水从水泥浆中泌出的现象）。产生严重泌水的混凝土内部容易形成透水通路、上下薄弱层、钢筋或石子下部水隙等缺陷。这些缺陷都将影响混凝土的密实性，降低混凝土的强度和耐久性。

若混凝土的黏聚性和保水性不好，混凝土易出现分层、离析的现象，如图 4.5 所示。

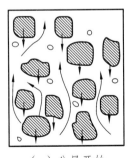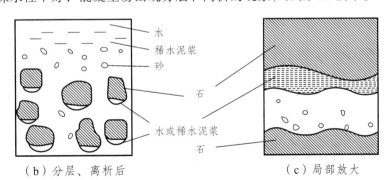

（a）分层开始　　　　（b）分层、离析后　　　　（c）局部放大

图 4.5　混凝土分层、离析现象示意图

通过以上分析可以看出，混凝土拌合物的流动性、黏聚性和保水性有其各自的内涵，而它们之间既互相联系又存在矛盾。和易性则是这三方面性质在某种具体条件下的矛盾统一体。

2. 和易性的测定方法及评定

由于混凝土和易性是一项综合技术性质，很难用一种单一的试验方法全面地反映混凝土拌合物的和易性，通常是以测定拌合物稠度（流动性）为主，辅以目测和经验评定黏聚性、保水性。《普通混凝土拌合物性能试验方法标准》（GB/T 50080—2016）规定，根据拌合物流动性不同，混凝土的稠度测定可采用坍落度、维勃稠度和扩展度法。坍落度适用于塑性和流动性混凝土拌合物，维勃稠度适用于干硬性混凝土拌合物。对自密实混凝土、泵送混凝土的工作性还需要测量其扩展度指标。

（1）坍落度

坍落度（Slump）指混凝土拌合物在自重作用下坍落的高度。使用坍落度测定混凝土拌合物稠度的方法适用于粗骨料最大粒径不大于 40 mm、坍落度不小于 10 mm 的混凝土拌合物。

坍落度试验（图 4.6）的方法是：将拌合物按规定方法装入标准圆锥坍落度筒内，并均匀插捣、装满刮平后，将筒平稳垂直地向上提起；这时，拌合物在重力作用下自动坍落；最后，测量筒高与坍落后混凝土试件最高点之间的高度（mm），所得数据即为坍落度。坍落度筒的提离过程宜控制在 3 ~ 7 s；从开始装料到提坍落度筒的整个过程应连续进行，并应在 150 s 内完成。

坍落度愈大，表示混凝土拌合物的流动性愈大。测定坍落度的同时应观察混凝土拌合物的黏聚性和保水性，以全面评定混凝土的和易性。

黏聚性的评定方法是：用捣棒在坍落的混凝土锥体侧面轻轻敲打，若锥体逐渐下沉，则表明黏聚性良好；如果锥体倒塌、部分崩裂或出现离析现象，则表示黏聚性不好。

保水性是以混凝土拌合物中稀水泥浆析出的程度来评定的。坍落度筒提起后，如有较多稀水泥浆从底部析出，锥体部分混凝土拌合物也因失浆导致骨料外露，则表明混凝土拌合物的保水性不好；如无稀水泥浆或仅有少量稀水泥浆自底部析出，则表示此混凝土拌合物保水性良好。

根据坍落度不同，可将混凝土拌合物分为四级，见表 4.22。

表 4.22　混凝土拌合物流动性的级别（以坍落度分级）

级别	名称	坍落度/mm
T1	低塑性混凝土	10 ~ 40
T2	塑性混凝土	50 ~ 90
T3	流动性混凝土	100 ~ 150
T4	大流动性混凝土	≥160

注：在分级评定时，坍落度检验结果值取舍到临近 10 mm。

（2）维勃稠度

使用维勃稠度测定混凝土拌合物稠度的方法适用于粗骨料最大粒径不大于 40 mm、坍落度小于 10 mm 的混凝土拌合物。

维勃稠度试验（图 4.7）的方法是：将混凝土拌合物按规定的方法装入坍落度筒内捣实，待装满刮平后，将坍落度筒垂直向上提起，把透明盘转到混凝土圆台体台顶；开启振动台同时用秒表计时，当透明圆盘的底面被水泥浆布满的瞬间停表计时，关闭振动台，所读秒数即为该混凝土的维勃稠度值。该法适用于骨料最大粒径不超过 40 mm、维勃稠度在 5~30 s 之间的混凝土拌合物稠度测定。

图 4.6　混凝土拌合物坍落度的测定　　　　图 4.7　维勃稠度仪

根据维勃稠度的大小，混凝土拌合物也分为四级，见表 4.23。

表 4.23　混凝土拌合物流动性的级别（以维勃稠度分级）

级别	名称	维勃稠度/s
V0	超干硬性混凝土	≥31
V1	特干硬性混凝土	30~21
V2	干硬性混凝土	20~11
V3	半干硬性混凝土	10~5

（3）扩展度

扩展度是混凝土拌合物坍落后扩展的直径。扩展度试验方法宜用于骨料最大公称粒径不大于 40 mm、坍落度不小于 160 mm 混凝土扩展度的测定。

扩展度试验的方法是：将混凝土拌合物按规定的方法装入坍落度筒内捣实，待装满刮平，清除筒边底板上的混凝土后，垂直平稳地提起坍落度筒，坍落度筒的提离过程宜控制在 3~7 s；当混凝土拌合物不再扩散或扩散持续时间已达 50 s 时，使用钢尺测量混凝土拌合物展开扩展面的最大直径以及与最大直径呈垂直方向的直径。当两直径之差小于 50 mm 时，应取其算术平均值作为扩展度试验结果；当两直径之差不小于 50 mm 时，应重新取样另行测定。扩展度试验从开始装料到测得混凝土扩展度值的整个过程应连续进行，并应在 4 min 内完成。发现粗骨料在中央堆集或边缘有浆体析出时，表明黏聚性和保水性不好。

预拌混凝土的坍落度检查应在交货地点进行，由于预拌混凝土一般在商品混凝土搅拌站生产，运至工地坍落度易损失，影响混凝土的工作性。特别是泵送高强混凝土，进场时应检查其工作性指标。泵送高强混凝土的稠度应满足坍落度≥220 mm，扩展度≥500 mm。

（4）流动性（坍落度）的选择

截面尺寸较小，或钢筋较密，或采用人工插捣时，坍落度可选择大些；反之，如构件截面尺寸较大，或钢筋较疏，或采用振捣器振捣时，坍落度可选择小些。按《混凝土结构工程施工质量验收规范》（GB 50204—2021）规定，混凝土灌注时的坍落度宜按表 4.23 选用。

表 4.23　混凝土浇筑时的坍落度

结构种类	坍落度/mm
基础或地面等的垫层、无配筋的大体积结构（挡土墙、基础等）或配筋稀疏的结构	10～30
板、梁及大型和中型截面的柱子等	30～50
配筋密列的结构（薄壁、斗仓、筒仓、细柱等）	50～70
配筋特密的结构	70～90

注：a　本表系采用机械振捣混凝土时的坍落度，采用人工捣实时其值可适当增大；
　　　b　需配制泵送混凝土时，应掺外加剂，坍落度宜为 110～180 mm。

3. 影响和易性的因素

影响混凝土拌合物和易性的主要因素有以下几方面：

（1）水泥品种

不同品种的水泥，其颗粒特征不同，需水量也不同。硅酸盐系常用水泥相比较，当水胶比相同时，硅酸盐水泥和普通水泥拌制的混凝土流动性较火山灰水泥好；矿渣水泥拌制的混凝土保水性较差；用粉煤灰水泥拌制的混凝土流动性最好，保水性和黏聚性也较好。

水泥颗粒越细，混凝土拌合物黏聚性与保水性越好。当比表面积在 280 m^2/kg 以下时，混凝土的泌水性增大。

（2）水泥浆数量——浆集比

浆集比是指混凝土拌合物中水泥浆与骨料的质量比。水泥浆赋予混凝土拌合物一定的流动性，在水胶比不变的情况下，单位体混凝土积拌合物内增加水泥浆数量，可增大混凝土拌合物的流动性。但如果水泥浆数量过多，会产生流浆现象，容易发生离析；如果水泥浆数量过少，则骨料间缺少黏结物质，黏聚性变差，易出现崩坍。因此，水泥浆的数量和稠度对新拌混凝土的和易性有显著影响。

（3）水泥浆的稠度——水胶比

水泥浆的稠度是由水胶比所决定的。水胶比是指混凝土中用水量与胶凝材料用量的质量比。在胶凝材料用量不变的情况下，水胶比越小，水泥浆越稠，混凝土拌合物的流动性越小。当水胶比过小时，水泥浆干稠，混凝土拌合物的流动性过低，导致施工困难，难以保证混凝土的密实性。水胶比增大会使流动性增大，但如果水胶比过大，又会造成混凝土拌合物的黏聚性和保水性不良，从而产生流浆、离析现象，并严重影响混凝土的强度。因此，水胶比不能过小或过大，一般应根据混凝土强度和耐久性要求合理选用。

实践证明，用水量是影响混凝土流动性最大的因素。当单位用水量不变，在一定范围内其他材料的量的波动对混凝土拌合物流动性影响并不十分显著，因此可以在单位用水量与拌合物流动性之间建立数量关系，即恒定用水量法则——一定条件下要使混凝土获得一定值的坍落度，需要的单位用水量是一个定值。单位用水量与坍落度间的数量关系可以通过试验获得，如表 4.24、表 4.25 所示。

表 4.24　干硬性混凝土的用水量　　　　　　　　单位：kg/m³

项目	指标	卵石最大粒径			碎石最大粒径		
		10 mm	20 mm	40 mm	16 mm	20 mm	40 mm
维勃稠度	16～20 s	175	160	145	180	170	155
	11～15 s	180	165	150	185	175	160
	5～10 s	185	170	155	190	180	165

表 4.25　塑性混凝土用水量　　　　　　　　单位：kg/m³

项目	指标	卵石最大粒径				碎石最大粒径			
		10 mm	20 mm	31.5 mm	40 mm	16 mm	20 mm	31.5 mm	40 mm
坍落度	10～30 mm	190	170	160	150	200	185	175	165
	35～50 mm	200	180	170	160	210	195	185	175
	55～70 mm	210	190	180	170	220	205	195	185
	75～90 mm	215	195	185	175	230	215	205	195

注：a 本表用水量系采用中砂时的平均值，采用细砂时，每立方米混凝土用水量可增加 5～10 kg，采用粗砂
　　　时则可减少 5～10 kg；
　　b 掺用各种外加剂或掺合料时，用水量应相应调整。

由表 4.24、表 4.25 可知，用水量的多少还与骨料种类和最大粒径有关。当坍落度一定时，石子最大粒径增大，用水量减少；当石子最大粒径不变时，增加坍落度则用水量增加。利用表中数据可直接估计初步用水量，为混凝土配合比的设计提供方便。

（4）砂　　率

砂率（Sand Ratio）β_s 是指混凝土中砂的质量占砂石总质量的百分率，可按式（4.5）计算。

$$\beta_s = \frac{m_{s0}}{m_{s0} + m_{g0}} \tag{4.5}$$

式中　m_{g0}——每立方米混凝土的粗集料用量（kg）；

　　　m_{s0}——每立方米混凝土的细集料用量（kg）；

　　　β_s——砂率（%）。

砂率的变动会使骨料的空隙率和骨料的总表面积发生显著改变，从而对混凝土拌合物的和易性产生显著影响。砂率过大时，骨料的总表面积及空隙率都会增大，若水泥浆量固定不变，相对地水泥浆就显得少了，减弱了水泥浆的润滑作用，而使混凝土拌合物的流动性减小；砂率过小时，又不能保证在粗骨料之间有足够的砂浆层，也会降低混凝土拌合物的流动性，且黏聚性和保水性也会变差，造成离析、流浆现象。因此，砂率过大或过小都不好，这中间存在着一个合理砂率值（又称最优砂率）。合理砂率值是指在用水量及水泥用量一定时，能使混凝土拌合物获得最大流动性，且黏聚性及保水性良好的砂率值，如图 4.8 所示。采用合理砂率值，能使混凝土拌合物获得所要求的流动性及良好的黏聚性与保水性的条件下，水泥用量最小，如图 4.9 所示。

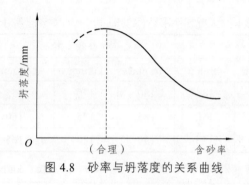

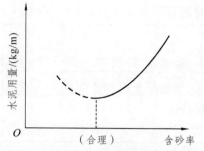

图 4.8　砂率与坍落度的关系曲线　　　　图 4.9　砂率与水泥浆数量的关系曲线

影响合理砂率大小的因素很多，可概括为：

① 石子最大粒径较大、级配较好、表面光滑时，由于粗骨料的空隙率较小，可采用较小砂率。

② 砂的细度模数较小时，由于砂中细颗粒多，混凝土的黏聚性容易得到保证，可采用较小砂率。

③ 水泥浆较稠（水胶比小）时，由于混凝土的黏聚性较易得到保证，可采用较小砂率。

④ 施工要求的流动性较大时，粗骨料常出现离析现象，所以为保证混凝土的黏聚性，需采用较大砂率；当掺用引气剂或减水剂等外加剂时，可适当减小砂率。

确定砂率的方法较多，可以根据本地区、本单位的经验积累数值选用；若无经验数据，可查表 4.26，也可通过计算确定。

表 4.26　混凝土用砂率选用

水胶比	卵石最大粒径			碎石最大粒径		
	10 mm	20 mm	40 mm	16 mm	20 mm	40 mm
0.40	26%～32%	25%～31%	24%～30%	30%～35%	29%～34%	27%～32%
0.50	30%～35%	29%～34%	28%～33%	33%～38%	32%～37%	30%～35%
0.60	33%～38%	32%～37%	31%～36%	36%～41%	35%～40%	33%～38%
0.70	36%～41%	35%～40%	34%～39%	39%～44%	38%～43%	36%～41%

注：a 本表适用于坍落度 10～60 mm 的混凝土；若坍落度大于 60 mm，应在表中数据的基础上，按坍落度每增大 20 mm、砂率增大 1% 予以调整；
　　b 本表数值系中砂的选用砂率，对细（粗）砂，可相应地减少（增大）砂率；
　　c 只用一个单粒级粗骨料配制混凝土时，砂率应适当增大；
　　d 掺有外加材料时，合理砂率值应通过试验或参考有关规定确定或选用。

（5）外加剂

在拌制混凝土时，加入很少量的外加剂能使混凝土拌合物在不增加水泥用量的条件下，获得很好的和易性，增大流动性，改善黏聚性，降低泌水性，提高混凝土的耐久性。

（6）时间和温度

混凝土拌合物拌制后，随着时间延长而逐渐变得干硬，流动性逐渐变小。水分损失原因是：水泥水化消耗掉一部分水；骨料吸收一部分水；水分蒸发一部分。新拌混凝土流动性随时间的延长而减少的现象称为坍落度损失。由于混凝土拌合物流动性会随温度和时间而减少，浇筑时测量的和易性更具实际意义。因此，在施工中测定和易性的时间，应以搅拌后 15 min 为宜。

4. 和易性的调整与改善

① 当混凝土流动性小于设计要求时，为了保证混凝土的强度和耐久性，不能单独加水，必须保持水胶比不变，增加水泥浆用量；

② 当坍落度大于设计要求时，可在保持砂率不变的前提下，增加砂石用量，减少水泥浆数量，选择合理的浆集比；

③ 改善骨料级配，既可增加混凝土流动性，也能改善黏聚性和保水性；

④ 掺减水剂或引气剂，是改善混凝土和易性的有效措施；

⑤ 尽可能选用最优砂率，当黏聚性不足时可适当增大砂率。

【工程实例分析 4.4】 骨料含水量波动对混凝土和易性的影响

【现象】 某混凝土搅拌站用的骨料含水量波动较大，其混凝土强度不仅离散程度较大，且有时会出现卸料及泵送困难，有时又易出现离析现象。

【原因分析】 由于骨料，特别是砂的含水量波动较大，使实际配合比中的加水量随之波动，导致加水量不足时混凝土坍落度不够，水量过多时坍落度过大。当坍落度过大时，混凝土强度的离散程度也就较大，易出现离析现象，若振捣时间过长，还会造成"过振"。

【工程实例分析 4.5】 碎石形状对混凝土和易性的影响

【现象】 某混凝土搅拌站原混凝土配比均可生产出性能良好的泵送混凝土。后因供应商问题进了一批针片状多的碎石，当班技术人员未引起重视，仍按原配比制备混凝土，后发觉混凝土坍落度明显下降，难以泵送，现场临时加水泵送。

【原因分析】 混凝土坍落度下的原因是针片状碎石增多，表面积增大。在其他材料及配比不变的条件下，这必然会导致坍落度下降。当坍落度下降难以泵送时，在现场简单地加水虽可解决泵送问题，但对混凝土的强度及耐久性均有不利影响，还会引起泌水等问题。

4.3.2 混凝土的强度

混凝土的强度包括抗压、抗拉、抗弯、抗剪及握裹钢筋强度等，其中抗压强度最大，故工程上混凝土主要承受压力。混凝土的抗压强度与其他强度间有一定的相关性，可以根据抗压强度的大小来估计其他强度值，因此混凝土的抗压强度是其最重要的一项性能指标。

1. 混凝土的抗压强度与强度等级

（1）混凝土立方体抗压强度（Cubic Compressive Strength For Concrete）

按照国家标准《混凝土物理力学性能试验方法标准》（GB/T 50081—2019）规定，将混凝土拌合物制作成边长为 150 mm 的立方体试件，在标准养护条件（温度 20 ℃ ± 2 ℃，相对湿度是 95%以上）下，养护到 28 d 龄期，测得的抗压强度值称为混凝土立方体试件抗压强度，以 f_{cu} 表示（单位为 N/mm²，即 MPa），简称立方体抗压强度。

测定混凝土抗压强度时，也可采用非标准尺寸的试件，然后将测定结果乘以尺寸换算系数，换算成相当于标准试件的强度值。对于边长为 100 mm 的立方体试件，应乘以尺寸换算系数 0.95；对于边长为 200 mm 的立方体试件，应乘以尺寸换算系数 1.05。

（2）混凝土立方体抗压强度标准值与强度等级

按照国家标准《混凝土结构设计规范》（GB 50010—2010），混凝土抗压强度等级（Strength Grade of Concrete）应按立方体抗压强度标准值确定。混凝土立方体抗压强度标准值（Standard Cubic Compressive Strength for Concrete）是按标准方法制作、养护的边长为 150 mm 的立方体试件，在 28 d 或设计规定龄期，以标准试验方法测得的具有 95%保证率的抗压强度值，以 $f_{cu, k}$ 表示。

普通混凝土通常划分为 C15、C20、C25、C30、C35、C40、C45、C50、C55、C60、C65、C70、C75、C80 等强度等级。素混凝土结构的混凝土强度等级不应低于 C15；钢筋混凝土结构的混凝土强度等级不应低于 C20；采用强度级别 400 MPa 及以上的钢筋时，混凝土强度等级不应低于 C25；承受重复荷载的钢筋混凝土构件，混凝土强度等级不应低于 C30；预应力混凝土结构的混凝土强度等级不宜低于 C40，且不应低于 C30。

（3）混凝土轴心抗压强度（Axial Compressive Strength for Concrete）

在结构设计中，混凝土受压构件的计算常采用混凝土的轴心抗压强度。轴心抗压强度的测定采用 150 mm × 150 mm × 300 mm 的棱柱体作为标准试件，也采用边长为 100 mm × 100 mm × 300 mm 和 200 mm × 200 mm × 400 mm 的棱柱体试件作为非标准试件。混凝土强度等级小于 C60 时，用非标准试件测得的强度值均应乘以尺寸换算系数：对 100 mm × 100 mm × 300 mm 试件为 0.95，对 200 mm × 200 mm × 400 mm 试件为 1.05。当混凝土强度等级不小于 C60 时，宜采用标准试件；使用非标准试件时，尺寸换算系数应由试验确定。

混凝土轴心抗压强度的标准值 f_{ck} 与混凝土强度等级应按表 4.27 采用。

表 4.27　混凝土轴心抗压强度标准值

混凝土强度等级	C15	C20	C25	C30	C35	C40	C45	C50	C55	C60	C65	C70	C75	C80
F_{ck}/（N/mm^2）	10.0	13.4	16.7	20.1	23.4	26.8	29.6	32.4	35.5	38.5	41.5	44.5	47.4	50.2

2. 混凝土的抗拉强度

混凝土是一种脆性材料，在受拉时有很小的变形就会开裂，故混凝土一般不用来直接承受拉力，但抗拉强度却是结构设计中确定混凝土抗裂度的重要指标，有时也用来衡量混凝土与钢筋的黏结强度。混凝土的抗拉强度，有轴心抗拉强度和劈裂抗拉强度。

（1）混凝土轴心抗拉强度（Axial Tensile Strength for Concrete）

轴心抗拉强度常用∞形试件或棱柱体试件直接测定。经试验统计 C10 ~ C45 的混凝土，其轴心抗拉强度平均值与混凝土立方体抗压强度平均值的关系为

$$f_t = 0.26 f_{cu}^{2/3} \tag{4.6}$$

式中　f_t, f_{cu}——轴心抗拉强度和立方体抗压强度的平均值（MPa）。

考虑试验误差和安全，《混凝土结构设计规范》（GB 50010—2010）规定：

$$f_t = 0.23 f_{cu}^{2/3} \tag{4.7}$$

轴心抗拉强度的标准值 f_{tk} 与混凝土强度等级应按表 4.28 采用。

表 4.28　混凝土轴心抗拉强度标准值

混凝土强度等级	C15	C20	C25	C30	C35	C40	C45	C50	C55	C60	C65	C70	C75	C80
$f_{tk}/$（N/mm²）	1.27	1.54	1.78	2.01	2.20	2.39	2.51	2.64	2.74	2.85	2.93	2.99	3.05	3.11

（2）劈裂抗拉强度

混凝土轴心抗拉强度测定方法试验难度较大，试验结果不准确，因而多用劈裂抗拉强度试验法间接地求出混凝土的抗拉强度。目前，我国采用 150 mm × 150 mm × 150 mm 的立方体试件作为混凝土的劈裂抗拉强度试验标准试件。试验装置如图 4.10 所示。若采用 100 mm × 100 mm × 100 mm 的非标准立方体试件时，所得劈裂抗拉强度试验结果应乘以换算系数 0.85。

混凝土劈裂抗拉强度为

$$f_{ts} = \frac{2F}{\pi A} = 0.637 \frac{F}{A} \tag{4.8}$$

式中　f_{ts}——混凝土劈裂抗拉强度（MPa）；

　　　　F——破坏荷载（N）；

　　　　A——试件劈裂面面积（mm²）。

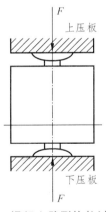

图 4.10　混凝土劈裂抗拉试验装置

3. 混凝土抗折强度

混凝土的抗折强度，也称抗弯拉强度。测定混凝土抗折强度的标准试件是边长为 150 mm × 150 mm × 600 mm 或 150 mm × 150 mm × 550 mm 的棱柱体试件。抗折试验装置如图 4.11 所示：双点加荷的钢制加荷头应使两个相等的荷载同时垂直地作用在试件跨度的两个三分点处，与试件接触的两个支座头和两个加荷头应采用直径为 20 ～ 40 mm、长度不小于（$b+10$）mm 的硬钢圆柱，支座立脚点应为固定铰支，其他 3 个应为滚动支点。

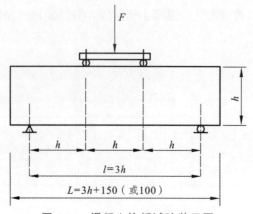

图 4.11 混凝土抗折试验装置图

混凝土抗折强度 f_f 应按下式计算：

$$f_f = \frac{Fl}{bh^2} \qquad\qquad (4.9)$$

式中　f_f——混凝土抗折强度（MPa），计算结果应精确至 0.1 MPa；

　　　l——支座间跨度（mm）；

　　　b——试件截面宽度（mm）；

　　　h——试件截面高度（mm）。

当试件尺寸为 100 mm × 100 mm × 400 mm 的非标准试件时，应乘以尺寸换算系数 0.85。当混凝土强度等级不小于 C60 时，宜采用标准试件；使用非标准试件时，尺寸换算系数应由试验确定。

4. 影响混凝土强度的因素

影响混凝土抗压强度的因素很多，可从原材料、生产工艺和试验三方面加以讨论。

（1）原材料因素

① 水泥强度。

水泥强度的大小直接影响混凝土强度。在配合比相同的条件下，所用的水泥强度等级越高，制成的混凝土强度也越高。试验证明，混凝土强度与水泥强度成正比关系。

② 水胶比。

当用同一种水泥（品种及强度等级相同）时，混凝土的强度主要决定于水胶比，因为水泥水化时所需的结合水，一般只占水泥质量的 23%左右。但在拌制混凝土拌合物时，为了获得必要的流动性，常加入较多的水（占水泥质量的 40%～70%），即使用较大的水胶比。当混凝土硬化后，多余的水分或残留在混凝土中形成水泡，或蒸发后形成气孔，这些初始缺陷不仅大大地减小了混凝土抵抗荷载的实际有效断面，而且可能在孔隙周围产生应力集中。因此，满足和易性要求的混凝土，在水泥强度等级相同的情况下，水胶比越小，水泥石的强度越高，与骨料黏结力也越大，混凝土的强度就越高。如果水胶比太小，混凝土拌合物过于干硬，在一定的捣实成型条件下，无法保证浇灌质量，混凝土中将出现较多的蜂窝、孔洞，强度也将下降。

试验表明，在材料相同的情况下，混凝土强度随水胶比的增大而降低，规律呈曲线关系，如图 4.12（a）所示；而混凝土强度与胶水比的关系，则呈直线关系，如图 4.12（b）所示。

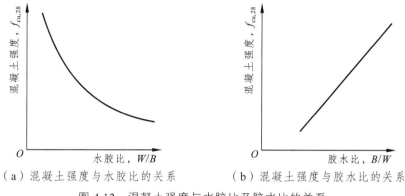

（a）混凝土强度与水胶比的关系   （b）混凝土强度与胶水比的关系

图 4.12　混凝土强度与水胶比及胶水比的关系

瑞士学者保罗米通过大量试验研究，应用数理统计提出混凝土强度关系式如下：

$$f_{cu,0} = af_{ce}(B/W - b) \qquad (4.10)$$

式中　$f_{cu,0}$——混凝土 28 d 龄期立方体抗压强度（MPa）；

　　　f_{ce}——水泥实际强度（MPa），可通过试验确定，当无法取得水泥实际强度值时，可采用式 $f_{ce} = \gamma_f f_{ce,g}$ 估计计算；

　　　$f_{ce,g}$——水泥强度等级值（MPa）；

　　　B/W——胶水比；

　　　a,b——经验系数，与集料品种、水泥品种和施工方法有关：当原材料与工艺措施相同时，a、b 可视为常数，对碎石，取 $a=0.53$，$b=0.20$；对卵石，取 $a=0.49$，$b=0.13$。当材料的品种和质量不同时，应尽可能结合工程实际通过试验求得数据。

利用上述经验公式可以初步解决以下两个问题：第一，当所采用的水泥强度等级已定，欲配制某种强度的混凝土时，可以估计采用的水胶比值；第二，当已知所采用的水泥强度等级及水胶比值时，可以估计混凝土 28 d 可能达到的强度。

③ 骨料的种类、质量和数量。

骨料表面状况会影响水泥石与骨料的黏结，从而影响混凝土强度。碎石表面粗糙，黏结力较大；卵石表面光滑，黏结力较小。因此，在相同水胶比条件下，碎石混凝土的强度比卵石的强度高。特别是在水胶比小于 0.4 时，差异较明显。混凝土中，如果骨料本身的强度比水泥石高，骨料不直接影响混凝土的强度，但若骨料经风化等作用强度降低时，则会影响到混凝土的强度。

④ 外加剂和掺合料。

在水泥强度和水胶比确定的条件下，水胶比越小，混凝土强度越高，但是水胶比越小，混凝土的流动性越差。掺入外加剂可在较小的水胶比的情况下获得较高的流动性。

在混凝土中掺入掺合料，可提高水泥石的密实度，改善水泥石与骨料间的黏结能力，提高混凝土强度。因此，掺入外加剂和掺合料是配制高强度混凝土和高性能混凝土必需的技术途径。

（2）生产工艺因素

这里所指的生产工艺因素，包括混凝土生产过程中涉及的施工（搅拌、捣实）、养护条件、养护时间等因素。如果这些因素控制不当，会对混凝土强度产生严重影响。

① 施工条件——搅拌与振捣。

在施工过程中，必须将混凝土拌合物搅拌均匀，浇筑后必须捣固密实，才能使混凝土有达到预期强度的可能。

由于机械搅拌和捣实的力度比人力强，混凝土拌合物更均匀、更密实。强力的机械捣实可应用于更低水胶比的混凝土拌合物，获得更高的强度。改进施工工艺也可提高混凝土强度，如采用分次投料搅拌工艺、高速搅拌工艺，采用高频或多频振捣器，采用二次振捣工艺等都会有效提高混凝土强度。

② 养护条件。

混凝土的养护条件主要指所处的环境温度和湿度，它们通过影响水泥水化进程而影响混凝土强度。

养护环境温度高，水泥水化速度加快，混凝土早期强度高；反之亦然。若温度降到冰点以下，不但水泥水化停止，而且有可能因冰冻导致混凝土结构疏松，强度严重下降，尤其是早期混凝土应特别加强防冻措施。为加快水泥水化速度，可采用湿热养护的方法，即蒸汽养护或蒸压养护。

湿度通常指的是空气相对湿度。相对湿度低，混凝土中的水挥发快，混凝土可能因缺水而停止水化，强度发展受阻。另外，混凝土在强度较低时失水过快，极易引起干燥收缩，影响硬化混凝土的耐久性。一般在混凝土浇筑完毕后的 12 h 以内，应对混凝土加以覆盖并保湿养护。对采用硅酸盐水泥、普通硅酸盐水泥或矿渣硅酸盐水泥拌制的混凝土，浇水养护不得少于 7 d；对使用粉煤灰水泥和火山灰水泥，或掺有缓凝剂、膨胀剂，或有防水、抗渗要求的混凝土，浇水养护不得少于 14 d。浇水次数应能保持混凝土处于湿润状态，混凝土养护用水应与拌制用水相同，采用塑料布覆盖养护混凝土的全部表面，并保持塑料布内有凝结水。混凝土强度达到 1.2 N/mm² 前，不得在上面踩踏或安装模板及支架。

③ 龄期（Age）。

龄期是指混凝土在正常养护条件下所经历的时间。在正常的养护条件下，混凝土强度随着水泥水化而逐渐提高。最初的 7 ~ 14 d，混凝土强度增长速度较快，28 d 后强度增长较慢。在标准条件下养护普通水泥制成的混凝土，混凝土强度发展大致与其龄期（龄期不小于 3 d）的对数成正比关系。因此，在一定条件下养护的混凝土，可按式（4.11）根据某一龄期的强度推算另一龄期的强度。

$$\frac{f_n}{f_{28}} = \frac{\lg n}{\lg 28} \tag{4.11}$$

式中　f_n——混凝土 n d（$n \geq 3$）龄期立方体抗压强度；

　　　f_{28}——混凝土 28 d 立方体抗压强度（MPa）；

　　　$\lg 28$，$\lg n$——混凝土 28 d 龄期和 n d 龄期的常用对数。

（3）试验因素

在进行混凝土强度试验时，试件尺寸、形状、表面状态、含水率以及试验加荷速度等都会影响测试结果。

① 试件的形状与尺寸。

混凝土的强度是由立方体试件的抗压强度测得的，测定强度的试验方法及试件尺寸大小不同，测得的混凝土强度也就不同。同样是立方体试件，试件的尺寸越小，试验测得的强度越大。混凝土的强度与试件尺寸有关的现象称为尺寸效应。混凝土试件尺寸越大，内部缺陷出现的概率越大，易引起应力集中，导致强度降低。我国相关标准规定采用 150 mm × 150 mm × 150 mm 的立方体试件作为标准件。当采用非标准的其他尺寸试件时，测得的立方体抗压强度应乘以换算系数，如表 4.29 所示。

表 4.29　混凝土抗压强度试块允许最小尺寸表

骨料最大粒径/mm	试件尺寸/mm	强度的尺寸换算系数
≤31.5	100 × 100 × 100	0.95
≤40	150 × 150 × 150	1.00
≤63	200 × 200 × 200	1.05

注：对强度等级为 C60 及以上的混凝土试件，其强度的尺寸换算系数应通过试验确定。

② 表面状态。

试验时，试件的表面清洁和干燥状况对混凝土强度值的准确性也有一定的影响。当混凝土试件受压面有油脂类润滑剂时，试件受压面与试验机的承压面之间的摩擦力被削弱，测得的强度值较低。我国有关标准规定，试件的承压面必须平整且与试件的轴线垂直。

③ 加荷速度。

混凝土的抗压强度与加荷速度也有关，加荷速度越快，测得的强度值越大。国家标准《混凝土物理力学性能试验方法标准》（GB/T 50081—2019）根据混凝土的强度等级，规定加荷速度为每秒 0.3 ~ 1.0 MPa，且应连续均匀加压。

综上所述，通过对混凝土强度影响因素的分析，可以得到提高混凝土强度的措施：采用强度等级高的水泥；采用低水胶比；采用有害杂质少、级配良好、颗粒适当的骨料和合理的砂率；采用合理的机械搅拌、振捣工艺；保持合理的养护温度和湿度，可能的情况下采用湿热养护；掺入合适的混凝土外加剂和掺合料。

练习题

4.3.3　混凝土的变形性能

混凝土在硬化期间和使用过程中，因受物理、化学和力学因素的影响，可能产生变形。这些变形是混凝土产生裂缝的重要原因之一，会影响混凝土的强度和耐久性。混凝土的变形通常有以下几种。

1. 化学收缩（Chemical Shrinkage）

混凝土体积的化学收缩是指在没有干燥和其他外界影响下的收缩，其原因是水泥水化物的固体体积小于水化前反应物的总体积。化学收缩是不能恢复的，其收缩量随混凝土硬化龄期的延长而增加，大致与时间的对数成正比，一般在混凝土成型后 40 d 内增加较快，之后就渐趋稳定。

2. 干湿变形（Wet Deformation）——湿胀干缩

混凝土处于干燥环境中时，会产生体积收缩，称为干燥收缩，简称干缩。混凝土的干缩是由于其内部吸附的水分蒸发而引起凝胶体失水产生紧缩，或毛细管内游离水分蒸发而引起毛细管内负压增大，导致混凝土产生收缩。当干缩后的混凝土再次吸水变湿后，部分干缩变形是可以恢复的。

混凝土吸水膨胀称为混凝土的湿胀。混凝土在水中硬化时甚至有轻微膨胀，这是由于凝胶体中胶体粒子的吸附水膜增厚，胶体粒子间距离增大。混凝土凝结硬化前，应保持混凝土表面的湿润，如在表面覆盖塑料膜、喷洒养护剂等。

混凝土的湿胀变形量很小，一般无破坏作用；但干缩变形过大，对混凝土危害则较大。一般条件下，混凝土的极限收缩为 $5 \times 10^{-4} \sim 9 \times 10^{-4}$ mm。收缩受到约束时，会引起混凝土的开裂，在设计和施工时应予以注意。

混凝土的干缩与水泥品种和细度、水胶比、水泥用量、用水量等有关。混凝土干缩变形主要是由混凝土中水泥石干缩引起的，而骨料对干缩具有制约作用，故混凝土中水泥浆含量越多，混凝土的干缩率越大。塑性混凝土的干缩率较干硬性混凝土大得多。因此，混凝土单位用水量的大小，是影响干缩率大小的重要因素，平均用水量增加 1%，干缩率增加 2% ~ 3%。当骨料最大粒径较大，级配较好时，能减少用水量，故混凝土干缩率较小。

混凝土中所用水泥的品种和细度对干缩率有很大影响。如火山灰水泥的干缩率最大，粉煤灰水泥的干缩率较小。水泥的细度越大，干缩率也越大。

骨料的种类对干缩率也有影响。使用弹性模量较大的骨料，混凝土干缩率较小；使用吸水性大的骨料，其干缩率较大。骨料中含泥量较多，会增大混凝土的干缩。

延长潮湿养护时间，可推迟干缩的发生和发展，但对混凝土的最终干缩率并无显著影响。采用湿热处理可减小混凝土的干缩率。

在工程设计中，混凝土的干缩率一般取 $1.5 \times 10^{-4} \sim 2.0 \times 10^{-4}$ m，即每米收缩 0.15 ~ 0.20 mm。

3. 温度变形（Temperature Deformation）

混凝土具有热胀冷缩的变形，称为温度变形。混凝土温度膨胀系数为 $1 \times 10^{-5} \sim 1.5 \times 10^{-5}$ mm/（mm · °C），即温度每升高或降低 1 °C，每米混凝土将产生 0.01 ~ 0.015 mm 的膨胀或收缩变形。

温度变形对大体积混凝土非常不利。在混凝土硬化初期，水泥水化放出较多的热量，混凝土是热的不良导体，散热缓慢，导致混凝土内部温度较外部高很多，会产生较大的内外温差，在外表面混凝土中将产生很大的拉应力，严重时使混凝土产生裂缝。因此，对大体积混凝土工程，必须尽量设法减少混凝土发热量，如采用低热水泥、减少水泥用量、采取人工降温等措施。根据目前的工程实践，对建筑工程中的某些大体积构件，如筏式基础、转换大梁等，采取减缓表面温度下降、保持构件内外温差不超过有关标准规定值的措施，以避免混凝土的温度变形裂缝产生。另外，一般对纵向较长的钢筋混凝土结构物，每隔一段长度应设置伸缩缝，并且在结构物中设置温度钢筋。

4. 混凝土在荷载作用下的变形

（1）短期荷载作用下的变形

① 混凝土的弹塑性变形（Elastic-plastic Deformation）。

混凝土是一种非均质的材料，它不是完全的弹性体而是弹塑性体。受力后既产生可以恢复的弹性变形，又产生不可恢复的塑性变形。应力与应变之间的关系不是直线而是曲线，如图 4.14 所示。

② 混凝土的弹性模量（Deformation Modulus）。

在应力-应变曲线上任一点的应力 σ 与其应变 ε 的比值，称为混凝土在该应力下的变形模量。从图 4.13 可以看出，混凝土的变形模量随应力的增加而减小。在混凝土结构或钢结构设计中，采用按标准方法测得的静力受压弹性模量 E_c。

由于混凝土是一种弹塑性材料，其应力 σ 与应变 ε 的比值随着应力的增加而减小，并不完全遵循虎克定律，混凝土的弹性模量（应力与应变之比）有三种表示方法，如图 4.14 所示。

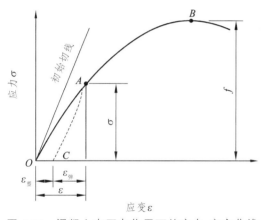

图 4.13 混凝土在压力作用下的应力-应变曲线　　图 4.14 混凝土弹性模量

初始切线弹性模量：应力-应变曲线原点上切线的斜率，不易测准。

切线弹性模量：应力-应变曲线上任一点的切线斜率，只适用于很小的应力范围。

割线弹性模量：应力-应变曲线上任一点与原点连线的斜率。混凝土的割线模量测试较为简单，为工程实际常用。

我国目前规定混凝土弹性模量即割线模量，采用 150 mm×150 mm×300 mm 的棱柱体试件，取测定点的应力等于轴心抗压强度的 40%，经三次以上反复加荷与卸荷，以基本消除塑性变形后测得的应力-应变之比值，即为混凝土弹性模量。

混凝土的弹性模量随混凝土中骨料与水泥石的弹性模量而异。由于水泥石的弹性模量一般低于骨料的弹性模量，故混凝土弹性模量一般略低于骨料的弹性模量。另外，在材料质量不变的条件下，混凝土的骨料含量较多、水胶比较小、养护较好及龄期较长时，混凝土的弹性模量就较大。蒸汽养护的混凝土弹性模量较标准养护的低。

（2）长期荷载作用下的变形——徐变

混凝土承受长期荷载作用，其变形会随时间不断增长，即荷载不变而变形仍随时间增大，一般要延续 2～3 年才逐渐趋于稳定。这种在长期荷载作用下随时间的延长而增加的变形称为徐变（Creep）。混凝土的变形与荷载作用时间关系如图 4.15 所示。

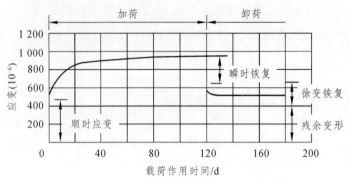

图 4.15　混凝土的变形与荷载作用时间关系

混凝土受荷后立即产生瞬时变形，随着荷载持续作用时间的延长，又产生徐变变形。如果作用应力不超过一定值，徐变变形的增长在加荷初期较快，然后逐渐减慢。在荷载持续一定时间后，若卸除荷载，部分变形可瞬时恢复，也有少部分变形在若干天内逐渐恢复，称为徐变恢复，最后留下一部分不能恢复的变形称为残余变形。

混凝土徐变一般被认为是由于水泥石凝胶体在长期荷载作用下的黏性流动，并向毛细孔中移动的结果。从水泥凝结硬化过程可知，随着水泥的逐渐水化，新的凝胶体逐渐填充毛细孔，使毛细孔的相对体积逐渐减小。在荷载初期或硬化初期，由于未填满的毛细孔较多，凝胶体移动较为容易，故徐变增长较快。以后由于内部移动和水化的进展，毛细孔逐渐减小，因而徐变速度越来越慢。骨料能阻碍水泥石的变形，从而减小混凝土的徐变。混凝土中的孔隙及水泥石中的凝胶孔则与骨料相反，可促进混凝土的徐变。因此，混凝土中骨料含量较多者，徐变较小。结构越密实，强度越高的混凝土，徐变就越小。

由此可知，当混凝土在较早龄期加荷时，产生的徐变较大。水胶比较大时，徐变也较大。

在水胶比相同时，水泥用量较多的混凝土徐变较大。骨料弹性模量较大，级配较好及最大粒径较大时，徐变较小。

混凝土不论是受压、受拉或受弯时，均有徐变现象。混凝土的徐变对结构物的影响有有利方面，也有不利方面。混凝土的徐变对钢筋混凝土构件来说，能消除钢筋混凝土内的应力集中，使应力较均匀地重新分布。对于大体积混凝土，则能消除由于温度变形所产生的破坏应力。但是，在预应力钢筋混凝土结构中，徐变会使钢筋的预加应力受到损失，从而降低结构的承载能力。

4.3.4　混凝土的耐久性

混凝土的耐久性（Durability）是指混凝土在使用条件下抵抗周围环境中各种因素长期作用而不破坏的能力。以往人们过于注重混凝土的强度，而在实际应用中，许多混凝土结构的破坏不是由于强度不足，而是在长期遭受了自然界的侵蚀后，出现了裂缝、碳化、风化、锈蚀等问题，需要修复、加固，甚至不得不废弃。因此，提高混凝土耐久性，对于延长结构寿命、减少修复工作量、提高经济效益具有重要的意义。

在工程上应用的混凝土除应具有适当的强度和能安全地承受设计荷载外，还应具有在所处的自然环境及使用条件下经久耐用的性能，如抗渗性、抗冻性、抗化学腐蚀性以及预防碱-骨料反应等。这些性能决定着混凝土经久耐用的程度，所以统称为耐久性。

1. 抗渗性

混凝土的抗渗性（Impermeability）是指混凝土抵抗压力液体（水、油、溶液等）渗透作用的能力。它直接影响混凝土的抗冻性和抗侵蚀性。

混凝土的抗渗性主要与其密实度及内部孔隙的大小和构造有关。混凝土内部互相连通的孔隙和毛细管通路，以及由于混凝土施工成型时，振捣不实产生的蜂窝、孔洞等都会造成混凝土渗水。影响混凝土抗渗性的因素如下：

（1）水胶比

混凝土水胶比大小，对其抗渗性能起决定性作用。水胶比越大，抗渗性越差。成型密实的混凝土，水泥石自身的抗渗性对混凝土的抗渗性影响最大。

（2）骨料的最大粒径

在水胶比相同时，混凝土骨料的最大粒径越大，其抗渗性越差。这是由于骨料和水泥浆的界面处易产生裂隙和较大骨料下方易形成孔穴。

（3）养护方法

蒸汽养护的混凝土，其抗渗性较潮湿养护的混凝土差。在干燥条件下，混凝土早期失水过多，容易形成收缩裂隙，因而降低混凝土的抗渗性。混凝土养护龄期越长，随着水泥水化的进行，混凝土的密实度逐渐增大，其抗渗性越好。

（4）掺合料

在混凝土中加入掺合料，如优质粉煤灰，可提高混凝土的密实度，细化孔隙，改善孔结构和骨料与水泥石界面的过渡区结构，提高混凝土的抗渗性。

混凝土的抗渗性以抗渗等级来表示。抗渗等级是按标准试验方法，以材料不渗水时所能承受的最大水压力（MPa）来表示，如 P2、P4、P6、P8、P11，分别表示能抵抗 0.2 MPa、0.4 MPa、0.6 MPa、0.8 MPa、1.2 MPa 的水压力而不渗透。抗渗混凝土是抗渗等级不低于 P6 的混凝土。

2. 抗冻性

混凝土的抗冻性（Frost Resistance）是指混凝土在使用环境中，经受多次冻融循环作用，能保持强度和外观完整性的能力。在寒冷地区，特别是在接触水又受冻的环境下，要求混凝土具有较高的抗冻性能。

混凝土的抗冻性主要取决于混凝土的密实度、内部孔隙的大小与构造以及含水程度。混凝土内部孔隙的水在负温下结冰，体积膨胀造成膨胀应力，当膨胀应力大于混凝土抗拉强度时，混凝土就会产生裂缝，反复冻融使裂缝不断扩展直至破坏。影响混凝土抗渗性的因素对混凝土抗冻性也有类似的影响。最有效的方法是掺入引气剂、减水剂和防冻剂。

混凝土抗冻性以抗冻等级表示。抗冻等级是采用龄期28 d的试块在吸水饱和状态下，经受反复冻融循环，以抗压强度下降不超过 25%，且质量损失不超过 5%时，所能承受的最大冻融循环次数确定。混凝土的抗冻等级为：F10、F15、F25、F50、F150、F200、F250、F300等八个等级，分别表示混凝土能承受的反复冻融循环次数为 10、15、25、50、150、200、250和 300 次。抗冻混凝土是抗冻等级不低于 F50 的混凝土。

3. 抗侵蚀性（Corrosion Resistance）

环境介质对混凝土的侵蚀主要是对水泥石的侵蚀。

当环境水具有侵蚀性时，对混凝土必须提出抗侵蚀性的要求。混凝土的抗侵蚀性与所用水泥的品种、混凝土的密实程度和孔隙特征有关。密实和孔隙封闭的混凝土，环境水不易侵入，故其抗侵蚀性较强。混凝土所用水泥品种的选择可参照第 3 章有关内容。

所以提高混凝土抗侵蚀性的主要措施包括合理选择水泥品种、提高混凝土密实度、改善孔结构等。

4. 混凝土的碳化

混凝土的碳化（Carbonization of Concrete）是空气中的二氧化碳在有水存在的条件下，与水泥石中的氢氧化钙发生如下反应，生成碳酸钙和水的过程，即

$$Ca(OH)_2 + CO_2 + H_2O \longrightarrow CaCO_3 + 2H_2O$$

碳化过程是随着二氧化碳不断向混凝土内部扩散，由表及里缓慢进行的。碳化作用最主要的危害是：由于碳化使混凝土碱度降低，减弱了其对钢筋的防锈保护作用，使钢筋易于生锈；另外，碳化将显著增加混凝土的收缩，使混凝土表面产生拉应力，可能产生微细裂缝，从而降低混凝土的抗拉和抗折强度。

碳化可使混凝土的抗压强度提高，因为碳化反应生成的水分有利于水泥继续水化，且反应形成的碳酸钙填充了水泥石内部的孔隙。

混凝土的碳化深度大体上与碳化时间的平方成正比。影响混凝土碳化的主要因素有水泥品种、水胶比、环境湿度、硬化条件等，其中，在相对湿度为 50%~75%的环境时，碳化最快。

为防止钢筋锈蚀，必须设置足够的钢筋保护层。

提高混凝土抗碳化能力的措施主要有：优先选择硅酸盐水泥和普通硅酸盐水泥；采用较小的水胶比；提高混凝土密实度；改善混凝土内部的孔隙结构。

5. 碱骨料反应

碱骨料反应（Alkali-aggregate Reaction，简称 AAR）是指混凝土内水泥石中的 Na_2O 和 K_2O 含量多时，它们水解后生成的氢氧化钠和氢氧化钾等，能与骨料中的活性二氧化硅反应，并在骨料表面形成一层复杂的碱-硅酸凝胶。这种凝胶遇水时明显膨胀，使骨料与水泥石界面胀裂。虽然混凝土内的碱-骨料反应速度很慢，但对混凝土的耐久性十分不利。在潮湿环境中一旦采用了碱活性骨料和高碱水泥，这种破坏将无法避免。

普遍认为发生碱骨料反应须同时具备下列三个必要条件：碱含量高；骨料中存在活性二氧化硅、环境潮湿；水分渗入混凝土。因此，预防或抑制碱-骨料反应的措施有：

① 使用含碱量小于 0.6%的水泥，以降低混凝土的总含碱量；
② 混凝土所使用的碎石或卵石应进行碱活性检验；

③ 使混凝土致密或表面涂覆防护材料，防止水分渗入混凝土内部；

④ 采用能抑制碱骨料反应的掺合料，如粉煤灰（高钙高碱粉煤灰除外）、硅灰等。

6. 混凝土材料的耐久性基本要求

（1）基本要求

设计使用年限为 50 年的混凝土结构，其混凝土材料宜符合表 4.30 的规定。

表 4.30　结构混凝土材料的耐久性基本要求

环境条件		结构物类别	最大水胶比	最低强度等级	最大氯离子含量/%	最大碱含量/（kg/m³）
干燥环境		正常的居住或办公用房屋内部件 无侵蚀性静水浸没环境	0.60	C20	0.3	不限制
潮湿环境	无冻害	室内潮湿环境； 非严寒和非寒冷地区的露天环境； 非严寒和非寒冷地区与无侵蚀性的水或土壤直接接触的环境； 严寒和寒冷地区的冰冻线以下与无侵蚀性的水或土壤直接接触的环境	0.55	C25	0.2	3.0
	有冻害	干湿交替环境； 水位频繁变动环境； 严寒和寒冷地区的露天环境； 严寒和寒冷地区冰冻线以上与无侵蚀性的水或土壤直接接触的环境	0.50（0.55）	C30（C25）	0.15	
有冻害和除冰盐的潮湿环境		严寒和寒冷地区冬季水位变动区环境： 受除冰盐影响环境： 海风环境	0.45（0.50）	C35（C30）	0.15	
		盐渍土环境： 受除冰盐作用环境： 海岸环境	0.40	C40	0.10	

注：a 氯离子含量系指其占胶凝材料总量的百分比；
　　b 预应力构件混凝土中的最大氯离子含量为 0.05%；最低混凝土强度等级应按表中的规定提高两个等级；
　　c 素混凝土构件的水胶比及最低强度等级的要求可适当放松；
　　d 有可靠工程经验时，二类环境中的最低混凝土强度等级可降低一个等级；
　　e 处于严寒和寒冷地区环境中的混凝土应使用引气剂，并可采用括号中的有关参数；
　　f 当使用非碱活性骨料时，对混凝土中的碱含量可不作限制。

（2）水溶性氯离子最大含量

混凝土拌合物中水溶性氯离子最大含量应符合表 4.30 的要求。混凝土拌合物中水溶性氯离子含量应按照现行行业标准《混凝土中氯离子含量检测技术规程》（JGJ/T 322—2013）中混凝土拌合物中氯离子含量的快速测定方法进行测定。表 4.30 中的氯离子含量系相对混凝土中水泥用量的百分比，与控制氯离子相对混凝土中胶凝材料用量的百分比相比，偏于安全。

（3）最大碱含量

对于有预防混凝土碱骨料反应设计要求的工程，混凝土中最大碱含量不应大于 3.0 kg/m³，并宜掺用适量粉煤灰和粒化高炉矿渣粉等矿物掺合料；对于矿物掺合料碱含量，粉煤灰碱含量可取实测值的 1/6，粒化高炉矿渣粉碱含量可取实测值的 1/2。掺加适量粉煤灰和粒化高炉矿渣粉等矿物掺合料，对预防混凝土碱骨料反应具有重要意义。

混凝土中碱含量是测定的混凝土各原材料碱含量计算之和，而实测的粉煤灰和粒化高炉矿渣粉等矿物掺合料碱含量并不是参与碱骨料反应的有效碱含量，对于矿物掺合料中有效碱含量，粉煤灰碱含量取实测值的 1/6，粒化高炉矿渣粉碱含量取实测值的 1/2，已经被混凝土工程界采纳。

7. 提高混凝土耐久性的措施

影响混凝土耐久性的各项指标虽不相同，但是，提高混凝土的密实度是提高混凝土耐久性的一个重要环节。要提高混凝土的密实程度，需要做好以下各项工作：

（1）合理选择原材料

水泥品种的选择应与工程所处环境条件相适应；外加剂的品种应与水泥的品种相匹配。

（2）控制水胶比和水泥用量

水胶比大小是决定混凝土密实度的重要因素，它影响混凝土的强度和耐久性，必须严格控制水胶比，如表 4.30 的规定。单位体积混凝土的胶凝材料用量应符合《混凝土结构耐久性设计规范》（GB/T 50476—2019）中有关胶凝材料用量条款，见表 4.31 所示。

表 4.31　单位体积混凝土的胶凝材料用量

最低强度等级	最大水胶比	最小用量/（kg/m³）	最大用量/（kg/m³）
C25	0.60	260	—
C30	0.55	280	
C35	0.50	300	
C40	0.45	320	450
C45	0.40	—	
C50	0.36	—	500
≥C55	0.33	—	550

（3）掺入矿物掺料

矿物掺合料在混凝土中的掺量应通过试验确定。钢筋混凝土中矿物掺合料最大掺量宜符合表 4.32 的规定，规定矿物掺合料最大掺量主要是为了保证混凝土耐久性能。

表 4.32　钢筋混凝土中矿物掺合料最大掺量

矿物掺合料种类	水胶比	最大掺量/%	
		采用硅酸盐水泥时	采用普通硅酸盐水泥时
粉煤灰	≤0.40	45	35
	>0.40	40	30

矿物掺合料种类	水胶比	最大掺量/%	
		采用硅酸盐水泥时	采用普通硅酸盐水泥时
粒化高炉矿渣	≤0.40	65	55
	>0.40	55	45
钢渣粉	—	30	20
磷渣粉	—	30	20
硅灰	—	10	10
复合掺合料	≤0.40	65	55
	>0.40	55	45

注：a 采用其他通用硅酸盐水泥时，宜将水泥混合材掺量20%以上的混合材量计入矿物掺合料；
　　b 复合掺合料各组分的掺量不宜超过单掺时的最大掺量；
　　c 在混合使用两种或两种以上矿物掺合料时，矿物掺合料总掺量应符合表中复合掺合料的规定。

（4）掺入引气剂或减水剂

掺入引气剂或减水剂对提高抗渗性、抗冻性等有良好的作用。

长期处于潮湿或水位变动的寒冷和严寒环境，以及盐冻环境的混凝土应掺用引气剂。引气剂掺量应根据混凝土含气量要求经试验确定；掺用引气剂的混凝土最小含气量应符合表4.33的规定，最大不宜超过7.0%。

表4.33　掺用引气剂的混凝土最小含气量

粗骨料最大粒径（mm）	最小含气量（%）
40	4.5
25	5.0
20	5.5

注：含气量为气体占混凝土体积的百分比。

掺加适量引气剂有利于混凝土的耐久性，尤其对于有较高抗冻要求的混凝土，掺加引气剂可以明显提高混凝土的抗冻性能。引气剂掺量要适当，引气量太少作用不够，引气量太多混凝土强度损失较大。

（5）改进混凝土的施工操作方法

混凝土施工过程中，加强搅拌、浇筑和振捣等生产工艺，及时有效地养护，以保证混凝土的施工质量。

【工程实例分析4.6】　掺合料搅拌不均匀致使混凝土强度低

【现象】　某工程使用等量的42.5级普通硅酸盐水泥、粉煤灰配制的C25混凝土，在工地现场搅拌，为赶进度搅拌时间较短。拆模后检测发现所浇筑的混凝土强度波动大，部分低于所要求的混凝土强度指标。

【原因分析】 该混凝土强度等级较低，而选用的水泥强度等级较高，因此使用了较多的粉煤灰作为掺合料。由于搅拌时间较短，粉煤灰与水泥搅拌不均匀，导致混凝土强度波动大，以致部分混凝土强度未达到要求。

4.4 混凝土质量控制与强度评定

为了保证混凝土的质量，除必须选择适宜的原材料及设计恰当的配合比外，在施工过程中还必须对混凝土原材料、混凝土拌合物及硬化混凝土进行质量检查与质量控制。

混凝土质量控制（Quality Controlment of Concrete）主要包括以下几方面内容：

① 混凝土生产前的事前控制，包括设备调试、原材料性能检验、配合比设计与调整等内容；
② 混凝土生产过程的事中控制，包括控制称量、搅拌、运输、浇筑、振捣及养护等内容；
③ 混凝土生产后的事后控制，包括试样的强度检验、确定合格率和验收界限等。

在混凝土正常连续生产中，可用数理统计方法来检验混凝土强度或其他技术指标是否达到质量要求。综合评定混凝土质量可用统计方法的几个参数进行，它们是算术平均值、标准差、变异系数和保证率等。下面以混凝土强度为例来说明统计方法的一些基本概念。

4.4.1 混凝土强度的波动规律——正态分布

在正常施工情况下，对于混凝土材料许多因素都是随机的。因此，混凝土强度的变化也是随机的，测定其强度时，若以混凝土强度为横坐标，以某一强度出现的概率为纵坐标，绘出的强度-概率分布曲线一般符合正态分布，如图 4.16 所示。该正态分布曲线高峰为混凝土平均强度 f_{cu}，以平均强度为对称轴，左右两边曲线是对称的，距对称轴愈远，出现的概率就愈小，并逐渐趋于零。曲线和横坐标之间的面积为概率的总和，等于 100%。正态分布曲线愈矮而宽，表示强度数据的离散程度愈大，说明施工控制水平愈差；曲线窄而高，说明强度测定值比较集中，波动小，混凝土的均匀性好，施工水平较高。

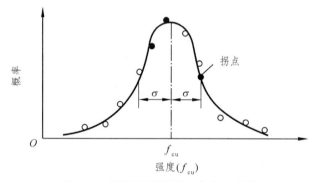

图 4.16 混凝土强度的正态分布曲线

4.4.2 混凝土强度平均值、标准差、变异系数

（1）混凝土强度平均值

对同一批混凝土，在某一统计期内连续取样制作几组试件（每组 3 块），测得各组试件的立方体抗压强度代表值分别为 $f_{cu,1}$、$f_{cu,2}$、$f_{cu,3}$、……、$f_{cu,n}$，求算术平均值，即得平均强度，按下式计算：

$$\bar{f} = \frac{1}{n}\sum_{i=1}^{n} f_{cu,i} \tag{4.12}$$

式中 n——混凝土强度试件组数；

$f_{cu,i}$——混凝土第 i 组的抗压强度值（MPa）。

混凝土强度平均值仅反映了混凝土总体强度的平均水平，混凝土强度的波动情况由强度标准差反映。

（2）混凝土强度标准差 σ

标准差是强度分布曲线上拐点距离强度平均值间的距离，σ 值愈大则强度频率分布曲线愈宽而矮，说明强度的离散程度较大，混凝土的质量愈不均匀。强度标准差按下式计算：

$$\sigma = \sqrt{\frac{\sum_{i=1}^{n}\left(f_{cu,i} - \bar{f}\right)^2}{n-1}} = \sqrt{\frac{\sum_{i=1}^{n} f_{cu,i}^2 - n\bar{f}^2}{n-1}} \tag{4.13}$$

式中 σ——混凝土强度标准差；

n——试验组数，n 值应大于或者等于 30；

$f_{cu,i}$——第 i 组试件的抗压强度（MPa）；

$\bar{f}$——n 组抗压强度的算术平均值（MPa）。

（3）变异系数 C_v

变异系数又称离差系数。C_v 值愈小，说明混凝土质量愈稳定，混凝土质量水平愈高，按下式计算：

$$C_v = \frac{\sigma}{\bar{f}} \tag{4.14}$$

在《混凝土强度检验评定标准》（GB 50107）中规定，根据统计周期内混凝土强度的 σ 值和强度保证率 P（%），可将混凝土生产单位的生产管理水平划分为优良、一般、差三个等级，如表 4.34 所示。

表 4.34　混凝土生产水平

生产质量水平			优良		一般		差	
混凝土强度等级			<C20	≥C20	<C20	≥C20	<C20	≥C20
评定指标	混凝土强度等级标准差	商品混凝土厂	≤3.0	≤3.5	≤4.0	≤5.0	>4.0	>5.0
		集中搅拌混凝土的施工现场	≤3.5	≤4.0	≤4.5	≤5.5	>4.5	>5.5
	混凝土强度不低于规定强度等级的百分率（%）	商品混凝土厂预制混凝土构件厂集中搅拌混凝土的施工现场	≥95		>85		≤85	

4.4.3　强度保证率

强度保证率是指混凝土强度总体中大于设计要求的强度等级标准值 $f_{cu,k}$ 的概率 P（%）。如图 4.17 所示，强度正态分布曲线下的面积为概率的总和，等于 100%。

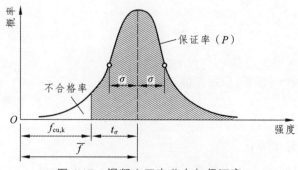

图 4.17 混凝土正态分布与保证率

计算强度保证率时，首先计算出概率度系数 t（又称保证率系数），计算如式（4.15）：

$$t = \frac{f_{cu} - \overline{f}_{cu,k}}{\sigma} = \frac{f_{cu} - \overline{f}_{cu,k}}{C_V \cdot \overline{f}_{cu}} \tag{4.15}$$

混凝土强度保证率 P（%）可按式（4.11）计算。

$$P = \frac{1}{\sqrt{2\pi}} \int_{t}^{\infty} e^{-\frac{t^2}{2}} dt \tag{4.16}$$

实际应用中，当已知 t 时，可从数理统计书中查得 P，部分 t 值对应的 P 值如表 4.35 所示。

表 4.35 不同 t 值的保证率 P

t	0.00	0.50	0.84	1.00	1.20	1.28	1.40	1.60	1.645	1.70	1.81	1.88	2.00	2.05	2.33	3.00
P/%	50.0	69.2	80.0	84.1	88.5	90.0	91.9	94.5	95.0	95.5	96.5	97.0	97.7	99.0	99.4	99.87

4.4.4 混凝土配制强度的确定

为保证混凝土强度具有国家标准《混凝土强度检验评定标准》（GB 50107—2010）所要求的 95%保证率，混凝土配制强度必须高于设计要求的强度等级标准值。令 $f_{cu,0} = \overline{f}$，则有

$$-t = \frac{f - \overline{f}_{cu,k}}{\sigma} \tag{4.17}$$

由此得混凝土配制强度为

$$f_{cu,0} = f_{cu,k} - t\sigma \tag{4.18}$$

式中，σ 值可根据混凝土配制强度的历史统计资料得到。若无资料时，可参考表 4.36 数据取值。

表 4.36 普通混凝土工程混凝土的 σ 取值表

混凝土强度等级	低于 C20	C25～C45	C50～C55
标准差 σ/MPa	4.0	5.0	6.0

注：在应用本表时，施工单位可根据实际情况对 σ 作调整。

当保证率 $P = 95\%$ 时，对应的概率系数 $t = -1.645$，因而上式可写为

$$f_{cu,0} = f_{cu,k} + 1.645\sigma \qquad (4.19)$$

4.5 普通混凝土配合比设计

混凝土配合比（Mixes）是指混凝土中各组成材料数量之间的比例关系。确定混凝土配合比的工作原则为配合比设计（Design Mixes），就是根据工程实际的技术要求及施工条件，合理选择混凝土组成材料。混凝土应按国家现行标准《普通混凝土配合比设计规程》（JG55—2011）的有关规定，根据混凝土强度等级、耐久性和工作性等要求进行配合比设计。对有特殊要求的混凝土，其配合比设计尚应符合国家现行有关标准的专门规定。

4.5.1 混凝土配合比设计的基本要点

1. 配合比设计的表示方法

混凝土配合比常用的表示方法有两种。一种是以每 1 m³ 混凝土中各项材料的质量比表示，例如 1 m³ 混凝土：水泥 300 kg，水 180 kg，砂 720 kg，石子 1 200 kg，每 1 m³ 混凝土总质量为 2 400 kg。另一种是以各项材料间的质量比来表示（以水泥质量为 1）。例如，将上例换算成质量比为：水泥∶砂∶石=1∶2.4∶4.0，水胶比=0.60。

2. 混凝土配合比设计的基本要求

混凝土配合比设计应满足混凝土配制强度、拌合物性能、力学性能、长期性能和耐久性能的设计要求。混凝土拌合物性能、力学性能、长期性能和耐久性能的试验方法应分别符合现行国家标准《普通混凝土拌合物性能试验方法标准》（GB/T 50080）、《普通混凝土力学性能试验方法标准》（GBT 50081）和《普通混凝土长期性能和耐久性能试验方法标准》（GB/T 50082）的规定。

混凝土配合比设计应采用工程实际使用的原材料，并应满足国家现行标准的有关要求；配合比设计应以干燥状态骨料为基准，细骨料含水率应小于 0.5%，粗骨料含水率应小于 0.2%。

3. 混凝土配合比设计的任务

混凝土配合比设计是通过计算确定各种组成材料的用量，同时，确定胶凝材料、水、砂、石等组成材料用量之间的三个比例关系。

① 水胶比（Water Cement Ratio）：水和胶凝材料之间的比例关系。

② 单位用水量（Unit Water）：1 m³ 混凝土的用水量，它反映了水泥浆与骨料之间的比例关系。

③ 砂率（Sand Ratio）：砂的质量占砂石总质量的百分率值。

4.5.2 混凝土配合比的设计步骤

一个完整的混凝土配合比设计应包括：初步配合比计算、试配和调整等步骤。

在进行混凝土配合比设计时，应先明确一些基本资料，如原材料的性质及技术指标，混凝土的各项技术要求，施工方法，施工管理质量水平，混凝土结构特征，混凝土所处的环境条件等。进行配合比设计时，先按原材料性能及对混凝土的技术要求进行初步计算，得出初步配合比；再经实验室试拌调整，得到满足和易性要求的基准配合比；然后经强度复核定出满足设计和施工要求且较经济合理的实验室配合比；最后根据现场砂、石的含水情况对配合比进行修正，得到施工配合比。现场材料的实际称量应按施工配合比进行。

1. 初步配合比计算

（1）配制强度的计算

在试验室配制强度能满足设计强度等级的混凝土，应考虑到实际施工条件与实验室条件的差别。在实际施工中，混凝土强度难免有波动。例如，施工中各项原材料的质量能否保持均匀一致，混凝土配合比能否控制准确，拌和、运输、浇灌、振捣及养护等工序是否正确等，这些因素的变化将造成混凝土质量的不稳定。为使混凝土的强度保证率能满足规定的要求，在设计混凝土配合比时，必须使混凝土的配制强度高于设计强度等级。故根据《普通混凝土配合比设计规程》（JGJ 55—2010）的规定，混凝土配制强度应按下列规定确定：

① 当混凝土的设计强度等级小于 C60 时，配制强度应按式（4.19）计算。

对于强度等级不大于 C30 的混凝土：当 σ 计算值不小于 3.0 MPa 时，应按照计算结果取值；当 σ 计算值小于 3.0 MPa 时，σ 应取 3.0 MPa。

对于强度等级大于 C30 且不大于 C60 的混凝土：当 σ 计算值不小于 4.0 MPa 时，应按照计算结果取值；当 σ 计算值小于 4.0 MPa 时，σ 应取 4.0 MPa。

② 当设计强度等级不小于 C60 时，配制强度应按式（4.20）计算：

$$f_{cu.0} \geq 1.15 f_{cu.k} \tag{4.20}$$

（2）初步确定水胶比

混凝土强度等级不大于 C60 等级时，混凝土水胶比宜按式（4.21）计算：

$$\frac{W}{B} = \frac{\alpha_a \cdot f_b}{f_{cu,0} + \alpha_a \cdot \alpha_b \cdot f_b} \tag{4.21}$$

式中　α_a, α_b——与骨料品种、水泥品种有关的回归系数，其数值可通过试验求得，《普通混凝土配合比设计规程》（JGJ55—2010）提供的 α_a，α_b 经验值为：采用碎石时，α_a=0.53，α_b=0.20；采用卵石时，α_a=0.49，α_b=0.13；

　　　　W/B——水胶比。

　　　　f_b——胶凝材料（水泥与矿物掺合料按使用比例混合）28 d 胶砂抗压强度（MPa），可实测，且试验方法应按现行国家标准《水泥胶砂强度检验方法（ISO 法）》（GB/T 17671）执行；也可按《普通混凝土配合比设计规程》（JGJ 55—2010）确定。

① 当胶凝材料 28 d 胶砂抗压强度无实测值时，可按式（4.22）计算：

$$f_b = \gamma_f \times \gamma_s \times f_{ce} \tag{4.22}$$

式中 γ_f、γ_s——粉煤灰（fly ash）影响系数和粒化高炉矿渣粉（slag）影响系数，

f_{ce}——水泥（cement）28 d 胶砂抗压强度（MPa）。

粉煤灰或矿粉的影响系数应符合表 4.37 规定。

表 4.37　粉煤灰影响系数（γ_f）和粒化高炉矿渣粉影响系数（γ_s）

掺量（%）	粉煤灰影响系数（γ_f）	粒化高炉矿渣粉影响系数（γ_s）
0	1.00	1.00
10	0.90 ~ 0.95	1.00
20	0.80 ~ 0.85	0.95 ~ 1.00
30	0.70 ~ 0.75	0.90 ~ 1.00
40	0.60 ~ 0.65	0.80 ~ 0.90
50	—	0.70 ~ 0.85

注：a 采用 I 级粉煤灰宜取上限值。

　　b 采用 S75 级粒化高炉矿渣粉宜取下限值，采用 S95 级粒化高炉矿渣粉宜取上限值，采用 S105 级粒化高炉矿渣粉可取上限值加 0.05。

　　c 当超出表中的掺量时，粉煤灰和粒化高炉矿渣粉影响系数应经试验确定。

② 当水泥 28 d 胶砂抗压强度无实测值时，式（4.22）中的 f_{ce} 值可按式（4.23）计算：

$$f_{ce} = \gamma_c \times f_{ce,g} \tag{4.23}$$

式中 γ_c——水泥强度等级值的富余系数，可按实际统计资料确定；当缺乏实际统计资料时，也可按 32.5 水泥选 1.12；42.5 水泥选 1.16；52.5 水泥选 1.10。

$f_{ce,g}$——水泥强度等级值（MPa）。

为了保证混凝土满足所要求的耐久性，水胶比不得大于表 4.31 所规定的最大水胶比值。当计算所得的水胶比大于规定的最大水胶比值时，应取规定的最大水胶比值。

（3）确定用水量和外加剂用量

① 每立方米干硬性或塑性混凝土的用水量（m_{w0}）应符合下列规定：

a. 混凝土水胶比在 0.40 ~ 0.80 时，可按表 4.24 和表 4.25 选取；

b. 混凝土水胶比小于 0.40 时，可通过试验确定。

干硬性或塑性混凝土掺外加剂后的用水量在以上数据的基础上通过试验进行调整。

② 每立方米流动性或大流动性混凝土（掺外加剂）的用水量（m_{w0}）可按下式计算：

$$m_{w0} = m'_{w0}(1 - \beta) \tag{4.24}$$

式中 m'_{w0}——计算配合比每立方米混凝土的用水量（kg/m³）；

m_{w0}——未掺外加剂时推定的满足实际坍落度要求的每立方米混凝土用水量（kg/m³），以表 4.25 中的坍落度 90 mm 的用水量为基础，按坍落度每增大 20 mm、用水量增加 5 kg 计算，当坍落度增大到 180 mm 以上时，随坍落度相应增加的用水量可减少；

β——外加剂的减水率（%），应经混凝土试验确定。

每立方米混凝土中外加剂用量 m_{a0} 应按式（4.25）计算。

$$m_{a0} = m_{b0}\beta_a \qquad (4.25)$$

式中　m_{a0}——计算配合比每立方米混凝土中外加剂用量（kg/m³）；

　　　　m_{b0}——计算配合比每立方米混凝土中胶凝材料用量（kg/m³），应满足表 4.31 的要求；

　　　　β_a——外加剂掺量（%），应经混凝土试验确定。

（4）胶凝材料、矿物掺合料和水泥用量

① 每立方米混凝土的胶凝材料用量（m_{b0}）应按式（4.26）计算，并应进行试拌调整，在拌合物性能满足的情况下，取经济合理的胶凝材料用量。

$$m_{b0} = \frac{m_{w0}}{W/B} \qquad (4.26)$$

② 每立方米混凝土的矿物掺合料用量（m_{f0}）应按式（4.27）计算：

$$m_{f0} = m_{b0} \times \beta_f \qquad (4.27)$$

式中　m_{f0}——计算配合比每立方米混凝土中矿物掺合料用量（kg/m³）；

　　　　β_f——矿物掺合料掺量（%）。

③ 每立方米混凝土的水泥用量（m_{c0}），应按式（4.28）计算：

$$m_{c0} = m_{b0} - m_{f0} \qquad (4.28)$$

式中　m_{c0}——计算配合比每立方米混凝土中水泥用量（kg/m³）。

为了保证混凝土的耐久性要求，由上式计算得到的水泥用量还应满足表 4.31 中最小胶凝材料用量的要求。如算得的水泥用量小于规定的最小水泥用量，则应取规定的最小水泥用量值。

（5）确定砂率

合理的砂率应根据骨料的技术指标、混凝土拌合物性能和施工要求，参考既有历史资料确定。

当缺乏砂率的历史资料可参考时，混凝土砂率的确定应符合下列规定：

① 坍落度小于 10 mm 的混凝土（干硬性混凝土），其砂率应经试验确定。对于混凝土量大的工程也应通过试验找出合理砂率。

② 坍落度为 10 mm ~ 60 mm 的混凝土，其砂率可根据粗骨料品种、最大公称粒径及水胶比按表 4.26 选取。

③ 坍落度大于 60 mm 的混凝土，其砂率可经试验确定，也可在表 4.26 的基础上，按坍落度每增大 20 mm、砂率增大 1%的幅度予以调整。

（6）计算粗、细骨料的用量

粗、细骨料的用量可用质量法或体积法计算确定。

① 质量法。

根据经验，如果原材料情况比较稳定，所配制的混凝土拌合物的表观密度将接近一个固定值，可先根据工程经验估计每立方米混凝土拌合物的质量（在 2 350 ~ 2 450 kg/m³ 选取），按下列方程组计算粗、细骨料用量：

$$
\left.
\begin{aligned}
m_{c0} + m_{f0} + m_{g0} + m_{s0} + m_{w0} &= m_{cp} \\
\beta_s = \frac{m_{s0}}{m_{g0} + m_{s0}} &\times 100\%
\end{aligned}
\right\}
\tag{4.29}
$$

式中　m_{c0}——每立方米混凝土的水泥用量（kg）；

$\quad\quad m_{f0}$——每立方米混凝土的矿物掺合料用量（kg）；

$\quad\quad m_{g0}$——每立方米混凝土的粗骨料用量（kg）；

$\quad\quad m_{s0}$——每立方米混凝土的细骨料用量（kg）；

$\quad\quad m_{w0}$——每立方米混凝土的用水量（kg）；

$\quad\quad m_{cp}$——每立方米混凝土拌合物的假定质量（kg），其值可取 2 350 ~ 2 450 kg。

② 体积法。

体积法是根据混凝土拌合物的体积等于各组成材料绝对体积和混凝土拌合物中空气体积的总合来计算。可按下列方程组计算出粗、细骨料的用量：

$$
\left.
\begin{aligned}
\frac{m_{c0}}{\rho_c} + \frac{m_{f0}}{\rho_f} + \frac{m_{g0}}{\rho_g} + \frac{m_{s0}}{\rho_s} + \frac{m_{w0}}{\rho_w} + 0.01\alpha &= 1 \\
\beta_s = \frac{m_{s0}}{m_{g0} + m_{s0}} &\times 100\%
\end{aligned}
\right\}
\tag{4.30}
$$

式中　ρ_c——水泥密度（kg/m³），可取 2 900 ~ 3 100 kg/m³；

$\quad\quad \rho_f$——矿物掺合料密度（kg/m³）；

$\quad\quad \rho_s$——细骨料的表观密度（kg/m³）；

$\quad\quad \rho_g$——粗骨料的表观密度（kg/m³）；

$\quad\quad \rho_w$——水的密度（kg/m³），可取 1 000 kg/m³；

$\quad\quad \alpha$——混凝土的含气量百分数，在不使用引气型外加剂时，α 可取为 1。

通过以上步骤可将水、水泥、掺合料、砂和石子的用量全部求出，得到初步配合比。

2. 混凝土配合比的试配与调整

（1）试配

进行混凝土配合比试配时应采用工程中实际使用的原材料，混凝土的搅拌方法，宜与生产时使用的方法相同。试配时，每盘混凝土的最小搅拌量应符合表 4.38 的规定，当采用机械搅拌时，其搅拌量不应小于搅拌机额定搅拌量的 1/4。

表 4.38　混凝土试配的最小搅拌量

骨料最大粒径/mm	搅拌物数量/L
31.5 及以下	20
40	25

（2）基准配合比的计算

初步配合比是利用经验公式或统计资料获得的，是否能够真正满足混凝土拌合物的和易性要求，砂率是否合理等，都需要通过试拌来进行检验。如果试拌结果不符合所提出的要求，可按具体情况加以调整。经过试拌调整，就可在满足和易性要求的范围内，根据所用材料算出调整后的基准配合比。

和易性的调整方法是按初步计算配合比称取材料进行试拌。混凝土拌合物搅拌均匀后应测定坍落度，并检查其黏聚性和保水性能的好坏。如坍落度不满足要求，或黏聚性和保水性不好时，则应在保持水胶比不变的条件下相应调整用水量或砂率。当坍落度低于设计要求时，可保持水胶比不变，适当增加水泥浆。如坍落度太大，可在保持砂率不变条件下增加骨料。如含砂不足，黏聚性和保水性不良时，可适当增大砂率；反之应减小砂率。每次调整后再试拌，直到和易性符合要求为止，此时所得的配合比为基准配合比。当试拌调整工作完成后，应测出混凝土拌合物的实际表观密度。

（3）实验室配合比的确定

由基准配合比配制的混凝土已能满足混凝土拌合物的和易性要求，但是强度是否符合设计要求还不确定。虽然通过混凝土强度试验已计算出水胶比，但公式与实际的情况并不完全吻合。因此，以计算的水胶比作为基准水胶比，再将水胶比增加或减少 0.05，砂率可分别增加和减少 1%，外加剂掺量也做减少和增加的微调，采用基准用水量，仅改变水泥用量，形成三组配合比，分别制作强度试件。每个配合比至少按标准方法制作一组试件，标准养护 28 d 后试压。需要时可同时制作几组试件，供快速检验或较早龄期试压，以便提前定出混凝土配合比供施工使用，但应以标准 28 d 强度或按现行行业标准《粉煤灰在混凝土和砂浆中应用技术规程》（JGJ 28）等规定的龄期强度的检验结果为依据调整配合比。

根据所测定的混凝土强度与相应的胶水比作图或计算（图 4.18），求出与混凝土配制强度对应的胶水比值，采用略大于配制强度的强度对应的胶水比做进一步配合比调整偏于安全。也可以直接采用前述至少 3 个水胶比混凝土强度试验中一个满足配制强度的胶水比做进一步配合比调整，虽然相对比较简明，但有时可能强度富余较多，经济代价略高。

再按以下方法调整各材料用量：测得拌合物的实测表观密度 $\rho_{c,t}$，根据前面的材料用量确定混凝土的计算表观密度 $\rho_{c,c}$，计算出配合比校正系数：

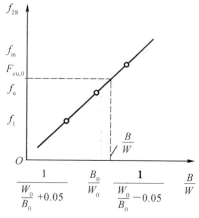

图 4.18　抗压强度与胶水比的关系

$$\delta = \frac{\rho_{c,t}}{\rho_{c,c}} \tag{4.31}$$

当混凝土表观密度实测值 $\rho_{c,t}$ 与计算值 $\rho_{c,c}$ 之差的绝对值不超过计算值的 2% 时，前面确定的配合比即为确定的实验室配合比；反之，超过 2% 时，应将配合比中每项材料用量均乘以

校正系数 δ，为确定的实验室配合比。

配合比调整后，应测定拌合物水溶性氯离子含量，试验结果应符合本规程表 4.30 的规定。

配合比调整后，应对设计要求的混凝土耐久性能进行试验，符合设计规定的耐久性能要求的配合比方可确定为实验室配合比。

3. 混凝土施工配合比

实验室得出的配合比是以绝对干燥的材料为基准的，而工地存放的砂、石都含有一定的水分。所以现场材料的实际称量应按工地砂、石的含水情况进行修正，才能得到施工配合比。

设施工配合比 1 m³ 混凝土中水泥、水、砂、石的用量分别为 m'_c、m'_w、m'_s、m'_g；并设工地砂子含水率为 a，石子含水率为 b。则施工配合比 1 m³ 混凝土中各材料用量为：

$$m'_c = m_c$$
$$m'_s = m_s(1+a)$$
$$m'_g = m_g(1+b)$$
$$m'_w = m_w - m_s \times a - m_g \times b$$

4.5.3　混凝土配合比设计实例

【例 4.2】　某工程的预制钢筋混凝土梁（不受风雪影响）。混凝土设计强度等级为 C25，施工要求坍落度为 35～50 mm（混凝土由机械搅拌、机械振捣）。该施工单位无历史统计资料。所用材料如下：

水泥：普通水泥，强度等级 32.5，实测 28 d 抗压强度为 35 MPa，表观密度 $\rho_c = 3.1$ g/cm³。

中砂：表观密度 $\rho_{0s} = 2.65$ g/cm³，堆积密度 $\rho'_{0s} = 1\,500$ kg/m³。

碎石：表观密度 $\rho_{0g} = 2.7$ g/cm³，堆积密度 $\rho'_{0g} = 1\,550$ kg/m³，最大粒径为 20 mm。

水：自来水。

设计要求：

（1）确定混凝土的实验室配合比；

（2）施工现场砂含水率 4%，碎石含水率 1%，求施工配合比。

【解】（1）计算初步配合比

① 计算配制强度。

根据题意可知 $f_{cu,k} = 25$ MPa，查表 4.36，取 $\sigma = 5.0$ MPa，则：

$$f_{cu,0} = f_{cu,k} + 1.645\sigma = 25 + 1.645 \times 5.0 = 33.2（MPa）$$

② 确定混凝土水胶比 W/B。

已知水泥实测强度 $f_b = f_{ce} = 35$ MPa，粗骨料为碎石，回归系数 $\alpha_a = 0.53$，$\alpha_b = 0.20$，则：

$$W/B = \frac{\alpha_a \cdot f_{ce}}{f_{cu,0} + \alpha_a \cdot \alpha_b \cdot f_{ce}} = \frac{0.53 \times 35}{33.2 + 0.53 \times 0.2 \times 35} = 0.5$$

查表 4.30，该混凝土最大水胶比规定为 0.60，所以取水胶比 $W/B = 0.5$。

③ 确定用水量 m_{w0}。

该混凝土所用碎石最大粒径为 20 mm，坍落度要求为 35～50 mm，查表 4.25 取 m_{w0} = 195 kg。

④ 计算水泥用量 m_{c0}。

$$m_{c0} = \frac{m_{w0}}{m_w / m_c} = \frac{195}{0.5} = 390 \text{（kg）}$$

查表 4.31 该环境中混凝土最小水泥用量规定为 280 kg，所以取 m_{c0} = 390 kg。

⑤ 确定砂率 β_s。

该混凝土所用碎石最大粒径为 20 mm，水胶比为 0.5，查表 4.26 取 β_s = 35%。

⑥ 计算砂、石子用量 m_{s0}、m_{g0}。

a. 采用体积法，代入砂、石、水泥、水的表观密度，取 α = 1，则有

$$\left.\begin{array}{c} \dfrac{390}{3\,100} + \dfrac{m_{g0}}{2\,700} + \dfrac{m_{s0}}{2\,650} + \dfrac{195}{1\,000} + 0.01\alpha = 1 \\[2mm] \dfrac{m_{s0}}{m_{g0} + m_{s0}} = 0.35 \end{array}\right\}$$

解方程组，可得 m_{s0} = 628.1 kg，m_{g0} = 1 166.4 kg。按体积法求得的配合比为

$$m_{c0} : m_{s0} : m_{g0} = 390 : 628.1 : 1\,166.4 = 1 : 1.61 : 2.99, \quad W/B = 0.5$$

b. 采用质量法，假定混凝土拌合物的质量为 m_{cp} = 2 400 kg，将数据代入计算公式，得

$$\left.\begin{array}{c} 390 + m_{g0} + m_{s0} + 195 = 2\,400 \\[2mm] \dfrac{m_{s0}}{m_{g0} + m_{s0}} = 0.35 \end{array}\right\}$$

解方程组，可得 m_{s0} = 635.3 kg，m_{g0} = 1 179.7 kg 按质量法求得的配合比为

$$m_{c0} : m_{s0} : m_{g0} = 390 : 635.3 : 1\,179.7 = 1 : 1.63 : 3.02, \quad W/B = 0.5$$

（2）配合比的试配、调整与确定

以质量法计算结果进行试配。

① 配合比的试配、调整。

按初步配合比试拌 20 L，其材料用量：

水泥：0.02 × 390 = 7.8（kg）

水：0.02 × 195 = 3.9（kg）

砂：0.02 × 635.3 = 12.7（kg）

石：0.02 × 1 179.7 = 23.59（kg）

搅拌均匀后，做坍落度试验，测得坍落度为 20 mm。增加水泥浆用量 5%，即水泥用量增加到 8.19 kg，水用量增加到 4.10 kg，重新测定坍落度为 40 mm，黏聚性和保水性良好。经调整后各项材料用量为：水泥 8.19 kg、水 4.10 kg、砂 12.71 kg、石 23.59 kg，因此总量为 48.59 kg。实测混凝土的表观密度为 $\rho_{c,t}$ = 2 440 kg/m^3。

② 实验室配合比的确定。

采用水胶比为 0.45、0.5、0.55 三个不同配合比，并测定表观密度及 28 d 抗压强度列于表 4.39 中。

表 4.39　试配混凝土性能参数

水灰比	混凝土配合比/kg				坍落度/mm	表观密度 / (kg/m³)	强度/MPa
	水泥	砂	石	水			
0.45	9.11	12.71	23.59	4.10	30	2 435	38.6
0.5	8.19	12.71	23.59	4.10	35	2 440	35.6
0.55	7.45	12.71	23.59	4.10	42	2 445	32.6

由实测强度和坍落度分析，水胶比为 0.5 时混凝土符合要求。则计算表观密度为：

$$\rho_{c,c} = (4.10+8.19+23.59+12.71)/0.02 = 2\ 430\ (kg/m^3)$$

$$\delta = \frac{\rho_{c,t}}{\rho_{c,c}} = \frac{2\ 440}{2\ 430} = 1.004$$

混凝土表观密度的实测值与计算值之差 ξ 为

$$\xi = \frac{\rho_{c,t} - \rho_{c,c}}{\rho_{c,c}} = \frac{2\ 440 - 2\ 430}{2\ 430} \times 100\% = 0.41\% < 2\%$$

由于混凝土表观密度的实测值与计算值之差不超过计算值的 2%，所以前面的计算配合比即为确定的实验室配合比，即

$$m_{c0}:m_{s0}:m_{g0}:m_{w0} = 409.3:635.3:1\ 179.7:205.3 = 1:1.55:2.88:0.5$$

（3）施工配合比

将实验室配合比换算为施工配合比，用水量应扣除砂、石所含水量，而砂、石则应加入含水量。施工配合比计算如下：

水泥：$m_{c施} = m_{c0} = 409.3\ kg$

砂子：$m_{s施} = m_{s0} \times (1+4\%) = 635.3 \times (1+4\%) = 660.7\ (kg)$

石子：$m_{g施} = m_{g0} \times (1+1\%) = 1\ 179.7 \times (1+1\%) = 1\ 191.5\ (kg)$

水：$m_{w施} = m_{w0} - m_{s0} \times 4\% - m_{g0} \times 1\% = 205.3 - 635.3 \times 4\% - 1\ 179.7 \times 1\% = 168.1\ (kg)$

则施工配合比为：水泥 409.3 kg，砂子 660.7 kg，石子 1 191.5 kg，水 168.1（kg）

【例 4.3】　某高层办公楼的基础底板设计使用 C30 等级混凝土，采用泵送施工工艺，坍落度设计值为 180 mm。

结合设计和施工要求选择原材料，原材料主要性能指标如下，请用质量法计算该混凝土的初步配合比。

（1）水泥：选用 P·O 42.5 级水泥，28 d 胶砂抗压强度 48.6 MPa，安定性合格。

（2）矿物掺合料：选用 F 类 Ⅱ 级粉煤灰，细度 18.2%，需水量比 101%，烧失量 7.2%。

选用 S95 级矿粉，比表面积 428 m²/kg，流动度比 98%，28 d 活性指数 99%。

（3）粗骨料：选用最大公称粒径为 20 mm 的碎石，连续级配，含泥量 1.2%，泥块含量 0.5%，针片状颗粒含量 8.9%。

（4）细骨料：采用当地产天然河砂，细度模数 2.70，级配 II 区，含泥量 2.0%，泥块含量 0.6%。

（5）外加剂：选用北京某公司生产 A 型聚羧酸减水剂，减水率为 25%，含固量为 20%，掺量为 1.0%，

（6）水选用自来水。

【解】（1）计算配制强度

由于缺乏强度标准差统计资料，根据题意可知 $f_{cu,k}$=30 MPa，查表 4.36，取 σ=5.0 MPa，则：

$$f_{cu,o} \geqslant f_{cu,k} + 1.645\sigma \geqslant 30 + 1.645 \times 5.0 = 38.3 \text{（MPa）}$$

（2）确定水胶比

① 矿物掺合料掺量选择（可确定 3 种情况，比较技术经济指标）。

根据表 4.33 的规定，并考虑混凝土原材料、应用部位和施工工艺等因素来确定矿物掺合料掺量。

综合考虑：

方案 1——C30 混凝土的粉煤灰掺量 30%。

方案 2——C30 混凝土的粉煤灰掺量 30%，矿粉掺量 10%。

方案 3——C30 混凝土的粉煤灰掺量 25%，矿粉掺量 20%。

② 胶凝材料胶砂强度。

胶凝材料胶砂强度从表 4.37 选取所选 3 个方案的粉煤灰或矿粉的影响系数，计算 f_b。

方案 1——实测掺加 30%粉煤灰的胶凝材料 28 d 胶砂强度：f_b=0.72×48.6=35.0（MPa）。

方案 2——根据表 4.37 选取粉煤灰和矿粉影响系数，计算胶凝材料 28 d 胶砂强度：f_b= 0.70×1.0×48.6=34.0（MPa）。

方案 3——根据表 4.37 选取粉煤灰和矿粉影响系数，计算胶凝材料 28 d 胶砂强度：f_b= 0.75×0.98×48.6=35.7（MPa）。

③ 水胶比计算。

粗骨料为碎石，回归系数 α_a=0.53，α_b=0.20，水胶比按下式计算。

$$W/B = \frac{\alpha_a \cdot f_b}{f_{cu,o} + \alpha_a \cdot \alpha_b \cdot f_b}$$

方案 1——掺加 30%粉煤灰时混凝土的水胶比为 0.442；

方案 2——掺加 30%粉煤灰和 10%矿粉时混凝土的水胶比为 0.430；

方案 3——掺加 25%粉煤灰和 20%矿粉时混凝土的水胶比为 0.450。

查表 4.30 和表 4.32 可知该混凝土最大水胶比规定为 0.45（表 4.32 中注 c），以上水胶比均满足要求。

（3）计算用水量

坍落度设计值为 180 mm，计算用水量步骤如下：

① 塑性混凝土单位用水量。

根据表 4.25 选择单位用水量，满足坍落度 90 mm 的塑性混凝土单位用水量为 215 kg/m³。

② 推定未掺外加剂时混凝土用水量。

以满足坍落度 90 mm 的塑性混凝土单位用水量为基础，按每增大 20 mm 坍落度相应增加 5 kg/m³ 用水量来计算坍落度 180 mm 时单位用水量：

$$m'_{w0} = \frac{(180-90)}{20} \times 5 + 215 = 237.5 \ (\text{kg/m}^3)$$

③ 掺外加剂时的混凝土用水量。

掺外加剂时的混凝土用水量如下：

$$m_{w0} = m'_{w0}(1-\beta) = 237.5 \times (1-0.25) = 178 \ (\text{kg/m}^3)$$

（4）计算胶凝材料用量

根据上述水胶比和单位用水量数据，计算胶凝材料用量。

方案 1 混凝土的胶凝材料用量：

$$m_{b0} = \frac{m_{w0}}{W/B} = \frac{178}{0.442} = 403 \ (\text{kg/m}^3)$$

方案 2 混凝土的胶凝材料用量：

$$m_{b0} = \frac{m_{w0}}{W/B} = \frac{178}{0.43} = 414 \ (\text{kg/m}^3)$$

方案 3 混凝土的胶凝材料用量：

$$m_{b0} = \frac{m_{w0}}{W/B} = \frac{178}{0.45} = 396 \ (\text{kg/m}^3)$$

查表 4.32 该混凝土最小胶凝材料用量为 280 kg/m³，所以方案 1、方案 2 和方案 3 的胶凝材料用量都满足要求。

（5）计算外加剂用量

方案 1 混凝土的外加剂单位用量：$m_{a0} = m_{b0} \times \beta_a = 403 \times 0.01 = 4.03 \ (\text{kg/m}^3)$

方案 2 混凝土的外加剂单位用量：$m_{a0} = m_{b0} \times \beta_a = 414 \times 0.01 = 4.14 \ (\text{kg/m}^3)$

方案 3 混凝土的外加剂单位用量：$m_{a0} = m_{b0} \times \beta_a = 396 \times 0.01 = 3.96 \ (\text{kg/m}^3)$

（6）调整用水量

扣除液体外加剂的水分，C30 混凝土实际单位用水量计算结果为：

方案 1 混凝土的调整用水量为：178 − 4.03 × 80%＝175（kg/m³）

方案 2 混凝土的调整用水量为：178 − 4.14 × 80%＝175（kg/m³）

方案 3 混凝土的调整用水量为：178 − 3.96 × 80%＝175（kg/m³）

（7）计算矿物掺合料用量

根据上述确定的粉煤灰和矿粉掺量，根据公式 $m_{f0} = m_{b0} \times \beta_f$ 分别计算粉煤灰和矿粉用量。

方案 1 混凝土的粉煤灰用量：403 × 0.3＝121（kg/m³）

方案 2 混凝土的粉煤灰和矿粉用量分别为：414 × 0.3＝124（kg/m³）和 414 × 0.1＝41（kg/m³）

方案 3 混凝土的粉煤灰和矿粉用量分别为：396 × 0.25＝99（kg/m³）和 396 × 0.2＝79（kg/m³）

（8）计算水泥用量

根据胶凝材料用量、粉煤灰用量，根据公式 $m_{c0} = m_{b0} - m_{f0}$ 计算水泥用量。

方案 1 混凝土的水泥用量为：$403 - 121 = 282 \left(\text{kg}/\text{m}^3 \right)$

方案 2 混凝土的水泥用量为：$414 - 124 - 41 = 249 \left(\text{kg}/\text{m}^3 \right)$

方案 3 混凝土的水泥用量为：$396 - 99 - 79 = 218 \left(\text{kg}/\text{m}^3 \right)$

（9）计算砂率

根据表 4.26 的规定，初步选取坍落度 60 mm 时砂率值为 32%（插值）。随后按坍落度每增大 20 mm、砂率增大 1% 的幅度予以调整，得到坍落度 180 mm 混凝土的砂率：

$$\beta_s = \frac{(180 - 60)}{20} \times 1\% + 32\% = 38\% 。$$

（10）质量法计算粗细骨料用量

假定 C30 混凝土拌合物的表观密度为 2 400 kg/m³。

$$\left. \begin{array}{l} m_{b0} + m_{g0} + m_{s0} + m_{w0} = m_{cp} \\ \beta_s = \frac{m_{s0}}{m_{g0} + m_{s0}} \times 100\% \end{array} \right\}$$

方案 1：$\left. \begin{array}{l} 403 + m_{g0} + m_{s0} + 175 = 2\ 400 \\ 0.38 = \frac{m_{s0}}{m_{g0} + m_{s0}} \times 100\% \end{array} \right\}$ $m_{s0} = 692 \text{ kg}/\text{m}^3,\ m_{g0} = 1\ 130 \text{ kg}/\text{m}^3$

方案 2：$\left. \begin{array}{l} 414 + m_{g0} + m_{s0} + 175 = 2\ 400 \\ 0.38 = \frac{m_{s0}}{m_{g0} + m_{s0}} \times 100\% \end{array} \right\}$ $m_{s0} = 688 \text{ kg}/\text{m}^3,\ m_{g0} = 1\ 123 \text{ kg}/\text{m}^3$

方案 3：$\left. \begin{array}{l} 396 + m_{g0} + m_{s0} + 175 = 2\ 400 \\ 0.38 = \frac{m_{s0}}{m_{g0} + m_{s0}} \times 100\% \end{array} \right\}$ $m_{s0} = 695 \text{ kg}/\text{m}^3,\ m_{g0} = 1\ 134 \text{ kg}/\text{m}^3$

（11）初步配合比（共计 3 个方案的配合比）

综上所述，计算得到 C30 混凝土的初步配合比如表 4.40 所示。

表 4.40 初步配合比 单位：kg/m³

序号	强度等级	胶凝材料	水泥	粉煤灰	矿粉	粗骨料	细骨料	减水剂	水
1	C30	403	282	121	0	1 130	692	4.03	175
2	C30	414	249	124	41	1 123	688	4.14	175
3	C30	396	218	99	79	1 134	695	3.96	175

4.6 其他品种混凝土

4.6.1 高性能混凝土

高性能混凝土（High Performance Concrete，简称 HPC）是 1990 年在美国 NIST 和 ACI

召开的一次国际会议上首先提出来的，并立即得到各国学者和工程技术人员的积极响应。尽管目前对于高性能混凝土还没有一个统一的定义，但其基本的含义是指具有良好的工作性，早期强度高而后期强度不减小，体积稳定性好，耐久性好，在恶劣的使用环境条件下寿命长和匀质性好的混凝土。

配制高性能混凝土的主要途径是：

① 改善原材料性能。如采用高品质水泥，选用致密坚硬、级配良好的骨料，掺用高效减水剂掺加超细活性掺合料等。

② 优化配合比。应当注意，普通混凝土配合比设计的强度与水胶比关系式在这里不再适用，必须通过试配优化后确定。

③ 加强生产质量管理，严格控制每个生产环节。

为达到混凝土拌合物流动性要求，必须在混凝土拌合物中掺高效减水剂（或称超塑化剂、流化剂）。常用的高效减水剂有：三聚氰胺硫酸盐甲醛缩合物、萘磺酸盐甲醛缩合物和改性木质素磺酸盐等。高效减水剂的品种及掺量的选择，除与要求的减水率大小有关外，还与减水剂和胶凝材料的适应性有关。高效减水剂的选择及掺入技术是决定高性能混凝土各项性能关键之一，需经试验研究确定。

高性能混凝土中也可以掺入某些纤维材料以提高其韧性。

高性能混凝土是水泥混凝土的发展方向之一。它将广泛地被用于桥梁工程、高层建筑工业厂房结构、港口及海洋工程、水工结构等工程中。

4.6.2　高强度混凝土

目前世界各国使用的混凝土，其平均强度和最高强度都在不断提高。西方发达国家使用的混凝土平均强度已超过 30 MPa，高强混凝土所定义的强度也不断提高。在我国，高强混凝土是指强度等级在 C60 以上的混凝土。但一般来说，混凝土强度等级越高，其脆性越大，增加了混凝土结构的不安全因素。

高强混凝土可通过采用高强度水泥、优质骨料、较低的水胶比、高效外加剂和矿物掺合料，以及强烈振动密实作用等方法获得。

配制高强度混凝土一般要求：水泥应采用强度不低于 42.5 的硅酸盐水泥或普通硅酸盐水泥，粗骨料宜采用连续级配，其最大公称粒径不宜大于 25.0 mm，针片状颗粒含量不宜大于 5.0%，含泥量不应大于 0.5%，泥块含量不应大于 0.2%；细骨料的细度模数宜为 2.6 ~ 3.0（大于 2.6），含泥量不应大于 2.0%，泥块含量不应大于 0.5%；宜采用减水率不小于 25%的高性能减水剂（高效减水剂或缓凝高效减水剂）；宜复合掺用粒化高炉矿渣粉、粉煤灰和硅灰等矿物掺合料：粉煤灰等级不应低于 II 级；对强度等级不低于 C80 的高强混凝土宜掺用硅灰（硅灰掺量一般为 3% ~ 8%），（应掺用活性较好的矿物掺合料，且宜复合使用矿物掺合料）。水胶比须小于 0.32，砂率应为 30% ~ 35%。

高强混凝土的密实度很高，因而高强混凝土的抗渗性、抗冻性、抗侵蚀性等耐久性均很高，其使用寿命超过一般混凝土。高强混凝土强度高，但脆性较大，拉压比较低，在应用中应充分注意，广泛应用于高层、大跨、重载、高耸等建筑的混凝土结构。

4.6.3 轻混凝土

轻混凝土（Light-Weight Concrete）是指干表观密度小于 1 900 kg/m³ 的混凝土。轻混凝土根据原材料和生产方法的不同可分为轻骨料混凝土、多孔混凝土和大孔混凝土。

（1）轻骨料混凝土

凡是用轻粗骨料、轻细骨料、水泥和水配制而成的混凝土，表观密度不大于 1 950 kg/m³ 者，称为轻骨料混凝土（Lightweight Aggregate Concrete）。

按细骨料不同，轻骨料混凝土又分为全轻混凝土（粗、细骨料均为轻骨料）和砂轻混凝土；按骨料种类可划分为工业废料混凝土（如粉煤灰混凝土）、天然轻骨料混凝土（如浮石混凝土）和人造轻骨料混凝土（如膨胀珍珠岩混凝土）。

影响轻骨料混凝土强度的主要因素有：骨料性质、水泥浆强度及施工质量等。与普通混凝土相比，轻骨料混凝土表观密度低、弹性模量低、抗震性好、热膨胀系数小、抗渗和抗冻性能好、耐久性良好、导热系数低、保温性能好。

轻骨料混凝土按立方体抗压强度标准值可分为 CL5.0、CL7.5、CL10、CL15、CL20、CL25、CL30、CL35、CL40、CL45、CL50 十一个强度等级。轻骨料混凝土可用于工业与民用建筑的保温、结构保温、结构承重等，如表 4.41 所示。

表 4.41　轻骨料混凝土的强度等级及适用工程环境

混凝土名称	强度等级合理范围	密度等级合理范围	用途
保温轻骨料混凝土	CL5.0	800	主要用于保温的围护结构或热工构筑物
结构保温轻骨料混凝土	CL5.0 ~ CL15	800 ~ 1 400	主要用于既承重又保温的围护结构
结构轻骨料混凝土	CL15 ~ CL50	1 400 ~ 1 900	主要用作承重构件或构筑物

轻骨料混凝土配合比设计应满足强度等级和密度等级的要求，满足施工和易性的要求，还应满足耐久性和经济性方面的要求，同时应考虑骨料吸水率的影响。

（2）多孔混凝土

多孔混凝土（Porous Concrete）是指内部分布着大量微小气泡的轻质混凝土。多孔混凝土的孔隙率高达 60% 以上。按形成气泡的方法不同，可分为加气混凝土和泡沫混凝土；按养护方法不同，可分为蒸压多孔混凝土和非蒸压多孔混凝土。多孔混凝土的表观密度不超过 1 000 kg/m³，通常为 300 ~ 800 kg/m³，保温性能良好，导热系数一般为 0.09 ~ 0.17 W/（m·K）。

加气混凝土（Aerated Concrete）是以含钙材料（石灰、水泥）、含硅材料（石英砂、尾矿粉、粉煤灰、粒化高炉矿渣、页岩等）和适量加气剂（铝粉）为原材料，经过磨细、配料、搅拌、浇筑、切割和压蒸养护（在 0.8 ~ 1.5 MPa、175 ~ 203 ℃ 下养护 6 ~ 8 h）等工序生产而成。

泡沫混凝土（Foam Concrete）是将由水泥等拌制的料浆与由泡沫剂搅拌造成的泡沫混合搅拌，经浇筑、养护、硬化而成的一种多孔混凝土。泡沫混凝土的性能和用途与加气混凝土基本相同，只是泡沫混凝土可现场浇筑。

由于多孔混凝土具有高透水性、高承载力、高散热性、装饰效果好及耐用性显著等特点，目前多用于道路透水性铺装、绿化型护坡铺装及吸音降噪铺装，如图 4.19 所示。

（a）护坡铺装

（b）透水混凝土路面

图 4.19　多孔混凝土的应用

（3）大孔混凝土

大孔混凝土是指无细骨料的混凝土，可分为普通无砂大孔混凝土（No-fines Concrete）和轻骨料大孔混凝土。为提高混凝土的强度，也可加入少量细骨料，制成少砂大孔混凝土。

普通大孔混凝土的导热系数小、保温性好、抗冻性好，收缩一般比普通混凝土小 30%～50%。可用于墙体小型空心砌块、砖和各种板材，也可用于现浇墙体。普通大孔混凝土还可制成滤水管、滤水板等，用于市政工程。

4.6.4　纤维混凝土

纤维混凝土（Fiber Concrete）是以普通混凝土为基体，外掺各种纤维材料而成。掺入纤维的目的是提高混凝土的抗拉强度，降低脆性。常用的纤维有钢纤维、玻璃纤维、碳纤维、矿棉和各种有机纤维等。

各类纤维中以钢纤维对抑制混凝土裂缝的形成、提高混凝土抗拉和抗弯强度、增加韧性效　果最好。但为了节约钢材，目前国内外都在研制采用玻璃纤维、矿棉等配制纤维混凝土。在纤维混凝土中，纤维的含量、几何形状、长径比、弹性模量等，对其性能具有重要影响。纤维混凝　土在路面、桥面、机场道面、断面较薄的轻型结构和压力管道等方面均有应用。随着研究深入，在土木工程中将得到更广泛的应用。

4.6.5　防水混凝土

防水混凝土（Waterproof Concrete）是指抗渗等级不小于 P6 级的混凝土，又称抗渗混凝土。防水混凝土是采取多种措施，使普通混凝土中原先存在的渗水毛细管通路尽量减少或被堵塞，从而大大降低混凝土的渗水，如图 4.20 所示。

图 4.20　防水混凝土

防水混凝土按配制方法不同大体可分为三类：普通防水混凝土、外加剂防水混凝土、膨胀水泥防水混凝土。不论用哪种方法，都是为了增加混凝土内部密实、阻塞毛细管通路、减少界面裂缝，达到较高的抗渗性能。

配制防水混凝土，与配制普通混凝土不同，是需要调整配合比，如：尽量减小水胶比，采用渗透性小的骨料，适当提高水泥用量、砂率。防水混凝土应符合下列规定：

① 最大水胶比的限值见表 4.42；

② 胶凝材料用量不宜小于 320 kg；

③ 粗骨料最大粒径不宜大于 40 mm；

④ 砂率宜为 35% ~ 45%。

表 4.42　防水混凝土最大水胶比限值

抗渗等级	最大水胶比	
	C20 ~ C30 混凝土	C30 以上混凝土
P6	0.60	0.55
P8 ~ P12	0.55	0.50
>P12	0.50	0.45

4.6.6　泵送混凝土

泵送混凝土（Pumped Concrete）是指可在施工现场通过压力泵及输送管道进行浇筑的混凝土。（包括流动性混凝土和大流动性混凝土，泵送时坍落度不小于 100 mm。）泵送混凝土应具有良好的流动性、黏聚性和保水性，在泵压力作用下不离析、不泌水，否则将会阻塞混凝土输送管道。

为保证混凝土的可泵性，混凝土的组成材料应符合泵送混凝土的要求：

① 水泥或胶凝材料总量不宜小于 300 kg/m³，砂率应在 35% ~ 45%；

② 所用碎石的最大粒径小于输送管道的 1/3，卵石的最大粒径不大于输送管道内径的 2/5，粗骨料宜采用连续级配，其针片状颗粒含量不宜大于 10%；

③ 掺用引气型外加剂时，其混凝土含气量不宜大于 4%。

如果胶凝材料用量太少，水胶比大则浆体太稀，黏度不足，混凝土容易离析，水胶比小则浆体不足，混凝土中骨料量相对过多，不利于混凝土的泵送。

4.6.7　大体积混凝土

混凝土结构实体最小尺寸等于或大于 1 m，或预计会因混凝土中胶凝材料水化引起的温度变化和收缩而导致有害裂缝产生的混凝土。或一次浇筑量超过 1 000 m³ 的混凝土工程称为大体积混凝土（Bulk Concrete）。

大体积混凝土体积较大的、可能由胶凝材料水化热引起的温度应力导致有害裂缝的结构混凝土。

大体积混凝土的原材料应符合下列规定：

① 应选用水化热低和凝结时间长的水泥，如低热矿渣硅酸盐水泥、中热硅酸盐水泥、矿渣硅酸盐水泥、粉煤灰硅酸盐水泥、火山灰质硅酸盐水泥等；

② 当采用硅酸盐水泥或普通硅酸盐水泥时应掺加矿物掺合料，胶凝材料的 3 d 和 7 d 水化热分别不宜大于 240 kJ/kg 和 270 kJ/kg。

③ 粗骨料宜为连续级配，最大公称粒径不宜小于 31.5 mm，含泥量不应大于 1.0%（考虑限制混凝土变形）。细骨料宜采用中砂，含泥量不应大于 3.0%。

④ 大体积混凝土应掺用缓凝型减水剂、低水化热的矿物掺合料。

大体积混凝土配合比应符合下列规定：

① 水胶比不宜大于 0.55，用水量不宜大于 175 kg/m^3。

② 在保证混凝土性能要求的前提下，宜提高每立方米混凝土中的粗骨料用量；砂率宜为 38%～42%。

③ 在保证混凝土性能要求的前提下，应减少胶凝材料中的水泥用量，提高矿物掺合料掺量，矿物掺合料掺量应符合表 4.32 的规定。

大体积混凝土在保证混凝土强度及坍落度要求的前提下，应提高掺合料及骨料的含量，以降低每立方米混凝土的水泥用量。大体积混凝土配合比的计算和试配步骤应按普通混凝土的规定进行，并宜在配合比确定后进行水化热的演算和测定。

【复习与思考】

① 何谓骨料级配？骨料级配良好的标准是什么？

② 什么是石子的最大粒径？工程上石子的最大粒径是如何确定的？

③ 砂、石中的黏土、淤泥、细屑等粉状杂质及泥块对混凝土的性质有哪些影响？

④ 普通混凝土中使用卵石或碎石，对混凝土性能的影响有何差异？

⑤ 现场浇灌混凝土时，严禁施工人员随意向混凝土拌合物中加水，试从理论上分析加水对混凝土质量的危害。

⑥ 影响混凝土拌合料和易性的因素有哪些？

⑦ 现场质量检测取样一组边长为 100 mm 的混凝土立方体试件，将它们在标准养护条件下养护至 28 d，测得混凝土试件的破坏荷载分别为 310 kN、296 kN、285 kN。试确定该组混凝土的立方体抗压强度、立方体抗压强度标准值，并确定其强度等级（假定抗压强度的标准差为 3.0 MPa）。

⑧ 配制混凝土时，制作 100 mm×100 mm×100 mm 立方体试件 3 块，在标准条件下养护 7 d 后，测得破坏荷载分别为 140 kN、135 kN、140 kN。试估算该混凝土 28 d 的立方体抗压强度。

⑨ 某框架结构工程现浇钢筋混凝土梁，混凝土设计强度等级为 C35，施工要求混凝土坍落度为 35～50 mm。根据施工单位历史资料统计，混凝土强度标准差 σ=5 MPa。所用原材料情况如下：水泥为 42.5 级普通硅酸盐水泥，密度为 ρ_c=3.10 g/cm^3，强度等级标准值的富余系数为 1.08；砂为中砂，级配合格，表观密度 ρ_{os}=2.59 g/cm^3；石为 5～40 mm 碎石，级配合格，表观密度 ρ_{og}=2.70 g/cm^3。

试求：

a. 混凝土初步配合比；

b. 若经试配，混凝土的和易性和强度等均符合要求，无须作调整。又知现场砂子含水率为 3%，石子含水率为 1%，试计算混凝土施工配合比。

⑩ 某混凝土拌合物经试拌调整满足和易性要求后，各组成材料用量为水泥 3.05 kg、水 1.89 kg、砂 6.24 kg、卵石 11.48 kg，实测混凝土拌合物表观密度为 2 450 kg/m³。试计算每立方米混凝土的各种材料用量。

第 5 章　建筑砂浆

内容提要

本章主要介绍砌筑砂浆的组成材料及其要求、砂浆拌合物和硬化物的主要技术性质、砂浆配合比设计方法。

① 了解砌筑砂浆组成材料的要求；

② 掌握砌筑砂浆拌合物和硬化物的主要技术性质；

③ 掌握砌筑砂浆配合比设计方法；

④ 了解抹面时间和其他特种砂浆的主要品种技术性能、配合方法及应用。

【课程思政目标】

① 通过相关规范的查找与分析，培养学生规范意识。

② 结合工程上使用假冒伪劣材料、进场材料不按标准验收检测等现象，培养学生法治意识、责任意识，不为蝇头小利丧失道德修养。

建筑砂浆（Building Mortar）指由无机胶凝材料、细骨料、掺合料、水以及根据性能确定的各种组分按适当比例配合、拌制并经硬化而成的工程材料，主要用于以下几个方面：

砌筑：把砖、石块、砌块等胶结起来构成砌体；接头、接缝：结构构件、墙板和管道的接头和接缝；

抹面：室内外的基础墙面、地面、屋面及梁柱结构等表面的抹灰，以达到防护和装饰等要求；

粘贴：天然石材、人造石材、瓷砖、锦砖等的镶贴；

特殊用途：绝热、吸声、防水、防腐、装饰等。

建筑砂浆按用途不同，可分为砌筑砂浆、抹面砂浆（普通抹面砂浆、防水砂浆、装饰砂浆）、特种砂浆（隔热砂浆、耐腐蚀砂浆、吸声砂浆等）。按所用的胶凝材料，建筑砂浆可分为水泥砂浆、石灰砂浆、混合砂浆（水泥石灰砂浆、水泥黏土砂浆、石灰黏土砂浆等）。按生产形式分为施工现场拌制的砂浆或由专业生产厂生产的商品砂浆。

商品砂浆（Factory-Manufactured Mortar）是由专业生产厂生产的湿拌砂浆或干混砂浆。

湿拌砂浆（Wet-Mixed Mortar）：水泥、细集料、保水增稠材料、外加剂和水以及根据需要掺入的矿物掺合料等组分按一定比例，在搅拌站经计量、拌制后，采用搅拌运输车运送至使用地点，放入专用容器储存，并在规定时间内使用完毕的砂浆拌合物。

干混砂浆（Dry-Mixed Mortar）：经干燥筛分处理的细集料与水泥、保水增稠材料以及根据需要掺入的外加

剂、矿物掺合料等组分按一定比例在专业生产厂混合而成的固态混合物，在使用地点按规定比例加水或配套液体拌合使用。

5.1　砌筑砂浆

砌筑砂浆（Masonry Mortar）是将砖、石、砌块等块材经砌筑成为砌体，起黏结、衬垫和传力作用的砂浆。

5.1.1　砌筑砂浆的组成材料

能将砖、石和砌块等黏结成为整个砌体的砂浆称为砌筑砂浆（Masonry Mortar），如图 5.1所示。胶凝材料、细骨料、水、外加剂和掺合料均是建筑砂浆的重要组分。为确保建筑砂浆的质量，配制砂浆的各组成材料均应满足行业标准《砌筑砂浆配合比设计规程》（JGJ/T 98）的相关要求。

图 5.1　砌体的承载

现场配制砂浆（Masonry Mortar Site Mixing）：由水泥、细骨料和水，以及根据需要加入的石灰、活性掺合料或外加剂在现场配制成的砂浆，分为水泥砂浆和水泥混合砂浆。

预拌砂浆（Reaady-Mixed Mortar）：专业生产厂生产的湿拌砂浆或干混砂浆。

1.　水　泥

水泥宜采用通用硅酸盐水泥或砌筑水泥，且应符合现行国家标准《通用硅酸盐水泥》（GB 175）和《砌筑水泥》（GB/T 3183）的规定。M15 及以下强度等级的砌筑砂浆宜选用 32.5 级通用硅酸盐水泥或砌筑水泥；M15 以上强度等级的砌筑砂浆宜选用 42.5 级通用硅酸盐水泥。

由于砂浆强度等级要求不高，所以一般选用中、低强度等级的水泥即能满足要求。若水泥强度等级过高，则可掺入适量的混合材料（粉煤灰等），以达到节约水泥、改善性能及降低造价的目的。

水泥的强度等级应该根据设计要求进行选择。一般要求：用于水泥砂浆中的水泥不宜超过 32.5 级；用于水泥混合砂浆中的水泥不宜超过 42.5 级。水泥砂浆中水泥的用量不低于

200 kg/m³，水泥混合砂浆中水泥与掺合料的总量不低于 350 kg/m³，每立方米预拌砌筑砂浆中水泥与掺合料的用量不低于 200 kg/m³。

2. 掺合料

掺合料是指为改善砂浆和易性而加入的无机材料，如石灰膏、电石膏、粉煤灰等。

（1）石灰膏

生石灰熟化成石灰膏时，应用孔径不大于 3 mm×3 mm 的网过滤，熟化时间不得少于 7 d；磨细生石灰粉的熟化时间不得少于 2 d。沉淀池中储存的石灰膏，应采取防止干燥、冻结和污染的措施。为了保证石灰膏的质量，要求石灰膏需防止干燥、冻结、污染。脱水硬化的石灰膏不但起不到塑化作用，还会影响砂浆强度，故规定严禁使用。

（2）电石膏

制作电石膏的电石渣应用孔径不大于 3 mm×3 mm 的网过滤，检验时应加热至 70 ℃后至少保持 20 min，并应待乙炔挥发完后再使用。

石灰膏、电石膏试配时的稠度应为（120±5）mm。

消石灰粉不得直接用于砌筑砂浆中。

（3）矿物掺合料

粉煤灰、粒化高炉矿渣粉、硅灰、天然沸石粉应分别符合国家现行标准《用于水泥和混凝土中的粉煤灰》（GB/T 1596）、《用于水泥和混凝土中的粒化高炉矿渣粉》（GB/T 18046）、《高强高性能混凝土用矿物外加剂》（GB/T 18736）和《天然沸石粉在混凝土和砂浆中应用技术规程》（JGJ/T 112）的规定。当采用其他品种矿物掺合料时，应有可靠的技术依据，并应在使用前进行试验验证。

3. 细骨料

建筑砂浆所用细骨料，宜选用中砂，并应符合现行行业标准《普通混凝土用砂、石质量及检验方法标准》（JGJ 52）的规定，且应全部通过 4.75 mm 的筛孔。最大粒径不得超过砌筑砂浆厚度的 1/5～1/4。砖砌体应小于 2.5 mm，石砌体应小于 5 mm；表面抹灰及勾缝砂浆，宜选用细砂，其最大粒径不大于 1.2 mm。由于含泥量影响砂浆质量，如含泥量过大，会增加砂浆的水泥用量，并使砂浆的收缩增大、耐久性降低。因此，规定强度等级为 M5.0 以上的砌筑砂浆，砂的含泥量不应超过 5%；强度等级为 M5.0 以下的水泥混合砂浆，砂的含泥量不应超过 10%。对于机制砂、山砂及特细砂等资源较多的山区，为降低工程成本，砂浆可合理利用这些资源，但应经试验能满足技术要求后方可使用。

4. 水

当水中含有有害物质时，将会影响水泥的正常凝结，并可能对钢筋产生锈蚀作用，故要求拌制砂浆水的质量指标应符合《混凝土用水标准》（JGJ 63）中的规定：选用不含有害杂质的洁净水。

5. 外加剂

砂浆掺入外加剂是发展的方向。为了改善砂浆的和易性和节约水泥，可在拌制砂浆中掺入外加剂，最常用的是微沫剂，它是一种松香热聚物，掺量一般为水泥质量的 0.005%~0.010%，以通过试验调配掺量为准。砂浆中掺入的砂浆外加剂，应具有法定检测机构出具的该产品的砌体强度型式检验报告，并经砂浆性能试验合格后，方可使用。

6. 保水增稠材料（Water-Retentive and Plastic Material）

改善砂浆可操作性及保水性能的非石灰类材料。采用保水增稠材料时，应在使用前进行试验验证，并应有完整的型式检验报告。

5.1.2 砌筑砂浆的技术性质

砌筑砂浆的主要技术性质包括：砂浆拌合物的和易性、硬化后砂浆的强度及强度等级、砂浆的黏结力、砂浆的变形性、砂浆的凝结时间、砂浆的耐久性。

1. 砂浆拌合物的和易性

砂浆在硬化前应具有良好的和易性，即砂浆在搅拌、运输、摊铺时易于流动并不易失水的性质。和易性包括流动性和保水性两方面内容。

（1）流动性

砂浆的流动性（Fluidity）是指砂浆在重力或外力的作用下流动的性能，也称为"稠度"，可用砂浆稠度仪测定（图 5.2），用沉入度（mm）表示。沉入度是指以标准锥体在砂浆内自由沉入 10 s 时的深度。

图 5.2　砂浆稠度测定仪

沉入度越大，砂浆的流动性越好，但流动性过大，砂浆容易分层、析水；若流动性过小，则不便于施工操作，灰缝不易填充密实，将会降低砌体的强度。

影响砂浆沉入度的因素有：所用胶凝材料的种类和用量、用水量、掺加料的种类与用量、砂子的粗细程度及级配状态、搅拌时间、外加剂的种类与掺量。其影响机理与混凝土流动性基本相同。

沉入度的选择，应根据砌体的种类、施工条件和气候条件，从表 5.1 中选择。流动性太大，不能保证砂浆层的厚度和黏结强度，同时砂浆层的收缩过大，出现收缩裂缝；但流动性太小，砂浆不容易铺抹开，同样不能保证砂浆层的厚度和强度。流动性选择合适，也有利于提高施工效率，减轻劳动强度。

表 5.1   建筑砂浆的流动性稠度选择

砌体种类	砂浆稠度/mm
普通烧结砖砌体、粉煤灰砖砌体	70～90
轻骨料混凝土小型空心砌块砌体、烧结多孔砖砌体、空心砖砌体、蒸压加气混凝土砌块砌体	60～80
烧结普通砖平拱式过梁、空斗墙、筒拱普通混凝土小型空心砌块砌体、灰砂砖砌体	50～70
石砌体	30～50

（2）保水性

砂浆的保水性（Water Retentivity）是指砂浆能够保持内部水分不易析出的能力，用保水率表示。根据《建筑砂浆基本性能试验方法标准》（JGJ/T 70）规定，将砂浆搅拌均匀后，装入保水性试验用的试模中，用中速定性滤纸进行测试，测试时间 2 min。滤纸增加的质量为砂浆中水分的损失。砂浆中保留的水分占砂浆原有水分的百分率即为砂浆保水率。水泥砂浆要求保水率不小于 80%，水泥混合砂浆的保水率要求不小于 84%，预拌砌筑砂浆的保水率要求不小于 88%。

砂浆保水性越差，可操作性越差，即在运输、存放时，砂浆混合物容易分层而不均匀，上层变稀，下层变得干稠。砂浆的保水性太差，会造成砂浆中水分容易被砖、石等吸收，不能保证水泥水化所需的水分，影响水泥的正常水化，降低砂浆本身强度和黏结强度。

2. 砂浆拌合物表观密度

砌筑砂浆拌合物的表观密度宜符合表 5.2 的规定。

表 5.2   砌筑砂浆拌合物的表观密度   单位：kg/m³

砂浆种类	表观密度
水泥砂浆	≥1 900
水泥混合砂浆	≥1 800
预拌砌筑砂浆	≥1 800

3. 硬化后砂浆的强度及强度等级

砂浆在砌体中，主要是传递荷载，因此要求砂浆要有一定的抗压强度。砂浆的抗压强度是确定砂浆强度等级的重要依据。

根据《建筑砂浆基本性能试验方法标准》（JGJ/T 70—2009）规定，砂浆的强度等级是以 70.7 mm × 70.7 mm × 70.7 mm 的立方体标准试件（一组 3 块），在标准条件[温度为（20±2）℃，水泥砂浆相对湿度为 90%，混合砂浆的相对湿度为 60%～80%]下养护 28 d，用标准试验方法测得的抗压强度 $f_{m,cu}$ 来确定的，按式（5.1）计算。

$$f_{m,cu} = K \frac{N_U}{A} \tag{5.1}$$

式中 $f_{m,cu}$——砂浆的立方体抗压强度，MPa（精确至 0.1 MPa）；

N——试件的破坏荷载，N；

A——试件的承压面积，mm^2；

K——换算系数，取 1.35。

根据《砌筑砂浆配合比设计规程》（JGJ/T 98—2010）中规定，水泥砂浆及预拌砂浆按抗压强度可分为 M5.0、M7.5、M10、M15、M20、M25、M30 强度等级。水泥混合砂浆的强度等级可分为 M5.0、M7.5、M10、M15。符号 M10 即表示养护 28 d 后的立方体试件抗压强度平均值不低于 10 MPa。

影响砂浆强度的因素比较多，除了砂浆的组成材料、配合比和施工工艺等因素外，还与基面材料的吸水率有关。

（1）不吸水基面材料

用于不吸水基面材料，如密实石材的砂浆强度与普通混凝土基本相似主要取决于水泥强度和水胶比，可用式（5.2）计算：

$$f_{m,0} = Af_{ce}(B/W - B) \tag{5.2}$$

式中 $f_{m,0}$——砂浆的试配强度（MPa）；

f_{ce}——水泥 28 d 时的实测强度值（MPa），$f_{ce} = \gamma_c f_{ce,g}$；

γ_c——水泥强度等级的富余系数，按统计资料确定；

$f_{ce,g}$——水泥的强度等级值（MPa）；

A，B——经验系数，$A = 0.29$，$B = 0.4$，也可根据试验资料统计确定；

B/W——胶水比。

（2）吸水基面材料

砌筑砖、多孔混凝土或其他一些多孔材料时，由于基层能吸水，砂浆中保留水分的多少取决于砂浆的保水性，与水胶比的关系不大，砂浆强度主要取决于胶凝材料和水泥强度等级，可按式（5.3）计算。

$$f_{m,0} = \frac{\alpha \cdot f_{ce} \cdot Q_c}{1000} + \beta \tag{5.3}$$

式中 Q_c——每立方米砂浆的胶凝材料（kg）；

α，β——经验系数，按 $\alpha = 3.03$，$\beta = -15.09$ 选取。

各地也可以使用本地区试验资料确定 α、β 值，统计用的试验组数不得少于 30 组。

砂浆的强度等级可根据工程类别、砌体部位、所处的环境等来选择，一般按如下原则选择：

① 办公楼、教学楼、多层商店等工程用 M5.0 ~ M10；

② 平房、商店等工程用 M2.5 ~ M5.0；

③ 食堂、仓库、地下室、工业厂房等用 M2.5 ~ M10。

④ 检查井、化粪池等用 M5.0 砂浆，特别重要的结构才用 M10 以上的砂浆。

随着高层建筑的发展，砂浆在使用等级上也相应地提高了。

4. 砂浆的黏结力（Cohesive Force）

砂浆必须具有足够的黏结力，才能将砌筑材料黏结成一个整体。黏结力的大小，会影响整个砌体的强度、耐久性、稳定性和抗震性能。砂浆的黏结力由其本身的抗压强度决定。一般来说，砂浆的抗压强度越大，黏结力越大；另外，与基面的清洁程度、含水状态、表面状态、养护条件等有关。

5. 砂浆的变形（Deformation）

砂浆在承受荷载、温度或湿度变化时均会发生变形，如果变形量太大，会引起开裂而降低砌体质量。掺太多轻骨料或混合材料（如粉煤灰、轻砂等）的砂浆，其收缩变形较大，应采取一些措施防止开裂，如在抹面砂浆中掺入一定量的麻刀、纸筋等。

6. 砂浆的凝结时间（Setting time）

砂浆凝结时间，以贯入阻力达到 0.5 MPa 为评定的依据。水泥砂浆不宜超过 8 h，水泥混合砂浆不宜超过 10 h，掺入外加剂应满足工程设计和施工的要求。

7. 砂浆的抗冻性（Freezing Resistance）

在受冻融影响较多的建筑部位，要求砂浆具有一定的抗冻性。根据《砌筑砂浆配合比设计规程》（JGJ/T 98）的规定，抗冻指标要求：夏热冬暖地区为 F15，夏热冬冷地区为 F25，寒冷地区为 F35，严寒地区为 F50，经冻融试验后，质量损失率不得大于 5%，抗压强度损失率不得大于 25%。

5.1.3　砌筑砂浆配合比设计

砌筑砂浆配合比设计的基本要求是：满足砂浆设计的强度等级；满足施工所要求的和易性；此外还应具有较高的黏结强度和较小的变形。

砂浆配合比用每立方米砂浆中各种材料的用量来表示，可以从砂浆配合比速查手册查得，也可以按《砌筑砂浆配合比设计规程》（JGJ/T 98）中的设计方法进行计算，但都必须用试验验证其技术性能，应达到设计要求。

一个完整的砌筑砂浆配合比设计应包括：初步配合比计算、试配和调整等步骤。

在进行砌筑砂浆配合比设计时，应先明确一些基本资料，如原材料的性质及技术指标，砌筑砂浆的各项技术要求，施工方法，施工管理质量水平，所处的环境条件等。进行配合比设计时，先按原材料性能及砌筑砂浆的技术要求进行初步计算，得出初步配合比；再经实验室试拌调整，得到满足和易性要求的基准配合比；然后经复核定出满足设计和施工要求且较经济合理的设计配合比。

1. 现场配制水泥混合砂浆配合比计算

① 计算砂浆的试配强度 $f_{m,0}$，按式（5.4）或式（5.5）计算。

$$f_{m,0} = Kf_2 \tag{5.4}$$

$$f_{m,0} = f_2 + 0.645\sigma \tag{5.5}$$

式中　$f_{m,0}$——砂浆的试配强度（MPa），精确到 0.1 MPa；

　　　f_2——砂浆的强度等级值（MPa），精确到 0.1 MPa；

　　　K——换算系数，按表 5.3 取值。

　　　σ——砂浆现场强度标准差，精确到 0.1 MPa。

　　a. 当有统计资料时，σ 应按式（5.6）计算。

$$\sigma = \sqrt{\frac{\sum_{i=1}^{n} f_{m,i}^2 - n\mu_{fm}^2}{n-1}} \qquad (5.6)$$

式中　$f_{m,i}$——统计周期内同一种砂浆第 i 组试件的抗压强度（MPa）；

　　　μ_{fm}——统计周期内同一种砂浆 n 组试件强度的平均值（MPa）；

　　　n——统计周期内同一种砂浆试件的总组数，$n \geq 25$。

　　b. 当无统计资料时可按表 5.3 选取。

表 5.3　砂浆强度标准差 σ 及 K 值

施工水平	强度标准差 σ /MPa							K
	M5.0	M7.5	M10	M15	M20	M25	M30	
优良	1.00	1.50	2.00	3.00	4.00	5.00	6.00	1.15
一般	1.25	1.88	2.50	3.75	5.00	0.25	7.50	1.20
较差	1.50	2.25	3.00	4.50	6.00	7.50	9.00	1.25

　　② 计算 1 m³ 砂浆中水泥的用量。

$$Q_c = \frac{1\,000(f_{m,0} - \beta)}{\alpha \cdot f_{ce}} \qquad (5.7)$$

式中　Q_c——每立方米砂浆的水泥用量（kg），精确到 1 kg；

　　　$f_{m,0}$——砂浆的试配强度（MPa），精确到 0.1 MPa；

　　　f_{ce}——水泥 28 d 时的实测强度值（MPa），精确到 0.1 MPa；

　　　α，β——经验系数，按 $\alpha=3.03$、$\beta=-15.09$ 选取。

　　当无法获得水泥的实测强度值时，可按式（5.8）计算 f_{ce}。

$$f_{ce} = \gamma_c \times f_{ce,k} \qquad (5.8)$$

式中　f_{ce}——水泥 28 d 时的实测强度值（MPa）；

　　　γ_c——水泥强度等级的富余系数，按统计资料确定，无统计资料，可取 1.0；

　　　$f_{ce,k}$——水泥的强度等级值（MPa）。

　　③ 计算 1 m³ 砂浆中掺加料的用量 Q_d。

　　水泥和掺合料总量在 300～400 kg 之间时，基本能满足砌筑砂浆的和易性要求，《砌筑砂浆配合比设计规程》（JGJ/T 98）建议取 350 kg。掺合料用量按式（5.9）计算。

$$Q_d = Q_a - Q_c \qquad (5.9)$$

式中　Q_d——1 m³ 砂浆中掺合料用量，精确到 1 kg；

　　　Q_a——经验数据，1 m³ 砂浆中水泥和掺合料用量，精确到 1 kg，可为 350 kg/m³。

粉煤灰以干质量计算，对于石灰膏应以稠度为 120 ± 5 mm 计算，当石灰膏的稠度不是 120 mm，其用量应乘以换算系数，换算系数按表 5.4 进行。

表 5.4　不同稠度的石灰膏换算因数

石灰膏稠度/mm	120	110	100	90	80	70	60	50	40	30
换算因数	1.00	0.99	0.97	0.95	0.93	0.92	0.90	0.88	0.87	0.86

④ 确定 1 m³ 砂浆中用砂量 Q_s。

砂浆中砂的用量与砂的含水率有关，配制 1 m³ 砂浆需要干燥状态（含水率小于 0.5%）的干砂 1 m³，当砂子含水率为 β 时，按下式计算：

$$Q_s = \rho_{s,0}(1+\beta) \tag{5.10}$$

式中　Q_s——每立方米砂浆的砂子用量（kg），精确到 1 kg；

　　　$\rho_{s,0}$——砂子含水率小于 0.5%时的堆积密度（kg/m³），精确到 1 kg；

　　　β——砂子的含水率（%）。

⑤ 用水量。

每立方米砂浆中的用水量，可根据砂浆稠度等要求选用 210 kg ~ 310 kg。混合砂浆的用水量不包括石灰膏（电石膏）中的水；当采用细砂或粗砂时，用水量分别取上限或下限；稠度小于 70 mm 时，用水量可小于下限；施工现场气候炎热或干燥季节，可酌情增加用水量。

当砂浆的初配确定以后，应进行砂浆的试配，试配时以满足和易性和强度要求为准，进行必要的调整，再将所确定的各种材料用量换算成以水泥为 1 的质量比或体积比，即得到最后的配合比。

2. 现场配制水泥砂浆或水泥粉煤灰砂浆的配合比选用

现场配制的水泥砂浆配合比，其材料用量亦可直接按表 5.5 选用，选用时注意以下几点：M15 及以下强度等级的砌筑砂浆宜选用 32.5 级通用硅酸盐水泥或砌筑水泥；M15 以上强度等级的砌筑砂浆宜选用 42.5 级通用硅酸盐水泥；当采用细砂或粗砂时，用水量分别取上限或下限；稠度小于 70 mm 时，用水量可小于下限，施工现场气候炎热或处于干燥季节时，可酌量增加用水量；试配强度按式（5.4）计算。

表 5.5　每立方米水泥砂浆材料用量

强度等级	水泥/kg	砂子	用水量/kg
M5	200 ~ 230		
M7.5	230 ~ 260		
M10	260 ~ 290		
M15	290 ~ 330	砂子的堆积密度值	270 ~ 330
M20	340 ~ 400		
M25	360 ~ 410		
M30	430 ~ 480		

现场配制的水泥粉煤灰砂浆，其材料用量亦可直接按表 5.6 选用，选用时注意以下几点：水泥强度等级为 32.5 级，当采用细砂或粗砂时用水量分别取上限或下限；稠度小于 70 mm 时，用水量可小于下限，施工现场气候炎热或处于干燥季节时，可酌量增加用水量；试配强度按式（5.4）计算。

表 5.6　每立方米水泥粉煤灰砂浆材料用量

强度等级	水泥/kg	粉煤灰	砂子/kg	用水量/kg
M5	210 ~ 240	粉煤灰掺量可占胶凝材料总量的 15% ~ 20%	砂子的堆积密度值	270 ~ 330
M7.5	240 ~ 270			
M10	270 ~ 300			
M15	300 ~ 330			

3. 预拌砌筑砂浆的试配要求

预拌砌筑砂浆生产前应进行试配，试配强度按式（5.4）计算确定，试配时稠度取 70 ~ 80 mm，预拌砂浆中可掺入保水增稠材料、外加剂等，掺量应经试配后确定。对于湿拌砌筑砂浆，在确定湿拌砌筑砂浆稠度时应考虑砂浆在运输和储存过程中的稠度损失，应根据凝结时间的要求确定外加剂掺量。对于干混砌筑砂浆，应明确拌制时的加水量范围。

预拌砌筑砂浆的搅拌、运输、储存和性能应符合《预拌砂浆》（JG/T 230—2007）的规定。

4. 砌筑砂浆配合比试配、调整和确定

按计算或查表所得配合比进行试配时，应按现行行业标准《建筑砂浆基本性能试验方法标准》（JGJ/T 70）测定砌筑砂浆拌合物的稠度和保水率，当稠度和保水率不能满足要求时，应调整材料用量，直到符合要求为止，确定为试配时的砂浆基准配合比。

试配时至少采用 3 个不同的配合比，其中一个配合比为按《砌筑砂浆配合比设计规程》（JGJ/T 98）计算得出的基准配合比，其余两个配合比的水泥用量应按基准配合比分别增加或减少 10%。在保证稠度、保水率合格条件下，可将水、石灰膏、保水增稠材料或粉煤灰等活性掺和料用量作相应调整。

砌筑砂浆试配时稠度应满足施工要求，并应按现行行业标准《建筑砂浆基本性能试验方法标准》（JGJ/T 70）分别测定不同配合比砂浆的表观密度及强度；并应选定符合试配强度及和易性要求，并且水泥用量最低的配合比作为砂浆的试配配合比。

【例 5.1】　某砌筑工程用水泥石灰混合砂浆，要求砂浆的设计强度等级为 M10，流动性为 70 ~ 100 mm。采用 32.5 级的矿渣水泥，28 d 实测强度值为 37 MPa；中砂，含水率为 3%，堆积密度为 1 360 kg/m³；施工水平一般，σ 取 2.5。

【解】　设计步骤如下：

（1）计算砂浆的试配强度

$$f_{m,0} = f_2 + 0.645\sigma = 10 + 0.645 \times 2.5 = 11.61 \text{ (MPa)}$$

（2）计算 1 m³ 砂浆中水泥的用量

$$Q_c = \frac{1\,000(f_{m,0} - \beta)}{\alpha \cdot f_{ce}} = \frac{1\,000 \times (11.61 + 15.09)}{3.03 \times 37} \approx 238 \text{ (kg)}$$

（3）计算 1 m³ 砂浆中石灰膏的用量

$$Q_d = Q_a - Q_c = 350 - 238 = 112 \text{ (kg)}$$

（4）确定 1 m³ 砂浆中用砂量

$$Q_s = \rho_{0s} V = 1\,360 \times (1 + 3\%) \approx 1\,401 \text{ (kg)}$$

（5）得到初步配合比

水泥：石灰膏：砂=1：0.47：5.89

（6）试验

此配合比符合设计要求时不需调整。根据稠度选取合适用水量。

5.2 抹面砂浆

抹面砂浆（Plaster Mortar）一般用于建筑物或构件的表面，抹面砂浆有保护基层、增加美观等功能。抹面砂浆对强度要求不高，但要求保水性好，与基底的黏结力好。抹面砂浆可分为普通抹面砂浆和特种功能抹面砂浆等。

对抹面砂浆的要求为：具有良好的工作性即易于抹成均匀平整的薄层，便于施工；具有足够的黏结力，能与基层材料黏结牢固和长期使用不致开裂或脱落等性能。

5.2.1 普通抹面砂浆

普通抹面砂浆（Commonly Plasting Mortar）是大面积涂抹于建筑物墙、顶棚、柱等表面的砂浆，也称抹灰砂浆。主要包括水泥抹灰砂浆、水泥粉煤灰抹灰砂浆、水泥石灰抹灰砂浆、掺塑化剂水泥抹灰砂浆、聚合物水泥抹灰砂浆及石膏抹灰砂浆等。

水泥抹灰砂浆（Cement Plasting Mortar）：以水泥为胶凝材料，加入细骨料和水按一定比例拌制成的抹灰砂浆。

水泥粉煤灰抹灰砂浆（Cement-fly ash PlastingMortar）：以水泥、粉煤灰为胶凝材料，加入细骨料和水按一定比例配制而成的抹灰砂浆。

水泥石灰抹灰砂浆（Cement-lime Plasting Mortar）：以水泥为胶凝材料，加入石灰膏、细骨料和水按一定比例配制而成的抹灰砂浆，简称混合砂浆。

掺塑化剂水泥抹灰砂浆（Cement Plasting Mortar Adding Plasticizer）：以水泥（或添加粉煤灰）为胶凝材料，加入细骨料、水和适量塑化剂按一定比例配制而成的抹灰砂浆。

聚合物水泥抹灰砂浆（Cement-polymer Plasting Mortar）：以水泥为胶凝材料，加入细骨料、水和适量聚合物按一定比例配制而成的抹灰砂浆。包括普通聚合物水泥抹灰砂浆（无压折比要求）、柔性聚合物水泥抹灰砂浆（压折比≤3）及防水聚合物水泥抹灰砂浆。

石膏抹灰砂浆（Gypsum Plasting Mortar）：以半水石膏或Ⅱ型无水石膏单独或两者混合后为胶凝材料，加入细骨料、水和多种外加剂按一定比例配制而成的抹灰砂浆。

1. 普通抹面砂浆的组成材料

普通抹面砂浆的组成材料的要求同砌筑砂浆基本相同，只是由于普通抹面砂浆的主要技术指标不是强度，而是和易性和黏结力，因此，普通抹面砂浆较砌筑砂浆所用的胶凝材料多，并可在其中加入有机聚合物，如常在水泥砂浆中加入一些胶，以提高砂浆和基层的黏结力，增加砂浆的柔韧性，减少开裂，使砂浆不易脱落，便于涂抹。由于普通抹面砂浆的面积较大，干缩的影响较大，常在砂浆中加入一些纤维材料，增加抗拉强度，增加抹灰层的弹性和耐久性，同时减少干缩和开裂。在硅酸盐砌块墙面上作砂浆的抹面层或粘贴重型饰面材料时，由于日久易脱落，因此，最好在砂浆层内夹一层固定好的钢丝网。

配制强度等级不大于 M20 的抹灰砂浆，宜用 32.5 级通用硅酸盐水泥或砌筑水泥；配制强度等级大于 M20 的抹灰砂浆，宜用强度等级不低于 42.5 级的通用硅酸盐水泥。用通用硅酸盐水泥拌制抹灰砂浆时，可掺入适量的石灰膏、粉煤灰、粒化高炉矿渣粉、沸石粉等，不应掺入消石灰粉。用砌筑水泥拌制抹灰砂浆时，不得再掺加粉煤灰等矿物掺合料。拌制抹灰砂浆，可根据需要掺入改善砂浆性能的添加剂。

2. 普通抹面砂浆的选用

普通抹面砂浆的品种及强度等级应满足设计要求。除特别说明外，其性能的试验方法应按现行行业标准《建筑砂浆基本性能试验方法标准》（JGJ/T 70）执行。

普通抹面砂浆强度不宜比基体材料强度高出两个及以上强度等级，并应符合下列规定：

① 对于无粘贴饰面砖的外墙，底层抹灰砂浆宜比基体材料高一个强度等级或等于基体材料强度。

② 对于无粘贴饰面砖的内墙，底层抹灰砂浆宜比基体材料低一个强度等级。

③ 对于有粘贴饰面砖的内墙和外墙，中层抹灰砂浆宜比基体材料高一个强度等级且不宜低于 M15，并宜选用水泥抹灰砂浆。

④ 孔洞填补和窗台、阳台抹面等宜采用 M15 或 M20 水泥抹灰砂浆。

普通抹面砂浆的品种根据使用部位或基体种类按《抹灰砂浆技术规程》（JGJ/T 220）选用，见表5.7。

表 5.7　抹灰砂浆的品种选用

使用部位或基本种类	抹灰砂浆品种
内墙	水泥抹灰砂浆、水泥石灰抹灰砂浆、水泥粉煤灰抹灰砂浆、掺塑化剂水泥抹灰砂浆、聚合物水泥抹灰砂浆、石膏抹灰砂浆
外墙、门窗洞口外侧壁	水泥抹灰砂浆、水泥粉煤灰抹灰砂浆
温（湿）度较高的车间和房屋、地下室、屋檐、勒脚等	水泥抹灰砂浆、水泥粉煤灰抹灰砂浆
混凝土板和墙	水泥抹灰砂浆、水泥石灰抹灰砂浆、聚合物水泥抹灰砂浆、石膏抹灰砂浆
混凝土顶棚、条板	聚合物水泥抹灰砂浆、石膏抹灰砂浆
加气混凝土砌块（板）	水泥抹灰砂浆、水泥石灰抹灰砂浆、水泥粉煤灰抹灰砂浆、塑化剂水泥抹灰砂浆、聚合物水泥抹灰砂浆、石膏抹灰砂浆

普通抹面砂浆用于室外、易撞击或用于潮湿的环境中，如外墙、水池、墙裙等，一般应

采用水泥砂浆，其体积配合比为水泥：砂=1：（2~3）。一般砖石砌体用的水泥砂浆的体积配合比为（1:1）~（1:6）。

普通抹面砂浆的配合比可参考表 5.8 选用。

表 5.8　普通抹面砂浆配合比及应用范围

材料	体积配合比	应用范围
石灰：砂	1：3	用于干燥环境中的砖石墙面打底或找平
石灰：黏土：砂	1：1：6	干燥环境墙面
石灰：石膏：砂	1：0.6：3	不潮湿的墙及天花板
石灰：石膏：砂	1：2：3	不潮湿的线脚及装饰
石灰：水泥：砂	1：0.5：4.5	勒角、女儿墙及较潮湿的部位
水泥：砂	1：2.5	用于潮湿的房间墙裙、地面基层
水泥：砂	1：1.5	地面、墙面、天棚
水泥：砂	1：1	混凝土地面压光
水泥：石膏：砂：锯末	1：1：3：5	吸音粉刷
水泥：白石子	1：1.5	水磨石
石灰膏：麻刀	1：2.5	木板条顶棚底层
石灰膏：纸筋	1 m³ 石灰膏掺 3.6 kg 纸筋	较高级的墙面及顶棚
石灰膏：纸筋	100：3.8（质量比）	木板条顶棚面层
石灰膏：麻刀	1：1.4（质量比）	木板条顶棚面层

3. 普通抹面砂浆的施工稠度

普通抹面砂浆在施工时可分为三层：第一层为底层，底层砂浆主要起与基层黏结的作用，使砂浆与基面牢固地黏结，要求砂浆有较高的黏结力和良好的和易性，稠度较稀，沉入度较大（90~110 mm），其组成材料常随底层而异；第二层为中层，主要起找平作用，找平层的稠度要适宜，比底层砂浆稍稠些（沉入度 70~90 mm），厚度以表面抹平为宜，也可省去不用；第三层为面层，主要起保护和装饰作用，是为了使表面平整光洁（沉入度 70~80 mm）；聚合物水泥抹灰砂浆的施工稠度宜为 50~60 mm，石膏抹灰砂浆的施工稠度宜为 50 mm~70 mm。

各层普通抹面砂浆在凝结硬化前，应防止暴晒、淋雨、水冲、撞击、振动。水泥抹灰砂浆、水泥粉煤灰抹灰砂浆和掺塑化剂水泥抹灰砂浆宜在润湿的条件下养护。

5.2.2　特种砂浆

能用于满足某种特殊功能要求砂浆称为特种砂浆，常用的特种砂浆有以下几种。

1. 防水砂浆

防水砂浆（Waterproof Mortar）是一种制作防水层用的抗渗性高的砂浆，具有显著的防水、防潮性能。一般依靠特定的施工工艺或在普通水泥砂浆中加入防水剂、膨胀剂、聚合物等配制而成。适用于不受振动或埋置深度不大、具有一定刚度的防水工程；不适用于易受振动或发生不均匀沉降的部位。多采用多层施工，而且在涂抹前在湿润的基层表面刮树脂水泥浆，同时加强养护防止干裂，以保证防水层的完整，达到良好的防水效果。

2. 装饰砂浆

装饰砂浆（Decorative Mortar）是一种涂抹在建筑物内外墙表面，具有特殊美观装饰效果的抹面砂浆。底层和中层的做法与普通抹面砂浆基本相同，面层通常采用不同的施工工艺，选用特殊的材料，使表面呈现出不同的质感、颜色、花纹和图案效果。常用胶凝材料有石膏、彩色水泥、白水泥或普通水泥，骨料有大理石、花岗岩等带颜色的碎石渣或玻璃、陶瓷碎粒等，常见的装饰砂浆的工艺做法有拉毛、拉条、甩毛、水刷石、干粘石、斩假石、弹涂、喷涂等。

3. 绝热砂浆

采用石灰、水泥、石膏等胶凝材料与膨胀珍珠岩、膨胀蛭石、人造陶粒、陶砂等轻质多孔骨料，以水泥为胶凝材料，掺和一些改性添加剂，按一定比例配合的砂浆，称为绝热砂浆（Heat-insulation Mortar）。绝热砂浆具有轻质和绝热性能的特点，可用于屋面、墙壁或工业窑炉管道的保温、隔热层等。

主要分为无机绝热砂浆（如玻化微珠防火绝热砂浆，复合硅酸铝绝热砂浆，珍珠岩绝热砂浆）和有机绝热砂浆（如胶粉聚苯颗粒绝热砂浆）。

4. 吸声砂浆

吸声砂浆是具有吸声功能的砂浆。常用于室内墙面、平顶、厅堂、墙壁、顶棚的吸声。一般采用无机的胶凝材料、复合多孔性的开孔微泡颗粒粗骨料、纤维（锯末、玻璃纤维、矿物棉等）为基础原料，添加多种添加剂，配制而成的砂浆。一般绝热砂浆都具有多孔结构，也具备吸声功能。

【复习与思考】

① 新拌砂浆的和易性包括哪两方面含义？如何测定？

② 影响砂浆抗压强度的主要因素有哪些？

③ 普通抹面砂浆的主要性能要求是什么？不同部位应采用何种抹面砂浆？

④ 何谓防水砂浆？如何配制防水砂浆？

⑤ 某工程用砌砖砂浆，设计强度等级为 M10，要求稠度为 80～100 mm，现有砌筑水泥的强度为 32.5 MPa，细骨料堆积密度为 1 450 kg/m^3 的中砂，含水率为 2%，已有石灰膏的稠度为 120 mm；施工水平一般。试计算此砂浆的初步配合比。

练习题

第6章 墙体材料和屋面材料

内容提要

本章主要介绍常用墙体材料的技术性质及应用。通过学习，需要达到以下要求：

① 掌握各种砌墙砖的质量等级、技术要求及质量检测方法和应用；

② 掌握常用砌块的技术性质及要求；

③ 了解墙用板材的特性及应用；

④ 了解屋面材料的特性及应用。

【课程思政目标】

① 从烧结砖的发明与应用进程，展示我国建筑材料发展的悠久历程，增强学生民族自豪感。

② 通过烧结普通砖的发展历程、新型装配式墙板的介绍，培养学生与时俱进、勇于创新的精神。

③ 结合烧结普通砖的生产对环境污染，土地破坏等有害影响，培养学生在工作和生活中自觉践行"绿水青山就是金山银山"的理念。

墙体材料（Wall materials）和屋面材料（Roofing materials）是建筑工程中用量较大的材料，它是构成建筑物的最重要的材料之一，传统的墙体材料和屋面材料是烧结黏土砖和黏土瓦，但生产烧结黏土砖、瓦，要破坏大量的农田，不利于生态环境的保护，同时黏土砖、瓦体积小，自重大，施工中劳动强度高，生产效率低，影响建筑业的机械化施工。国内部分城市已有规定：在框架结构的工程中，用黏土砖砌筑的墙体，不能通过验收。当前，墙体、屋面类材料的改革趋势是利用工业废料和地方资源，生产出轻质、高强、大块、多功能的墙体材料和屋面材料。

在我国，传统的墙体材料主要是烧结黏土砖，应用历史长，有"秦砖汉瓦"之说。随着我国墙体材料改革的深入，为适应现代建筑轻质高强、多功能的需要，实现建筑节能及资源节约化和环境友好的需要，相继出现了许多新型材料，如空心砖、多孔砖、粉煤灰砖和灰砂砖等砖类；普通混凝土小型砌块、轻质混凝土小型砌块和蒸压加气混凝土等；GRC 石膏板、各种纤维增强墙板及复合墙板等。这些新材料的应用，既节约了黏土资源又利用了工业废渣，有利于环境保护，实现可持续发展。

6.1 墙体材料

目前所用的墙体材料有砖、砌块、板材三类。按生产所用原料分：砖类可以分为黏土砖、页岩砖、灰砂砖、煤矸石砖、粉煤灰砖和炉渣砖等；砌块类可分为混凝土砌块、硅酸盐砌块、加气混凝土砌块等；板材类可分为混凝土大板、石膏板、加气混凝土板、玻纤水泥板、植物纤维板和各种复合板等。

6.1.1 烧结砖

砌墙砖（Fired Brick）是砌筑用的小型块材，按原材料可分黏土砖、粉煤灰砖、页岩砖、煤矸石砖等，按生产工艺可分为烧结砖和非烧结砖，按孔的数量可分为实心砖、多孔砖、空心砖和花格砖。制砖的工艺有两类：一类是通过烧结工艺获得的，为烧结砖；另一类是通过蒸养（压）方法制得，为蒸养砖。

1. 烧结普通砖

以黏土、页岩、煤矸石或粉煤灰为原料制得的没有孔洞或孔洞率（砖面上孔洞总面积占砖面积的百分率）小于15%的烧结砖，称为烧结普通砖（Fired Common Brick）。根据原料分为烧结黏土砖、烧结页岩砖、烧结煤矸石砖、粉煤灰砖。

（1）原材料及生产工艺

生产烧结砖的主要原料有黏土、页岩、煤矸石、粉煤灰等（化学成分为 SiO_2、Al_2O_3、Fe_2O_3）。生产工艺为：采土→原料调制→制坯→干燥→焙烧→制品。

黏土焙烧后能成为石质材料，这是黏土极为重要的特性。在焙烧过程中，黏土发生一系列的变化，具体过程也因黏土种类不同而有很大差别。一般的物理、化学变化如下：在 $100 \sim 110\ ^\circ C$ 时，黏土砖中的游离水蒸发，在坯体中留下许多孔隙；$400 \sim 800\ ^\circ C$ 时黏土中的结晶水脱水，化学矿物开始分解，孔隙率进一步增大，此时强度较低；当温度升高到 $900 \sim 1\ 100\ ^\circ C$ 时，已分解的矿物开始烧结熔化，流入孔隙中，使砖的孔隙率下降，体积收缩；当温度再升高，熔融物较多，砖不能保持原来的形状，发生变形，因此在焙烧砖时一定要控制好温度。

在温度低于 $900\ ^\circ C$ 以下烧成的砖，称为欠火砖。此时砖的孔隙率最大，欠火砖的色浅、声哑强度低。当温度高于 $1\ 100\ ^\circ C$ 以上时生产出的砖，称为过火砖，过火砖的色深、声脆、强度高、尺寸不规则。上述两种砖均不符合国家标准对砖的质量要求。当生产黏土砖时，砖坯在氧化环境中焙烧并出窑时，生产出红砖。如果砖坯先在氧化环境中焙烧，然后再浇水闷窑，使窑内形成还原气氛，会使砖内的红色高价的三氧化铁还原为低价的氧化亚铁，制得青砖。从性能来说，青砖的强度比红砖高，耐久性比红砖强，但价格较贵，一般在小型的土窑内生产。

（2）产品分类

按主要原料分为黏土砖（N）、页岩砖（Y）、煤矸石砖（M）、粉煤灰砖（F）、建筑渣土砖（Z）、淤泥砖（U）、污泥砖（W）、固体废弃物砖（G）。

（3）产品标记

砖的产品标记按产品名称的英文缩写、类别、强度等级和标准编号顺序编写。示例：烧结普通砖，强度等级 MU15 的黏土砖，其标记为：FCB N MU15 GB/T 5101。

（4）规　格

根据国家标准《烧结普通砖》（GB 5101—2017）的规定：烧结砖为矩形，尺寸为 240 mm×115 mm×53 mm。加上砌筑灰缝 10 mm，1 m³ 砖砌体需要 512 块砖。

（5）技术要求

① 尺寸偏差。

砖的尺寸允许偏差和外观按现行标准《砌墙砖试验方法》（GB/T 2542—2012）执行，并应符合表 6.1 的规定（样本数为 20 块）。

表 6.1　烧结普通砖尺寸允许偏差　　　　　　　　　　单位：mm

公称尺寸	优等品		一等品		合格品	
	样本平均差	样本极差，≤	样本平均差	样本极差，≤	样本平均差	样本极差，≤
240	±2.0	8	±2.5	8	±3.0	8
115	±1.5	6	±2.0	6	±2.5	7
53	±1.5	4	±1.6	5	±2.0	6

② 外观质量。

烧结普通砖的优等品颜色应基本相同，合格品无颜色要求。其外观质量按现行标准《砌墙砖试验方法》（GB/T 2542—2012）执行，并应符合表 6.2 的规定。

表 6.2　烧结普通砖的外观质量标准　　　　　　　　　　单位：mm

项目		优等品	一等品	合格品
两条面高度差		≤2	≤3	≤5
弯曲		≤2	≤3	≤5
杂质凸出高度		≤2	≤3	≤5
缺棱掉角的三个破坏尺寸不得同时大于		15	20	30
裂纹长度	大面上宽度方向及其延伸至条面的长度	≤70	≤70	≤110
	大面上长度方向及其延伸至顶面的长度或条顶面上水平裂纹的长度	≤100	≤100	≤150
完整面不得少于		一条面和一顶面	一条面和一顶面	—
颜色		基本一致	—	—

注：① 为装饰而施加的色差、凹凸纹、拉毛、压花等不算作缺陷。
　　② 凡有下列缺陷之一者，不得称为完整面：
　　a 缺陷在条面或顶面上造成的破坏尺寸同时大于 10 mm×10 mm；
　　b 条面或顶面上裂纹宽度大于 1 mm，其长度超过 30 mm；
　　c 压陷、粘底、焦花在条面或顶面上的凹陷或凸出超过 2 mm，区域尺寸同时大于 10 mm×10 mm。

③ 强度等级。

砖的强度等级分为五级：MU30、MU25、MU20、MU15、MU10。测定方法是取 10 块砖测定其抗压强度，根据抗压强度平均值和标准值或单块最小抗压强度值，分为 5 个强度等级，如表 6.3 所示。

表 6.3 烧结普通砖抗压强度等级   单位：mm

强度等级	抗压强度平均值（取 10 块样砖的平均值）	变异系数 $\delta \leqslant 0.21$ 强度标准值 f_k，$\geqslant$	变异系数 $\delta > 0.21$ 单块最小抗压强度值 f_{min}，$\geqslant$
MU30	30.0	22.0	25.0
MU25	25.0	18.0	22.0
MU20	20.0	14.0	16.0
MU15	15.0	10.0	11.0
MU10	10.0	6.5	7.5

烧结普通黏土砖的抗压强度的标准差和抗压强度标准值按式（6.1）和式（6.2）方法计算：

$$S = \sqrt{\frac{1}{9}\sum_{i=1}^{10}(f_i - \overline{f})^2} \qquad (6.1)$$

$$\delta = \frac{S}{\overline{f}} \qquad (6.2)$$

式中 δ——砖强度变异系数；

         $\overline{f}$——10 块砖的抗压强度平均值（MPa）；

         S——10 块砖的抗压强度标准值（MPa）；

         f_i——单块砖的抗压强度测定值（MPa）。

变异系数 $\delta \leqslant 0.21$ 时，按表 6.3 中抗压强度平均值、强度标准值指标评定砖的强度等级。样本量 $n=10$ 时的强度标准值按下式计算：

$$f_k = \overline{f} - 1.83S \qquad (6.3)$$

式中 f_k——烧结普通砖抗压强度标准值（MPa）。

④ 抗风化性能。

风化区用风化指数进行划分，全国风化区划分见表 6.4。

表 6.4 风化区划分

严重风化区		非严重风化区	
（1）黑龙江省	（8）青海省	（1）山东省	（10）湖南省
（2）吉林省	（9）陕西省	（2）河南省	（11）福建省
（3）辽宁省	（10）山西省	（3）安徽省	（12）台湾省
（4）内蒙古自治区	（11）河北省	（4）江苏省	（13）广东省
（5）新疆维吾尔自治区	（12）北京市	（5）湖北省	（14）广西壮族自治区
（6）宁夏回族自治区	（13）天津市	（6）江西省	（15）海南省
（7）甘肃省	（14）西藏自治区	（7）浙江省	（16）云南省
		（8）四川省	（17）上海市
		（9）贵州省	（18）重庆市

风化指数是指日气温从正温降至负温或负温升至正温的每年平均天数与每年从霜冻之日起至消失霜冻之日止这一期间降雨总量[以毫米（mm）计]的平均值的乘积。

风化指数大于或等于 12 700 为严重风化区，风化指数小于 12 700 为非严重风化区。

严重风化区中的 1、2、3、4、5 地区的砖应进行冻融试验，其他地区砖的抗风化性能符合表 6.5 规定时可不做冻融试验，否则，应进行冻融试验。淤泥砖、污泥砖、固体废弃物砖应进行冻融试验。

表 6.5　抗风化性能

砖种类	严重风化区				非严重风化区			
	5 h 沸煮吸水率/%，≤		饱和系数，≤		5 h 沸煮吸水率/%，≤		饱和系数，≤	
	平均值	单块最大值	平均值	单块最大值	平均值	单块最大值	平均值	单块最大值
黏土砖、建筑渣土砖	18	20	0.85	0.87	19	20	0.88	0.90
粉煤灰砖	21	23			23	25		
页岩砖	16	18	0.74	0.77	18	20	0.78	0.80
煤研石砖								

⑤ 抗冻性。

吸水饱和砖经过 15 次冻融循环质量损失和裂缝长度不超过规定即认为抗冻性合格。每块砖样不准许出现分层、掉皮、缺棱、掉角等冻坏现象；冻后裂纹长度不得大于表 6.2 中第 5 项裂纹长度的规定。

⑥ 泛霜。

泛霜也称起霜，是指砖在使用过程中的一种盐析现象。砖内过量的可溶性盐受潮吸水溶解，随水分蒸发而沉积于砖的表面，形成白色粉状附着物，在砖的表面形成絮团状斑点，影响建筑的美观。如果溶盐为硫酸盐，当水分蒸发呈晶体析出时，产生膨胀，使砖面剥落。烧结普通砖优等品不允许出现泛霜；一等品不允许出现中等泛霜；合格品不应出现严重泛霜。

⑦ 石灰爆裂。

石灰爆裂是指砖的坯体中夹杂有石灰块，有时也由掺入的内燃料（煤渣）带入，砖吸水后，由于石灰逐渐熟化而膨胀所产生的爆裂现象。砖的石灰爆裂应符合下列规定：

a. 破坏尺寸大于 2 mm 且小于或等于 15 mm 的爆裂区域，每组砖不得多于 15 处。其中大于 10 mm 的不得多于 7 处。

b. 不准许出现最大破坏尺寸大于 15 mm 的爆裂区域。

c. 试验后抗压强度损失不得大于 5 MPa。

⑧ 吸水率。

砖的吸水率说明孔隙率的大小，也可反映砖的导热性、抗冻性和强度的大小。优等品砖的吸水率不应大于 25%，一等品砖的吸水率不大于 27%，合格砖的吸水率则不限。

（6）烧结普通砖的应用

烧结普通砖具有一定的强度、较好的耐久性，又因为有一定的孔隙，因此，具有较好的隔热保温性能、透气性和热稳定性。

烧结普通砖是传统的墙体材料，主要用于砌筑建筑的内外墙、柱、拱、烟囱和窑炉。烧结普通砖在应用时，应充分发挥其强度、耐久性和隔热性能均较高的特点。用于砌筑承重墙体和烟囱能有效发挥这些特点，而用于砌筑非承重的填充墙体和基础，上述特点就得不到发挥。

在应用时，必须认识到砖砌体（如砖墙、砖柱）的强度不仅取决于砖的强度，而且受砂浆性质的影响。砖的吸水率大，一般为 15%~20%，在砌筑时吸收砂浆中的水分。如果砂浆保持水分的能力差，砂浆就不能正常凝结硬化，导致砌体强度下降。为此，在砌筑时除了要合理配制砂浆外，还要将砖提前湿润。

用小块的烧结普通砖作为墙体材料，施工效率低，墙体自重大，亟待改革。墙体改革的技术方向，主要是发展轻质、高强、空心、大块的墙体材料，力求减轻建筑物自重和节约能源，并为实现施工技术现代化和提高劳动生产率创造条件。

2. 烧结多孔砖

烧结多孔砖是指内孔径不大于 22 mm（非圆孔内切圆直径不大于 15 mm），孔洞率不小于 15%，孔的尺寸小而数量多的烧结砖。按主要原材料可分为黏土砖（N）、页岩砖（Y）、煤矸石砖（M）和粉煤灰砖（F）。

烧结多孔砖的外形尺寸按国家标准《烧结多孔砖和多孔砌块》（GB 13544—2011）的规定，分为 190 mm × 190 mm × 90 mm（M 型）和 240 mm × 115 mm × 90 mm（P 型）两种规格，如图 6.1 所示。手抓孔的尺寸为（30~40 mm）×（75~85 mm）。

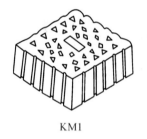 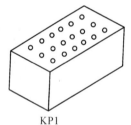 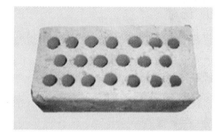

KM1　　　　　　　　KP1

图 6.1　烧结多孔砖

（1）尺寸偏差和外观质量

按《烧结多孔砖和多孔砌块》（GB 13544—2011）的规定，烧结多孔砖的尺寸偏差和外观质量应符合表 6.6 的要求。

表 6.6　烧结多孔砖和砌块的尺寸允许偏差和外观质量　　　　单位：mm

项目		指标	
		样本平均偏差	样本极差
尺寸允许偏差	>400	± 3.0	≤10.0
	300~400	± 2.5	≤9.0
	200~300	± 2.5	≤8.0
	100~200	± 2.0	≤7.0
	<100	± 1.5	≤6.0

项目		指标	
		样本平均偏差	样本极差
外观质量标准	完整面	不得小于一条面和一顶面	
	缺棱掉角的三个破坏尺寸	不得同时大于 30	
	裂纹长度	大面（有孔面）上深入孔壁 15 mm 以上宽度方向及其延伸到条面的长度	≤80
		大面（有孔面）上深入孔壁 15 mm 以上宽度方向及其延伸到顶面的长度	≤100
		条、顶面上的水平裂纹	≤100
	杂质在砖或砌块面上造成的凸出高度	≤5	

注：凡有以下缺陷之一者，不得称为完整面：
    a 缺损在条面或顶面上造成的破坏面尺寸同时大于 20 mm×30 mm；
    b 条面或顶面上裂纹宽度大于 1 mm，其长度超过 70 mm；
    c 压陷、粘底、焦花在条面或顶面上的凹陷或凸出超过 2 mm，区域最大投影尺寸同时大于 20 mm×30 mm。

（2）强度等级

强度等级同烧结普通砖。

（3）耐久性指标

① 泛霜。

每块砖或砌块不允许出现严重泛霜。

② 石灰爆裂。

破坏尺寸在 2~15 mm 的爆裂区域，每组砖和砌块不得多于 15 处，其中大于 10 mm 的不得多于 7 处；不允许出现破坏尺寸大于 15 mm 的爆裂区域。

③ 成品砖中不允许有欠火砖（砌块）、酥砖（砌块）。

3. 烧结空心砖

烧结空心砖是以黏土、页岩、煤矸石、粉煤灰及其他废料为原料，经焙烧而成的空心块体材料，其孔洞率一般不小于 35%，主要用于砌筑非承重的墙体结构。空心砖多为直角六面体的水平空心孔，在其外壁上应设有深度 1 mm 以上的凹槽以增加与砌筑胶结材料的黏合力，砖的壁厚应大于 10 mm，肋厚应大于 7 mm。其外形及尺寸如图 6.2 所示。

（1）技术要求

常用空心砖的长度为 290 mm、240 mm，宽度为 240 mm、190 mm、180 mm、140 mm 及 115 mm，高度为 115 mm、90 mm。其他规格可由供需双方协商确定，砖的壁厚应不大于 110 mm，肋厚应不大于 7 mm。

① 尺寸偏差和外观质量。

在空心砖的烧结过程中，由于材料不均匀、砖坯变形尺寸过大、干燥工艺不合理、焙烧不当或装运码放不当等原因，造成砖体的各种外观缺陷或尺寸偏差。国家标准对烧结空心砖的质量指标的具体要求如表 6.7 和表 6.8 所示。

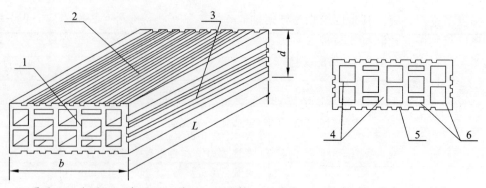

1—顶面；2—大面；3—条面；4—肋；5—凹线槽；6—外壁；L—长度；b—宽度；d—高度。

图 6.2　烧结空心砖

表 6.7　烧结空心砖尺寸允许偏差（GB 13545—2014）　　　单位：mm

尺寸	样本平均偏差	样本极差，≤
>300	± 3.0	7.0
>200 ~ 300	± 2.5	6.0
100 ~ 200	± 2.0	5.0
<100	± 1.7	4.0

表 6.8　烧结空心砖与空心砌块的外观质量要求

项目		指标/mm
（1）弯曲	不大于	4
（2）缺棱掉角的三个破坏尺寸	不得同时大于	30
（3）垂直度差	不大于	4
（4）未贯穿裂纹长度 ① 大面上宽度方向及其延伸至条面的长度 ② 大面上长度方向及其延伸至顶面的长度或条、顶面上水平裂纹的长度	不大于 不大于	100 120
（5）贯穿裂纹长度 ① 大面上宽度方向及其延伸至条面的长度 ② 壁、肋沿长度方向、宽度方向及其水平方向的长度	不大于 不大于	40 40
（6）壁、肋内残缺长度	不大于	40
（7）完整面	不少于	一条面或 一大面

注：凡有下列缺陷之一者，不得称为完整面：
　　a 缺损在大面或条面上造成的破坏尺寸同时大于 20 mm×30 mm；
　　b 大面或条面上裂纹宽度大于 1 mm，其长度超过 70 mm；
　　c 压陷、粘底、焦花在大面或条面上的凹陷或凸出超过 2 mm，区域尺寸同时大于 20 mm×30 mm。

② 强度等级和密度级别。

根据国家标准的规定，烧结空心砖可划分为 MU10.0、MU7.5、MU5.0、MU3.5 四个强度等级和 800 kg/m³、900 kg/m³、1 000 kg/m³ 和 1 100 kg/m³ 四个密度等级。强度等级的大小是根据每批砖中所取具有代表性的样品 10 块，分别对 5 块大面抗压和 5 块条面抗压试验所测得的强度值进行评定。其密度级别是根据抽取 5 块样品所测得的表观密度平均值来确定的。每个密度级别根据孔洞特征与排数、尺寸偏差、外观质量、强度等级和物理性能，划分为优等品（A）、一等品（B）、合格品（C）。

③ 质量缺陷与耐久性。

烧结空心砖的耐久性常以其抗冻性、吸水率等指标来表示，一般要求应有足够的抗冻性。在质量上对于泛霜、石灰爆裂等也有相应的指标约束，详见表 6.9。

表 6.9　烧结空心砖与空心砌块的物理性能指标（GB 13545—2014）

项目	鉴别指标
冻融	（1）优等品：不允许出现裂纹、分层、掉皮、缺棱掉角等冻坏现象； （2）一等品、合格品： ① 冻裂长度不大于表 6.6 的合格品规定； ② 不允许出现分层、掉皮、缺棱掉角等冻坏现象
泛霜	（1）优等品：不允许出现轻微泛霜； （2）一等品：不允许出现中等泛霜； （3）合格品：不允许出现严重泛霜
石灰爆裂	试验后的每块试样应符合表 6.6 中（3）、（4）、（5）的规定，同时每组试样必须符合下列要求： （1）优等品：在同一大面或条面上出现最大直径大于 5 mm 不大于 10 mm 的爆裂区域不多于一处的试样，不得多于 1 块。 （2）一等品： ① 在同一大面或条面上出现最大直径大于 5 mm 不大于 10 mm 的爆裂区域不多于一处的试样，不得多于 3 块； ② 各面出现最大直径大于 10 mm 不大于 15 mm 的爆裂区域不多于一处的试样，不得多于 2 块。 （3）合格品：各面不得出现最大直径大于 15 mm 的爆裂区域
吸水率	（1）优等品：不大于 22%； （2）一等品：不大于 25%； （3）合格品：不要求

（2）烧结空心砖的特点与应用

烧结空心砖的原料及生产工艺与烧结普通砖基本相同，但对原料的可塑性要求较高。

大面有孔洞的烧结空心砖，孔多而小，表观密度为 1 400 kg/m³ 左右，强度较高。使用时孔洞垂直于承压面，主要用于砌筑六层以下承重墙。顶面有孔的空心砖，孔大而少，表观密度在 800 ~ 1 100 kg/m³，强度低，使用时孔洞平行于受力面，用于砌筑非承重墙。

与烧结普通砖相比，生产空心砖可节约黏土 20% ~ 30%，节约燃料 10% ~ 20%，且砖坯焙烧均匀，烧成率高。采用空心砖砌筑墙体，可减轻自重 30% 左右，提高功效 40%，同时能有效改善墙体热工性能和降低建筑物使用能耗。因此，推广应用空心砖是加快我国墙体材料改革的重要举措之一。

6.1.2　非烧结砖

非烧结砖又称为蒸压（养）砖，是以石灰和砂子、粉煤灰、煤矸石、炉渣及页岩等含硅材料加水拌和，经成型、蒸养或蒸压而得的砖。生产这类砖，可大量利用工业废料，减少环境污染，不需占用农田，且可常年稳定生产，不受季节和环境气候影响，因而是我国墙体材料的发展方向之一。

1. 蒸压（养）灰砂砖

蒸压灰砂砖是以砂和石灰为原料，经配料、拌和、压制成型和蒸压养护（175～191 ℃，0.8～1.2 MPa 的饱和蒸汽）而制成的砖，如图 6.3 所示。加入碱性矿物颜料可制成彩色砖。

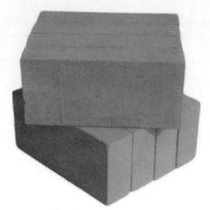

图 6.3　蒸压灰砂砖

灰砂砖的工程尺寸与烧结普通砖相同。按国家标准《蒸压灰砂砖》（GB11945—2019）的规定，灰砂砖根据抗压强度分为 MU30、MU25、MU20、MU15、MU10 5 级，如表 6.10 所示，并根据尺寸偏差、外观质量、强度和抗冻性分为优等品（A）、一等品（B）和合格品（C）。

表 6.10　蒸压灰砂砖的强度等级与强度要求

强度等级	抗压强度/MPa	
	平均值，≥	单块最小值，≥
MU30	30.0	25.5
MU25	25.0	21.2
MU20	20.0	17.0
MU15	15.0	12.8
MU10	10.0	8.5
MU7.5	—	—

注：a 蒸压灰砂砖和蒸压灰砂空心砖没有 MU30 等级；
　　b 蒸压灰砂砖、粉煤灰砖和混凝土多孔砖没有 MU7.5 等级。

灰砂砖有彩色（Co）和本色（N）两类。灰砂砖按产品名称、颜色、强度等级、标准编号的顺序标记。如 MU20、优等品的彩色灰砂砖，其产品标记为 LSB-Co-20-A-GB 11945。MU15、MU20、MU25 的砖可用于基础及其他建筑，MU10 的砖仅可用于防潮层以上的建筑。

灰砂砖不得用于长期受热（200 ℃以上）、受急冷急热和有酸性介质侵蚀的建筑部位，也不宜用于有流水冲刷的部位。

2. 蒸压（养）粉煤灰砖

以粉煤灰、生石灰粉为主要原料，加入石膏和一些集料经制坯、高压或常压养护所得的实心砖为粉煤灰砖，如图 6.4 所示。

图 6.4　蒸压粉煤灰砖

（1）技术要求

粉煤灰砖的外形尺寸与普通砖完全相同，呈矩形。颜色为灰色或深灰色，表观密度为1 500 kg/m³。

《蒸压粉煤灰砖》（JC/T 239—2014）中规定，粉煤灰砖根据尺寸偏差、外观质量、强度等级（表 6.11）、干缩率分为优等品、一等品、合格品三个等级。

表 6.11　粉煤灰砖强度等级

强度等级	抗压强度/MPa		抗折强度/MPa	
	10 块平均值，≥	单块值，≥	10 块平均值，≥	单块值，≥
MU20	20.0	15.0	4.0	3.0
MU15	15.0	11.0	3.2	2.4
MU10	10.0	7.5	2.5	1.9
MU7.5	7.5	5.60	2.0	1.5

粉煤灰砖的抗冻性要求见表 6.12。由于粉煤灰砖的收缩较大，因此，标准规定干燥收缩率，优等品小于 0.60 mm/m，一等品小于 0.75 mm/m，合格品小于 0.85 mm/m。

表 6.12　粉煤灰砖的抗冻指标

强度级别`	20	15	10	7.5
冻后抗压强度平均值/MPa，≥	16.0	11.0	8.0	6.0
冻后单块砖干质量损失/%，≤	2.0	2.0	2.0	2.0

（2）应　　用

粉煤灰砖可用于工业和民用建筑的墙体和基础，但用于基础或用于易受冻融和干湿交替作用的部位时，必须用优等品或一等品的砖，不得长期用于受热 200 ℃ 以上、受急冷或急热作用的部，或有酸性介质侵蚀的建筑部位。在施工中为了减少收缩裂缝，可适当地增设圈梁及伸缩缝。

粉煤灰砖是一种有潜在活性的水硬性材料，在潮湿环境中，水化反应能继续进行而使其内部结构更为密实，有利于砖强度的提高。大量工程现场调查发现，用于建筑勒脚、基础和排水沟等潮湿部位的蒸压粉煤灰砖，虽经一二十年的冻融和干湿交替作用，有的已经完全碳化，但强度并未降低，更均有提高。相对于其他种类的砌体材料，这是粉煤灰砖的优势之一。粉煤灰砖属节土、利废的新型轻质墙体材料之一。

6.1.3 砌 块

砌块（Block）是用于砌筑的人造块材。砌块适应性强，在施工时比较灵活，既可干法操作，也可湿法施工，砌筑方便，适用面广，工效高，周期短，还可以改善墙体的功能。生产砌块可充分利用炉渣、粉煤灰、煤矸石等工业废渣，节省大量土地资源和能源，是替代黏土砖的理想砌筑材料，因而成为我国建筑墙体材料改革的重要途径。

砌块外形多为六面直角体，也有多种异形体。砌块按尺寸规格可分为大型砌块（高度大于 980 mm）、中型砌块（高度为 380～980 mm）和小型砌块（高度为 115～380 mm）。目前，我国以中小型砌块使用较多。砌块按用途分为承重砌块与非承重砌块，按原材料分为蒸压加气混凝土砌块、轻集料混凝土小型空心砌块和泡沫混凝土小型砌块等。

1.混凝土砌块

（1）混凝土小型空心砌块

以水泥、砂、石、水经拌和、振动加压而成的空心砌块为混凝土小型空心砌块，有承重和非承重两种，空心率不小于25%，其主要规格尺寸为 390 mm × 190 mm × 190 mm。砌块外壁厚应小于 30 mm，最小肋厚应不小于 20 mm，空洞率应不小于25%，如图 6.5 所示。砌块的孔洞一般竖向设置，多为单排孔，也有双排孔和三排孔。孔洞有全贯通、半封顶和全封顶 3 种。

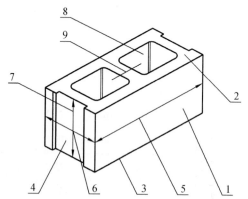

1—条面；2—坐浆面（肋厚较大的面）；3—铺浆面（肋厚较小的面）；
4—顶面；5—长度；6—宽度；7—高度；8—壁；9—肋。
图 6.5　混凝土小型砌块示意图及其各部位名称

根据《普通混凝土小型砌块》（GB/T 8239—2014）的规定，按抗压强度将砌块分为 MU5.0、MU7.5、MU10.0、MU15.0、MU20.0、MU25.0 六个强度等级。

按使用要求，混凝土小型空心砌块分为要求相对含水率和不要求相对含水率、要求抗渗性和不要求抗渗性指标两类级别。根据外观质量将砌块分为优等品（A）、一等品（B）及合格品（C）。

普通混凝土小型空心砌块的强度等级应符合表 6.13 的规定；相对含水率符合表 6.14 的规定用于清水墙的砌块，其抗渗性外观质量应满足表 6.15 的规定；抗冻性应符合表 6.16 的规定。

表 6.13　混凝土小型空心砌块强度等级　　　　　　　　　单位：MPa

强度等级	砌块抗压强度		强度等级	砌块抗压强度	
	平均值，≥	单块最小值，≥		平均值，≥	单块最小值，≥
MU3.5	3.5	2.8	MU10.0	10.0	8.0
MU5.0	5.0	4.0	MU15.0	15.0	11.0
MU7.5	7.5	6.0	MU20.0	20.0	16.0

表 6.14　混凝土小型空心砌块相对含水率

使用地区	潮湿	中等	干燥
相对含水率，≤	45%	40%	35%

注：潮湿系指年平均相对湿度大于 75% 的地区；中等系指年平均相对湿度 50%～75% 的地区；干燥系指年平均相对湿度小于 50% 的地区。

表 6.15　混凝土小型空心砌块外观质量

项目名称		技术指标
弯曲，≤		2 mm
缺棱掉角	个数，≤	1 个
	三个方向投影尺寸的最大值，≤	20 mm
裂纹延伸的投影尺寸累计，≤		30 mm

表 6.16　混凝土小型空心砌块抗冻性

使用条件	抗冻指标	质量损失率	强度损失率
夏热冬暖地区	D15		
夏热冬冷地区	D25	平均值≤5% 单块最大值≤10%	平均值≤20% 单块最大值≤30%
寒冷地区	D35		
严寒地区	D50		

注：使用条件应符合 GB 50176 的规定。

普通混凝土小型空心砌块具有强度较高、自重较轻、耐久性好、外表尺寸规整等优点，部分类型的混凝土小型空心砌块还具有美观的饰面以及良好的保温隔热性能，适用于各种居住、公共、工业、教育、国防和安全性质的建筑，包括高层与大跨度的建筑，以及围墙、挡土墙、桥梁、花坛等市政设施，应用范围十分广泛。混凝土砌块施工方法与普通烧结砖相近，在产品方面还具有原材料来源广泛、不毁坏良田、能利用部分工业废渣、生产能耗较低、对环境的污染程度较小及产品质量容易控制等优点。

（2）轻集料混凝土小型空心砌块

轻集料混凝土小型空心砌块是以硅酸盐系列水泥为胶凝材料、普通砂或轻砂为细集料、天然轻粗集料或陶粒为粗集料制成的砌块，空心率不大于 25%。

根据砌块的干表观密度变动范围的上限将砌块分为 500、600、700、800、900、1 000、1 100、1 400 八个密度等级级别。砌块的强度等级、密度等级和抗压强度应满足表 6.17 的要求。

轻集料混凝土小型砌块可用于工业与民用建筑的承重和非承重墙体，还可以用于既承重，又保温或专门保温的墙体，特别适合于高层建筑的填充墙和内隔墙。

表 6.17　轻集料混凝土小型砌块强度等级及密度等级

强度等级		1.5	2.5	3.5	5.0	7.5	10.0
密度等级		≤800		≤1 100		≤1 400	
抗压强度/MPa	平均，≥	1.5	2.5	3.5	5.0	7.5	10.0
	单块，≥	1.2	2.8	2.8	4.0	6.0	8.0

2. 蒸压加气混凝土砌块

蒸压加气混凝土砌块是以水泥、矿渣、砂或者水泥、石灰、煤粉灰为基本原料，以铝粉为发气剂，经过搅拌、发气、切割、蒸压养护等工艺加工而成，具有轻质、保温、防火、可锯、可刨加工等特点，可制成建筑砌块，适用于做工业与民用建筑物的内外墙体材料和保温材料，如图 6.6 所示。

图 6.6　蒸压加气混凝土砌块

（1）技术要求

根据《蒸压加气混凝土砌块》（GB 11968—2020）规定蒸压加气混凝土砌块按抗压强度可分为 A5.0、A3.5、A2.5、A2.0、A1.5 五个等级，A2.0、A1.5 用于建筑保温；按干表观密度分为 B03、B04、B05、B06、B07 五个等级，B03、B04 用于建筑保温；按砌块尺寸偏差与外观质量、干密度、抗压强度和抗冻性分为优等品（A）、合格品（B）两个等级。强度等级及物理性能应符合表 6.18 和表 6.19 的规定。

蒸压加气混凝土砌块的尺寸（mm）如下：长度为 600，宽度为 100、120、125、150、180、200、240、250 和 300，高度为 200、240、250 和 300。

表 6.18　蒸压加气混凝土砌块抗压强度

强度级别	立方体抗压强度/MPa	
	平均值，≥	单块最小值，≥
A1.0	—	—
A2.0	2.0	1.7
A2.5	2.5	2.1
A3.5	3.5	3.0
A5.0	5.0	4.2

表 6.19　蒸压加气混凝土砌块的干密度、强度级别及物理性能

干表观密度级别		B03	B04	B05	B06	B07
平均干密度（强度规范未划分 A/B）	优等品（A），≤	350	450	550	650	750
	合格品（B），≤	—	—	550	650	750
强度级别（强度规范未划分 A/B）	优等品（A）	A1.5	A2.0	A5.0 / A3.5	A5.0	A5.0
	合格品（B）		A2.5	A2.5	A3.5	
干燥收缩值/（mm/m）	标准法，≤	0.50				
	快速法，≤	0.80（规范尚无）				
抗冻性（强度规范未划分 A/B）	质量损失（%），≤	5.0				
	冻后强度/MPa 优等品（A），≥	0.8	1.6	2.0	2.8	4.0
	冻后强度/MPa 合格品（B），≥	0.8	1.6	2.0	2.8	4.0
导热系数（干态）/[W/（m·K）]，≤		0.10	0.12	0.14	0.16	0.18

注：a 规定采用标准法、快速法测定砌块干燥收缩值，若测定结果发生矛盾不能判定时，则以标准测定的
　　　结果为准；
　　b 用于墙体的砌块，允许不测导热系数；
　　c 定导热系数的方法是《绝热材料稳态热阻及有关特性的测定防护热板法》（GB/T 10294）。

（2）特　点

① 轻质。

蒸压加气混凝土砌块的孔隙率一般在 70%～80%，大部分气孔孔径为 0.5～2 mm，平均孔径在 1 mm 左右。由于这些气孔的存在，体积密度通常在 380～850 kg/m³，比普通混凝土轻 2/3～7/8。

② 具有结构材料必要的强度。

蒸压加气混凝土砌块与其他材料一样，强度与体积密度成正比。如干密度为 500～700 kg/m³ 的制品，强度一般为 2.5～7.5 MPa，具备作为结构材料的必要强度。

③ 弹性模量和徐变较普通混凝土小。

蒸压加气混凝土砌块的弹性模量为（0.147～0.245）×10⁴ MPa 只有普通混凝土弹性模量

（1.96×10^4 MPa）的 1/10 左右，因此在同样的荷载作用下，其变形比普通混凝土的大。它的徐变系数（0.8~1.2）也比普通混凝土（1~4）的小，因此在同样受力的状态下，其徐变比普通混凝土的小。

④ 耐火性好。

蒸压加气混凝土砌块是不燃材料，在受热 80~100 ℃ 时，会出现收缩和裂缝，但在 700 ℃ 以前不会损失强度，并且不散发有害气体，耐火性能卓越。

⑤ 保温隔热性能好。

蒸压加气混凝土砌块具有优良的保温隔热性能，其导热率在 0.116~0.211 W/（m·K）之间，只有黏土砖的 1/5 左右。

⑥ 吸声性能好。

蒸压加气混凝土砌块的吸声能力（吸声系数为 0.2~0.3）比普通混凝土好，但隔声能力较差这是受"质量定律"支配，即隔声效果与质量成正比，所以蒸压加气混凝土砌块隔声效果要比普通混凝土的差。

⑦ 吸水导湿缓慢。

由于蒸压加气混凝土砌块的气孔只有少部分是水分蒸发形成的毛细孔，而大部分是引气剂形成的"肚口大小"结构的气孔，毛细作用差，导致砌块吸水导湿缓慢。蒸压加气混凝土砌块的体积吸水率和黏土砖的相近，在抹灰前如果采用与黏土砖同样的方式往墙上浇水，黏土砖容易吸足水量，因此砖墙壁上的抹灰层可以保持湿润，但蒸压加气混凝土砌块墙抹灰层因砌块继续吸水而容易开裂。

⑧ 干燥收缩大。

与其他多孔材料类似，蒸压加气混凝土砌块干燥收缩、吸湿膨胀大。为避免砌体墙出现裂缝，严格控制制品上墙的含水率是极其重要的，含水率最好控制在 20% 以下。通常含砂的加气混凝土比粉煤灰加气混凝土收缩小。蒸压加气混凝土砌块应用于外墙时，应进行饰面处理或者憎水处理。

（3）应　用

蒸压加气混凝土砌块在建筑工程中应用非常广泛，主要用于低层建筑的承重墙、多层建筑的间隔墙和高层框架结构的填充墙，也可用于一般工业建筑的围护墙，是一种集间隔、保温隔热和吸声于一体的多用建筑材料。

蒸压加气混凝土砌块的主要缺点是收缩大、弹性模量低且怕冻害，因此在建筑物的以下部位不得使用加气混凝土墙体：建筑物 ±0.000 以下（地下室的非承重内隔墙除外）；长期浸水或经常干湿交替的部位；受化学腐蚀的环境，如强酸、强碱或高浓度二氧化碳等；砌块表面经常处于 80 ℃ 以上的高温环境及屋面女儿墙体。

3. 泡沫混凝土小型砌块

泡沫混凝土小型砌块通常是用物理机械方法将泡沫剂水溶液制备成泡沫，再将泡沫加入到由凝胶材料（如水泥和石灰）、集料（石子、砂、炉渣、陶粒和膨胀珍珠岩等）、掺合料（粉煤灰、炉渣和硅灰）、各种外加剂和水等制成的料浆中，经均匀混合、浇筑成型、养护而成的新型墙体和保温隔热材料，如图 6.7 所示。

图 6.7　泡沫混凝土砌块

泡沫混凝土小型砌块与蒸压加气混凝土小型砌块均属于多孔混凝土制品，主要物理力学性能相似，但有各自的特点，目前尚没有相应的行业标准或国家标准。泡沫混凝土小型砌块可制成空心结构，也可制成实心结构。实心砌块可以是单一材料，也可是复合结构（夹芯）；空心砌块又可制成单排孔、双排孔和多排孔结构。

泡沫混凝土是一种多孔混凝土，其结构中含有大量均匀分布的封闭孔隙，因而体现出良好的物理力学性能，即轻质、保温、隔热、防潮、防火、吸声及隔声等功能。

4. 企口空心混凝土砌块

企口空心混凝土砌块是采用最大粒径为 6 mm 的小石子配制成的干硬性混合料，经振动加压成型、自然养护而成，要求形状规整、企口尺寸准确、便于不用砂浆进行干砌。企口空心混凝土砌块适用于 5 层或 5 层以下的承重墙、5 层以上的非承重墙；可做承重墙体时可浇筑混凝土角柱或圈梁，以提高抗震抗风能力，砌块空模中可填充保温材料，以提高墙壁体的热工性能。该类材料便于手工操作，组装灵活，是一种有发展前景的砌体材料。

6.1.4　墙用板材

墙用板材（Plank）是框架结构建筑的组成部分。在现代框架结构中，一般是采用强度高的钢筋混凝土材料制成柱、梁、板，组成建筑物的承重框架结构，通过各种措施将墙用板材支承在框架上，墙板起围护和分隔的作用。墙用板材一般分内、外两种。内墙板材大多为各种石膏板材、石棉水泥板材及加气混凝土板材等，这些板材具有质量轻，保温效果好，隔声、防火以及较好的装饰效果等优点。外墙板大多用加气混凝土板、复合板及各种玻璃钢板等。

我国目前可用于墙体的板材品种很多，水泥类墙用板材、石膏类墙用板材及植物纤维类墙用板材和复合墙板等。以下介绍几种代表性板材：

1. 水泥类墙板

（1）GRC 空心轻质隔墙板

GRC 空心轻质隔墙板包括单板和复合墙板两大类。前者主要为 GRC 平板、GRC 轻质多孔条板，复合墙板则主要包括 GRC 复合外墙板、GRC 外墙内保温板、PGGRC 外墙内保温板等，如图 6.8 所示。

GRC 空心轻质隔墙板是以低碱度的水泥为胶结材料，抗碱玻璃纤维为增强抗拉的材料，并配以发泡剂和防水剂，经搅拌、成型、脱水、养护制成的一种轻质墙板。其规格尺寸为：长度 3 000 mm；宽度 600 mm；厚度 60 mm、90 mm、110 mm 三种。

GRC 空心轻质隔墙板质量轻、强度高、保温性好，导热系数为 0.20 W/（m·K），隔声指数大于 30 dB，不燃（耐火极限 1.3～3 h），施工方便，可用于一般的工业和民用建筑物的内隔墙。

（2）SP 预应力空心墙板

SP 预应力空心墙板是以高强度的预应力钢绞线用先张法制成的预应力混凝土墙板。其形状如图 6.9 所示。其规格尺寸为：长度 1 000～1 900 mm；宽度 600～1 100 mm；厚度 200～480 mm。在 SP 预应力空心墙板上可以作各种装饰效果的表面层（如彩色水刷石、剁斧石、喷砂、粘贴釉面砖等），取消了湿法作业。SP 预应力空心墙板可用于承重或非承重的内外墙板、楼板、屋面板、阳台板和雨篷等，并可根据需要增设保温层和防水层。

图 6.8　GRC 轻质隔墙板

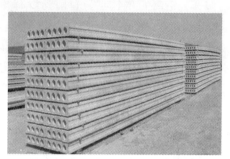

图 6.9　预应力混凝土空心墙板

2. 石膏类墙板

由于石膏制品具有防火、质轻、隔声、抗震性好等特点，石膏类板材在内墙板中占有较大的比例，常用制品有纸面石膏板、纤维石膏板、石膏空心板等。

（1）纸面石膏板

纸面石膏板是以熟石膏为主要原料，掺入适量的添加剂和纤维作板芯，以特制的纸板做护面，连续成型、切割、干燥等工艺加工而成。板面有直角边、楔形、45°倒角形、圆形和半圆形等，如图 6.10 所示。

图 6.10　纸面石膏板

纸面石膏板根据其使用性能分为普通纸面石膏板、耐水纸面石膏板、耐火纸面石膏板三种。纸面石膏板的表观密度为 800～1 000 kg/m³，导热系数为 0.21 W/（m·K），隔声指数为

$35 \sim 45$ dB，抗折荷载为 $400 \sim 850$ N，表面平整，尺寸稳定，具有质量轻、隔热、隔声、防火、调湿、易加工等功能；施工简便，劳动强度低。但由于用纸量较大，成本较高。

普通纸面石膏板适用于建筑物的非承重墙、内隔墙和吊顶，也可用于活动房、民用住宅、商店、办公楼等建筑物的活动隔断，不宜用于厕所、厨房及空气相对湿度经常大于 70% 的场所。耐水型的石膏板可用于相对湿度大于 75% 的环境中，耐火型石膏板主要用于有耐火要求的工程中。

（2）纤维石膏板

纤维石膏板是以石膏为主要原料，以玻璃纤维或纸筋等为增强材料，经铺浆、脱水、成型、烘干等工序而成。其规格尺寸为：长度 $2\,700 \sim 3\,000$ mm；宽度 800 mm；厚度 11 mm。表观密度为 $1\,100 \sim 1\,130$ kg/m³，导热系数 $0.18 \sim 0.19$ W/（m·K），隔声指数为 $36 \sim 40$ dB。纤维石膏板的抗弯强度和弹性模量高于纸面石膏板，一般用于非承重内隔墙、天棚吊顶、内墙贴面等，如图 6.11 所示。

图 6.11　纤维石膏板

（3）石膏空心板

石膏空心板是以石膏为主要材料，加入少量增强纤维，并以水泥、石灰、粉煤灰等为辅助胶结料，经浇筑成型、脱水烘干制成，如图 6.12 所示。石膏空心板的特点为表面平整光滑、洁白，板面不用抹灰，只在板与板之间用石膏浆抹平，并可在上喷刷或粘贴各种饰面材料，而且防滑性能好，质量轻，可切割、锯、钉，空心部位还可预埋电线和管件，安装墙体时可以不用龙集，施工简单。

图 6.12　石膏空心板

其规格尺寸为：长度 $2\,500 \sim 3\,000$ mm；宽度 $500 \sim 600$ mm；厚度 $60 \sim 90$ mm。表观密度为 $600 \sim 900$ kg/m³，抗折强度为 $2 \sim 3$ MPa，导热系数为 0.20 W/（m·K），隔声指数不小于 30 dB，耐火极限 $1 \sim 2.5$ h。适用于高层建筑、框架轻板建筑及其他各类建筑的非承重内隔墙。

3. 植物纤维墙板

随着农业的发展，农作物的废弃物（如草、麦秸、玉米秆和甘蔗渣等）随之增多，污染环境。但各种废弃物如经适当处理，则可制成各种板材。早在 1930 年，瑞典人就用 25 kg 稻草生产板材代替 250 块黏土砖使用。我国是农业大国，农作物资源丰富，应大力推广该类产品。

6.2 屋面材料

屋面材料（Roofing materials）主要起防水、隔热保温、防渗漏等作用。烧结瓦是传统的屋面材料，由于其能耗较高，在生产中需要大量的黏土，对水土资源的破坏较大，尺寸较小，质量较大等，已不能满足现代建筑工程的需要。除了烧结瓦外，目前我国常用屋面材料主要有水泥瓦、石棉瓦、塑料瓦和各种高分子复合材料。

6.2.1 黏土瓦

黏土瓦是以黏土为主要材料，加适量水搅拌均匀后，经模压挤出成型，再经干燥和焙烧而成。制瓦的黏土要求杂质少、塑性高。按烧成后的颜色分为红瓦和青瓦，按形状分为平瓦和脊瓦，如图 6.13 所示。

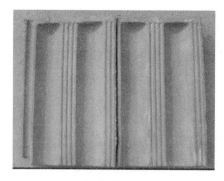
（a）平瓦

（b）脊瓦

图 6.13 黏土瓦

根据国家标准规定，平瓦根据尺寸有Ⅰ、Ⅱ、Ⅲ三个型号，分别为 400 mm×240 mm、380 mm×225 mm、360 mm×220 mm。平瓦根据尺寸偏差、外观质量、物理力学性质分为优等品、一等品、合格品三个等级。每平方米为 15 张平瓦，这些瓦吸水后的质量要小于 55 kg，单片平瓦的最小抗折荷载不得小于 680 N，其抗冻性为经过 15 次冻融后无分层、开裂、剥落现象，抗渗性要求不得出现水滴。脊瓦的尺寸为：长度不小于 300 mm，宽度不小于 180 mm。根据外观质量、尺寸偏差、物理力学指标将脊瓦分为一等品和合格品两个等级。单片脊瓦的最小抗折荷重不小于 680 N，其他性能同平瓦。同时，要求一批瓦的颜色应基本相同。

6.2.2 混凝土平瓦

混凝土平瓦是用水泥、砂为主要原料，经配料、机械滚压或人工挤压成型、养护制得。

在配料中加入耐碱颜料，可生产出彩色瓦。混凝土平瓦的标准尺寸为 400 mm × 240 mm、385 mm × 235 mm 两种，主体厚度 14 mm。根据国家标准规定，单片瓦的抗折力不小于 600 N，单片瓦的吸水率不大于 11%。抗渗性、抗冻性均同其他瓦的要求一样。混凝土平瓦的成本低，耐久性好，但自重较黏土瓦大，可代替黏土瓦用于建筑工程中。

6.2.3　石棉水泥波瓦

石棉水泥波瓦是以石棉纤维和水泥为原料，经配料、压滤成型、养护而成。石棉水泥波瓦根据其波浪的大小可分为大波、中波、小波三种类型，如图 6.14 所示。该瓦防水、防火、防潮、耐寒、耐热、防腐、绝缘、质轻，并且单张面积大，有效利用面积大。但由于石棉纤维对人体健康有害，许多国家已经禁止使用，我国已经开始用别的纤维材料（如耐碱纤维和有机玻璃纤维）来代替石棉。石棉水泥波瓦可用于仓库、厂房等跨度较大的工业建筑和临时搭建的屋面，也可用于围护墙。

图 6.14　石棉水泥波瓦

6.2.4　聚氯乙烯塑料波形瓦

聚氯乙烯塑料波形瓦是以聚氯乙烯树脂为原料，加入各种配合剂，通过塑化、挤压而得的屋面材料，具有质量轻、强度高、耐化学腐蚀、色彩鲜艳、防水、耐老化性能好等优点，如图 6.15 所示。其规格尺寸为 2 100 mm × （1 100 ~ 1 300）mm × （1.5 ~ 2）mm。一般适用于简易建筑物的屋面和候车亭、阳棚、凉棚等简易建筑物的屋面。

图 6.15　聚氯乙烯塑料波形瓦

图 6.16　玻璃钢波形瓦

6.2.5　玻璃钢波形瓦

玻璃钢波形瓦是用聚酯树脂和玻璃纤维为原料，用手工糊制而成，如图 6.16 所示。其规格尺寸为：长度 1 800 mm，宽度 740 mm，厚度 0.8～2.0 mm。其具有质量轻、强度高、耐高温、耐腐蚀、耐冲击、透光率高等优点，一般用于工业厂房的采光带、凉棚等。

【知识链接】

新型墙体材料的发展——玻璃幕墙

一、玻璃幕墙的定义

玻璃幕墙（reflection glass curtainwall），是指由支承结构体系可相对主体结构有一定位移能力、不分担主体结构所受作用的建筑外围护结构或装饰结构。墙体有单层和双层玻璃两种。玻璃幕墙是一种美观新颖的建筑墙体装饰方法，是现代主义高层建筑时代的显著特征。

二、玻璃幕墙的功能作用

现代化高层建筑的玻璃幕墙采用了由镜面玻璃与普通玻璃组合，隔层充入干燥空气或惰性气体的中空玻璃。中空玻璃有两层和三层之分，两层中空玻璃由两层玻璃加密封框架，形成一个夹层空间；三层玻璃则是由三层玻璃构成两个夹层空间。中空玻璃具有隔声、隔热、防结霜、防潮、抗风压强度大等优点。据测量，当室外温度为 $-10\ ℃$ 时，单层玻璃窗前的温度为 $-2\ ℃$，而使用三层中空玻璃的室内温度为 $13\ ℃$。而在炎热的夏天，双层中空玻璃可以挡住 90% 的太阳辐射热，阳光依然可以透过玻璃幕墙，但晒在身上大多不会感到炎热。因此使用中空玻璃幕墙的房间可以做到冬暖夏凉，极大地改善了生活环境。

（一）玻璃幕墙的基本分类

（1）框架支撑玻璃幕墙

框架支撑玻璃幕墙是指玻璃面板周边由金属框架支撑的玻璃幕墙，主要包括以下两种：

① 明框玻璃幕墙。

明框玻璃幕墙是指金属框架构件显露在外表面的玻璃幕墙，如图 6.17 所示。它以特殊断面的铝合金型材为框架，玻璃面板全嵌入型材的凹槽内。其特点在于铝合金型材本身兼有骨架结构和固定玻璃的双重作用。明框玻璃幕墙是最传统的形式，应用也最广泛，工作性能可靠。相对于隐框玻璃幕墙，更易满足施工技术水平要求。

图 6.17　明框玻璃幕墙

② 隐框玻璃幕墙。

隐框玻璃幕墙的金属框隐蔽在玻璃的背面，室外看不见金属框，如图 6.18 所示。隐框玻璃幕墙又可分为全隐框玻璃幕墙和半隐框玻璃幕墙两种。半隐框玻璃幕墙可以是横明竖隐，也可以是竖明横隐。隐框玻璃幕墙的构造特点是：玻璃在铝框外侧，用硅酮结构密封胶把玻璃与铝框黏结。幕墙的荷载主要靠密封胶承受。

 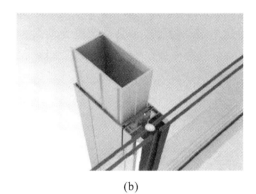

(a)   (b)

图 6.18　隐框玻璃幕墙

（2）全玻璃幕墙

全玻璃幕墙是指由玻璃肋和玻璃面板构成的玻璃幕墙，如图 6.19 所示。

(a)   (b)

图 6.19　全玻璃幕墙

全玻璃幕墙面板玻璃厚度不宜小于 10 mm，夹层玻璃单片厚度不应小于 8 mm；玻璃幕墙肋截面厚度不小于 11 mm，截面高度不应小于 100 mm。当玻璃幕墙超过 4 m（玻璃厚度 10 mm、11 mm）、5 m（玻璃厚度 15 mm）、6 m（玻璃厚度 19 mm）时，全玻璃幕墙应悬挂在主体结构上。吊挂全玻璃幕墙的主体构件应有足够刚度，采用钢桁架或钢梁作为受力构件时，其中心线与幕墙中心线相互一致，椭圆螺孔中心线应与幕墙吊杆锚栓位置一致。吊挂式全玻璃幕墙的吊夹与主体结构之间应设置刚性水平传力结构。所有钢结构焊接完毕，应进行隐蔽工程验收，验收合格后再涂刷防锈漆。

全玻璃幕墙玻璃面板的尺寸一般较大，宜采用机械吸盘安装，允许在现场打注硅酮结构密封胶。全玻璃的板面不得与其他刚性材料直接接触。板面与装修面或结构面之间的空隙不应小于 8 mm，且应采用密封胶密封。

（二）玻璃幕墙的使用特点

（1）优点

玻璃幕墙是当代的一种新型墙体，它赋予建筑的最大特点是将建筑美学、建筑功能、建筑节能和建筑结构等因素有机地统一起来，建筑物从不同角度呈现出不同的色调，随阳光、月色、灯光的变化给人以动态的美。在世界各大洲的主要城市均建有宏伟华丽的玻璃幕墙建筑，如纽约世界贸易中心、芝加哥石油大厦、西尔斯大厦等建筑都采用了玻璃幕墙，香港中国银行大厦、北京长城饭店和上海联谊大厦也相继采用。

反光绝缘玻璃厚 6 mm，墙面自重约 50 kg/m²，有轻巧美观、不易污染、节约能源等优点。

幕墙外层玻璃的里侧涂有彩色的金属镀膜，从外观上看整片外墙犹如一面镜子，将天空和周围环境的景色映入其中，光线变化时，影像色彩斑斓、变化无穷。在光线的反射下，室内不受强光照射，视觉柔和。1983 年中国首次在北京长城饭店工程中采用。

那么，玻璃幕墙是怎么做成的呢？玻璃幕墙是指作为建筑外墙装潢的镜面玻璃，它是在浮法玻璃组成中添加微量的 Fe、Ni、Co、Se 等，并经钢化制成颜色透明的板状玻璃，它可吸收红外线，减少进入室内的太阳辐射，降低室内温度。它既能像镜子一样反射光线，又能像玻璃一样透过光线。

（2）缺点

① 光污染。

玻璃幕墙也存在着一些局限性，例如光污染、能耗较大等问题。但这些问题随着新材料、新技术的不断出现，正逐步纳入到建筑造型、建筑材料、建筑节能的综合研究体系中，作为一个整体的设计问题加以深入地探讨。

玻璃幕墙大约于 20 世纪 80 年代传入我国，北京、上海、广州、深圳等大城市中，大面积采用玻璃幕墙的建筑随处可见，但是，在城市建筑中使用的玻璃幕墙就是最典型的白亮污染制造者。玻璃幕墙的光污染，是指高层建筑的幕墙上采用了涂膜玻璃或镀膜玻璃，当直射日光和天空光照射到玻璃表面时由于玻璃的镜面反射（即正反射）而产生的反射眩光，如图 6.20 所示。生活中，玻璃幕墙反射所产生的噪光，会导致人产生眩晕、暂时性失明等不良反应，且常常发生事故。

图 6.20　玻璃幕墙的光污染

首先，光污染是制造意外交通事故的凶手。矗立在交通繁忙道路旁或十字路口上的一幢幢玻璃幕墙大厦，就像一大块几十米宽、近百米高的巨大镜子，在太阳光下熠熠闪光，并对地面车辆和红绿灯进行反射（甚至是多次反射）。反射光进入高速行驶的汽车内，会造成人的突发性暂时失明和视力错觉，在瞬间会刺激司机的视线，或使其感到头晕目眩，给行人和司机造成严重危害。其次，光污染也给附近的居民生活带来了麻烦，尤其是那些建在居民小区附近的玻璃幕墙，会对周围的建筑形成反光。据光学专家研究，镜面建筑物玻璃的反射光比阳光照射更强烈，其反射率高达82%～90%。夏日阳光被反射到居室中，使室温平均升高4～6℃，影响人们的正常居住使用。长时间在白色光亮污染环境下工作和生活的人，容易导致视力下降，产生头晕目眩、失眠、心悸、食欲下降及情绪低落等类似神经衰弱的症状，使人的正常生理及心理发生变化，长期下去会诱发某些疾病。此外，玻璃幕墙很容易被污染，尤其在大气含尘量较多、空气污染严重、干旱少雨的北方地区，玻璃幕墙更易蒙尘纳垢，这对城市景观而言，非但不能增"光"，反而丢"脸"。还有的一些玻璃幕墙所用材质低劣，施工质量不高，出现色泽不均匀，波纹各异，导致玻璃幕墙如同哈哈镜一般，在阳光下，每块玻璃不是显现均衡一致的光影，而是四处漫射。显然，这样的建筑物，难以使人联想到明快、豪华，只能使人感到光怪陆离和滑稽可笑，城市形象也因此大打折扣。当然，光污染虽然危害很大，但只要采取适当措施还是可以预防的。

　　防止玻璃幕墙反光的问题有三招：第一，选材要选用磨砂玻璃等材质粗糙的，而不应使用全反光玻璃；第二，要注意玻璃幕墙安装的角度，尽量不要在凹形、斜面建筑物使用玻璃幕墙；第三，可以在玻璃幕墙内安装双层玻璃，在内侧的玻璃贴上黑色的吸光材料，这样既能大量地吸收光线，又能避免反射光影响市民。

　　② 玻璃自爆。

　　由于新建建筑在设计时的玻璃板面尺寸越来越大以及各种玻璃幕墙的日益增多，各种玻璃在安装后产生破裂"自爆"的现象时有发生。有的建筑的脚手架尚未开始拆除，玻璃就开始连续地发生"自爆"，并且出现伤人的事件。"自爆"只是大量钢化玻璃中的个别现象，但是许多单独事例汇集在一起，就成为社会和媒体热炒的题材。其实，事实并非如此的。出现玻璃破损现象的因素较多，在国外同样也出现过玻璃"自爆"的"玻璃雨"现象。

　　所谓的钢化玻璃"自爆"，主要是由于玻璃中存在的微小的硫化镍、单质多晶硅、Al_2O_3等杂质，在外应力的连续作用下，超出玻璃的许用应力，而产生的具有"蝴蝶斑"状态的破损。

　　玻璃由于其晶体结构的原因，其抗压强度大，而抗弯和抗折的强度低。因此，当外界作用于玻璃表层的张应力超过玻璃强度允许范围时，玻璃就会破损。引起玻璃破损的原因主要有：设计方面的原因；生产环节的原因；运输领域的原因；安装时产生的原因；建筑物沉降的原因；人为的原因；天灾的原因；玻璃原片的质量问题等。

　　③ 防火能力差。

　　玻璃幕墙是不可燃烧的材料，但在烈火面前，它可以融化或软化，在烈火中只用很短的时间就会发生玻璃破碎，因此在建筑设计中要充分考虑建筑的防火要求。

　　④ 结构胶易失败。

　　幕墙因长期受自然环境的不利因素，结构胶易老化、失效，造成玻璃幕墙坠落。在设计时应尽量采用明框或者半隐框玻璃幕墙，因为即使结构胶失败，由于框架的支撑和约束作用，也会大大降低玻璃坠落的概率。

⑤ 热应力造成玻璃破碎。

玻璃受热会膨胀，如果受热不均匀，在玻璃内部会产生拉应力，当玻璃边部有细小的裂纹时，这些小瑕疵很容易受热应力的影响，导致玻璃破损。因此在安装玻璃时应对玻璃边部进行精细加工处理，以减少裂纹出现。

⑥ 渗水。

玻璃幕墙渗水的原因很多，但主要多与施工水平和密封材料选择关系较大，因此应挑选技术水平过硬的施工单位，并选用符合国家标准的密封材料，以最大限度地降低渗水现象。

【复习与思考】

① 烧结普通砖的技术性质包含哪些内容？

② 烧结多孔砖和空心砖的强度等级是如何划分的？各有什么用途？为什么要大力发展这两种墙体材料？

③ 目前，所用的墙体材料有哪几种？试简述墙体材料的发展趋势。

④ 屋面轻型板材与传统的黏土瓦相比，有哪些特点？

⑤ 根据烧结砖的孔洞率不同，砖分为哪几种？

⑥ 什么是砖的泛霜和石灰爆裂？它对砖的性能有何影响？

⑦ 烧结黏土砖在砌筑施工前为什么一定要浇水润湿？

练习题

第 7 章　金属材料

⊙ 内容提要

本章主要介绍钢材的生产和分类、建筑钢材的技术性能、钢材的化学成分及其对钢材性能的影响等；重点介绍钢材的力学性能和建筑钢材的技术标准与选用。

① 掌握钢材的力学性质、工艺性质及其质量检定方法；

② 掌握钢结构用钢和混凝土结构用钢两类建筑钢材的技术性质；

③ 了解铝材和铝合金的一般特性及应用。

【课程思政目标】

① 将钢材的产生、发展、应用与人类工业化进程发展相结合，展现新型材料与人类社会发展进程关系，激发学生研发新型材料的兴趣。

② 结合典型案例分析，阐述偷工减料对于工程质量的巨大影响，引导学生养成严格遵守各种标准、规范的习惯，增强遵纪守法的意识，培养良好的职业道德素养和工程伦理意识。

③ 结合习近平总书记谈"钢"与"气"，增强学生历史使命感，培养坚守理想、敢于牺牲、艰苦奋斗的精神。

金属材料包括黑色金属和有色金属两大类。黑色金属主要有钢材、铸铁等；有色金属有铝、铜、铅、锌等金属及合金。

土木工程中用量最大的金属材料是钢材，广泛地应用于建筑、铁路、桥梁等结构工程中，而铝、铜及其合金等主要应用于建筑安装及装饰工程中。

7.1　建筑钢材

建筑钢材是指建筑工程中使用的各种钢材，主要是用于钢结构的各种型材（图 7.1）、钢板和用于钢筋混凝土中的各种钢筋、钢丝和钢绞线等（图 7.2）。

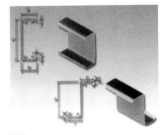

图 7.1　钢结构型材

（a）钢丝　　　　　　　　　　　　　　（b）钢筋

图 7.2　混凝土结构用钢

钢材具有材质均匀、性能可靠、强度高、韧性和脆性好的特点，能承受振动和冲击荷载，可焊接、锚接和切割，易于加工和装配。因此，钢材在土木工程中被广泛应用，尤其是在高层建筑和大跨度结构中，钢材是重要的建筑材料之一。

7.1.1　钢材的生产

钢材是将生铁在炼钢炉中冶炼（Smelting），使碳元素与其他杂质含量降低到预定的范围，然后浇铸得到钢锭（或钢坯），再经过加工（轧制、挤压、拉拔等）工艺制成的材料。

目前，大规模炼钢方法主要有平炉炼钢法、氧气转炉炼钢法和电弧炉炼钢法三种。

（1）平炉炼钢法

以固态或液态生铁、废钢铁或铁矿石做原料，用煤气或重油为燃料在平炉中进行冶炼。平炉钢熔炼时间长、化学成分便于控制、杂质含量少、成品质量高，但是能耗高、生产效率低、成本高，已被淘汰。

（2）氧气转炉炼钢法

氧气转炉炼钢法已成为现代炼钢法的主流。它是以纯氧代替空气吹入炼钢炉的铁水中，能有效除去硫、磷等杂质，使钢的质量显著提高，冶炼速度快且成本低，常用来炼制较优质的碳素钢和合金钢。

（3）电弧炉炼钢法

以电位能源迅速加热生铁或废钢原料，熔炼温度高且可自由调节，容易清除杂质。用电弧炉炼钢法炼出的钢，质量最好，但成本高，主要用于优质碳素钢及特殊合金钢。

7.1.2　钢材的分类

1. 按化学成分分类

钢材按化学成分可分为碳素钢和合金钢两大类。

（1）碳素钢

碳素钢（Carbon Steel）是指含碳量在 0.02%～2.06% 的钢。其化学成分主要是铁，其次是碳，还有少量的硅、锰、磷、硫、氧、氮等，其中硫、磷、氧、氮为有害杂质。按照含碳量的多少，碳素钢可分为：低碳钢（含碳量小于 0.25%）、中碳钢（含碳量为 0.25%～0.6%）、高碳钢（含碳量大于 0.6%）。在土木工程中低碳钢应用较多。

（2）合金钢

合金钢（Alloy Steel）是指在炼钢的过程中加入了一定量的合金元素，使钢材的某些性能发生改变。常用的合金元素有锰、硅、钒、钛。根据合金元素的含量，合金钢可分为：低合金钢（合金含量小于5%）、中合金钢（合金含量为5%~10%）、高合金钢（合金含量大于10%）。

2. 按脱氧程度分类

（1）镇静钢（Z）

用硅、铝等脱氧时，脱氧完全，同时还有去除硫的作用，钢液注入锭模时能平静充满整个模具，基本上无CO气泡产生，故称镇静钢。这种钢均匀密实、性能稳定，质量较好，但成本较高，因而一般用于承受冲击荷载或重要的结构中。性能和特点见表7.1。

（2）沸腾钢（F）

用锰铁脱氧时，脱氧不完全，在钢液浇注后，冷却过程中氧化亚铁与碳化合生成大量CO气体，引起钢水呈沸腾状，因而称为沸腾钢。由于沸腾钢内部有大量气泡和杂质，使得成分分布不均、密实度差、强度低、韧性差、质量差，但其成本低、产量高，因而又被广泛应用于一般建筑结构中。性能和特点见表7.1。

（3）半镇静钢（b）

指脱氧程度和性能都介于前镇静钢和沸腾钢之间的钢，称为半镇静钢。

表7.1　镇静钢、沸腾钢的性能和特点

项目	镇静钢（Z）	沸腾钢（F）
脱氧程度	脱氧完全，基本上无CO气泡产生，钢水浇注时平静	脱氧不完全，产生大量CO气泡，钢水浇注后有明显沸腾现象
特点	表面质量一般，偏析轻微	表面质量良好，偏析较严重
力学性能	冲击韧度良好	冲击韧度较差
	在条件相同的情况下，强度与伸长率大致相同	

3. 按杂质含量分类

根据钢中有害杂质的含量，将钢分为以下几类。

① 普通钢：含磷量不大于0.045%；含硫量不大于0.050%。

② 优质钢：含磷量不大于0.035%；含硫量不大于0.035%。

③ 高级优质钢：含磷量不大于0.025%；含硫量不大于0.025%。

④ 特级优质钢：含磷量不大于0.025%；含硫量不大于0.015%。

另外按钢的用途可分为结构钢、工具钢和特殊性能钢。

土木工程中主要使用碳素钢中的低碳钢，以及普通钢中的低合金钢。

【工程实例分析7.1】

【现象】某菜市场的钢结构屋架在竣工验收使用一段时间后，突然坍塌，请分析事故原因。

【原因分析】 经过调查检验发现：菜市场钢结构屋架是采用中碳钢焊接而成的。中碳钢的碳含量比低碳钢的高，塑性、韧性比较差，焊接性也不好。焊接时，钢材局部形成热影响区，其温度较高，致使焊接后的塑性、韧性进一步下降，冷却易产生焊接裂纹。使用过程中，因周围气候环境影响，裂纹逐渐扩展，致使屋架局部断裂坍塌。

7.2 建筑钢材的主要技术性能

建筑钢材的主要技术性能包括力学性能和工艺性能。所谓力学性能，是指钢材在外力作用下表现出来的性能，包括抗拉、抗弯、冲击塑性、硬度及疲劳性。工艺性能指钢材在制造过程中加工成型的适应能力，如钢材的冷弯性能、可焊接性能、可锻造性能及热处理、切削加工等性能。

7.2.1 力学性能

1. 抗拉性能

抗拉性能是建筑钢材最重要的性能。由于拉伸是建筑钢材的主要受力形式，因此抗拉性能采用拉伸试验测定，以屈服点、抗拉强度和伸长率为指标特征，这些指标可通过低碳钢受拉的应力-应变图来阐明，如图7.3所示。图中分为四个阶段，即弹性阶段、屈服阶段、强化阶段和颈缩阶段。

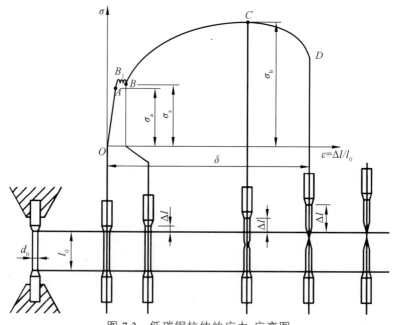

图 7.3 低碳钢拉伸的应力-应变图

（1）弹性阶段（*OA*）

在此阶段内，应力较低，应力与应变成正比关系。除去外力后，试件又恢复原来形状，因无残余变形，故这一阶段为弹性阶段。*A* 点对应的应力称为弹性极限（Elastic Limit），用 σ_P

表示。在弹性阶段，应力和应变的比值称为杨氏弹性模量，并且为常数，用符号"E"来表示，即 $E = \sigma / \varepsilon$。它反映钢材的刚度，是计算结构受力变形的重要指标。土木工程中常用钢材的弹性模量为（$2.0 \sim 2.1$）$\times 10^5$ MPa。

（2）屈服阶段（AB）

当应力超过 A 点后，应变的增长比应力快，试件在弹性变形的同时开始产生塑性变形，σ-ε 曲线不再呈直线关系。当应力达到图中 B_1 点后塑性变形急剧增加，其特点是应力增加很小，而应变增加迅速，这一阶段叫作屈服阶段，其相应的应力称为屈服极限或屈服强度（σ_s），它在实际工作中意义重大，是结构设计中钢材许用应力取值的依据。如 Q235 钢的屈服强度 σ_s 一般为 $210 \sim 240$ MPa。

σ-ε 曲线中，B_1 是上屈服强度（Upper Yield Strength），是指试件发生屈服而应力首次下降前的最大应力；B 是下屈服强度（Lower Yield Strength），是指不计初始瞬时效应时屈服阶段中的最小应力。由于下屈服点比较稳定且易于测量得到，因此，一般采用下屈服点作为钢材的屈服强度（Yield Strength）。

（3）强化阶段（BC）——均匀塑性变形阶段

伴随着屈服阶段塑性变形的迅速增加，当钢材屈服到一定程度后，由于钢材内部晶格歪扭、晶粒碎化等原因，塑性变形受到阻碍，钢材抵抗外力的能力重新提高，对应于最高点 C 的应力称为抗拉强度（Tensile Strength），以"σ_b"表示，它表示钢材承受的最大拉应力。如 Q235 钢的抗拉强度在 375 MPa 以上。抗拉强度不作为设计时强度的取值依据，但它反映了钢材的潜在强度的大小。

屈服强度与抗拉强度的比值称为屈强比（σ_s / σ_b），屈强比是反映钢材利用率和安全可靠程度的一个指标。屈强比越小，钢材在受力超过屈服点工作时，可靠性越大，结构安全性越高。当屈强比太小时，钢材强度的有效利用率低。所以钢材应有一个合理的屈强比，其屈强比一般在 $0.60 \sim 0.75$。

（4）颈缩阶段（CD）

试验达到 C 点以后，试件抵抗塑性变形的能力迅速下降，塑性变形迅速增加，试件的断面急剧缩小，产生"颈缩"现象直至断裂。

塑性是钢材的一个重要性能指标，一般用拉伸试验时的断后伸长率 δ（Percentage Elongation After Fracture）或断面收缩率（ψ）来表示。方法是将拉断后的试件拼合在一起，测量出标距长度 L_1，L_1 与试件受拉前的原标距 L_0 之差为塑性变形的绝对伸长量（$\Delta l = L_1 - L_0$），它与原标距 L_0 之比为伸长（或延伸）率，以符号"δ"表示，计算如式（7.1）。

$$\delta = \frac{L_1 - L_0}{L_0} \times 100\% \tag{7.1}$$

式中　δ ——伸长率或延伸率；

　　　L_1——试件原始标距长度（mm）；

　　　L_0——断裂试件拉断拼合后的标距长度（mm）。

伸长率 δ 的物理意义：δ 是衡量钢材塑性的指标，其数值越大，说明钢材的塑性越好。良好的塑性能使结构上超过屈服点的应力重新分布，有效地避免结构过早破坏。

一般来说，拉伸试件的 $L_0 = 5d_0$ 或 $L_0 = 10d_0$（d_0 是试件的直径或边长），其伸长率分别以 δ_5 和 δ_{10} 表示。对于同一种钢材，$\delta_5 > \delta_{10}$。因为拉伸过程中，钢材各段的伸长量是不均匀的，颈缩处的伸长率较大，当原始标距 L_0 与直径 d_0 之比愈大时，则颈缩处伸长值在整个伸长值中的比重愈小，所以，计算得到的伸长率就愈小。某些钢材的伸长率还采用定标距试件测定，如标距 $L_0 = 100$ mm 或 $L_0 = 200$ mm，则伸长率用 δ_{100} 或 δ_{200} 表示。

材料的塑性变形还用断面收缩率（Percentage Reduction of Area）表示，符号 ψ。可按下式计算：

$$\psi = \frac{A_0 - A_1}{A_0} \times 100\%$$

式中　ψ ——断面收缩率；

　　　A_0 ——试件原始截面积（mm^2）；

　　　A_1 ——试件拉断后颈缩处的截面积（mm^2）。

伸长率和断面收缩率反映钢材断裂前经受塑性变形的能力。伸长率越大或断面收缩率越大，表示钢材的塑性越好。钢材塑性越好，不仅易于进行各种加工，而且还能保证钢材在建筑上的安全使用。这是因为钢材塑性变形时，能调整局部过大的应力，使之趋于平缓，以免引起建筑结构的局部破坏及引起整个结构的破坏；而且钢材在塑性变形破坏前，有明显的变形和较长变形的持续时间，可引起人们的警惕，并有时间采取相应的补救措施。

【例 7.1】 某个直径 $d_0 = 10$ mm、长度 $L_0 = 100$ mm 的低碳钢试样，由拉伸试验测得 $F_s = 21$ kN，$F_b = 29$ kN，$d_1 = 5.65$ mm，$L_1 = 138$ mm。试求此试样的 σ_s、σ_b、σ、ψ。

【解】（1）计算 A_0、A_1

$$A_0 = \frac{\pi d_0^2}{4} = \frac{3.14 \times 10^2}{4} = 78.5 \ (mm^2)$$

$$A_1 = \frac{\pi d_1^2}{4} = \frac{3.14 \times 5.65^2}{4} = 25 \ (mm^2)$$

（2）计算 σ_s、σ_b

$$\sigma_s = \frac{F_s}{A_0} = \frac{21\,000}{78.5} = 267.5 \ (N/mm^2)$$

$$\sigma_b = \frac{F_b}{A_0} = \frac{29\,000}{78.5} = 369.4 \ (N/mm^2)$$

（3）计算 δ、ψ

$$\delta = \frac{L_1 - L_0}{L_0} \times 100\% = \frac{138 - 100}{100} \times 100\% = 38\%$$

$$\psi = \frac{A_0 - A_1}{A_0} \times 100\% = \frac{78.5 - 25}{78.5} \times 100\% = 68\%$$

某些合金钢或含碳量较高的钢材（如预应力混凝土用钢筋和钢丝）的硬脆性大，抗拉强度高，拉伸时无明显屈服阶段，即塑性变形很小，屈服点很难测到。国家标准《金属材料　拉伸试验　第 1 部分：室温试验方法》（GB/T 228.1—2021）中规定，在外力作用下，产生残余变形为原标距长度 0.2%时的应力值作为屈服强度，以 $\sigma_{0.2}$ 表示，又称为名义条件屈服极限，如图 7.4 所示。

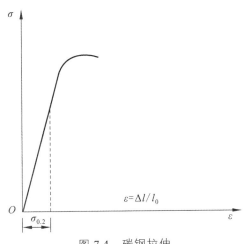

图 7.4　碳钢拉伸

2. 冲击韧性

钢材抵抗冲击载荷作用而不破坏的能力称为冲击韧性（Impact Toughness）。为表征钢材韧性的大小，可以通过小能量多次冲击试验来求取，如图 7.5 所示。以摆锤冲击试件，将试件冲断时缺口处单位面积上所消耗的功作为钢材的冲击韧性指标，用 $a_k = W/A$（J/cm^2）表示，式中，W 为冲击试件所消耗的功（J）；A 为试件在缺口处横截面面积（cm^2）。a_k 值愈大，冲击韧性愈好。

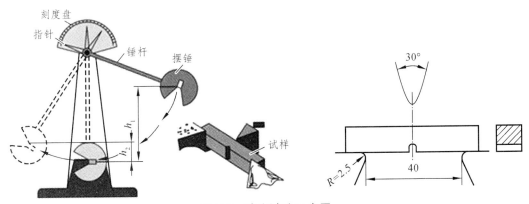

图 7.5　冲击试验示意图

钢材冲击韧性的高低，与钢材的化学成分、组织状态、冶炼、轧制质量有关，还与环境温度有关，即温度下降韧性下降，当温度下降到一定范围时而呈脆性，这种性质称为钢材的冷脆性（Cold Brittleness），这时的温度称为脆性临界温度（Critical Temperature Brittleness）。

由于脆性临界温度难以测定，国家标准《金属材料 夏比摆锤冲击实验方法》（GB/T 229—2020）中根据气温条件规定为 - 20 ℃ 或 - 40 ℃ 的负温冲击值指标。

3. 耐疲劳性

在交变应力（随时间作周期性变化的应力，又叫循环应力）作用下的钢结构件，往往在其应力远低于屈服强度的情况下突然发生脆性破坏，这种破坏称为疲劳破坏。钢材的疲劳破坏往往是由拉应力引起的。因为在交变荷载的反复作用下，钢构件首先在局部形成细小的疲劳裂隙，以后微细裂纹尖端的应力集中使其逐渐扩大，直至发生瞬时性的突然断裂。疲劳破坏的特征是断裂时无明显的宏观塑性变形，断裂前无预感，是突然性的。引起疲劳断裂的应力很低，常低于材料的屈服点。因为材料是在低应力状态下突然发生断裂，所以危害性更大。

材料的耐疲劳性用疲劳强度（Fatigue Strength）表示。它是指钢材在无穷多次交变荷载作用下不致引起断裂的最大循环应力值，如图 7.6 所示。

影响钢材疲劳强度的因素很多，如组织结构和表面状态、合金的化学成分、应力状态与周围介质、夹杂物分布和形状等。一般情况下，钢材的抗拉强度高，其疲劳极限也较高。

4. 硬　度

钢材的硬度（Hardness）是指钢材抵抗硬物压入其表面的能力。它既可理解为是钢材抵抗弹性变形、塑性变形或破坏的能力，也可表述为其抵抗残余变形和反破坏的能力。硬度是材料弹性、塑性和韧性等力学性能的综合表述性指标。钢材硬度的常用的测定方法有布氏法和洛氏法。

（1）布氏硬度（HB）

是用一定直径 D（mm）的钢球或硬质合金球，以规定的试验力 P（N）压入试样表面，经规定保持时间后，卸除试验力，测试试件表面压痕直径 d（mm），如图 7.7 所示。以试验力除以压痕球表面积所得的应力值即为布氏硬度值 HB。一般测定未经淬火的钢材、铸铁、有色金属及质软的轴承合金材料。

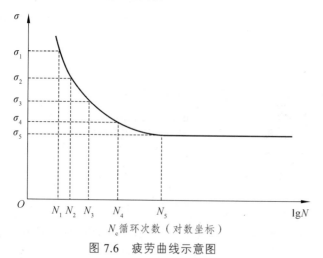

图 7.6　疲劳曲线示意图　　　　　　图 7.7　布氏硬度测定示意图

（2）洛氏硬度

洛氏硬度和同布氏硬度一样，都是压痕试验方法，但洛氏硬度测定的是压痕的深度，一般测定硬度较高的钢材。

7.2.2　工艺性能

1. 冷弯性能

冷弯性能是指钢材在常温下承受弯曲变形的能力，是钢材重要的工艺性能指标。钢材的冷弯试验是通过直径（或厚度）为 a 的试件，采用标准规定的弯心直径 d（$d=na$，n 为整数），弯曲到规定的角度（$180°$ 或 $90°$）时，检查试件弯曲部位表面无裂纹、起层或断裂等现象，即认为冷弯性能合格。图 7.8 所示即为冷弯试验示意图。

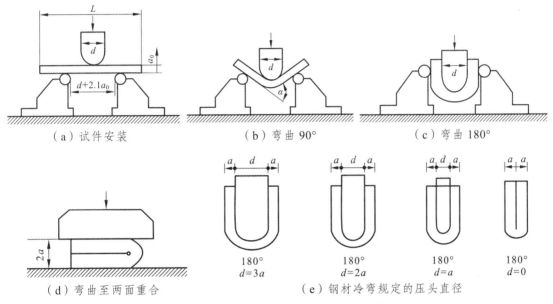

（a）试件安装　　　　　　（b）弯曲 $90°$　　　　　　（c）弯曲 $180°$

（d）弯曲至两面重合　　　　　　（e）钢材冷弯规定的压头直径

图 7.8　冷弯试验示意图（$d=a$，$180°$）

钢材的冷弯性能常用弯曲的角度 α、弯心直径 d 与试件直径（或厚度）a 的比值（d/a）表示。由图可知，钢材试件的弯曲角度 α 愈大，d/a 愈小，试件弯曲程度愈高，表示钢材的弯曲性能愈好。钢材的冷弯性能和伸长率均是反映其塑性变形的能力。不同的是，伸长率反映的是钢材在均匀变形条件下的塑性变形能力，而冷弯性能则是钢材处于不利变形（局部变形）条件下的塑性变形能力。

冷弯性能可揭示钢材内部组织结构是否均匀、是否存在内应力以及是否有夹杂物等缺陷。这些缺陷在拉伸试验中常因塑性变形使应力重新分布而得不到反映。土木工程中，经常采用冷弯试验来检验钢材焊接接头的焊接质量。

2. 焊接性能

钢材的焊接（Welding）性能是指在一定焊接工艺条件下，获得优质焊接接头的难易程度。它包括两方面内容：其一是接合性能，即在一定的焊接条件下，产生焊接缺陷的敏感性；

其二是使用性能，即在一定的焊接工艺条件下，焊接接头满足使用要求的适应性。

钢材的化学成分对钢材的焊接性能有很大影响。随着含碳量、合金元素及杂质元素含量的增加，钢材的可焊接性下降。钢材的含碳量超过 0.25%时，可焊接性明显降低；碳含量较高时，会在焊缝接口处产生热裂纹，使焊接质量严重下降。实践证明：低碳钢的焊接性优良，高碳钢和铸铁的焊接性较差。

土木工程中的焊接结构用钢，应选用含碳量低的氧气转炉生产的镇静钢，结构焊接用电弧焊，钢筋连接用接触对焊。对于高碳钢和合金钢，为了改善焊接性能，焊接时一般要采用焊前预热及焊后热处理等措施。

3. 冷加工时效及其应用

钢材在常温下进行冷加工[冷拉（Cold Drawing）、冷拔（Cold Stretched）或冷轧（Cold Rolled）]使其产生塑性变形，而屈服强度得到提高，这个过程称为冷加工强化。产生冷加工强化的原因是：钢材在塑性变形中晶格缺陷增多，发生畸变，阻碍进一步变形。因此，钢材的屈服点提高，塑性、韧性和弹性模量下降。在土木工程中或构件厂常对钢筋和低碳钢盘条按一定规定进行冷加工，以达到提高强度、节约钢材的目的。

经过冷加工的钢材在常温下放置一段时间后，其强度和硬度会自行地提高，塑性和韧性会逐渐降低。钢材这种随时间的延长，其强度和硬度增长、塑性和韧性下降的现象称为时效，如图 7.9 所示。

在土木工程中，常将经过冷拉的钢筋在常温下存放 15 ~ 20 d，或加热到 100 ~ 200 ℃ 并保持 2 ~ 3 h 后，钢筋强度进一步提高，这个过程称为时效处理。前者称为自然时效，后者称为人工时效。通常对强度较低的钢筋采用自然时效，强度较高的钢筋采用人工时效。

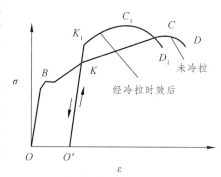

图 7.9　钢筋冷拉后的应力-应变图

冷拉与时效处理（Aging Treatment）后的钢筋，在冷拉的同时还被调直和清除了锈皮，简化了施工工序。在冷加工时，一般钢筋严格控制冷拉率，称为单控。对用作预应力的钢筋，既要控制冷拉率，又要控制冷拉应力，称为双控。

在土木工程中大量使用的钢筋，同时采用冷拉与时效处理可取得明显的经济效益，它可使钢筋的屈服强度提高 20% ~ 50%，节约钢材 20% ~ 30%。

7.3　建筑钢材的标准与选用

建筑钢材按用途不同，可分为钢结构用钢和混凝土结构用钢两大类。土木工程中常用的建筑钢材一般均做结构件使用，并分为两大类，即碳素结构钢和低合金（高强度）结构钢。

7.3.1　钢结构用钢

1. 普通碳素结构钢

普通碳素结构钢又称为普通碳素钢（Carbon structural steels），其含碳量小于 0.38%，属于低碳钢。

（1）牌号及其表示方法

根据国标《碳素结构钢》（GB/T 700—2006）规定，其牌号组成分四个部分，即：$Q + \sigma_s +$ 质量级别 + 脱氧方法符号。其中 Q 表示屈服点的"屈"字汉语拼音首大写字母；σ_s 表示钢的平均屈服强度值。质量级别分为 A、B、C、D 四种，其中 A 表示钢材中 $\omega_s \leq 0.050\%$，$\omega_p \leq 0.045\%$；B 表示钢材中 $\omega_s \leq 0.045\%$，$\omega_p \leq 0.045\%$；C 表示钢材中 $\omega_s \leq 0.040\%$，$\omega_p \leq 0.040\%$；D 表示钢材中 $\omega_s \leq 0.035\%$，$\omega_p \leq 0.035\%$。脱氧方法符号有 F（沸腾钢）、b（半镇静钢）、Z（镇静钢）和 TZ（特殊镇静钢）。一般情况下，Z 和 TZ 可省略不写。例如：Q235AF 表示平均屈服点为 235 MPa 的 A 级沸腾钢。

（2）技术要求

国家标准《碳素结构钢》（GB/T 700—2006）对碳素结构钢的化学成分、力学性质及工艺性质作了具体规定。

① 牌号和化学成分。

钢的牌号和化学成分（熔炼分析）应符合表 7.2 的规定。

表 7.2　碳素结构钢的牌号、化学成分

牌号	统一数字代号a	等级	厚度（或直径）/mm	脱氧方法	化学成分（质量分数）/%，$\leq$				
					C	Si	Mn	P	S
Q195	U11952	—	—	F、Z	0.12	0.30	0.50	0.035	0.040
Q215	U12152	A	—	F、Z	0.15	0.35	1.20	0.045	0.050
	U12155	B							0.045
Q235	U12352	A	—	F、Z	0.22	0.35	1.40	0.045	0.050
	U12355	B			0.21b				0.045
	U12358	C		Z	0.17			0.040	0.040
	U12359	D		TZ				0.035	0.035
Q275	U12752	A	—	F、Z	0.24	0.35	1.50	0.045	0.050
	U12755	B	≤ 40	Z	0.21			0.045	0.045
			>40		0.22				
	U12758	C	—	Z	0.20			0.040	0.040
	U12759	D		TZ				0.035	0.035

注：a 表中为镇静钢、特殊镇静钢牌号的统一数字，沸腾钢牌号的统一数字代号如下：
Q195F——U11950；
Q215AF——U12150，Q215BF——U12153；
Q235AF——U12350，Q235BF——U12353；
Q275AF——U12750.
b 经需方同意，Q235B 的碳含量可不大于 0.22%。

② 钢材的拉伸和冲击试验结果应符合表 7.3 的规定，弯曲试验结果应符合表 7.4 的规定。

表 7.3 碳素结构钢的拉伸和冲击试验结果要求

牌号	试样方向	冷弯试验 180°（B=2a）[a]	
		厚度（或直径）[b]/mm	
		≤60	>60～100
		弯心直径 d	
Q195	纵	0	—
	横	0.5a	
Q215	纵	0.5a	1.5a
	横	a	2a
Q235	纵	a	2a
	横	1.5a	2.5a
Q275	纵	1.5a	2.5a
	横	2a	3a

注：a B 为试样宽度，a 为试样厚度（或直径）。
  b 钢材厚度（或直径）大于 100 mm 时，弯曲试验由双方协商确定。

表 7.4 碳素结构钢的弯曲试验结果要求

牌号	等级	屈服强度[a] R_{eH}/（N/mm²），≥						抗拉强度[b] R_m/（N/mm²）	断后伸长率 A/%，≥					冲击试验（V 型缺口）	
		厚度（或直径）/mm							厚度（或直径）/mm					温度/℃	冲击吸收功（纵向）/J，≥
		≤16	>16～40	>40～60	>60～100	>100～150	>150～200		≤40	>40～60	>60～100	>100～150	>150～200		
Q195	—	195	185	—	—	—	—	315～430	33	—	—	—	—	—	—
Q215	A	215	205	195	185	175	165	335～450	31	30	29	27	26	—	—
	B													+20	27
Q235	A	235	225	215	215	195	185	370～500	26	25	24	22	21	—	—
	B													+20	27[c]
	C													0	
	D													-20	
Q275	A	275	265	255	245	225	215	410～540	22	21	20	18	17	—	—
	B													+20	27
	C													0	
	D													-20	

注：a Q195 的屈服强度值仅供参考，不作交货条件。
  b 厚度大于 100 mm 的钢材，抗拉强度下限允许降低 20N/mm²。宽带钢（包括剪切钢板）抗拉强度上限不作交货条件。
  c 厚度小于 25 mm 的 Q235B 级钢材，如供方能保证冲击吸收功值合格，经需方同意，可不作检验。

（3）应　用

碳素结构钢牌号增大，含碳量增加，其强度增大，但塑性和韧性降低。建筑工程中主要应用 Q235 号钢。其综合机械性能好，既具有较高强度，又具有较好的塑性和韧性，而且又具有较好的可焊性能，可加工性也较好，冶炼容易，成本较低，是建筑工程中常用的碳素结构钢牌号，大量用来制作钢筋、型钢和板，建造房屋和桥梁等。Q235 良好的塑性能保证钢结构在超载、冲击、焊接、温度应力等不利因素作用下的安全性，因而 Q235 能满足一般钢结构用钢的要求。其中，Q235A 一般用于只承受静荷载作用的钢结构；Q235B 适合用于承受动荷载焊接的普通钢结构；Q235C 适合用于承受动荷载焊接的重要钢结构；Q235D 适合用于低温环境下使用的承受动荷载焊接的重要钢结构。

Q195、Q215 号钢材含碳量很低，强度不高，但具有良好的塑性和焊接性能，主要用于轧制薄板和盘条。Q275 属中碳钢，其强度高，但塑性、韧性较差，焊接性和冷弯性不好，可以用于轧制钢筋，做螺栓配件，更多地用于机械零件和工具等。

工程中应根据工程结构的重要性、荷载类型（动或静荷载）、焊接要求及使用环境温度等条件选用钢材。沸腾钢不得用于直接承受重级动荷载的焊接结构，不得用于计算温度 ≤ - 20 ℃ 的承受中级或轻级动荷载的焊接结构和承受重级动荷载的非焊接结构，也不得用于计算温度 ≤ - 30 ℃ 的承受静荷载或间接承受动荷载的焊接结构。

2. 低合金高强度结构钢

低合金结构钢（High strength low alloy structural steels）是普通低合金结构钢的简称，通常是在优质碳素钢的基础上加入一些合金元素而形成的钢种。在我国合金结构钢中，主加元素一般为锰、硅、铬、硼、钒、钛和铌及稀土元素等，它们能显著提高钢材的强度、耐腐蚀性、耐磨性、低温冲击韧性等性能。

（1）牌号及其表示方法

国标《低合金高强度结构钢》(GB/T 1591—2018）中规定，其牌号由代表屈服强度"屈"字的汉语拼音首字母 Q、规定的最小上屈服强度值、交货状态代号、质量等级符号（B、C、D、E、F）四个部分组成。交货状态为热轧时，交货状态代号 AR 或 WAR 可省略；交货状态为正火或正火轧制状态时，交货状态代号为均用 N 表示。

以 Q355ND 为例，其中：

Q——钢的屈服强度的"屈"字的汉语拼音首字母；

355——规定的最小上屈服强度值，单位为兆帕（MPa）；

N——交货状态为正火或正火轧制；

D——质量等级为 D 级。

（2）技术标准

根据国标《低合金高强度结构钢》(GB/T 1591—2018）的规定，低合金高强度结构钢根据加工工艺可分为热轧、正火、正火轧制和热机械轧制。

① 热轧钢材。

热轧（As-rolled），简称 AR 或 WAR。

钢材未经任何特殊轧制和热处理的状态。表 7.5 列出了热轧钢的牌号及化学成分，表 7.6 列出了热轧钢材拉伸性能，表 7.7 列出了热轧钢材的伸长率。

表 7.5　热轧钢的牌号及化学成分

牌号	质量等级	C[a] ≤40[b] ≤	C[a] >40 ≤	Si ≤	Mn ≤	P[c] ≤	S[c] ≤	Nb[d] ≤	V[e] ≤	Ti[e] ≤	Cr ≤	Ni ≤	Cu ≤	N[f] ≤	Mo ≤	B ≤
Q355	B	0.24		0.55	1.60	0.035	0.035	—	—	—	0.30	0.30	0.40	0.012	—	—
Q355	C	0.20	0.22	0.55	1.60	0.030	0.030	—	—	—	0.30	0.30	0.40	—	—	—
Q355	D	0.20	0.22	0.55	1.60	0.025	0.025	—	—	—	0.30	0.30	0.40	—	—	—
Q390	B	0.20		0.55	1.70	0.035	0.035	0.05	0.13	0.05	0.30	0.50	0.40	0.015	0.10	—
Q390	C	0.20		0.55	1.70	0.030	0.030	0.05	0.13	0.05	0.30	0.50	0.40	0.015	0.10	—
Q390	D	0.20		0.55	1.70	0.025	0.025	0.05	0.13	0.05	0.30	0.50	0.40	0.015	0.10	—
Q420[g]	B	0.20		0.55	1.70	0.035	0.035	0.05	0.13	0.05	0.30	0.80	0.40	0.015	0.20	—
Q420[g]	C	0.20		0.55	1.70	0.030	0.030	0.05	0.13	0.05	0.30	0.80	0.40	0.015	0.20	—
Q460[g]	C	0.20		0.55	1.80	0.030	0.030	0.05	0.13	0.05	0.30	0.80	0.40	0.015	0.20	0.004

注：a 公称厚度大于 100 mm 的型钢，碳含量可由供需双方协商确定。
　　b 公称厚度大于 30 mm 的钢材，碳含量不大于 0.22%。
　　c 对于型钢和棒材，其磷和硫含量上限值可提高 0.005%。
　　d Q390、Q420 最高可到 0.07%，Q460 最高可到 0.11%。
　　e 最高可到 0.20%。
　　f 如果钢中酸溶铝 Als 含量不小于 0.015%，或者全铝 Alt 含量不小于 0.020%，或添加了其他固氮合金元素，氮元素含量不作限制，固氮元素应在质量证明书中注明。
　　g 仅适用于型材和棒材。

表 7.6　热轧钢材的拉伸性能

牌号 钢级	质量等级	上屈服强度 R_{eH}/MPa[a], ≥ 公称厚度或直径/mm ≤16	>16~40	>40~63	>63~80	>80~100	>100~150	>150~200	>200~250	>250~400	抗拉强度 R_m/MPa ≤100	>100~150	>150~250	>250~400
Q355	B、C	355	345	335	325	315	295	285	275	—	470~630	450~600	450~600	—
Q355	D	355	345	335	325	315	295	285	275	265[b]	470~630	450~600	450~600	450~600[b]
Q390	B、C、D	390	380	360	340	340	320	—	—	—	490~650	470~620	—	—
Q420[c]	B、C	420	410	390	370	370	350	—	—	—	520~680	500~650	—	—
Q460[c]	C	460	450	430	410	410	390	—	—	—	550~720	530~700	—	—

注：a 当屈服不明显时，可用规定塑性延伸强度 $R_{p0.2}$ 代替上屈服强度。
　　b 只适用于质量等级为 D 的钢板。
　　c 只适用于型钢和棒材。

178

表 7.7 热轧钢材的伸长率

牌号			断后伸长率 A/%, ≥					
			公称厚度或直径/mm					
钢级	质量等级	试样方向	≤40	>40~63	>63~100	>100~150	>150~250	>250~400
Q355	B、C、D	纵向	22	21	20	18	17	17[a]
		横向	20	19	18	18	17	17[a]
Q390	B、C、D	纵向	21	20	20	19	—	—
		横向	20	19	19	18	—	—
Q420[b]	B、C	纵向	20	19	19	19	—	—
Q460[b]	C	纵向	18	17	17	17	—	—

注:a 只适用于质量等级为 D 的钢板。
　　b 只适用于型钢和棒材。

② 正火和正火轧制钢材。

正火（Normalizing）指钢材加热到高于相变点温度以上的一个合适的温度，然后在空气中冷却至低于某相变点温度的热处理工艺。

正火轧制（Normalizing rolling），牌号后面加 N，是在一定温度范围内进行最终变形的一种轧制方法。它能使材料的状态与补充正火处理的相同，其机械性能的规定值也与补充正火的一样。表 7.8 列出了正火和正火轧制钢的牌号及化学成分，表 7.9 列出了正火和正火轧制钢拉伸性能。

表 7.8 正火、正火轧制钢的牌号及化学成分

牌号	质量等级	化学成分（质量百分数）/%													
		C[a]	Si	Mn	P[a]	S[a]	Nb	V	Ti[c]	Cr	Ni	Cu	N	Mo	Als[d]
		≤													≥
Q355N	B	0.20	0.50	0.90~1.65	0.035	0.035	0.005~0.05	0.10~0.12	0.006~0.05	0.30	0.50	0.40	0.015	0.10	0.015
	C	0.20			0.030	0.030									
	D				0.030	0.025									
	E	0.18			0.025	0.020									
	F	0.16			0.020	0.010									
Q390N	B	0.20	0.50	0.90~1.70	0.035	0.035	0.01~0.05	0.01~0.20	0.006~0.05	0.30	0.50	0.40	0.015	.10	0.015
	C				0.030	0.030									
	D				0.030	0.025									
	E				0.025	0.020									
Q420N	B	0.20	0.60	1.00~1.70	0.035	0.035	0.01~0.05	0.01~0.20	0.006~0.05	0.30	0.80	0.40	0.015	0.10	0.015
	C				0.030	0.030									
	D				0.030	0.025								0.025		
	E				0.025	0.020									

牌号	质量等级	化学成分（质量百分数）/%													
		C^a	Si	Mn	P^a	S^a	Nb	V	Ti^c	Cr	Ni	Cu	N	Mo	Als^d
		≤													≥
$Q460N^b$	C	0.20	0.60	1.00 ~ 1.70	0.030	0.030	0.01 ~ 0.05	0.01 ~ 0.20	0.006 ~ 0.05	0.30	0.80	0.40	0.015	0.10	0.015
	D				0.030	0.025									
	E				0.025	0.020							0.025		

注：钢中应至少含有铝、铌、钒、钛等细化晶粒元素中一种，单独或组合加入时，应保证其中至少一种合金元素含量不小于表中规定含量的下限。

a 对于型钢和棒材，其磷和硫含量上限值可提高0.005%。

b V+Nb+Ti≤0.22%，Mo+Cr≤0.22%。

c 最高可到0.20%。

d 可用全铝Alt替代，此时全铝最小含量为0.020%。当钢中添加了铌、钒、钛等细化晶粒元素且含量不小于表中规定含量的下限时，铝含量下限值不限。

表7.9　正火、正火轧制钢材的拉伸性能

牌号		上屈服强度 R_{eH}/MPa^a，≥								抗拉强度 R_m/MPa		
		公称厚度或直径/mm										
钢级	质量等级	≤16	>16 ~ 40	>40 ~ 63	>63 ~ 80	>80 ~ 100	>100 ~ 150	>150 ~ 200	>200 ~ 250	≤100	>100 ~ 150	>150 ~ 250
Q355N	B、C、D、E、F	355	345	335	325	315	295	285	275	470 ~ 630	450 ~ 600	450 ~ 600
Q390N	B、C、D、E	390	380	360	340	340	320	310	300	490 ~ 650	470 ~ 620	470 ~ 620
Q420N	B、C、D、E	420	400	390	370	360	340	330	320	520 ~ 680	500 ~ 650	500 ~ 650
Q460N	C、D、E	460	440	430	410	400	380	370	370	540 ~ 720	530 ~ 710	510 ~ 690

牌号		断后伸长率 $A/\%$，≥					
		公称厚度或直径/mm					
钢级	质量等级	≤16	>16 ~ 40	>40 ~ 63	>63 ~ 80	>80 ~ 200	>200 ~ 250
Q355N	B、C、D、E、F	22	22	22	21	21	21
Q390N	B、C、D、E	20	20	20	19	19	19
Q420N	B、C、D、E	19	19	19	18	18	18
Q460N	C、D、E	17	17	17	17	17	16

注：正火状态包含正火加回火状态。

a 当屈服不明显时，可用规定塑性延伸强度 $R_{p0.2}$ 代替上屈服强度 R_{eH}。

（3）热机械轧制钢材

热机械轧制（Thermomechanical processed），牌号后面加M。

钢材的最终变形在一定温度范围内进行的轧制工艺，从而保证钢材获得仅通过热处理无法获得的性能。

表 7.10 列出了热机械轧制钢的牌号及化学成分和表 7.11 列出了热机械轧制钢材的拉伸性能。

表 7.10　热机械轧制钢的牌号及化学成分

牌号	质量等级	化学成分（质量百分数）/%														
		C^a	Si	Mn	P^a	S^a	Nb	V	Ti^c	Cr	Ni	Cu	N	Mo	B	Als^d
		≤														≥
Q355M	B	0.14^d	0.50	1.60	0.035	0.035	0.01～0.05	0.01～0.10	0.006～0.05	0.30	0.50	0.40	0.015	0.10	—	0.015
	C				0.030	0.030										
	D				0.030	0.025										
	E				0.025	0.020										
	F				0.020	0.010										
Q390M	B	0.15^d	0.50	1.70	0.035	0.035	0.01～0.05	0.01～0.12	0.006～0.05	0.30	0.50	0.40	0.015	0.10	—	0.015
	C				0.030	0.030										
	D				0.030	0.025										
	E				0.025	0.020										
Q420M	B	0.16^d	0.50	1.70	0.035	0.035	0.01～0.05	0.01～0.12	0.006～0.05	0.30	0.80	0.40	0.015	0.20	—	0.015
	C				0.030	0.030										
	D				0.030	0.025										
	E				0.025	0.020							0.025			
Q460M	C	0.16^d	0.60	1.70	0.030	0.030	0.01～0.05	0.01～0.12	0.006～0.05	0.30	0.80	0.40	0.015	0.20	—	0.015
	D				0.030	0.025										
	E				0.025	0.020							0.025			
Q500M	C	0.18	0.60	1.80	0.030	0.030	0.01～0.11	0.01～0.12	0.006～0.05	0.60	0.80	0.55	0.015	0.20	0.004	0.015
	D				0.030	0.025										
	E				0.025	0.020							0.025			
Q550M	C	0.18	0.60	2.00	0.030	0.030	0.01～0.11	0.01～0.12	0.006～0.05	0.80	0.80	0.80	0.015	0.30	0.004	0.015
	D				0.030	0.025										
	E				0.025	0.020							0.025			
Q620M	C	0.18	0.60	2.60	0.030	0.030	0.01～0.11	0.01～0.12	0.006～0.05	1.00	0.80	0.80	0.015	0.30	0.004	0.015
	D				0.030	0.025										
	E				0.025	0.020							0.025			

牌号	质量等级	化学成分（质量百分数）/%														
		C[a]	Si	Mn	P[a]	S[a]	Nb	V	Ti[c]	Cr	Ni	Cu	N	Mo	B	Als[d]
		≤														≥
Q690M	C				0.030	0.030	0.01 ~ 0.11	0.01 ~ 0.12	0.006 ~ 0.05	1.00	0.80	0.80	0.015	0.30	0.004	0.015
	D	0.18	0.60	2.00	0.030	0.025										
	E				0.025	0.020							0.025			

注：钢中应至少含有铝、铌、钒、钛等细化晶粒元素中一种，单独或组合加入时，应保证其中至少一种合金元素含量不小于表中规定含量的下限。

a 对于型钢和棒材，其磷和硫含量上限值可提高 0.005%。

b 最高可到 0.20%。

c 可用全铝 Alt 替代，此时全铝最小含量为 0.020%。当钢中添加了铌、钒、钛等细化晶粒元素且含量不小于表中规定含量的下限时，铝含量下限值不限。

d 对于型钢和棒材，Q355M、Q390M、Q420M 和 Q460M 的最大碳含量可提高 0.02%。

表 7.11　热机械轧制钢材的拉伸性能

牌号		上屈服强度 R_{eH}/MPa[a]，≥						抗拉强度 R_m/MPa					断后伸长率 A/% 不小于
钢级	质量等级	公称厚度或直径/mm											
		≤ 16	>16 ~ 40	>40 ~ 63	>63 ~ 80	>80 ~ 100	>100 ~ 120	≤ 40	>40 ~ 63	>63 ~ 80	>80 ~ 100	>100 ~ 120[b]	
Q355M	B、C、D、E、F	355	345	335	325	325	320	470 ~ 630	450 ~ 610	440 ~ 600	440 ~ 600	430 ~ 590	22
Q390M	B、C、D、E	390	380	360	340	340	335	490 ~ 650	480 ~ 640	470 ~ 630	460 ~ 620	450 ~ 610	20
Q420M	B、C、D、E	420	400	390	380	370	365	520 ~ 680	500 ~ 660	480 ~ 640	470 ~ 630	460 ~ 620	19
Q460M	C、D、E	460	440	430	410	400	385	540 ~ 720	530 ~ 710	510 ~ 690	500 ~ 680	490 ~ 660	17
Q500M	C、D、E	500	490	480	460	450	—	610 ~ 770	600 ~ 760	590 ~ 750	540 ~ 730	—	17
Q550M	C、D、E	550	540	530	510	500	—	670 ~ 830	620 ~ 810	600 ~ 790	590 ~ 780	—	16
Q620M	C、D、E	620	610	600	580	—	—	710 ~ 880	690 ~ 880	670 ~ 860	—	—	15
Q690M	C、D、E	690	680	670	650	—	—	770 ~ 940	750 ~ 920	730 ~ 900	—	—	14

注：热机械轧制（TMCP）状态包含热机械轧制（TMCP）加回火状态。

a 当屈服不明显时，可用规定塑性延伸强度 $R_{P0.2}$ 代替上屈服强度 R_{eH}。

b 对于型钢和棒材，厚度或直径不大于 150 mm

　　与碳素结构钢相比，由于合金元素的加入，起到细化晶粒和固溶强化的作用，故低合金高强度结构钢具有较高的强度和较好的塑性、韧性，因此综合性能好，而且焊接性和耐低温性较好，时效敏感性较小。又由于二者成本相近，故在相同的使用条件下，采用低合金高强度结构钢可以节省钢材用量 20% ~ 30%，而且还可减轻结构自重，同时还具有良好的塑性、韧性、可焊性、耐磨性、耐蚀性、耐低温性等。

（4）应　用

低合金高强度结构钢具有轻质高强，耐蚀性、耐低温性好，抗冲击性强，使用寿命长等良好的综合性能，具有良好的可焊性及冷加工性，易于加工与施工。因此，低合金高强度结构钢主要轧制成各种型钢、钢板、钢管及钢筋，广泛用于钢结构和钢筋混凝土结构，尤其是预应力钢筋混凝土结构中，特别适用于各种重型结构、高层建筑结构、大跨度结构、大柱网结构及桥梁工程等。

3. 型钢、钢板和钢管

碳素结构钢和低合金钢还可以加工成各种型钢、钢板和钢管等构件直接用于工程，构件可采用铆接、螺栓连接和焊接等方式进行连接。

（1）型　钢

型钢有热轧和冷轧两种成型方式。热轧型钢主要有角钢、工字钢、槽钢、H 型钢、T 型钢及 Z 型钢等，如图 7.10 所示。以碳素钢为原料热轧加工的型钢，可用于大跨度、承受动荷载的钢结构。冷轧型钢主要有角钢、槽钢等开口薄壁型钢及方形、圆形等空心薄壁型钢，主要用于轻型钢结构。

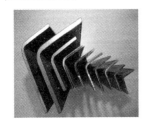  

（a）角钢　　　　　　　（b）工字钢　　　　　　　（c）槽钢

图 7.10　热轧型钢

（2）钢　板

钢板也有热轧和冷轧两种成型形式。热轧钢板有厚板（厚度大于 4 mm）和薄板（厚度小于 4 mm）两种，冷轧钢板只有薄板（厚度 0.2 ~ 4 mm）一种。一般厚板用于焊接结构；薄板可用作屋面及墙体围护结构等，也可进一步加工成各种具有特殊用途的钢板使用。

（3）钢　管

钢管分为无缝钢管和焊接钢管两种，如图 7.11 所示。

（a）无缝钢管　　　　　　　（b）焊接钢管

图 7.11　钢管

焊接钢管采用优质带材焊接而成，表面镀锌或不镀锌。按其焊缝形式可分为直纹焊管和螺纹焊管。焊接成本低，易加工，但一般抗压性能较差。

无缝钢管多采用热轧、冷拔联合工艺生产，也可采用冷轧方式生产，但成本较高。热轧无缝钢管具有良好的力学性能与工艺性能。无缝钢管主要用于压力管道。

7.3.2 混凝土结构用钢材

1. 热轧钢筋

热轧钢筋是土木工程中用量最大的钢材品种之一，主要用于钢筋混凝土和预应力钢筋混凝土。

（1）牌　号

国家标准《钢筋混凝土用钢 第 1 部分：热轧光圆钢筋》（GB/T 1499.1—2024）和《钢筋混凝土用钢 第 2 部分：热轧带肋钢筋》（GB/T 1499.2—2024）规定，热轧钢筋的表面形状有两类：热轧光圆钢筋（Hot Rolled Plain Bars，简称 HPB）和热轧带肋钢筋（Hot Rolled Ribbed Bars，简称 HRB）。热轧光圆钢筋有 HPB300 牌号；热轧带肋钢筋按屈服强度特征值分为 400 级、500 级、600 级，其牌号的构成及其含义见表 7.12。

表 7.12　热轧带肋钢筋的牌号构成及含义

类别	牌号	牌号构成	英文字母含义
普通热轧钢筋	HRB400	HRB+屈服强度特征值	HRB——热轧带肋钢筋英文（Hot Rolled Ribbed Bars）的缩写。 E——"地震"的英文（Earthquake）首位字母。
普通热轧钢筋	HRB500	HRB+屈服强度特征值	
普通热轧钢筋	HRB600	HRB+屈服强度特征值	
普通热轧钢筋	HRB400E	HRB+屈服强度特征值+E	
普通热轧钢筋	HRB500E	HRB+屈服强度特征值+E	
细晶粒热轧钢筋	HRBF400	HRBF+屈服强度特征值	HRBF——热轧带肋钢筋的英文缩写加细"Fine"首位字母。 E——"地震"的英文（Earthquake）首位字母。
细晶粒热轧钢筋	HRBF500	HRBF+屈服强度特征值	
细晶粒热轧钢筋	HRBF400E	HRBF+屈服强度特征值+E	
细晶粒热轧钢筋	HRBF500E	HRBF+屈服强度特征值+E	

带肋钢筋如图 7.12 所示。

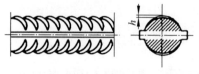 

（a）月牙肋钢筋　　　　　　　　　　　　（b）等高肋钢筋

图 7.12　带肋钢筋

（2）技术要求

按照国家标准《钢筋混凝土用钢 第 1 部分：热轧光圆钢筋》（GB/T 1499.1—2024）和

《钢筋混凝土用钢 第 2 部分：热轧带肋钢筋》（GB/T 1499.2—2024）规定，对热轧光圆钢筋和热轧带肋钢筋的力学性能和工艺性能的要求如表 7.13 所示。

表 7.13 热轧钢筋的力学性能、工艺性能

类别	牌号	公称直径 a/mm	屈服点 σ_s /MPa	抗拉强度 σ_b /MPa	断后伸长率 /%	冷弯试验 180°
热轧光圆钢筋	HPB300	6 ~ 25	≥300	≥420	≥25	$d = a$
热轧带肋钢筋	HRB400 HRBF400	6 ~ 25	≥400	≥540	≥16	$d = 4a$
		28 ~ 40				$d = 5a$
	HRB400E HRBF400E	>40 ~ 50			—	$d = 6a$
	HRB500 HRBF500	6 ~ 25	≥500	≥630	≥15	$d = 6a$
		28 ~ 40				$d = 7a$
	HRB500E HRBF500E	>40 ~ 50			—	$d = 8a$
	HRB600	6 ~ 25	≥600	≥730	≥14	$d = 6a$
		28 ~ 40				$d = 7a$
		>40 ~ 50				$d = 8a$

注：d 为弯心直径。

（3）应 用

光圆钢筋的强度低，但塑性及可焊性好，便于冷加工，广泛用于普通钢筋混凝土中；HRB400 带肋钢筋强度较高，塑性及可焊性较好，广泛用作大中型钢筋混凝土结构的受力钢筋；HRB500 带肋钢筋强度高，但塑性与可焊性较差，适宜作预应力钢筋。

2. 冷轧带肋钢筋

冷轧带肋钢筋（Cold Rolled Ribbed Steel Wires Bars，简称 CRB）是指由热轧盘条经多道冷轧（拔）减径后，在其表面带有沿长度方向均匀分布的三面或两面横肋（月牙肋）的钢筋。国家标准《冷轧带肋钢筋》（GB/T 13788—2024）规定，冷轧带肋钢筋的牌号由 CRB 和钢筋的抗拉强度最小值组成，分为 CRB550、CRB650、CRB800、CRB600H 和 CRB800H 共 5 个牌号，其中 CRB550、CRB600H 为普通钢筋混凝土钢筋，CRB650、CRB800、CRB800H 为预应力混凝土用钢筋。高延性冷轧带肋钢筋（CRB+抗拉强度特征值+H）牌号中的 C、R、B、H 分别为冷轧（Cold rolled）、带肋（Ribbed）、钢筋（Bar）、高延性（High elongation）四个词的英文首字母。冷轧带肋钢筋的力学性能和工艺性能如表 7.14 所示。

冷轧带肋钢筋提高了钢筋的握裹力，可广泛用于中、小预应力混凝土结构构件和普通钢筋混凝土结构构件中，也可用于焊接钢筋网。

表 7.14　冷轧带肋钢筋（GB 13788—2024）

分类	牌号 a	规定塑性延伸强度 $R_{p0.2}$/MPa，≥	抗拉强度 R_m/MPa，≥	伸长率，≥		弯曲试验 180°	反复弯曲次数	应力松弛初始应力为公称抗拉强度的70%
				A	$A_{100\,mm}$			1 000 h，≤
普通钢筋混凝土用	CRB550	500	550	12%	—	$D = 3d$	—	—
	CRB600H	540	600	14%	—	$D = 3d$	—	—
预应力混凝土用	CRB650	585	650	—	4%	—	3	8%
	CRB800	720	800	—	4%	—	3	8%
	CRB800H	720	800	—	7%	—	4	5%

注：D 为弯心直径，d 为钢筋公称直径。

　　a 当该牌号钢筋做为普通钢筋混凝土用钢筋使用时，对反复弯曲和应力松弛不做要求，当该牌号钢筋作为预应力混凝土用钢筋使用时应进行反复弯曲试验代替180°弯曲试验，并检测松弛率。

3. 冷轧扭钢筋

冷轧扭钢筋是采用直径为 6.5～10 mm 的低碳热轧盘条钢筋（Q235 钢），经冷轧扁和冷扭转而成的，具有一定螺距且呈连续螺旋状的钢筋，代号为 CTB（Cold rolled and twisted bars）。按其截面形状不同分为 I 型（近似矩形截面）、II 型（近似正方形截面）和 III 型（近似圆形截面）。

该钢筋的刚度大，不易变形，与混凝土的握裹力大，无须预应力和弯钩，能直接用于普通混凝土工程，可节约 30% 的钢材。使用冷轧扭钢筋，可以减小板的设计厚度，减轻自重。施工时，可以按需要将成品钢筋直接供应现场铺设，免除了现场加工钢筋，改变了传统加工钢筋占用场地、不利于机械生产的弊病。

冷轧扭钢筋可用于钢筋混凝土构件，其力学性能和工艺性质应符合 7.15 的要求。

表 7.15　冷轧扭钢筋的性能

级别代号	型号	抗拉强度 σ_b/MPa，≥	伸长率 A/%	180°弯曲试验（$D = 3d$）	应力松弛率/%（当 $\sigma_{con} = 0.7 F_{ptk}$）	
					10 h	1 000 h
CTB550	I	550	$A_{11.3} \geq 4.5$	受弯曲部位钢筋表面不得产生裂纹	—	—
	II	550	$A \geq 10$		—	—
	III	550	$A \geq 11$		—	—
CTB650	III	650	$A_{100} \geq 4$		≤ 5	≤ 8

注：a d 为冷轧扭钢筋标志直径。

　　b A、$A_{11.3}$ 分别表示以标距 $5.65\sqrt{S_0}$ 或 $11.3\sqrt{S_0}$（S_0 为试样原始截面面积）的试样拉断伸长率。A_{100} 表示以标距为 100 mm 的试样拉断伸长率。

　　c σ_{con} 为预应力钢筋张拉控制应力；F_{ptk} 为冷轧扭钢筋抗拉强度标准值。

冷轧扭钢筋与混凝土的握裹力和其螺距大小有直接关系。螺距越小，握裹力越大，但是加工难度也随之增大，因此应选择适宜的螺距。冷轧扭钢筋在拉伸时无明显屈服台阶，为了安全起见，其抗拉设计强度采用 $0.8\sigma_b$。

4. 预应力混凝土用钢丝

（1）分类与代号

预应力混凝土用钢丝（Steel Wires for the Prestressing of Concrete）按加工状态分为冷拉钢丝（代号 WCD）和消除应力钢丝两类：

① 冷拉钢丝（Cold Drawn Wire）：盘条通过拔丝等减径工艺经冷加工而形成的产品，以盘卷供货的钢丝。

② 消除应力钢丝（Stress-relieved Wire）按松弛性能可分为低松弛钢丝（代号 WLR）和普通松弛钢丝（代号 WNR）两种：

a. 钢丝在塑性变形下（轴应变）进行的短时热处理，得到的是低松弛钢丝；

b. 钢丝通过矫直工序后在适当的温度下进行的短时热处理，得到的是普通松弛钢丝。

钢丝按外形分为光圆钢丝（代号 P）、螺旋肋钢丝（代号 H）和刻痕钢丝（代号 I）共三种。

① 螺旋肋钢丝（Helical Rib Wire）：钢丝表面沿着长度方向上具有连续、规则的螺旋肋条。

② 刻痕钢丝（Indented Wire）：钢丝表面沿着长度方向上具有规则间隔的压痕。

（2）标　记

预应力混凝土用钢丝按交货的产品标记内容应包含预应力钢丝、公称直径、抗拉强度等级、加工状态代号、外形代号、标准编号。

示例 1：直径为 4.00 抗拉强度为 1 670 MPa 冷拉光圆钢丝，其标记为：

预应力钢丝 4.00-1670-WCD-P-GB/T 5223-2014

示例 2：直径为 7.00 m 抗拉强度为 1 570 MPa 低松弛的螺旋肋钢丝，其标记为：

预应力钢丝 7.00-1570-WLR-H-GB/T 5223-2014

（3）制造要求

① 制造钢丝宜选用符合《预应力钢丝及钢绞线用热轧盘条》（GB/T 24238—2017）或《制丝用非合金钢盘条 第 2 部分：一般用途盘条》（GB/T 24242.2—2020）规定的牌号制造，也可采用其他牌号制造，生产厂不提供化学成分。

② 钢丝应以热轧盘条为原料，经冷加工或冷加工后进行连续的稳定化处理制成。

③ 成品钢丝不得存在电焊接头，在生产时为了连续作业而焊接的电焊接头，应切除掉。

（4）力学性能

① 按国标《预应力混凝土用钢丝》（GB/T 5223—2014）规定，压力管道用无涂（镀）层冷拉钢丝的力学性能应符合表 7.16 规定。0.2%屈服力 $F_{P0.2}$ 应不小于最大力的特征值 F_m 的 75%。

② 消除应力的光圆及螺旋肋钢丝的力学性能应符合表 7.17 的规定。0.2%屈服力 $F_{P0.2}$ 应不小于最大力的特征值 F_m 的 88%。

③ 消除应力的刻痕钢丝的力学性能，除弯曲次数外其他应符合表 7.17 规定。对所有规格消除应力的刻痕钢丝，其弯曲次数均应不小于 3 次。

④ 对公称直径 d 大于 10 mm 钢丝进行弯曲试验，在芯轴直径 $D=10d$ 的条件下，试样弯曲 180° 后弯曲处应无裂纹。

表 7.16　压力管道用冷拉钢丝的力学性能

公称直径 $d_{称}$/mm	公称抗拉强度 R_m/MPa	最大力的特征值 F_m/kN	最大力的最大值 F_m/kN	0.2%屈服力 $F_{P0.2}$/kN ≥	每 210 mm 扭矩的转次数 N≥	断面收缩率 Z/% ≥	氢脆敏感性能负载为 70% 最大力时，断裂时间 t/h ≥	应力松弛性能初始力为最大力 70 时，1 000 h 应力松弛率 r/% ≤
4.00	1 470	18.48	20.99	13.86	10	35	75	7.5
5.00		28.86	32.79	21.65	10	35		
6.00		41.56	47.21	31.17	8	30		
7.00		56.57	64.27	42.42	8	30		
8.00		73.88	83.93	55.41	7	30		
4.00	1 570	19.73	22.24	14.80	10	35		
5.00		30.82	34.75	23.11	10	35		
6.00		44.38	50.03	33.29	8	30		
7.00		60.41	68.11	45.31	8	30		
8.00		78.91	88.96	59.18	7	30		
4.00	1 670	20.99	23.50	15.74	10	35		
5.00		32.78	36.71	24.59	10	35		
6.00		47.21	52.86	35.41	8	30		
7.00		64.26	71.96	48.20	8	30		
8.00		83.93	93.99	62.95	6	30		
4.00	1 770	22.25	24.76	16.69	10	35		
5.00		34.75	38.68	26.06	10	35		
6.00		50.04	55.69	37.53	8	30		
7.00		68.11	75.81	51.08	6	30		

表 7.17　消除应力光圆及螺旋肋钢丝的力学性能

公称直径 $d_{称}$/mm	公称抗拉强度 R_m/MPa	最大力的特征值 F_m/kN	最大力的最大值 $F_{m,max}$/kN	0.2%屈服力 $F_{p0.2}$/kN, ≥	最大力总伸长率（$L_0=200$ mm）A_{gt}/%, ≥	反复弯曲性能		应力松弛性能	
						弯曲次数/（次/180°），≥	弯曲半径 R/mm	初始力相当于实际最大力的百分数/%	1 000 h 应力松弛率 r/%,≤
4.00	1 470	18.48	20.99	16.22	3.5	3	10	70	2.5
4.80		26.61	30.23	23.35		4	15		
5.00		28.86	32.78	25.32		4	15		
6.00		41.56	47.21	36.47		4	15		
6.25		45.10	51.24	39.58		4	20	80	4.5
7.00		56.57	64.26	49.64		4	20		

公称直径 $d_称$/mm	公称抗拉强度 R_m/MPa	最大力的特征值 F_m/kN	最大力的最大值 $F_{m,max}$/kN	0.2%屈服力 $F_{p0.2}$/kN, ≥	最大力总伸长率（L_0=200 mm）A_{gt}/%, ≥	弯曲次数/（次/180°），≥	弯曲半径 R/mm	初始力相当于实际最大力的百分数/%	1 000 h 应力松弛率 r/%, ≤
7.50		64.94	73.78	56.99		4	20		
8.00		73.88	83.93	64.84		4	20		
9.00		93.52	106.25	82.07		4	25		
9.50	1 470	104.19	118.37	91.44		4	25		
10.00		115.45	131.16	101.32		4	25		
11.00		139.69	158.70	122.59		—	—		
12.00		166.26	188.88	145.90		—	—		
4.00		19.73	22.24	17.37		3	10		
4.80		28.41	32.03	25.00		4	15		
5.00		30.82	34.75	27.12		4	15		
6.00		44.38	50.03	39.06		4	15		
6.25		48.17	54.31	42.39		4	20	70	2.5
7.00		60.41	68.11	53.16		4	20		
7.50	1 570	69.36	78.20	61.04	3.5	4	20		
8.00		78.91	88.96	69.44		4	20		
9.00		99.88	112.60	87.89		4	25		
9.50		111.28	125.46	97.93		4	25		
10.00		123.31	139.02	108.51		4	25	80	4.5
11.00		149.20	168.21	131.30		—	—		
12.00		177.57	200.19	156.26		—	—		
4.00		20.99	23.50	18.47		3	10		
5.00		32.78	36.71	28.85		4	15		
6.00		47.21	52.86	41.54		4	15		
6.25		51.24	57.38	45.09		4	20		
7.00	1 670	64.26	71.96	56.55		4	20		
7.50		73.78	82.62	64.93		4	20		
8.00		83.93	93.98	73.86		4	20		
9.00		106.25	118.97	93.50		4	25		
4.00	1 770	22.25	24.76	19.58		3	10		
5.00		34.75	38.68	30.58		4	15		

公称直径 d 称/mm	公称抗拉强度 R_m/MPa	最大力的特征值 F_m/kN	最大力的最大值 $F_{m,max}$/kN	0.2%屈服力 $F_{p0.2}$/kN，≥	最大力总伸长率（$L_0 = 200\ mm$）A_{gt}/%，≥	反复弯曲性能		应力松弛性能	
						弯曲次数/（次/180°），≥	弯曲半径 R/mm	初始力相当于实际最大力的百分数/%	1 000 h 应力松弛率 r/%，≤
6.00		50.04	55.69	44.03		4	15		
7.00	1 770	68.11	75.81	59.94		4	20	70	2.5
7.50		78.20	87.04	68.81		4	20		
4.00		23.38	25.89	20.57	3.5	3	10		
5.00	1 870	36.51	40.44	32.13		4	15	80	4.5
6.00		52.58	58.23	46.27		4	15		
7.00		71.57	79.27	62.98		4	20		

（5）表面质量

① 钢丝表面不得有裂纹和油污，也不允许有影响使用的拉痕、机械损伤等。允许有深度不大于钢丝公称直径 4%的不连续纵向表面缺陷。

② 除非供需双方另有协议，否则钢丝表面只要没有目视可见的锈蚀凹坑，表面浮锈不应作为拒收的理由。

③ 消除应力的钢丝表面允许存在回火颜色。

5. 预应力混凝土用钢绞线

预应力混凝土用钢绞线（Steel Strand for the Prestressed of Concrete）是优质碳素结构钢（高强度）钢丝经绞捻（一般为左捻）并经消除内应力的热处理制成的。

（1）分类与代号

按捻制结构分为 5 类：用 2 根钢丝捻制的钢绞线（代号 1×2）、用 3 根钢丝捻制的钢绞线（代号 1×3）、用 3 根刻痕钢丝捻制的钢绞线（代号 1×3I）、用 7 根钢丝捻制的标准型钢绞线（代号 1×7）、用 7 根钢丝捻制又经模拔的钢绞线[代号（1×7）C]。

钢绞线按结构分为以下 9 类，结构代号为：

① 用 2 根冷拉光圆钢丝捻制的标准型钢绞线，代号：1×2。

② 用 3 根冷拉光圆钢丝捻制的标准型钢绞线，代号：1×3。

③ 用 3 根刻痕钢丝捻制的刻痕钢绞线，1×3I。

④ 用 7 根冷拉光圆钢丝捻制的标准型钢绞线，1×7。

⑤ 用 6 根刻痕钢丝和 1 根冷拉光圆中心钢丝捻制的刻痕钢绞线，代号 1×7I。

⑥ 用 6 根螺旋肋钢丝和 1 根冷拉光圆中心钢丝捻制的螺旋肋钢绞线，代号 1×7H。

⑦ 用 7 根冷拉光圆钢丝捻制后再经冷拔成的模拔型钢绞线，代号：(1×7)C。

⑧ 用 19 根冷拉光圆钢丝捻制的 1+9+9 西鲁式钢绞线，代号：1×19S。

⑨ 用 19 根冷拉光圆钢丝捻制的 1+6+6/6 瓦林吞式钢绞线，代号：1×19W。

（2）标　记

交货的产品标记内容应包含：预应力钢绞线、结构代号、公称直径、强度级别、标准编号。

示例1：公称直径为15.20 mm，抗拉强度为1 860 MPa的7根冷拉光圆钢丝捻制的标准型钢绞线标记为：

预应力钢绞线 1×7-15.20-1860-GB/T5224-2023

示例2：公称直径为8.70 mm，抗拉强度为1 860 MPa的3根刻痕钢丝捻制的刻痕钢绞线标记为：

预应力钢绞线 1×3I-8.70-1860-GB/T5224-2023

示例3：公称直径为12.70 mm，抗拉强度为1 860 MPa的7根冷拉光圆钢丝捻制后再经冷拔成的模拔型钢绞线标记为：

预应力钢绞线 （1×7）C-12.70-1860-GB/T5224-2023

示例4：公称直径为21.8 mm，抗拉强度为1 860 MPa的19根冷拉光圆钢丝捻制的西鲁式钢绞线标记为：

预应力钢绞线 1×19S-21.80-1860-GB/T5224-2023

（3）制造要求

① 制造钢绞线宜选用符合《预应力钢丝及钢绞线用热轧盘条》（GB/T 24238—2017）或《制丝用非合金钢盘条　第2部分：一般用途盘条》（GB/T 24242.2—2020）规定的牌号制造，也可采用其他的牌号制造，生产厂不提供化学成分。

② 钢绞线应以热轧盘条为原料，经冷拔后捻制成钢绞线。捻制后，钢绞线应进行连续的稳定化处理。捻制刻痕钢绞线的钢丝应符合《预应力混凝土用钢丝》（GB/T 5223—2023）中相应条款的规定，钢绞线公称直径≤12 mm时，其刻痕深度为0.06 mm ± 0.03 mm；钢绞线公称直径>12 mm时，其刻痕深度为0.07 mm ± 0.03 mm。

③ 1×2、1×3结构钢绞线的捻距应为钢绞线公称直径的12～22倍，1×7结构钢绞线的捻距应为钢绞线公称直径的12～16倍，模拔钢绞线的捻距应为钢绞线公称直径的14～18倍。1×19结构钢绞线其捻距为钢绞线公称直径的10～16倍。

④ 钢绞线内不应有折断、横裂和相互交叉的钢丝。

⑤ 钢绞线的捻向一般为左（S）捻，右（Z）捻应在合同中注明。

⑥ 成品钢绞线应用砂轮锯切割，切断后应不松散，如离开原来位置，应可以用手复原到原位。

⑦ 1×2、1×3、1×3I成品钢绞线不允许有任何焊接点，其余成品钢绞线只允许保留拉拔前的焊接点，且在每45 m内只允许有1个拉拔前的焊接点。

（4）力学性能

按国标《预应力混凝土用钢绞线》（GB/T 5224—2023）规定。

① 1×2结构钢绞线的力学性能应符合表7.18规定，1×3结构钢绞线的力学性能应符合表7.19规定，1×7结构钢绞线的力学性能应符合表7.20规定，1×19结构钢绞线的力学性能应符合表7.21规定。

表 7.18　1×2 结构钢绞线的力学性能

钢绞线结构	钢绞线公称直径 D/mm	公称抗拉强度 $R_{\rm m}$/MPa	整根钢绞线的最大力 $F_{\rm m}$/kN ≥	整根钢绞线的最大力最大值 $F_{\rm m,max}$/kN ≤	0.2%屈服力 $F_{\rm p0.2}$/kN ≥	最大力总延伸率（L_0≥400 mm）$A_{\rm gt}$/% ≥	应力松弛性能 初始负荷相当于实际最大力的百分数/%	应力松弛性能 1 000 h应力松弛率 r/%，≤
1×2	5.00	1 720	16.9	18.9	14.9	对所有规格	对所有规格	对所有规格
	5.80		22.7	25.3	20.0			
	8.00		43.2	48.2	38.0			
	10.00		67.6	75.5	59.5			
	12.00		97.2	108	85.5	3.5	70	2.5
	5.00	1 860	18.3	20.2	16.1			
	5.80		24.6	27.2	21.6			
	8.00		46.7	51.7	41.1			
	10.00		73.1	81.0	64.3			
	12.00		105	116	92.5			
	5.00	1 960	19.2	21.2	16.9		80	4.5
	5.80		25.9	28.5	22.8			
	8.00		49.2	54.2	43.3			
	10.00		77.0	84.9	67.8			

表 7.19　1×3 结构钢绞线的力学性能

钢绞线结构	钢绞线公称直径 D/mm	公称抗拉强度 $R_{\rm m}$/MPa	整根钢绞线的最大力 $F_{\rm m}$/kN ≥	整根钢绞线的最大力最大值 $F_{\rm m,max}$/kN ≤	0.2%屈服力 $F_{\rm p0.2}$/kN ≥	最大力总延伸率（L_0≥400 mm）$A_{\rm gt}$/% ≥	应力松弛性能 初始负荷相当于实际最大力的百分数/%	应力松弛性能 1 000 h应力松弛率 r/%，≤
1×3	6.20	1 720	34.1	38.0	30.0	对所有规格	对所有规格	对所有规格
	6.50		36.5	40.7	32.1			
	8.60		64.8	72.4	57.0			
	10.80		101	113	88.9			
	12.90		146	163	128		90	2.5
	6.20	1 860	36.8	40.8	32.4	3.5		
	6.50		39.4	43.7	34.7			
	8.60		70.1	77.7	61.7		80	4.5
	8.74		71.8	79.5	63.2			
	10.80		110	121	96.8			
	12.90		158	175	139			

钢绞线结构	钢绞线公称直径 D/mm	公称抗拉强度 R_m/MPa	整根钢绞线的最大力 F_m/kN $\geq$	整根钢绞线的最大力最大值 $F_{m,\,max}$/kN $\leq$	0.2%屈服力 $F_{p0.2}$/kN $\geq$	最大力总延伸率（$L_0 \geq 400\,mm$）A_{gt}/% $\geq$	应力松弛性能	
							初始负荷相当于实际最大力的百分数/%	1 000 h应力松弛率 r/%，$\leq$
1×3	6.20	1 960	38.8	42.8	34.1	对所有规格	对所有规格	对所有规格
	6.50		41.6	45.8	36.6		90	2.5
	8.60		73.9	81.4	65.0	3.5		
	10.80		115	127	101			
	12.90		166	183	146			
1×3I	8.70	1 720	66.2	73.9	58.3		80	4.5
		1 860	71.6	79.3	63.0			

表 7.20 1×7 结构钢绞线的力学性能

钢绞线结构	钢绞线公称直径 D/mm	公称抗拉强度 R_m/MPa	整根钢绞线的最大力 F_m/kN $\geq$	整根钢绞线的最大力最大值 $F_{m,\,max}$/kN $\leq$	0.2%屈服力 $F_{p0.2}$/kN $\geq$	最大力总延伸率（$L_0 \geq 400\,mm$）A_{gt}/% $\geq$	应力松弛性能	
							初始负荷相当于实际最大力的百分数/%	1 000 h应力松弛率 r/%，$\leq$
1×7 1×7I 1× 7H	21.60	1 770	504	561	444	对所有规格	对所有规格	对所有规格
	9.50	1 860	102	113	89.8		70	2.5
	11.10		138	153	121			
	12.70		184	203	162			
	15.20		260	288	229			
	15.70		279	309	246			
	17.80		355	391	311			
	18.90		409	453	360	3.5		
	21.60		530	587	466			
1×7	9.50	1 960	107	118	94.2		80	4.5
	11.10		145	160	128			
	12.70		193	213	170			
	15.20		274	302	241			
	15.70		294	324	259			
	17.80		374	413	329			
	18.90		431	475	379			
	21.60		559	616	492			

钢绞线结构	钢绞线公称直径 D/mm	公称抗拉强度 R_m/MPa	整根钢绞线的最大力 F_m/kN ≥	整根钢绞线的最大力最大值 $F_{m,max}$/kN ≤	0.2%屈服力 $F_{p0.2}$/kN ≥	最大力总延伸率（L_0≥400 mm）A_{gt}/% ≥	应力松弛性能	
							初始负荷相当于实际最大力的百分数/%	1 000 h应力松弛率 r/%，≤
1×7	9.50	2 160	118	129	104	对所有规格	对所有规格	对所有规格
	11.10		160	175	141			
	12.70		184	203	162			
	15.20		260	288	229			
	15.70		324	354	285			
	9.50	2 230	122	133	107	3.5	70	2.5
	11.10		165	180	145			
	12.70		220	240	194			
	15.20		312	340	275			
	15.70		335	365	295			
	9.50	2 360	129	140	114		80	4.5
	11.10		175	190	154			
	12.70		233	253	205			
	15.20		330	358	290			
(1×7)C	12.70	1 860	208	231	183			
	15.20	1 820	300	333	264			
	18.00	1 720	384	428	338			

表 7.21　1×19 结构钢绞线的力学性能

钢绞线结构	钢绞线公称直径 D/mm	公称抗拉强度 R_m/MPa	整根钢绞线的最大力 F_m/kN ≥	整根钢绞线的最大力最大值 $F_{m,max}$/kN ≤	0.2%屈服力 $F_{p0.2}$/kN ≥	最大力总延伸率（L_0≥500 mm）A_{gt}/% ≥	应力松弛性能	
							初始负荷相当于实际最大力的百分数/%	1 000 h应力松弛率 r/%，≤
1×19S (1+9+9)	21.8	1 770	554	617	488	对所有规格	对所有规格	对所有规格
	28.6		942	1 048	829			
	17.8	1 860	387	428	341	3.5	70	2.5
	19.3		454	503	400			
	20.3		504	558	444		80	4.5
	21.8		583	645	513			
	28.6		990	1 096	871			

钢绞线结构	钢绞线公称直径 D/mm	公称抗拉强度 R_m/MPa	整根钢绞线的最大力 F_m/kN ≥	整根钢绞线的最大力最大值 $F_{m,max}$/kN ≤	0.2%屈服力 $F_{p0.2}$/kN ≥	最大力总延伸率（$L_0 \geq 500$ mm）A_{gt}/% ≥	应力松弛性能	
							初始负荷相当于实际最大力的百分数/%	1 000 h应力松弛率 r/%，≤
1×19S (1+9+9)	17.8	1 960	408	449	359	对所有规格	对所有规格	对所有规格
	19.3		478	527	421			
	20.3		531	585	467		70	2.5
	21.8		613	676	539	3.5		
	28.6		1 043	1 149	918			
1×19W (1+6+6/6)	28.6	1 770	942	1 048	829		80	4.5
		1 860	990	1 096	871			
		1 960	1 043	1 149	918			

注：a 钢绞线弹性模量为（195±10）GPa，可不作为交货条件。当需方要求时，应满足该范围值。

　　b 0.2%屈服力 $F_{p0.2}$ 值应为整根钢绞线实际最大力 F_m 的88%～95%。

　　c 根据供需双方协议，可以提供表7.18～表7.21以外的强度级别的钢绞线。

　　d 如无特殊要求，只进行初始力为70%F_m的松弛试验，允许使用推算法进行120 h松弛试验确定1 000 h松弛率。用于矿山支护的钢绞线松弛率不做要求。

（5）表面质量

① 除非用户有特殊要求，钢绞线表面不得有油、润滑脂等物质。

② 钢绞线表面不得有影响使用性能的有害缺陷。允许存在轴向表面缺陷，但其深度应小于单根钢丝直径的4%。

③ 允许钢绞线表面有轻微浮锈。表面不能有目视可见的锈蚀凹坑。

④ 钢绞线表面允许存在回火颜色。

预应力钢绞线具有安全可靠，节约钢材且不需冷拉、焊接接头等加工，主要用于混凝土配筋，如薄腹梁、吊车梁、电杆、大型屋架、大型桥梁等预应力混凝土结构。

预应力混凝土用热处理钢筋的强度高、综合性能好，开盘后能自行伸直，不需调直。使用时应按需要长度切割，不能用电焊或氧气切割，也不能焊接，主要用于预应力轨枕、预应力梁等。

7.4　钢材的腐蚀与防护

7.4.1　钢材腐蚀的概念

钢材表面与周围介质发生作用引起破坏的现象叫作腐蚀（或锈蚀）。腐蚀的结果是使构件的截面积减小，从而降低承载能力。而局部腐蚀会造成应力集中，从而使结构破坏。构件若承受冲击荷载或反复变化荷载的作用，会产生腐蚀疲劳，从而大大降低钢材的疲劳强度以及塑性、韧性等力学性能，甚至出现脆性断裂。钢材的腐蚀现象普遍存在，根据钢材与环境介质作用的原理，腐蚀可以分为化学腐蚀和电化学腐蚀两大类。

（1）化学腐蚀

钢材与周围介质（如氧气、二氧化碳、二氧化硫、水和氯气等）直接发生化学作用，生成疏松的氧化物使钢材损坏的现象称为化学腐蚀（Chemical Rust）。其实质是氧化反应，在钢材表面生成相应的氧化物、硫化物、氯化物等。当周围环境干燥时，化学腐蚀的速度缓慢；但当环境的温度较高、湿度较大时，化学腐蚀的速度大大加快。

化学腐蚀的特点是只有单纯的化学反应，在反应过程中没有电流产生，腐蚀过程的产物生成于发生反应的钢材表面。例如，热轧时在钢材表面形成的氧化铁皮。

（2）电化学腐蚀

钢材内部是由不同的晶体结构组织组成，并含有杂质，它们的电极电位是不同的。根据微电池原理，当有电解质溶液（如水）存在时，就会在钢材表面形成许多微小的局部原电池，如图 7.13 所示。

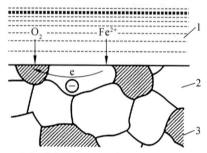

1—电解质溶液；2—铁素体；3—渗碳体。

图 7.13　碳钢电化学腐蚀示意图

钢材是由铁素体和渗碳体两相组成的，铁素体的电极电位比渗碳体的电极电位低，在潮湿空气（或水）中，钢材表面形成一层液膜（电解质溶液），两相组织互相接触而导通，形成微电池，铁素体成为阳极从而被腐蚀。整个电化学腐蚀（Electrochemical Rust）过程如下：

$$Fe = Fe^{2+} + 2e^-$$

$$2H_2O + 4^- + O_2 = 4OH^-$$

$$Fe^{2+} + 2OH^- = Fe(OH)_2$$

$$4Fe(OH)_2 + O_2 + 2H_2O = 4Fe(OH)_e$$

水是弱电解质溶液，但溶有 CO_2 的水则成为有效的电解质溶液，加速了电化学腐蚀的过程。钢材在大气中的腐蚀实际上是化学腐蚀和电化学腐蚀共同作用的结果。其中，以电化学腐蚀为主。

7.4.2　钢材的防护

由上述分析可知，钢材的腐蚀既有内因（钢材品种），又有外因（环境介质）。要防止或减少钢材的腐蚀，可以从三个方面考虑：改变钢材自身的易腐蚀性；隔离环境中的侵蚀性介质；改变钢材表面的电化学过程。钢材的防护方法有：

（1）采用耐候钢

耐候钢是在碳素钢和低合金钢中加入少量铜、铬、镍、钼等合金元素经冶炼而成。这种钢在大气作用下，能在表面形成一种致密的防腐保护层膜，起到耐大气腐蚀的作用，同时又保持了钢材良好的焊接性能。如武汉钢铁集团公司为援建坦赞（坦桑尼亚和赞比亚）铁路而研制的耐候钢种 16MnCu，耐非洲热带雨林气候腐蚀性能很好。耐候钢的强度级别与常用碳素钢和低合金钢一致，技术标准也相近，但其耐腐蚀性的能力却高出数倍。

（2）覆盖法防腐

它是把钢材与腐蚀介质隔离开来，以达到防腐目的。方法有：

① 金属覆盖。根据电化学腐蚀原理，用耐蚀性好的金属以电镀或喷镀的方法覆盖一层或多层在钢材表面上，提高钢材的耐腐蚀能力。如镀锌（白铁皮）、镀锡（马口铁）、镀铜或镀铬等。根据防腐作用原理分为阴极覆盖和阳极覆盖。

② 非金属覆盖。在钢材表面覆盖非金属材料作为保护膜（隔离层），使之与环境介质隔离，避免或减缓腐蚀。常用的非金属材料有油漆、搪瓷、合成树脂涂料等。

油漆通常分为底漆、中间漆和面漆，它们的作用是不同的。底漆要求与钢材表面有比较好的附着力和防锈能力；中间漆为防锈漆；面漆要有较好的牢固度和耐候性，以保护底漆不受损伤或风化。

7.4.3 混凝土用钢筋的防锈

正常情况下，混凝土中的 pH 值约为 11，这时可在钢材表面形成碱性氧化膜（钝化膜），从而保护钢筋不被腐蚀。一旦混凝土碳化后，由于碱性降低（中性化），就失去对钢筋的保护作用；若混凝土中的氯离子达到一定浓度，会严重破坏钢筋表面的钝化膜。

为防止钢筋锈蚀，应保证混凝土密实和钢筋外面的混凝土保护层的厚度，在二氧化碳浓度高的工业区采用硅酸盐水泥或普通硅酸盐水泥，限制含氯盐外加剂掺量并使用混凝土用钢筋防锈剂。对预应力混凝土，应禁止使用含氯盐的集料和外加剂。钢筋涂覆环氧树脂或镀锌也是一种有效的防锈措施。

7.4.4 钢材的防火

钢材虽是不燃性的材料，但是抵抗火灾的能力是有限的。因为随着温度的升高，其性能会发生变化。试验数据表明，无保护层时，钢柱和钢屋架的耐火极限只有 0.25 h，而裸露的钢梁其耐火极限为 0.15 h。温度在 200 ℃ 以内，钢材的性能基本不变化；在 300 ℃ 以上，弹性模量、屈服点和极限强度都开始下降，应变急剧增加；达到 600 ℃ 时即失去承载能力。所以，没有防火保护层的钢结构是不耐火的。钢结构防火保护的基本原理是采用绝热或吸热材料，阻隔火焰和热量，延缓钢结构的升温速率。防火方法以包覆法为主，即以防火涂料、不燃性板材或混凝土和砂浆包裹钢结构件。

7.5　铝合金及其制品

7.5.1　铝及其特性

铝是有色金属中银白色的轻金属，密度为 2.7 g/cm³，熔点为 660 ℃。铝的导电性和导热性很好（仅次于铜、银、金），空气中其表面易生成一层稳定的氧化铝薄膜，即 Al_2O_3，从而隔绝空气中的氧继续对铝的氧化，起到了保护作用，故使铝具有一定的耐腐蚀性。铝又具有良好的塑性，易加工成板、管、线及铝箔（6~25 μm）等，但强度和硬度较低。纯铝可以加工成铝粉，用于加气混凝土的发气，也可用于防腐涂料（又称银粉），即用于铸铁、钢材的防腐。

7.5.2　铝合金及其特性

为了提高铝的强度和硬度，常在冷炼时加入适量的锰、镁、铜、硅、锌等元素制得铝合金。铝合金既提高了铝的强度和硬度，又保持了铝的轻质、耐腐蚀、易加工的优良特性。与碳素钢相比，铝合金的弹性模量约为钢的 1/3，而比强度为钢的 2 倍以上。

通过热挤压、轧制、铸造等工艺，铝合金可以被加工成各种铝合金门窗、龙骨、压型板、花纹板、管材、型材、棒材等。压型板和花纹板直接用于墙面、屋面、顶棚等的装饰，也可以与泡沫塑料或其他隔热保温材料复合制成轻质、隔热保温的复合材料。某些铝合金还可替代部分钢材用于建筑结构，从而大大降低建筑结构的自重。

7.5.3　铝合金的分类与牌号表示

（1）铝合金的分类

根据化学成分及生产工艺，可以分为形变铝合金和铸造铝合金两大类。形变铝合金是指可以进行冷或热压力加工的铝合金；铸造铝合金是指由液态直接浇铸成各种形状复杂制品的铝合金。

（2）铝合金的牌号

目前，应用的铸造铝合金有铝硅（Al-Si）、铝铜（Al-Cu）、铝镁（Al-Mg）及铝锌（Al-Zn）四个系列。按规定，铸造铝合金的牌号由汉语拼音字母"ZL"（铸铝）和三位数字组成，如 ZL101、ZL102、ZL201 等。三位数字中的第一位数（1~4）表示合金的组别，其中 1 代表铝硅合金，2、3、4 分别代表铝铜合金、铝镁合金和铝锌合金。后面两位数表示该合金的顺序号。

形变铝合金分为防锈铝合金、硬铝合金、超硬铝合金、锻铝合金和特殊铝合金，分别用汉语拼音字母"LF""LY""LC""LD""LT"代号表示。形变铝合金牌号用其代号加顺序号表示，如 LF_{10}、LD_8 等，顺序号不直接表示合金元素的含量。

7.5.4　铝合金制品

（1）铝合金门窗

按结构和开启方式，铝合金门窗分为：推拉窗（门）、平开窗（门）、悬挂窗、回转窗、百叶窗、纱窗等。按其抗风压强度、气密性和水密性三项性能指标，将产品分为 A、B、C 三类，每类又分优等品、一等品和合格品三个等级。

（2）铝合金板

铝合金板主要用于装饰工程中，品种和规格很多。按装饰效果分，有铝合金花纹板、铝合金波纹板、铝合金压型板、铝合金浅花纹板、铝合金冲孔板等。

【复习与思考】

① 钢与生铁在化学成分上有何区别？钢按化学成分不同可分为哪些种类？土木工程中主要用哪些钢种？

② 试述钢中含碳量对各项性能的影响。

③ 什么称为钢材的屈强比？其大小对使用性能有何影响？

④ 钢材的冷加工对性能有何影响？什么是自然时效和人工时效？

⑤ 低合金高强结构钢与碳素结构钢有哪些不同？

⑥ 试说明 Q235C 与 Q390D 所属的钢种及各符号的意义。

⑦ 热轧钢筋按什么性能指标划分等级？说明各级钢筋的用途。

⑧ 对于有冲击、震动荷载和在低温下工作的结构应采用什么钢材？

⑨ 试述铝合金的分类及铝合金在建筑上的主要用途。

⑩ 从新进的一批钢筋中抽样，截取两根钢筋做拉伸试验，测得如下结果：屈服极限荷载分别为 42.4 kN、41.5 kN；抗拉极限荷载分别为 62.0 kN、61.6 kN，钢筋实测直径为 11 mm，标距长度为 60 mm，拉断时的长度分别为 66.0 mm、67.0 mm。请计算该钢筋的屈服强度、抗拉强度及伸长率。

第8章 沥青

内容提要

本章主要讲述石油沥青的组成、结构，技术性质与检验方法，工程应用等。通过本章学习，应达到以下目标：
① 掌握石油沥青的组成和结构；
② 掌握石油沥青的技术性质和技术标准；
③ 掌握石油沥青掺配计算；
④ 了解煤沥青、乳化沥青、改性沥青等其他沥青。

【课程思政目标】

① 结合沥青材料发展与其在道路工程建设中的应用，突出我国路网建设的卓越成就。
② 结合我国工程技术人员克服高原冻土、严寒、低压等严酷恶劣的自然条件，修建世界上海拔最高的高速公路，引导学生树立正确的理想信念。

沥青（[英]Bituminous，[美]Asphalt）是一种土木工程中应用较多的有机胶凝材料，它是由一些极为复杂的高分子碳氢化合物及其非金属（氧、硫、氮等）衍生物所组成的混合物，常温下呈黑色或黑褐色固体、半固体或黏稠液体。

沥青是由不同分子量的碳氢化合物及其非金属衍生物组成的黑褐色复杂混合物，是高黏度有机液体的一种，多半以液体或半固体的石油形态存在，表面呈黑色，可溶于二硫化碳、四氯化碳。沥青能抵抗一般酸、碱、盐类等侵蚀性液体和气体的侵蚀，具有较强的抗腐蚀性；沥青能紧密黏附于矿物材料的表面，具有很好的黏结力；同时，它还具有一定的塑性，能适应基材的变形。沥青是一种防水防潮和防腐的有机胶凝材料，被广泛应用于防水、防潮、防腐工程及道路工程、水工建筑等

沥青主要可以分为煤焦沥青、石油沥青和天然沥青三种，其中，煤焦沥青是炼焦的副产品；石油沥青是原油蒸馏后的残渣；天然沥青则是储藏在地下，由石油在自然界长期受地壳挤压、变化，并与空气、水接触逐渐变化而形成的、以天然状态存在的石油沥青，其中常混有一定比例的矿物质，按形成的环境可以分为湖沥青、岩沥青、海底沥青、油页岩等。

8.1 石油沥青

8.1.1 石油沥青的组分

石油沥青是石油原油经蒸馏提炼出各种轻质油(如汽油、柴油等)及润滑油后的残留物，再经加工而得的产品，颜色为褐色或黑褐色。采用不同产地的原油及不同的提炼加工方式，可以得到组成、性质各异的多种石油沥青品种。按用途不同将石油沥青分为道路石油沥青，建筑石油沥青，防水、防潮石油沥青和普通石油沥青。

由于沥青的化学组成十分复杂，对组成进行分析很困难，且化学组成并不能反映其性质的差异，所以一般不作沥青的化学分析，而从使用角度将沥青中化学成分及物理力学性质相近的成分划分为若干个组，称之为组分(或组丛)。各组分含量的多少与沥青的技术性质有着直接的关系。石油沥青的组分如下：

（1）油　分

油分为淡黄色至红褐色的油状液体，是沥青中分子量最小、密度最小的组分。石油沥青中油分的含量为 40% ~ 60%。油分赋予沥青以流动性。

（2）树　脂

树脂又称沥青脂胶，为黄色至黑褐色黏稠状物质(半固体)，分子量比油分大。石油沥青中脂胶的含量为 15% ~ 30%。沥青脂胶使沥青具有良好的塑性和黏滞性。

（3）地沥青质

地沥青质为深褐色至黑色固态无定形物质(固体粉末)，分子量比树脂更大。地沥青质是决定石油沥青温度敏感性、黏性的重要组分，含量在 10% ~ 30%。其含量越高，沥青的温度敏感性越小，软化点越高，黏性越大，也越硬脆。

此外，石油沥青中还含有 2% ~ 3%的沥青碳和似碳物，呈无定形黑色固体粉末状，在石油沥青组分中分子量最大，它会降低石油沥青的黏结力。石油沥青中还含有蜡，蜡也会降低石油沥青的黏结力和塑性，同时对温度特别敏感，即温度稳定性差，故蜡是石油沥青的有害成分。

8.1.2 石油沥青的技术性质

（1）黏滞性（黏性）

石油沥青的黏滞性（Viscosity）是指沥青在外力或自重的作用下抵抗变形的一种能力，也反映了沥青软硬、稀稠的程度。黏滞性是划分沥青牌号的主要技术指标，其大小与石油沥青的组分含量和温度有关。当石油沥青中的沥青质含量多、树脂适量、油分含量较少时，黏滞性就大。在一定温度范围内，温度升高，黏滞性就下降，反之黏滞性升高。

沥青黏滞性大小的表示有绝对黏度和相对黏度（条件黏度）两种。绝对黏度的测定方法因材而异，较为复杂，不便于工程上应用，故工程上常用相对黏度来表示。测定相对黏度的主要方法有标准黏度法和针入度法。黏稠石油沥青（固体或半固体）的相对黏度是用针入度仪测定的针入度来表示。针入度值越小，表示黏度越大。

针入度试验示意图如 8.1（a）所示。黏稠石油沥青的针入度（Penetration）在规定温度（25±0.1）℃条件下，以规定质量（100 g）的标准针、历经规定时间（5 s）垂直自由贯入沥青试样的深度（以 0.1 mm 为单位）。针入度以 $P_{T,m,t}$ 表示，P 表示针入度，脚标表示试验条件，其中 T 为试验温度，m 为标准针（包括连杆及砝码）的质量，t 为贯入时间。我国现行试验规范《公路工程沥青及沥青混合料试验规程》（JTG E20—2011）中 T0604—2011 规定：常用的试验条件为 $P_{25\,℃,100\,g,5\,s}$。针入度值愈大，则黏性愈小，表示石油沥青愈软。建筑石油沥青、道路石油沥青的针入度值在 1~300 内。

液态石油沥青的黏滞性用标准黏性计测定的黏度表示即在规定温度 20 ℃、25 ℃、30 ℃或 60 ℃）下，50 mL 液体沥青通过规定直径 d（3 mm、5 mm 或 10 mm）的小孔流出所需的时间（以 s 为单位），常用符号 "$C_{T,d}$" 表示（T 为试验温度，℃；d 为孔径，mm）。流出的时间越长，表明黏滞性越大，其试验如图 8.1 中（b）所示。

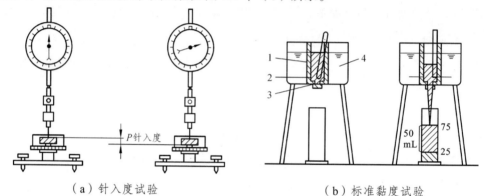

（a）针入度试验　　　　　　　　　　（b）标准黏度试验

1—沥青试样；2—活动球杆；3—流孔；4—水。

图 8.1　石油沥青黏滞性试验示意图

（2）塑　性

石油沥青的塑性用延度来表示。延度越大，塑性越好。延度测定是把沥青制成 "∞" 形标准试件，置于延度仪内（25±0.5）℃水中，以（5±0.25）cm/min 的速度拉伸，用拉断时的伸长度（cm）表示。沥青延度试验如图 8.2 所示。

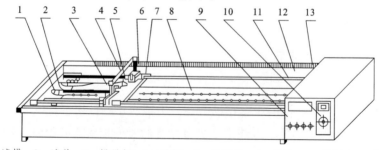

1—试模；2—试件；3—操纵杆；4—手柄；5—滑板架；6—指针；7—滑板；8—底盘；
9—控制箱；10—控温仪；11—丝杆；12—水浴槽；13—标尺。

图 8.2　沥青延度试验示意图

塑性好的沥青随建筑物的变形而变形，而且沥青在开裂后，因其特有的黏塑性可以使裂缝自行愈合（即塑性好的沥青具有自愈性）。塑性差的沥青，在低温或负温下易产生开裂，故塑性好是沥青作为柔性防水材料的原因之一。

沥青的塑性对冲击振动荷载有一定吸收能力，并能减少摩擦时的噪声，故沥青又是一种优良的道路和桥梁的路面材料。

（3）温度敏感性

温度敏感性是指石油沥青的黏滞性和塑性随温度升降而变化的性能。变化程度小，则沥青温度敏感性小，反之则温度敏感性大。

沥青是一种高分子非晶态热塑性物质的混合物，没有固定熔点。像高分子化合物一样，当温度升高时，沥青由固态或半固态逐渐软化，使沥青分子之间发生相对滑动，像液体一样发生黏性流动，称为黏流态；当温度降低时，沥青由黏流态逐渐转变为固态（或称高弹态），甚至变硬变脆（称为玻璃态）。沥青随温度的增加，其黏滞性和塑性将发生相应的连续变化，即塑性增加，黏性减小。而土木工程要求沥青的黏滞性和塑性随温度变化而变化要小，即温度敏感性较小。特别是用于屋面防水的沥青材料，为了避免温度升高发生流淌，或温度下降发生硬脆，应优先选用温度敏感性小的沥青。

温度敏感性以软化点（Softening Point）指标表示。由于沥青材料从固态至液态有一定的变态间隔，故规定以其中某一状态作为从固态转变到黏流态的起点，相应的温度称为沥青的软化点。

我国现行试验规范《公路工程沥青及沥青混合料试验规程》（JTG E20—2011）中 T0604—2011 规定：沥青软化点采用环球法测定。把沥青试样装入内径为 18.9 mm 的铜环内，环上放置一直径为 9.5 mm、质量为（3.50 ± 0.05）g 的标准钢球，浸入水或甘油中，以规定的速度升温（5 ℃/min），当沥青软化下垂至规定距离（25.4 mm）时的温度即为软化点，以 ℃ 计。如图 8.3 所示。

沥青在低温时常表现为脆性破坏，因此，沥青的脆点（Brittleness）是反映其温度敏感性的另一个指标，它是指沥青从高弹态转变到玻璃态过程中的某一规定状态的相应温度。通常采用的费拉斯脆点是指涂于金属片的试样薄膜在特定条件下，因被冷却和弯曲而出现裂纹时的温度，以 ℃ 表示。该指标主要反映沥青的低温变形能力。

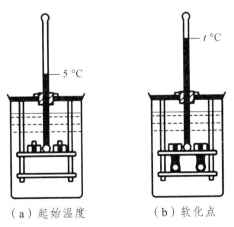

（a）起始温度　　　　（b）软化点

图 8.3　沥青软化点试验示意图

寒冷地区应考虑所用沥青的脆点。沥青的软化点越高，脆点越低，其温度敏感性越小。

针入度、延度和软化点是评价黏稠石油沥青使用性能最常用的经验指标，所以统称为石油沥青的三大指标。

（4）大气稳定性

石油的大气稳定性（耐久性）（Durability）是指在冷、热、阳光、空气或潮湿等自然环境中诸多因素的长期综合作用下抵抗老化的能力。

石油沥青在大气因素（热、冷、空气和水分）长期综合作用或在储运、加热、使用过程中，容易发生一系列的物理和化学变化，如脱氢、缩合、氧化等，即沥青中的低分子量组分向高分子量组分逐渐转化，也就是油分树脂地沥青质。而树脂向地沥青质转化的速度远比油分变为树脂的速度快得多。随着时间的延长，树脂显著减少，地沥青质含量显著增加，使沥青的塑性降低、黏性增加，逐步变得硬脆，直至脆裂乃至松散，使沥青失去防水、防腐效能。

评价沥青耐老化的试验方法有薄膜烘箱加热试验和旋转薄膜加热试验。

① 薄膜烘箱加热试验（Thin Film Oven Test）。

《公路工程沥青及沥青混合料试验规程》（JTG E20—2011）中 T0609—2011 规定：将 50 g 沥青试样放入直径 140 mm、深 9.5 mm 的不锈钢盛样皿中，盛样皿插入旋转烘箱中，沥青膜的厚度约为 3.2 mm，在 163 ℃ 的高温下，以 5~6 r/min 的速度旋转，经过 5 h，测定沥青的质量损失及针入度、黏度等各种性能指标的变化，如图 8.4（a）所示。

② 旋转薄膜加热试验（Rotating Thin Film Oven Test）。

将沥青试样 35 g 装入高 140 mm 直径 64 mm 的开口玻璃瓶中，盛样瓶插入旋转烘箱中，一边接受 4 000 mL/min 流量吹入的热空气，一边在 163 ℃ 的高温下，以 15 r/min 的速度旋转，经过 75 min 的老化后，测定沥青的质量损失及针入度、黏度等各种性能指标的变化，如图 8.4（b）所示。

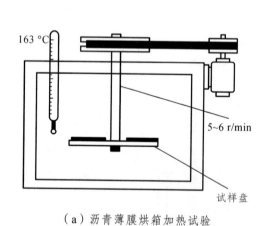

（a）沥青薄膜烘箱加热试验　　　　　　　　（b）沥青旋转薄膜加热试验

图 8.4　沥青的大气稳定性

（5）其他性质

为了较全面地评价石油沥青的质量和安全性，还必须对石油沥青的其他性质有所了解。如溶解度、闪点和燃点等。

① 溶解度。

溶解度（solubility）是指石油沥青在三氯乙烯、四氯化碳和苯中溶解的百分率。此指标以限制有害的不溶物质（如沥青碳或似碳物）含量，因为不溶物会降低沥青的黏性。

② 闪点（闪火点）。

闪点（Flash Point）是指沥青加热至挥发的可燃气体和空气的混合物遇火时着火的最低温度（也就是初次产生蓝色光时沥青的温度）。熬制沥青时的加热温度不应超过闪点。

③ 燃点（又称着火点）。

燃点（Fire Point）是指按规定继续加热到沥青表面发生燃烧火焰，并持续 5 s 以上的最低温度。

闪点和燃点的高低，表明沥青引起火灾或爆炸的可能性的大小，它关系到在运输、储存和加热使用等方面的安全。例如，建筑石油沥青的闪点约为 230 ℃，因此在熬制时，温度一般为 180～200 ℃。为了安全，沥青还应与火焰隔绝。

石油沥青还具有良好的防水性和耐蚀性。但是它能溶解于多数有机溶剂中，如汽油、苯、丙酮等，使用时应予以注意。

8.1.3 沥青的技术要求

建筑工程中使用的石油沥青有建筑石油沥青、道路石油沥青和液态石油沥青等，牌号主要根据针入度、延度、软化点等划分，并用针入度值表示。

（1）建筑石油沥青的技术要求

建筑石油沥青的技术标准应符合《建筑石油沥青》（GB/T 494—2010）的规定，如表 8.1 所示。

表 8.1 建筑石油沥青技术标准

项目		质量指标			试验方法
		10 号	30 号	40 号	
针入度（25 ℃，100 g，5 s）/（1/10 mm）		10～25	26～35	36～50	GB/T 4509
针入度（46 ℃，100 g，5 s）/（1/10 mm）		报告	报告	报告	
针入度（0 ℃，200 g，5 s）/（1/10 mm）	不小于	3	6	6	
延度（25 ℃，5 cm/min）/cm	不小于	1.5	2.5	3.5	GB/T 4508
软化点（环球法）/℃	不低于	95	75	60	GB/T 4507
溶解度（三氯乙烯）/%	不小于	99.0			GB/T 11148
蒸发后质量变化（163 ℃，5 h）/%	不大于	1			GB/T 11964
蒸发后 25 ℃针入度比/%	不小于	65			GB/T 4509
闪点（开口杯法）/℃	不低于	260			GB/T 267

注：a 报告应为实测值。
　　b 测定蒸发缺失后样品的 25 ℃针入度与原 25 ℃针入度之比乘以 100 后所得的百分比，称为蒸发后针入度比。

建筑石油沥青按针入度值划分为 40 号、30 号和 10 号三个牌号。同种石油沥青中，牌号愈大，针入度愈大（黏性愈小），延度（塑性）愈大，软化点愈低（温度敏感性愈大），使用寿命愈长。

建筑石油沥青的特点是黏性较大（针入度较小），温度稳定性较好（软化点较高），但塑性较差（延度较小）。建筑石油沥青应符合《建筑石油沥青》（GB/T 494—2010）的规定，常用制作油纸、油毡、防水涂料及沥青胶等，并用于屋面及地下防水、沟槽防水、防蚀及管道防腐等工程。

使用建筑石油沥青制成的沥青膜层较厚，黑色沥青表面又是好的吸热体，故在同一地区的沥青屋面（或其他工程表面）的表面温度比其他材料高，据测定高温季节沥青层面的表面温度比当地最高气温高 25 ~ 30 ℃。为了避免夏季屋面沥青流淌，一般屋面用沥青材料的软化点应比当地气温高 20 ℃，但软化点也不宜选得太高，以免冬季低温时变得硬脆，甚至开裂。

（2）道路石油沥青的技术要求

①《公路沥青路面施工技术规范》（JTG F40—2004）规定，道路石油沥青的质量应符合表 8.2 规定的技术要求。各个沥青等级的适用范围应符合表 8.3 的规定。经建设单位同意，沥青的针入度、60 ℃动力黏度、10 ℃延度可作为选择性指标。

表 8.2　道路石油沥青技术要求

指标	等级	160 号	130 号	110 号	90 号	70 号 e	50 号 e	30 号 f
针入度（25 ℃，100，5 s）/（0.1 mm）	—	140～200	120～140	100～120	80～100	60～80	40～60	20～40
适用的气候分区 a	—	注 d	注 d	2-1 2-2 3-2	1-1 1-2 1-3 2-2 2-3	1-3 1-4 2-2 2-3 2-4	1-4	注 d
针入度指数 PI b,c	A	−1.5 ~ 1.0						
针入度指数 PI b,c	B	−1.8 ~ 1.0						
软化点/℃，≥	A	38	40	43	45　44	46　45	49	55
软化点/℃，≥	B	36	39	42	43　42	44　43	46	53
软化点/℃，≥	C	35	37	41	42	43	45	50
60 ℃动力黏度 c /（Pa·s），≥	A	—	60	120	160　140	180　160	200	260
10 ℃延度/cm，≥	A	50	50	40	45 30 20 30 20	20 15 25 20 15	15	10
10 ℃延度/cm，≥	B	30	30	30	30 20 15	20 15 10	10	8
15 ℃延度/cm，≥	A、B	100					80	50
15 ℃延度/cm，≥	C	80	80	60	50	40	30	20
闪点/℃，≥	—		230		245	260		
含蜡量（蒸馏法）/%，≤	A	2.2						
含蜡量（蒸馏法）/%，≤	B	3.0						
含蜡量（蒸馏法）/%，≤	C	4.5						
溶解度/%，≥	—	99.5						
15 ℃密度/（g/cm³）	—	实测记录						

指标	等级	160 号	130 号	110 号	90 号	70 号 e	50 号 e	30 号 f
薄膜加热试验（或旋转薄膜加热试验）残留物								
质量损失/%，≤		± 0.8						
针入度比/%，≥	A	48	54	55	57	61	63	65
	B	45	50	52	54	58	60	62
	C	40	45	48	50	54	58	60
10 ℃延度/cm≥	A	12	12	10	8	6	4	—
	B	10	10	8	6	4	2	—
15 ℃延度/cm≥	C	40	35	30	20	15	10	—

注：a 沥青路面气候区见《公路沥青路面施工技术规范》（JTG F40—2004）附录 A。

b 用于仲裁试验时，求取针入度指数 PI 的 5 个温度与针入度回归关系的相关系数不得小于 0.997。

c 经主管部门同意，该表中的针入度指数 PI、60 ℃动力黏度及 10 ℃延度可作为选择性指标。

d 160 号沥青和 130 号沥青除了在寒冷地区可直接用于中低级公路外，通常用作乳化沥青、稀释沥青及改性沥青的基质沥青。

e 70 号沥青可根据需要要求供应商提供针入度范围 60～70 或 70～80 的沥青；50 号沥青可要求提供针入度范围 40～50 或 50～60 或 50～60 的沥青。

f 30 号沥青仅适用沥青稳定基层。

表 8.3　道路石油沥青的适用范围

沥青等级	适用范围
A 级沥青	各个等级的公路，适用于任何场合和层次
B 级沥青	① 高速公路、一级公路沥青下面层及以下的层次，二级及二级以下公路的各个层次； ② 用作改性沥青、乳化沥青、改性乳化沥青、稀释沥青的基质沥青
C 级沥青	三级及三级以下公路的各个层次

② 沥青路面采用的沥青标号，宜按照公路等级、气候条件、交通条件、路面类型及在结构层中的层位及受力特点、施工方法等，结合当地的使用经验，经技术论证后确定。

对高速公路、一级公路，夏季温度高、高温持续时间长、重载交通、山区及丘陵区上坡路段、服务区、停车场等行车速度慢的路段，尤其是汽车荷载剪应力大的层次，宜采用稠度大、60 ℃黏度大的沥青，也可提高高温气候分区的温度水平选用沥青等级；对冬季寒冷的地区或交通量小的公路、旅游公路宜选用稠度小、低温延度大的沥青；对温度日温差、年温差大的地区宜注意选用针入度指数大的沥青。当高温要求与低温要求发生矛盾时应优先考虑满足高温性能的要求。当缺乏所需标号的沥青时，可采用不同标号掺配的调和沥青，其掺配比例由试验决定。掺配后的沥青质量应符合表 8.2 的要求。

③ 沥青必须按品种、标号分开存放。除长期不使用的沥青可放在自然温度下存储外，沥青在储罐中的贮存温度不宜低于 130 ℃，并不得高于 170 ℃。桶装沥青应直立堆放，加盖苫布。

④ 道路石油沥青在贮运，使用及存放过程中应有良好的防水措施，避免雨水或加热管道蒸汽进入沥青中。

（3）液体道路石油沥青的技术要求

液体沥青（[英]Liquid Bitumen，[美]Cutback Asphalt）是用汽油、煤油、柴油等溶剂将石油沥青稀释而成的沥青产品，也称轻制沥青或稀释沥青。

《公路沥青路面施工技术规范》（JTG F40—2004）中按照液体石油沥青的凝结速度分为快凝 AL（R）、中凝 AL（M）、慢凝 AL（S）3 个标识。液体石油沥青的质量要求见表 8.4。

表 8.4　道路液体石油沥青的技术质量要求

试验项目		单位	快凝		中凝						慢凝						试验方法
			AL(R)-1	AL(R)-2	AL(M)-1	AL(M)-2	AL(M)-3	AL(M)-4	AL(M)-5	AL(M)-6	AL(S)-1	AL(S)-2	AL(S)-3	AL(S)-4	AL(S)-5	AL(S)-6	
黏度	$C_{25,5}$	s	<20	—	<20	—	—	—	—	—	<20	—	—	—	—	—	T 0621
	$C_{60,5}$	s	—	5~15	—	5~15	16~25	26~40	41~100	101~200	—	5~15	16~25	26~40	41~100	101~200	
蒸馏体积	225 °C前	%	>20	>15	<10	<7	<3	<2	0	0							T 0632
	315 °C前	%	>35	>30	<35	<25	<17	<14	<8	<5							
	360 °C前	%	>45	>35	<50	<35	<30	<25	<20	<15	<40	<35	<25	<20	<15	<5	
蒸馏后残留物	针入度（25 °C）	0.1 mm	60~200	60~200	100~300	100~300	100~300	100~300	100~300	100~300							T 0604
	延度（25 °C）	cm	>60	>60	>60	>60	>60	>60	>60	>60	—	—	—	—	—	—	T 0605
	浮漂度（25 °C）	s	—	—	—	—	—	—	—	—	<20	<20	<30	<40	<45	<50	T 0631
闪点		°C	>30	>30	>65	>65	>65	>65	>65	>65	>70	>70	>100	>100	>120	>120	T 0633
含水率，不大于		%	0.2	0.2	0.2	0.2	0.2	0.2	0.2	0.2	2.0	2.0	2.0	2.0	2.0	2.0	T 0612

8.1.4　沥青的掺配

工程实际中，从石油加工厂制备的沥青往往不能完全满足工程上的要求，在这种情况下，需要用两种或三种不同牌号的沥青进行掺配。

掺配时，为了不破坏掺配后的沥青胶体结构，应遵循同源原则，即选用表面张力相近或化学性质相似的沥青（或同属石油沥青或同属煤沥青、煤焦油）才可掺配。

进行两种沥青掺配时，每种沥青的掺配量按式（8.1）计算：

$$\left. \begin{array}{l} Q_1 = \dfrac{T_2 - T}{T_2 - T_1} \times 100\% \\ Q_2 = 100\% - Q_1 \end{array} \right\} \quad (8.1)$$

式中　Q_1——低软化点沥青的用量（%）；

　　　Q_2——高软化点沥青的用量（%）；

　　　T——掺配后的沥青软化点（°C）；

　　　T_1——低软化点沥青温度（°C）；

　　　T_2——高软化点沥青温度（°C）

【例8.1】 某工程需用软化点为90 ℃的石油沥青,而工地上只有10号及40号石油沥青,软化点分别为95 ℃和60 ℃,请估算如何掺配才能满足工程要求。

【解】 按式(8.1)估算掺配用量:

40号石油沥青用量 $Q_1 = \dfrac{95-90}{95-60} \times 100\% = 14.3\%$

10号石油沥青用量 $Q_2 = 100\% - 14.3\% = 85.7\%$

通过估算,以14.3%的40号石油沥青和85.7%的10号石油沥青配合比例进行试配。方法是:根据估算的掺配比例和在其邻近的比例(±5%)进行试配,测定掺配后的沥青软化点,绘制掺配比—软化点曲线,然后在该曲线上确定要求的比例。同样可以采用针入度按上述方法进行估算和试配。

若用三种沥青时,可以先估算出两种沥青的配比,再与第三种沥青进行配比计算,再行试配。

【例8.2】 某工地需要使用软化点为85 ℃的石油沥青5 t,现有10号石油沥青3.5 t,30号石油沥青1 t和30号C等级石油沥青3 t。试通过计算确定出三种牌号沥青各需用多少?

【解】 由表8.1知10号石油沥青的软化点为95 ℃,30号石油沥青的软化点为75 ℃,由表8.2知30号C等级石油沥青的软化点为50 ℃。

(1)10号石油沥青和30号石油沥青掺配

30号石油沥青掺量为 $Q_1 = \dfrac{95-85}{95-75} \times 100\% = 50\%$

10号石油沥青掺量为 $Q_2 = 100\% - 50\% = 50\%$

则用30号石油沥青1 t和10号石油沥青1 t,可配制2 t软化点为85 ℃的石油沥青。尚需要用10号石油沥青和30号C等级石油沥青配制5 − 2 = 3(t)软化点为85 ℃的石油沥青。

(2)10号石油沥青和30号C等级石油沥青掺配

30号C等级石油沥青掺量为 $Q_1 = \dfrac{95-85}{95-50} \times 100\% = 22.2\%$, $3 \times 22.2\% = 0.67$(t)

10号石油沥青掺量为 $Q_2 = 100\% - 22.2\% = 77.8\%$, $3 \times 77.8\% = 2.33$(t)

配制3 t软化点为85 ℃的石油沥青,

30号C等级石油沥青需要量为 $3 \times 22.2\% = 0.67$(t)

10号石油沥青需要量为 $3 \times 77.8\% = 2.33$(t)

因此 10号石油沥青合计用量为 $1 + 2.33 = 3.33$(t)

故配置5 t软化点为85 ℃的石油沥青,需10号石油沥青3.33 t,30号石油沥青1 t,30号C等级石油沥青0.67 t。

8.2 其他沥青

8.2.1 煤沥青

煤沥青是生产焦炭和煤气的副产物。烟煤在干馏过程中的挥发物质,经冷凝而成黑色黏性液体称为煤焦油，再经分馏加工提取轻油、中油、重油及蒽油之后所得残渣即为煤沥青。如图 8.5 所示。

图 8.5　煤沥青

根据蒸馏程度不同，煤沥青分为低温沥青、中温沥青和高温沥青三种。土木工程中所采用的煤沥青多为黏稠或半固体的低温沥青。

煤沥青的主要组分为油分、脂胶、游离碳等，还含有少量酸、碱物质。与石油沥青相比，煤沥青具有以下技术性质：

① 温度敏感性较大，其组分中所含可溶性树脂多，由固态或黏稠态转变为黏流态（或液态）的温度间隔较窄，夏天易软化流淌，冬天易脆裂。

② 大气稳定性较差，所含挥发性成分和化学稳定性差的成分较多，在热、阳光、氧气等长期综合作用下，煤沥青的组成变化较大，易硬脆。

③ 塑性较差，所含游离碳较多，容易因变形而开裂。

④ 因为含表面活性物质较多，所以与矿料表面黏附力较强。

⑤ 防腐性好，因含有酚、蒽等有毒性和臭味的物质，防腐能力较强，故适用于木材的防腐处理。但防水性不如石油沥青，因为酚易溶于水。施工中要遵守有关操作和劳动保护规定，防止中毒。

煤沥青与石油沥青的外观和颜色大体相同，使用中必须注意区分，以防掺混使用而产生沉渣变质，失去胶凝性。两者简易鉴别方法如表 8.5 所示。

表 8.5　煤沥青与石油沥青简易鉴别法

鉴别方法	煤沥青	石油沥青
相对密度	>1.1（约为 1.25）	接近 1.0
锤击	音清脆，韧性差	音哑，富有弹性，韧性好
燃烧	烟呈黄色，有刺激味	烟无色，无刺激性臭味
溶液颜色	用 30～50 倍汽油煤油溶解后，将溶液滴于滤纸上，斑点分为内外两圈，呈内黑外棕或黄色	溶解方法同左，斑点完全散开呈棕色

道路用煤沥青的标号根据气候条件、施工温度、使用目的选用，其质量应符合表 8.6 的规定。

表 8.6 道路用煤沥青技术要求

试验项目		T-1	T-2	T-3	T-4	T-5	T-6	T-7	T-8	T-9	试验方法
黏度/s	$C_{30,5} \sim C_{30,10}$ $C_{50,10}$ $C_{60,10}$	5 ~ 25	26 ~ 70	5 ~ 25	26 ~ 50	51 ~ 120	121 ~ 200	10 ~ 75	76 ~ 200	35 ~ 65	T 0621
蒸馏试验，馏出量/%	170 ℃ 前，≤	3	3	3	2	1.5	1.5	1.0	1.0	1.0	T 0641
	270 ℃ 前，≤	20	20	20	15	15	15	10	10	10	
	300 ℃	15 ~ 35	15 ~ 35	30	30	25	25	20	20	15	
300 ℃ 蒸馏残留物软化点（环球法）/℃		30 ~ 45	30 ~ 45	35 ~ 65	35 ~ 65	35 ~ 65	35 ~ 65	40 ~ 70	40 ~ 70	40 ~ 70	T 0606
水分/%，≤		1.0	1.0	1.0	1.0	1.0	0.5	0.5	0.5	0.5	T 0612
甲苯不溶物/%，≤		20	20	20	20	20	20	20	20	20	T 0646
萘含量/%，≤		5	5	5	4	4	3.5	3	2	2	T 0645
焦油酸含量/%，≤		4	4	3	3	2.5	2.5	1.5	1.5	1.5	T 0642

道路用煤沥青适用于下列情况：

① 各种等级公路的各种基层上的透层，宜采用 T-1 或 T-2 级，其他等级不合喷洒要求时可适当稀释使用；

② 三级及三级以下的公路铺筑表面处治或贯入式沥青路面，宜采用 T-5、T-6 或 T-7 级；

③ 与道路石油沥青、乳化沥青混合使用，以改善渗透性。

此外，道路用煤沥青严禁用于热拌热铺的沥青混合料，作其他用途时的贮存温度宜为 70 ~ 90 ℃，且不得长时间贮存。

8.2.2 乳化沥青

乳化沥青（[英]Emulsified Bitumen，[美]Asphalt Emulsion，Emulsified Asphalt）是将石油沥青热融，经过机械的作用，以细小的微滴状态分散于含有乳化剂、稳定剂等的水溶液中，形成水包油状的沥青乳液，如图 8.6 所示。

图 8.6 乳化沥青

乳化沥青不仅可以用于屋面的维修与养护，还可用于铺筑表面处治、贯入式、沥青碎石和乳化沥青混凝土等各种结构形式的路面，并可用于旧沥青路面的冷再生以及防尘处理。

1. 乳化沥青的特点

① 可冷态施工，节约能源，减少环境污染；

② 常温下具有较好的流动性，能保证洒布的均匀性，可调高路面修筑质量；

③ 采用乳化沥青，扩展了沥青路面的性能，如稀浆封层等；

④ 乳化沥青与矿料表面具有良好的工作性和黏附性，可节约沥青并保证施工质量；

⑤ 可延长施工季节，低温多雨季节对其影响较小。

2. 乳化沥青的品种和适用范围

乳化沥青适用于沥青表面处治路面、沥青贯入式路面、冷拌沥青混合料路面，修补裂缝、喷洒透层、黏层与封层等。乳化沥青的品种和适用范围宜符合表 8.7 的规定，P 或 B 代表喷洒施工或拌和施工；用 C、A 或 N 代表阳离子、阴离子或非离子乳液。

表 8.7　乳化沥青品种及适用范围

分类	代号	适用范围
阳离子乳化沥青	PC-1	表面处治、贯入式路面及下封层用
	PC-2	透层油及基层养生用
	PC-3	黏层油用
	BC-1	稀浆封层或冷拌沥青混合料用
阴离子乳化沥青	PA-1	表处、贯入式路面及下封层用
	PA-2	透层油及基层养生用
	PA-3	黏层油用
	BA-1	稀浆封层或冷拌沥青混合料用
非离子乳化沥青	PN-2	透层油用
	BN-1	与水泥稳定集料同时使用（基层路拌或再生）

3. 乳化沥青的技术要求

① 道路改性乳化沥青的质量应符合表 8.8 的技术要求。

② 乳化沥青类型根据集料品种及使用条件选择。阳离子乳化沥青可适用于各种集料品种，阴离子乳化沥青适用于碱性石料。乳化沥青的破乳速度、黏度宜根据用途与施工方法选择。

③ 制备乳化沥青用的基质沥青，对高速公路和一级公路，宜符合表 8.2 道路石油沥青 A、B 级沥青的要求，其他情况可采用 C 级沥青。

④ 乳化沥青宜存放在立式罐中，并保持适当搅拌。贮存期以不离析、不冻结、不破乳为度。

表 8.8　道路用乳化沥青技术要求

实验项目		单位	阳离子 喷洒用 PC-1	阳离子 喷洒用 PC-2	阳离子 喷洒用 PC-3	阳离子 拌和用 BC-1	阴离子 喷洒用 PA-1	阴离子 喷洒用 PA-2	阴离子 喷洒用 PA-3	阴离子 拌和用 BA-1	非离子 喷洒用 PN-2	非离子 拌和用 BN-1	试验方法
破乳速度		—	快裂	慢裂	快裂或中裂	慢裂或中裂	快裂	慢裂	快裂或中裂	慢裂或中裂	慢裂	慢裂	T 0658
粒子电荷		—	阳离子（+）				阴离子（－）				非离子		T 0653
筛上残留物（1.18 mm 筛），≤		%	0.1				0.1				0.1		T 0652
黏度	恩格拉黏度计 E_{25}		2～10	1～6	1～6	2～30	2～10	1～6	1～6	2～30	1～6	2～30	T 0622
黏度	道路标准黏度计 $C_{25.3}$	S	10～25	8～20	8～20	10～60	10～25	8～20	8～20	10～60	8～20	10～60	T 0621
蒸发残留物	残留分含量，≥	%	50	50	50	55	50	50	50	55	50	55	T 0651
蒸发残留物	溶解度，≥	%	97.5				97.5				97.5		T 0607
蒸发残留物	针入度（25 ℃）	d mm	50～200	50～300	45～150		50～200	50～300	45～150		50～300	60～300	T 0604
蒸发残留物	延度（15 ℃），≥	cm	40				40				40		T 0605
与粗集料的黏附性，裹附面积，≥		—	2/3			—	2/3			—	2/3	—	T 0654
与粗、细粒式集料拌合试验		—	—				—				—		T 0659
与水泥拌合试验的筛上剩余，≤		%	—				—				—	3	T 0657
常温贮存稳定性	1 d，≤	%	1				1				1		T 0655
常温贮存稳定性	5 d，≤	%	5				5				5		T 0655

8.2.3　改性沥青

改性沥青（[英]Modified Bitumen，[美]Modified Asphalt Cement）指掺加橡胶、树脂、高分子聚合物、天然沥青、磨细的橡胶粉或者其他材料等外掺剂（改性剂），使沥青或沥青混合料的性能得以改善而制成的沥青结合料。

通过对沥青材料的改性，可以提高高温抗变形能力，增强沥青路面的抗车辙性能；提高沥青的弹性，增强抗低温和抗疲劳开裂性能；提高抗老化能力，延长沥青路面的使用寿命；改善沥青与石料的黏附性。

1. 改性沥青品种

（1）高聚物改性沥青

某些高聚物（如橡胶和树脂等）与石油沥青具有较好的互溶性，能赋予石油沥青优良的性能。聚合物改性的机理复杂，一般认为聚合物改变了体系的胶体结构，当聚合物的掺量达到一定限度时，便形成聚合物的网络结构，并包裹沥青胶团。

（2）树脂改性沥青

用树脂对沥青实现改性，可以改善沥青的低温柔韧性、耐热性、黏结性、不透气性和抗老化性能。一般树脂和石油沥青的相溶性较差，但与煤焦油及煤沥青的互溶性比较好。目前，用于改性的合成树脂主要有 PVC、APP、SBS 等。

（3）聚氯乙烯（PVC）改性煤焦油

PVC 在一定温度下，与煤焦油能较好地互溶，生产中将 PVC 树脂经强烈搅拌，加入熔化的煤焦油均化而成。

经 PVC 改性的煤焦油既具有较好的高温稳定性和低温柔韧性又改善了拉伸强度、延伸率、耐蚀性和不透水性及抗老化性，故主要用于密封材料。

（4）APP 改性沥青

APP 是丙烯（ProPylene，缩写 PP）的一种，属无规聚丙烯，其甲基无规律地分布在主链两侧。

无规聚丙烯常温下呈白色橡胶状，无明显的熔点，生产时将 APP 加入熔化沥青中，经剧烈搅拌均化而成。

APP 改性沥青中，APP 形成网络结构。与石油沥青比较，APP 改性沥青的软化点高，延度大，冷脆点降低黏度增加耐热性和抗老化性，特别适用于气温较高的地区制造防水卷材。

（5）SBS 改性沥青

SBS 属丁苯橡胶的一种。丁苯橡胶由丁二烯和苯乙烯共聚制成，品种很多。将丁二烯与苯乙烯嵌段共聚，则形成具有苯乙烯（S）-丁二烯（B）-苯乙烯（S）的结构，这种结构就是热塑性的弹性体（简称 SBS）。它具有橡胶和塑料的优点，常温下具有橡胶的弹性，高温下又能像塑料那样熔融流动，成为可塑性材料。SBS 在沥青内部形成高分子量的凝胶结构。与沥青相比，SBS 改性沥青具有弹性好、延伸率高（延度可达 200%）、热稳定性好（耐热度可达 90～100℃）、耐候性好等优点，而且大大改善了低温柔韧性（冷脆点降 –40℃），耐热度范围可以扩大到 –25～100℃，而且在 –50℃ 下仍具有防水性能，故主要用于防水卷材。

SBS 改性沥青是目前国内外使用最成功和用量最大的一种改性沥青材料。

（6）橡胶改性沥青

橡胶和沥青的混溶性较好，使沥青在高温下变形小，低温柔韧性好。常用的橡胶有再生废橡胶和氯丁橡胶，除此之外还有丁基橡胶、丁苯橡胶、丁腈橡胶等。

沥青中加入氯丁橡胶后制得氯丁橡胶改性沥青，这种沥青的气密性、低温柔韧性、耐化学腐蚀性、耐候性大为改善，可用于路面的稀浆封层和制作密封材料及涂料。

丁基橡胶改性沥青耐分解性优异，并具有较好的低温抗裂性和耐热性，多用于道路路面工程和制作密封材料及涂料。

再生橡胶改性沥青可以制成卷材、片材、密封材料、胶黏剂和涂料等。

再生橡胶的来源广泛，价格较低。用再生橡胶改性的沥青同样具有良好的气密性、低温柔韧性和耐老化等性能，因此是沥青常用的改性材料。

2. 改性沥青的技术要求

① 各类聚合物改性沥青的质量应符合表 8.9 的技术要求，其中针入度指数可作为选择性指标。当使用表列以外的聚合物及复合改性沥青时，可通过试验研究制订相应的技术要求。

表 8.9　聚合物改性沥青技术要求

指标	单位	SBS 类（Ⅰ类）				SBR 类（Ⅱ类）			EVA、PE 类（Ⅲ类）				试验方法
		Ⅰ-A	Ⅰ-B	Ⅰ-C	Ⅰ-D	Ⅱ-A	Ⅱ-B	Ⅱ-C	Ⅲ-A	Ⅲ-B	Ⅲ-C	Ⅲ-D	
针入度 25 °C，100 g，5 s	0.1 mm	>100	80~100	60~80	30~60	>100	80~100	60~80	>80	60~80	40~60	30~40	T 0604
针入度指数 PI，≥		−1.2	−0.8	−0.4	0	−1.0	−0.8	−0.6	−1.0	−0.8	−0.6	−0.4	T 0604
延度 5 °C，5 cm/min，≥	cm	50	40	30	20	60	50	40					T 0605
软化点，≥	°C	45	50	55	60	45	48	50	48	52	56	60	T 0606
运动黏度 135 °C，≤	Pa·s	3											T 0625 T 0619
闪点，≥	°C	230				230			230				T 0611
溶解度，≥	%	99				99			—				T 0607
弹性恢复 25 °C，≥	%	55	60	65	75	—			—				T 0662
粘韧性，≥	N·m	—				5							T 0624
韧性，≥	N·m	—				2.5							T 0624
离析，48 h 软化点差，≤	°C	2.5				—			无改性剂明显析出、凝聚				T 0661
TFOT（或 RTFOT）后残留物													
质量变化，≤	%	±1.0											T 0610 或 T 0609
针入度比 25 °C，≥	%	50	55	60	65	50	55	60	50	55	58	60	T 0604
延度 5 °C，≥	cm	30	25	20	15	30	20	10	—				T 0605

② 制造改性沥青的基质沥青应与改性剂有良好的配伍性，其质量宜符合表 8.2 中 A 级或 B 级道路石油沥青的技术要求。供应商在提供改性沥青的质量报告时应提供基质沥青的质量检验报告或沥青样品。

③ 天然沥青可以单独与石油沥青混合使用或与其他改性沥青混融后使用。天然沥青的质量要求宜根据其品种参照相关标准和成功的经验执行。

④ 用作改性剂的 SB 胶乳中的固体物含量不宜少于 45%，使用中严禁长时间曝晒或遭冰冻。

⑤ 改性沥青的剂量以改性剂占改性沥青总量的百分数计算，胶乳改性沥青的剂量应以扣除水以后的固体物含量计算。

⑥ 改性沥青宜在固定式工厂或在现场设厂集中制作，也可在拌和厂现场边制造边使用，改性沥青的加工温度不宜超过 180 ℃。胶乳类改性剂和制成颗粒的改性剂可直接投入拌和缸中生产改性沥青混合料。

⑦ 用溶剂法生产改性沥青母体时，挥发性溶剂回收后的残留量不得超过 5%。

⑧ 现场制造的改性沥青宜随配随用，需作短时间保存，或运送到附近的工地时，使用前必须搅拌均匀，在不发生离析的状态下使用。改性沥青制作设备必须设有随机采集样品的取样口，采集的试样宜立即在现场灌模。

⑨ 工厂制作的成品改性沥青到达施工现场后存贮在改性沥青罐中，改性沥青罐中必须加设搅拌设备并进行搅拌，使用前改性沥青必须搅拌均匀。在施工过程中应定期取样检验产品质量，发现离析等质量不符要求的改性沥青不得使用。

8.2.4 改性乳化沥青

改性乳化沥青（[英]Modified Emulsified Bitumen，[美]Modified Asphalt Emulsion）指在制作乳化沥青的过程中同时加入聚合物胶乳，或将聚合物胶乳与乳化沥青成品混合，或对聚合物改性沥青进行乳化加工得到的乳化沥青产品。

改性乳化沥青宜按表 8.10 选用，质量应符合表 8.11 的技术要求。

表 8.10 改性乳化沥青的品种和适用范围

品 种		代 号	适 用 范 围
改性乳化沥青	喷洒型改性乳化沥青	PCR	黏层、封层、桥面防水黏结层用
	拌和用乳化沥青	BCR	改性稀浆封层和微表处用

表 8.11 改性乳化沥青技术要求

试验项目		单位	品种及代号		试验方法
			PCR	BCR	
破乳速度		—	快裂或中裂	慢裂	T0658
粒子电荷		—	阳离子（+）	阳离子（+）	T0653
筛上剩余量（1.18 mm）不大于		%	0.1	0.1	T0652
黏度	恩格拉黏度 E_{25}	—	1～10	3～30	T0622
	沥青标准黏度 $C_{25,3}$	s	8～25	12～60	T0621
蒸发残留物	含量不小于	%	50	60	T0651
	针入度（100 g，25 ℃，5 s）	0.1 mm	40～120	40～100	T0604
	软化点不小于	℃	50	53	T0606
	延度（5 ℃）不小于	cm	20	20	T0605
	溶解度（三氯乙烯）不小于	%	97.5	97.5	T0607

试验项目		单位	品种及代号		试验方法
			PCR	BCR	
与矿料的黏附性，裹覆面积不小于		—	2/3	—	T0654
贮存稳定性	1天不大于	%	1	1	T0655
	5天不大于	%	5	5	T0655

注：a 破乳速度、与集料黏附性、拌和试验，与所使用的石料品种有关。工程上施工质量检验时应采用实际
  的石料试验，仅进行产品质量评定可不对这些指标提出要求；

  b 当用于填补车辙时，BCR 蒸发残留物的软化点宜提高至不低于 55 ℃；

  c 贮存稳定性根据施工实际情况选择试验天数，通常采用 5 天，乳液生产后能在第二天使用完时也可选
  用 1 天。个别情况下改性乳化沥青 5 天的贮存稳定性难以满足要求，如果经搅拌后能够达到均匀一致
  并不影响正常使用，此时要求改性乳化沥青运至工地后存放在附有搅拌装置的贮存罐内，并不断地进
  行搅拌，否则不准使用。

  d 当改性乳化沥青或特种改性乳化沥青需要在低温冰冻条件下贮存使用时，尚需按 T0656 进行-5 ℃
  低温贮存稳定性试验，要求没有粗颗粒、不结块。

8.3 沥青混合料

8.3.1 沥青混合料的概述

沥青混合料（[英]Bituminous Mixtures，[美]Asphalt）是矿质混合料（简称矿料）与沥青结合料及添加剂等经拌和均匀而成的混合料。用沥青混合料铺筑的沥青路面具有良好的力学性质和路用性能，且平整性好、行车平稳舒适、噪声低等优点，是现代道路路面结构的主要材料之一，广泛应用于现代高等级公路、城市道路等的路面。

按照我国交通行业现行标准《公路沥青路面施工技术规范》（JTG F40—2004）的有关定，沥青混合料的类型和分类综述如下。

1. 沥青混合料的类型

沥青混合料是由矿料与沥青结合料拌和而成的混合料的总称。最常采用的沥青混合料的类型有沥青混凝土混合料、沥青碎石混合料和沥青玛蹄脂碎石混合料等。

（1）沥青混凝土混合料

沥青混凝土混合料（Asphalt Concrete Mixture，简称 AC），是按密级配原理设计组成的各种粒径颗粒的矿料与沥青结合料拌和而成的、设计空隙率较小的密实式沥青混合料。

（2）沥青稳定碎石混合料

沥青稳定碎石混合料（简称沥青碎石）（[英]Bituminous Stabilization Aggregate Paving Mixtures，[美]Asphalt-Treated Permeable Base）由矿料和沥青组成具有一定级配要求的混合料，按空隙率、集料最大粒径、添加矿粉数量的多少，分为密级配沥青碎石（ATB），开级配沥青碎石（OGFC 表面层及 ATPB 基层）、半开级配沥青碎石（AM）。

（3）沥青玛蹄脂碎石混合料

沥青玛蹄脂碎石混合料（[英]Stone Mastic Asphalt，[美]Stone Matrix Asphalt）由沥青结合料与少量的纤维稳定剂、细集料以及较多量的填料（矿粉）组成的沥青玛蹄脂，填充于间断级配的粗集料骨架的间隙，组成一体形成的沥青混合料，简称 SMA。

2. 沥青混合料的分类

（1）按材料组成及结构划分

按材料组成及结构可分为连续级配沥青混合料和间断级配沥青混合料两类。

连续级配沥青混合料指矿料按级配原则，从大到小各级粒径都有、按比例相互搭配组成的混合料。间断级配沥青混合料指矿料级配组成中缺少一个或几个档次（或用量很少）而形成的沥青混合料。

（2）按矿料级配组成及空隙率划分

按矿料级配组成及空隙率大小分为可分为密级配沥青混合料、半开级配沥青混合料、开级配沥青混合料三类：

① 密级配沥青混合料（[英]Dense-Graded Bituminous Mixtures，[美]Dense-Graded Asphalt Mixtures）的矿料按密实级配原理设计组成的各种粒径颗粒的矿料，与沥青结合料拌和而成，设计空隙率较小（对不同交通及气候情况、层位可作适当调整）的密实式沥青混凝土混合料（以 AC 表示）和密实式沥青稳定碎石混合料（以 ATB 表示）。按关键性筛孔通过率的不同又可分为细型、粗型密级配沥青混合料等。粗集料嵌挤作用较好的也称嵌挤密实型沥青混合料。

② 开级配沥青混合料（[英]Open-graded bituminous paving mixtures），[美]Open Graded Asphalt Mixtures）的矿料级配主要由粗集料嵌挤组成，细集料及填料较少，与高黏度沥青结合料拌和而成，混合料内具有较大的空隙率，设计空隙率为 18%，如开级配抗滑磨耗层混合料（OGFC）和排水性沥青稳定碎石基层混合料（ATPB）。

③ 半开级配沥青碎石混合料（Half（semi）-open-graded Bituminous Paving Mixtures），是由适当比例的粗集料、细集料及少量填料（或不加填料）与沥青结合料拌和而成，经马歇尔标准击实成型试件的剩余空隙率在 6% ~ 12%的半开式沥青碎石混合料（以 AM 表示）。

（3）按公称最大粒径划分

矿料的最大粒径是指通过百分率为 100%的最小标准筛的筛孔尺寸，矿料的公称最大粒径是指全部通过或允许少量不通过（筛余量不超过 10%）的最小标准筛的筛孔尺寸，一般比矿料最大粒径小一个粒级。

按公称最大粒径的大小可分为特粗式（公称最大粒径等于或大于 31.5 mm）、粗粒式（公称最大粒径 26.5 mm）、中粒式（公称最大粒径 16 或 19 mm）、细粒式（公称最大粒径 9.5 或 13.2 mm）、砂粒式（公称最大粒径小于 9.5 mm）沥青混合料，如图 8.7 所示。

图 8.7 沥青混合料按公称最大粒径分类

（4）按制造工艺划分

按制造工艺分热拌沥青混合料、冷拌沥青混合料、再生沥青混合料等以及沥青贯入式和表面处置等。

① 热拌沥青混合料是由矿料、沥青胶结料及添加剂等在较高的温度条件下拌和生产的混合物，将沥青加热至 150～170 ℃，矿料加热至 170～190 ℃，在热态下拌和，在热态下铺筑施工。其施工包括沥青混合料的"拌和→摊铺→压实"三大工序。热拌沥青混合料强度高、路用性能好、成型期短，铺筑几小时就可开放交通。故广泛适用于各级各类路面及机场道面的新铺与维修。

② 冷拌沥青混合料是采用乳化沥青、泡沫沥青、液体沥青或低黏度沥青作结合料，在常温状态下与集料进行拌和、摊铺、碾压成型的混合料，因沥青黏度较低，路面成型时间长，强度不高，主要用于低等级道路和路面修补。

③ 再生沥青混合料是指将需翻修或废弃的旧沥青路面，经翻挖、回收、破碎、筛分，与再生剂、新集料、新沥青材料等按一定比例重新拌和，形成具有一定路用性能的再生沥青混合料。

8.3.2 沥青混合料的组成材料

沥青混合料的技术性质在很大程度上取决于其组成材料的质量品质、用量比例及制备工艺等因素，其中组成材料的质量是首先需要关注的问题。

1. 沥青结合料

在沥青混合料（Asphalt Binder，Asphalt Cement）中起胶结作用的沥青类材料（含添加的外掺剂、改性剂等）的总称。沥青结合料是沥青混合料中最重要的组成材料，其性能直接影响沥青混合料的各种技术性质。沥青路面所用沥青结合料类型应根据道路等级、气候条件、交通荷载等级、结构层位、沥青混合料类型、施工条件以及当地使用经验等，经技术论证后确定。

在选择沥青结合料等级时，必须考虑环境温度对沥青混合料的作用。一般来说，在夏季温度高、高温持续时间长的地区，应采用黏度高的沥青；而在冬季寒冷地区，宜采用稠度低、低温劲度较小的沥青；在日温差较大的地区应考虑选择针入度指数较高的低感温性沥青。

极重、特重和重交通荷载等级道路、气候严酷地区道路、连续长陡纵坡路段、服务区或停车场等行车速度慢路段的中面层和表面层，应采用黏度较大的改性沥青或添加外加剂等措施提高沥青混合料的强度和承载能力。

2. 粗集料

沥青层用粗集料（Coarse Aggregate）包括碎石、破碎砾石、筛选砾石、钢渣、矿渣等，但高速公路和一级公路不得使用筛选砾石和矿渣。粗集料应该洁净、干燥、表面粗糙、形状接近立方体，无风化，不含杂质，并具有足够的强度、耐磨耗性。粗集料必须由具有生产许可证的采石场生产或施工单位自行加工。

（1）质量要求

粗集料应该洁净、干燥、表面粗糙，质量应符合表 8.12 的规定。

表 8.12　沥青混合料用粗集料质量技术要求

指标	单位	高速公路及一级公路		其他等级公路	试验方法
		表面层	其他层次		
石料压碎值，≤	%	26	28	30	T 0316
洛杉矶磨耗损失，≤	%	28	30	35	T 0317
表观相对密度，≥	t/m³	2.60	2.50	2.45	T 0304
吸水率，≤	%	2.0	3.0	3.0	T 0304
坚固性，≤	%	12	12	—	T 0314
针片状颗粒含量（混合料），≤	%	15	18	20	T 0312
其中粒径大于 9.5 mm，≤	%	12	15	—	
其中粒径小于 9.5 mm，≤	%	18	20	—	
水洗法<0.075 mm 颗粒含量，≤	%	1	1	1	T 0310
软石含量，≤	%	3	5	5	T 0320

注：a 坚固性试验可根据需要进行；
　　b 用于高速公路、一级公路时，多孔玄武岩的视密度可放宽至 2.45 t/m，吸水率可放宽至 3%，但必须得到建设单位的批准，且不得用于 SMA 路面；
　　c 对 S14 即 3～5 规格的粗集料，针片状颗粒含量可不予要求，<0.075 mm 含量可放宽到 3%。

（2）粒径规格

粗集料的粒径规格应按表 8.13 的规定生产和使用。采石场在生产过程中必须彻底清除覆盖层及泥土夹层。生产碎石用的原石不得含有土块、杂物，集料成品不得堆放在泥土地上。

表 8.13　沥青混合料用粗集料规格

规格名称	公称粒径/mm	通过下列筛孔（mm）的质量百分率/%												
		106	75	63	53	37.5	31.5	26.5	19.0	13.2	9.5	4.75	2.36	0.6
S1	40～75	100	90～100	—	—	0～15	—	0～5	—	—	—	—	—	—
S2	40～60		100	90～100	—	0～15	—	0～5	—	—	—	—	—	—
S3	30～60		100	90～100	—	—	0～15	—	0～5	—	—	—	—	—
S4	25～50			100	90～100	—	—	0～15	—	0～5	—	—	—	—
S5	20～40				100	90～100	—	—	0～15	—	0～5	—	—	—
S6	15～30					100	90～100	—	—	0～15	—	0～5	—	—
S7	10～30					100	90～100	—	—	0～15	—	0～5	—	—
S8	10～25						100	90～100	—	0～15	—	0～5	—	—
S9	10～20							100	90～100	—	0～15	0～5	—	—
S10	10～15								100	90～100	0～15	0～5	—	—
S11	5～15								100	90～100	40～70	0～15	0～5	—
S12	5～10									100	90～100	0～15	0～5	—
S13	3～10									100	90～100	40～70	0～20	0～5
S14	3～5										100	90～100	0～15	0～3

（3）磨光值

用于高速公路、一级公路、城市快速道路、主干路沥青路面表面层的粗集料应该选用坚硬、耐磨抗冲击性好的碎石或破碎砾石，不得使用筛选砾石、矿渣及软质集料。当无坚硬石料时，允许掺加一定比例较小粒径的普通粗集料，掺加比例根据试验确定。在以骨架原则设计的沥青混合料中，不得掺加其他粗集料。

高速公路、一级公路沥青路面的表面层（或磨耗层）的粗集料的磨光值应符合表 8.14 的要求。除沥青玛蹄脂碎石混合料（SMA）、大孔隙开级配排水式沥青磨耗层（OGFC）路面外，允许在硬质粗集料中掺加部分较小粒径的磨光值达不到要求的粗集料，其最大掺加比例由磨光值试验确定。

表 8.14 粗集料与沥青的黏附性、磨光值的技术要求

雨量气候区		1（潮湿区）	2（湿润区）	3（半干区）	4（干旱区）
年降雨量/mm		>1 000	1 000～500	500～250	<250
粗集料的磨光值 PSV，≥ 高速公路、一级公路表面层		42	40	38	36
粗集料与沥青的黏附性，≥	高速公路、一级公路表面层	5	4	4	3
	高速公路、一级公路的其他层次及其他等级公路的各个层次	4	4	3	3

（4）黏附性

粗集料与沥青的黏附性应符合表 8.14 的要求，当使用不符要求的粗集料时，宜掺加消石灰、水泥或用饱和石灰水处理后使用，必要时可同时在沥青中掺加耐热、耐水、长期性能好的抗剥落剂，也可采用改性沥青的措施，使沥青混合料的水稳定性检验达到要求。掺加外加剂的剂量由沥青混合料的水稳定性检验确定。

（5）破碎面

破碎砾石应采用粒径大于 50 mm、含泥量不大于 1%的砾石轧制，破碎砾石的破碎面应符合表 8.15 的要求。

表 8.15 粗集料对破碎面的要求

路面部位或混合料类型		具有一定数量破碎面颗粒的含量/%	
		1 个破碎面	2 个或 2 个以上破碎面
沥青路面表面层	高速公路、一级公路	100	90
	其他等级公路	80	60
沥青路面中下面层、基层	高速公路、一级公路	90	80
	其他等级公路	70	50
SMA 混合料		100	90
贯入式路面		80	60

（6）粗集料应用中的特殊情况

① 筛选砾石仅适用于三级及三级以下公路的沥青表面处治路面。

② 经过破碎且存放期超过 6 个月的钢渣可作为粗集料使用。除吸水率允许适当放宽外，各项质量指标应符合表 8.12 的要求。钢渣在使用前应进行活性检验，要求钢渣中的游离氧化钙含量不大于 3%，浸水膨胀率不大于 2%。

3. 细集料

沥青路面的细集料（Fine Aggregate）包括天然砂、机制砂、石屑。细集料必须由具有生产许可证的采石场、采砂场生产。

（1）质量要求

细集料应洁净、干燥、无风化、无杂质，并有适当的颗粒级配，其质量应符合表 8.16 的规定。细集料的洁净程度，天然砂以小于 0.075 mm 含量的百分数表示，石屑和机制砂以砂当量（适用于 0 ~ 4.75 mm）或亚甲蓝值（适用于 0 ~ 2.36 mm 或 0 ~ 0.15 mm）表示。

表 8.16　沥青混合料用细集料质量要求

项　　目	单位	高速公路、一级公路	其他等级公路
表观相对密度，≥	t/m³	2.50	2.45
坚固性注（>0.3 mm 部分），≥	%	12	—
含泥量（小于 0.075 mm 的含量），≤	%	3	5
砂当量，≥	%	60	50
亚甲蓝值，≤	g/kg	25	—
棱角性（流动时间），≥	S	30	—

注：坚固性试验可根据需要进行。

（2）规　格

① 天然砂

天然砂可采用河砂或海砂，通常宜采用粗、中砂，其规格应符合表 8.17 的规定，砂的含泥量超过规定时应水洗后使用，海砂中的贝壳类材料必须筛除。开采天然砂必须取得当地政府主管部门的许可，并符合水利及环境保护的要求。热拌密级配沥青混合料中天然砂的用量通常不宜超过集料总量的 20%，SMA 和 OGC 混合料不宜使用天然砂。

表 8.17　沥青混合料用天然砂规格

筛孔尺寸/mm	通过各孔筛的质量百分率/%		
	粗砂	中砂	细砂
9.5	100	100	100
4.75	90 ~ 100	90 ~ 100	90 ~ 100
2.36	65 ~ 95	75 ~ 90	85 ~ 100
1.18	35 ~ 65	50 ~ 90	75 ~ 100
0.6	15 ~ 30	30 ~ 60	60 ~ 84
0.3	5 ~ 20	8 ~ 30	15 ~ 45
0.15	0 ~ 10	0 ~ 10	0 ~ 10
0.075	0 ~ 5	0 ~ 5	0 ~ 5

② 机制砂或石屑

石屑是采石场破碎石料时通过 4.75 mm 或 2.36 mm 的筛下部分，其规格应符合表 8.18 的要求。采石场在生产石屑的过程中应具备抽吸设备，高速公路和一级公路的沥青混合料，宜将 S14 与 S16 组合使用，S15 可在沥青稳定碎石基层或其他等级公路中使用。机制砂宜采用专用的制砂机制造，并选用优质石料生产，其级配应符合 S16 的要求。

表 8.18　沥青混合料用机制砂或石屑规格

规格	公称粒径 /mm	水洗法通过各筛孔的质量百分率/%							
		9.5	4.75	2.36	1.18	0.6	0.3	0.15	0.075
S15	0~5	100	90~100	60~90	40~75	20~55	7~40	2~20	0~10
S16	0~3	—	100	80~100	50~80	25~60	8~45	0~25	0~15

4. 填　料

（1）矿　粉

沥青混合料的矿粉必须采用石灰岩或岩浆岩中的强基性岩石等憎水性石料经磨细得到的矿粉，原石料中的泥土杂质应除净。矿粉应干燥、洁净，能自由地从矿粉仓流出，其质量应符合表 8.19 的技术要求。

表 8.19　沥青混合料用矿粉质量要求

项目		单位	高速公路、一级公路	其他等级公路
表观相对密度，≥		t/m³	2.50	2.45
含水量，≤		%	1	1
粒度范围	<0.6 mm	%	100	100
	<0.15 mm	%	90~100	90~100
	<0.075 mm	%	75~100	70~100
外观			无团粒结块	
亲水系数			<1	
塑性指数			<4	
加热安定性			实测记录	

搅拌机的粉尘可作为矿粉的一部分回收使用。但每盘用量不得超过填料总量的 25%，掺有粉尘填料的塑性指数不得大于 4%。

（2）粉煤灰

粉煤灰作为填料使用时，用量不得超过填料总量的 50%，粉煤灰的烧失量应小于 12%，与矿粉混合后的塑性指数应小于 4%，其余质量要求与矿粉相同。高速公路、一级公路的沥青面层不宜采用粉煤灰作填料。

5. 纤维稳定剂

① 在沥青混合料中掺加的纤维稳定剂宜选用木质素纤维、矿物纤维等，木质素纤维的质量应符合表 8.20 的技术要求。

表 8.20　木质素纤维质量技术要求

项目	单位	指标	试验方法
纤维长度，≤	mm	6	水溶液用显微镜观测
灰分含量	%	18 ± 5	高温 590 ℃~600 ℃ 燃烧后测定残留物
pH 值	—	7.5 ± 1.0	水溶液用 pH 试纸或 pH 计测定
吸油率，≥	—	纤维质量的 5 倍	用煤油浸泡后放在筛上经振敲后称量
含水率（以质量计），≤	%	5	105 ℃ 烘箱烘 2 h 后冷却称量

② 纤维应在 250 ℃ 的干拌温度不变质、不发脆，使用纤维必须符合环保要求，不危害身体健康。纤维必须在混合料拌和过程中能充分分散均匀。

③ 矿物纤维宜采用玄武岩等矿石制造，易影响环境及造成人体伤害的石棉纤维不宜直接使用。

④ 纤维应存放在室内或有棚盖的地方，松散纤维在运输及使用过程中应避免受潮，不结团。

⑤ 纤维稳定剂的掺加比例以沥青混合料总量的质量百分率计算，通常情况下用于 SMA 路面的木质素纤维不宜低于 0.3%，矿物纤维不宜低于 0.4%，必要时可适当增加纤维用量。纤维掺加量的允许误差宜不超过 ± 5%。

8.3.3　沥青混合料的组成结构

沥青混合料主要是由粗集料、细集料、矿粉、沥青以及外加剂组成的一种复合材料，材料与级配的不同使得沥青混合料具有不同的组成结构，主要包括三种结构，即悬浮-密实结构、骨架-空隙结构、骨架-密实结构，见图 8.8。

 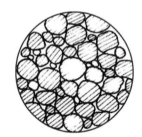 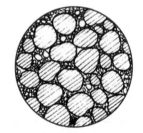

（a）悬浮密实结构　　　（b）骨架空隙结构　　　（c）骨架密实结构

图 8.8　沥青混合料的典型组成结构

（1）悬浮密实结构

悬浮密实结构（Suspended Dense Structure）沥青混合料采用连续型密级配矿料配制，其中细集料较多、粗集料较少，粗集料被细集料"挤开"而悬浮于细集料中，不能形成嵌挤骨架，彼此分离悬浮于小颗粒和沥青浆体之间，而小颗粒和沥青浆体较密实，形成了悬浮密实结构，悬浮密实结构沥青混合料压实后密实度较大，水稳定性、低温抗裂性和耐久性较好，是我国应用最多的一种沥青混合料。但由于沥青用量较大，易受温度影响，高温稳定性较差。我国用量最大的 AC 型沥青混合料就是按照连续型密级配原理设计的、典型的悬浮密实结构。

（2）骨架空隙结构

骨架空隙结构（Void Framework Structure）沥青混合料采用连续型开级配矿料，粗集料较多、细集料较少，粗集料彼此相接形成骨架，细集料不足以充分填充粗集料的骨架空隙，沥青用量较少，空隙率较大。骨架空隙结构沥青混合料的强度主要取决于粗集料间的内摩阻力，受沥青影响较小，故高温稳定性好，但由于空隙率较大，水稳定性、抗老化性等耐久性以及低温抗裂性较差。沥青碎石混合料（AM）和开级配沥青磨耗层混合料（OGFC）属于典型的骨架空隙结构。

（3）骨架密实结构

骨架-密实结构沥青（Dense Framework Structure）混合料采用间断型密级配矿料，粗集料形成骨架，细集料和填料充分填充骨架空隙，形成密实的骨架嵌挤结构。骨架密实结构沥青混合料兼具悬浮密实结构、骨架空隙结构两种沥青混合料的优点，是沥青混合料三种组成结构中最理想的结构。具有较高的强度、温度稳定性、耐久性等。

沥青马蹄脂碎石混合料（SMA）属于典型的骨架密实结构。SMA混合料是一种以沥青胶结料与少量纤维稳定剂、细集料以及较多的矿粉填料组成的沥青马蹄脂填充于间断级配的粗集料骨架空隙中形成的沥青混合料，SMA混合料具有密实耐磨、抗滑耐久、抗高温车辙、减少低温开裂等优点，尤其适用于高等级路面。

8.3.4　沥青混合料的结构强度理论

沥青路面的主要破坏形式是高温产生车辙和低温出现裂缝。高温破坏的主要原因为，在高温时由于抗剪强度不足或塑性变形过大而产生推挤等现象；低温破坏的主要原因是，由于低温时抗拉强度不足或变形能力较差而产生裂缝现象。目前沥青混合料强度和稳定性理论，主要是要求沥青混合料在高温时必须具有一定的抗剪强度和抵抗变形的能力。

1. 沥青混合料的强度形成原理

沥青混合料是由矿质骨架和沥青胶结料所构成的具有空间网络结构的一种多相分散体系，其强度主要来源于两方面：一是沥青胶结料及其与矿料之间的黏聚力；二是矿质颗粒之间的内摩阻力和嵌挤力。

沥青路面的破坏多为剪切破坏，通常利用莫尔-库仑理论来分析沥青混合料的强度，沥青混合料不发生剪切破坏的必要条件是满足式（8.2）。

$$\tau = c + \sigma \tan \varphi \tag{8.2}$$

式中　τ——抗剪强度（MPa）；

　　　c——黏结力（MPa）；

　　　σ——正应力（MPa）；

　　　φ——内摩阻角（°）。

参数黏聚力（c）和内摩阻角（φ）可通过三轴压缩试验来确定，也可通过单轴贯入试验、无侧限抗压试验、劈裂抗拉试验等来测定c和φ值。

2. 影响沥青混合料抗剪强度的因素

影响沥青混合料抗剪强度的因素有内因和外因两种,内因主要指其内部组成材料的影响,而外因主要指温度和变形速率的影响。

(1)影响沥青混合料抗剪强度的内因

① 沥青黏度的影响。

沥青混合料抗剪强度与沥青的黏度有着密切的关系。在其他因素一定的条件下,沥青混合料的黏聚力随着沥青黏度的提高而增加,而同时内摩擦角亦稍有提高,因此,沥青混合料具有较高的抗剪强度。

② 沥青与矿料化学性质的影响。

沥青与矿料相互作用不仅与沥青的化学性质有关,而且与矿料的化学性质也有关。石油沥青与碱性石料的黏附性较与酸性石料的黏附性强,是由于在不同性质矿料表面形成不同组成结构和厚度的吸附溶剂化膜。在石灰石矿粉表面形成较为发育的吸附溶剂化膜,而在石英石矿粉表面则形成发育较差的吸附溶剂化膜。所以在沥青混合料中,当采用石灰石矿粉时,矿粉之间更有可能通过结构沥青来联结,因而具有较高的黏聚力。

③ 沥青用量的影响。

沥青用量是影响沥青混合料抗剪强度的重要因素。当沥青用量很少时,还不足以形成结构沥青的薄膜来黏结矿料颗粒,此时,沥青混合料的黏聚力小,内摩擦角大。随着沥青用量的增加,逐渐形成结构沥青,沥青与矿料间的黏附力随着沥青的用量增加而增加。当沥青用量足以形成薄膜并充分黏附矿粉颗粒表面时,具有最大的黏聚力。随着沥青用量的继续增加,过多的沥青形成了自由沥青,使沥青胶浆的黏聚力随着自由沥青的增加而降低。沥青用量不仅影响沥青混合料的黏聚力,同时也影响沥青混合料的内摩擦角。

④ 矿料比表面积的影响。

在相同的沥青用量条件下,矿料的比表面积愈大,与沥青产生交互作用所形成的沥青膜愈薄,则在沥青中结构沥青所占的比率愈大,因而沥青混合料的黏聚力愈高。

通常在工程应用中,以单位质量集料的总表面积来表示表面积的大小,称为比表面积(简称比面)。一般沥青混合料中矿粉用量大约只占7%,但其表面积却占矿质混合料总表面积的80%以上,因此,矿粉的性质和用量对沥青混合料的抗剪强度影响很大。提高矿粉的细度可以增加矿粉比面,选用矿粉时,一般小于 0.075 mm 粒径的含量不要过少,但是小于 0.005 mm 部分的含量不宜过多,否则沥青混合料易结团,不易施工。

⑤ 矿质集料的级配类型、粒度、表面性质的影响。

矿质混合料采用密级配、开级配和间断级配等不同级配类型,沥青混合料的抗剪强度亦不相同。在沥青混合料中,矿质集料的粗度、形状和表面粗糙度对沥青混合料的抗剪强度都具有极为明显的影响。

试验证明,要使矿质混合料获得较大的内摩擦角,必须采用粗大、均匀的颗粒。在其他条件一定下,矿质集料颗粒愈粗,所配制成的沥青混合料的内摩擦角愈高。相同粒径组成的集料,卵石的内摩擦角较碎石的低。

（2）影响沥青混合料抗剪强度的外因

① 温度的影响。

沥青混合料是一种热塑性材料，它的抗剪强度随着温度的升高而降低。在材料参数中，黏聚力值随温度升高而显著降低，但是内摩擦角受温度变化的影响较少。

② 形变速率的影响。

沥青混合料的抗剪强度与形变速率有密切关系。在其他条件相同的情况下，黏聚力值随变形速率的增加而显著提高，而变形速率对沥青混合料的内摩擦角影响较小。

8.3.5　沥青混合料的技术性质

沥青混合料是一种黏-弹性材料，具有良好的力学性质，铺筑的路面平整无接缝，振动小，噪声低，行车舒适；路面平整，具有一定的粗糙度，耐磨性好，无强烈反光，有利于行车安全；施工方便，不需养护，能及时开放交通；维修简单，旧沥青混合料可再生利用。但是，沥青混合料路面目前还存在着易老化、温度稳定性差等缺点。沥青路面在使用中要承受行驶车辆荷载的反复作用，以及环境因素的长期影响，要使沥青路面获得良好的使用性能，沥青混合料首先应具备多方面的技术性质。

1. 高温稳定性

沥青混合料高温稳定性是指沥青混合料在夏季高温（通常为 60 ℃）条件下，经车辆荷载长期重复作用后，不产生车辙和波浪等病害的性能。

评价沥青混合料高温稳定性的方法有多种，目前我国实际工作中，按现行规范要求采用马歇尔稳定度试验和车辙试验方法进行测定与评价。

（1）马歇尔稳定度试验

马歇尔试验用于测定沥青混合料试件的破坏荷载和抗变形能力，是将沥青混合料制成直径为 101.6 mm、高为 63.5 mm 的圆柱体试件，在高温（60 ℃）的条件下，保温 30 ~ 40 min，然后将试件放置于马歇尔稳定度仪上，以 50 mm/min ± 5 mm/min 的形变速度加荷，直至试件破坏，测定稳定度（Mashall Stability，简称 MS）、流值（Flow Value，简称 FL）、马歇尔模数（T）三项指标。马歇尔稳定度与流值关系见图 8.9。马歇尔稳定度是试件破坏时的最大荷载（以 kN 计），其越大，沥青混合料的抗破坏能力越强；流值是达到最大荷载时，试件所产生的垂直流动变形值（以 0.1 mm 计），其越大，沥青混合料的抗变形能力越强。马歇尔模数是由稳定度和流值计算得到，按式（8.3）计算：

$$T = \frac{MS}{FL} \qquad (8.3)$$

式中：T——马歇尔模数，kN/mm；

　　　MS——稳定度，kN；

　　　FL——流值，mm。

马歇尔稳定度和流值既是我国沥青混合料配合

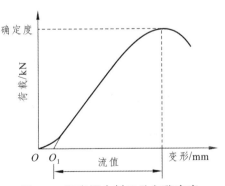

图 8.9　沥青混合料马歇尔稳定度试验曲线

比设计的主要指标，亦是沥青路面施工质量控制的重要检测项目。

（2）车辙试验

车辙试验是一种模拟车辆轮胎在路面上滚动形成车辙的试验方法，其与沥青路面车辙深度间的相关性好。《公路沥青路面设计规范》（JTG D50—2017）规定：对于高速公路、一级公路的表面层和中面层的沥青混凝土作配合比设计时，应进行车辙试验检验沥青混凝土的高温稳定性。

车辙试验是采用标准成型的方法，将沥青混合料制成 300 mm × 300 mm × 50 mm 的标准试件，在规定温度为 60 ℃ 的条件下，以一个轮压为 0.7 MPa 的实心橡胶轮胎以（42±1）次/min 的频率在其上行走，测试试件表面在试验轮反复作用下所形成的车辙深度，见图 8.10。以试件在变形稳定期每增加 1 mm 车辙变形所需要的行走次数，即动稳定度（以"次/mm"表示）指标来评价沥青混合料的抗车辙能力，动稳定度按式（8.4）计算。

$$DS = \frac{(t_2 - t_1) \cdot 42}{d_2 - d_1} \cdot c_1 \cdot c_2 \qquad (8.4)$$

式中　DS——沥青混合料动稳定度（次/mm）；

　　　t_1 和 t_2——试验时间（min），通常为 45 min 和 60 min；

　　　d_1 和 d_2——时间 t_1 和 t_2 的变形量（mm）；

　　　42——每分钟行走次数（次/min）；

　　　c_1——试验机类型系数，曲柄连杆驱动加载轮往返运行方式为1.0；

　　　c_2——试件系数，试验室制备宽300°mm的试件为1.0。

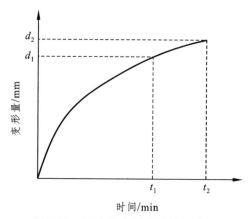

图 8.10　沥青混合料车辙试验曲线

8.3.6　沥青混合料的低温抗裂性

影响沥青混合料高温稳定性的主要因素有沥青的用量，黏度和矿料的级配、尺寸、形状等。沥青用量过大，不仅降低沥青混合料的内摩阻力，而且在夏季容易产生泛油现象，因此，适当减少沥青的用量，可使矿料颗粒更多地以结构沥青的形式相联结，增加沥青混合料的黏聚力和内摩阻力。沥青的高温黏度越大，与集料的黏附性越好，相应的沥青混合料的抗高温变形能力就越强。采用合理级配的矿料，混合料可形成密实——骨架结构，使黏聚力和内摩阻力都较大。采用表面粗糙、多棱角、颗粒接近立方体的碎石集料，经压实后集料颗粒间能够形成紧密的嵌锁作用，增大沥青混合料的内摩擦角，有利于增强沥青混合料的高温稳定性。另外，可以使用合适的外加剂，来改善沥青混合料的性能。以上措施均可提高沥青混合料的抗剪强度和减少塑性变形，从而增强其高温稳定性。

2. 沥青混合料的低温抗裂性

当冬季温度降低时，沥青面层将产生体积收缩，在基层结构和周围材料的约束作用下，沥青混合料不能自由收缩，在结构层中产生温度应力。由于沥青混合料具有一定的应力松弛能力，当降温速率较慢时，所产生的温度应力会随着时间逐渐松弛减小，不会对沥青路面产生大的危害。但当气温骤降时，其所产生的温度应力来不及松弛，当温度应力超过沥青混合料的容许应力值时，沥青混合料被拉裂，导致沥青路面产生裂缝而造成路面损坏。因此要求沥青混合料应具备一定的低温抗裂性能，即较高的低温强度或较大的低温变形能力。

沥青路面的常见裂缝包括低温收缩裂缝和荷载疲劳裂缝两类。低温收缩裂缝为由上向下发展的裂缝。荷载疲劳裂缝为由下向上发展的裂缝。这两种裂缝单从路表难以区分，路面取芯后才可区别。

（1）沥青混合料低温抗裂性的评价方法

目前用于评价沥青混合料低温抗裂性的方法分为三类：① 预估沥青混合料的开裂温度；② 评价沥青混合料的低温变形能力或应力松弛能力；③ 评价沥青混合料的抗断裂能力。相关试验主要有：等应变加载破坏试验，如间接拉伸试验、直接拉伸试验；低温蠕变弯曲试验；低温收缩试验；应力松弛试验；约束试件温度应力试验等。

① 预估沥青混合料的开裂温度。

通过直接拉伸试验或间接拉伸试验，建立沥青混合料低温抗拉强度与温度的关系。再根据理论方法，由沥青混合料的劲度模量、温度收缩系数及降温幅度计算出沥青面层可能出现的温度应力与温度的关系，根据温度应力与抗拉强度的关系预估沥青面层出现低温缩裂的温度（T_p）。T_p 越低，沥青混合料开裂的温度越低，低温抗拉性越好。

② 低温蠕变试验。

低温蠕变试验用于评价沥青混合料低温下的变形能力与松弛能力。沥青混合料低温蠕变试验是在规定的温度下，对规定尺寸的沥青混合料小梁试件的跨中施加恒定的集中荷载，测定试件随时间不断增长的蠕变变形。蠕变变形曲线分为三个阶段，分别是蠕变迁移阶段、蠕变稳定阶段和蠕变破坏阶段，用蠕变温度阶段的蠕变速率评价沥青混合料的低温变形能力，蠕变速率越大，沥青混合料在低温下的变形能力越大，应力松弛能力越强，低温抗裂性能越好。蠕变速率由式（8.5）计算。

$$\varepsilon_{\text{speed}} = \frac{(\varepsilon_2 - \varepsilon_1)/(t_2 - t_1)}{\sigma_0} \tag{8.5}$$

式中　　$\varepsilon_{\text{speed}}$ ——沥青混合料的低温蠕变速率（MPa/s）；

　　　　σ_0 ——沥青混合料小梁试件跨中梁底的蠕变弯拉应力（MPa）；

　　　　t_1，t_2 ——蠕变稳定期的初始时间和终止时间（s）；

　　　　ε_1，ε_2 ——与时间 t_1 和 t_2 对应的跨中梁底应变。

③ 低温弯曲试验

根据我国《公路沥青路面施工技术规范》（JTG F40—2004）中规定，采用低温弯曲试验的破坏应变指标评价改性沥青混合料的低温抗裂性。低温弯曲试验是在试验温度 − 10 ℃ 的条件下，以 50 mm/min 速率，对沥青混合料小梁试件跨中施加集中荷载至断裂破坏，记录试件跨中荷载与挠度的关系曲线。由破坏时的跨中挠度计算沥青混合料的破坏弯拉应变。沥青混合料在低温下破坏弯拉应变越大，其低温柔性越好，抗裂性越好。试件破坏时的最大弯拉应变计算公式见（8.6）。

$$\varepsilon_B = \frac{6hd}{L^2} \tag{8.6}$$

式中　　ε_B——试件破坏时的最大弯拉应变；

　　　　h——跨中断面试件的高度（mm）；

　　　　d——试件破坏时的跨中挠度（mm）；

　　　　L——试件的跨径（mm）。

（2）影响沥青混合料低温性能的主要因素

影响沥青混合料低温性能的主要因素是沥青混合料的劲度模量。劲度模量小，在同等条件下沥青混合料的温度应力较小，低温抗裂性较好。沥青混合料的劲度模量主要受沥青劲度的影响，沥青低温劲度又主要与沥青材料的感温性和老化程度密切相关。因此，改善沥青混合料低温性能的措施主要有两个方面：一是采用劲度模量较低的沥青，目前工程中主要通过在沥青中掺入大量橡胶材料和在沥青中掺入纤维材料两个技术手段来降低劲度模量；二是适当增加沥青用量，事实证明高油石比可提高沥青混合料的抗冻性。

3. 沥青混合料的抗疲劳性

路面沥青混合料在车轮荷载的反复作用，或受到环境温度交替变化所产生的温度应力作用，长期处于应力应变反复变化的状态，随荷载次数增加，沥青混合料内产生的应力就会超过其结构抗力，使路面出现裂纹，产生疲劳破坏。

通常把沥青混合料出现疲劳破坏的重复应力值称作疲劳强度，相应的应力重复作用次数称为疲劳寿命。目前实验室内沥青混合料试件的疲劳试验方法较多，如旋转法、扭转法、简支三点或四点弯曲法、悬臂梁弯曲法、弹性基础梁弯曲法、直接拉伸法、间接拉伸法、三轴压力法、拉压法和剪切法等。国际上较为普遍的试验方法为劈裂疲劳试验法、梯形悬臂梁弯曲法和矩形梁四点弯曲法。矩形梁四点弯曲法为沥青混合料疲劳性能研究的标准试验。

影响沥青混合料疲劳性能的主要因素有沥青混合料的劲度模量、材料组成特性和疲劳试验条件等。

4. 沥青混合料的耐久性

耐久性是指沥青混合料在长期荷载和自然因素作用下抵抗破坏而不出现剥落和松散等损坏的能力。它包括沥青混合料的抗老化性、水稳定性和耐疲劳性等综合性质。

（1）沥青混合料的抗老化性

沥青混合料的老化除由施工中对沥青的反复加热引起外，主要是铺筑好的沥青路面长期受到空气中的氧、水和紫外线等因素的作用，使沥青变硬发脆，变形能力下降，最终产生老化，导致路面产生裂纹和裂缝等病害。

沥青混合料老化取决于沥青混合料性能、外界环境因素和压实空隙率等。在气候温暖、日照时间较长的地区，沥青的老化速度快，在气温较低、日照较短的地区，沥青的老化速度较慢。沥青混合料空隙率越大，其抗老化性越低。

（2）沥青混合料的水稳定性

沥青混合料在使用过程中由于水或水汽的作用使沥青从集料颗粒表面剥离，黏结强度降低，同时松散的集料颗粒被滚动的车轮带走，在路面上形成独立的、大小不等的坑槽而发生水损坏。它是在荷载与水分的共同作用下造成的。其成因包括三个方面：① 沥青路面的压实空隙率过大导致沥青混合料透水性大，强度降低；② 沥青用量不足导致沥青混合料水稳定性降低；③ 沥青与集料的黏附性不足导致剥落与松散。其中沥青与集料的黏附性又与集料矿物组成、沥青黏度、集料洁净程度等有关。评价沥青混合料水稳定性的试验主要有浸水试验、冻融劈裂强度试验、沥青与集料黏附性试验等。

① 浸水试验。

浸水试验是根据沥青混合料浸水前后物理、力学性能的降低程度来反映其水稳定性的试验。常用的试验方法有浸水马歇尔试验、浸水劈裂强度试验、浸水车辙试验等。其中，浸水马歇尔试验最为常用，它是我国热拌沥青混合料配合比设计中检验沥青混合料水稳定性的两项标准试验之一，其以浸水前后沥青混合料试件的马歇尔稳定度比值、即残留稳定度（MS_0）作为评价指标，残留稳定度越大，沥青混合料的水稳定性越强。计算公式见式（8.7）。

$$MS_0 = \frac{MS_1}{MS} \times 100\%$$ （8.7）

式中　MS_0——沥青混合料的浸水马歇尔试验的残留稳定度（%）；

　　　MS——沥青混合料试件浸水 0.5 h 后的常规马歇尔稳定度（kN）；

　　　MS_1——沥青混合料试件浸水 48 h（或真空饱水后浸水 48 h）后的稳定度（kN）。

② 冻融劈裂试验。

冻融劈裂试验是我国热拌沥青混合料配合比设计中检验沥青混合料水稳定性的试验。其试验条件较浸水试验苛刻，试验结果与实际情况较吻合。该试验的评价指标为冻融劈裂强度比（TSR），该指标越大，表明沥青混合料的水稳定性越好。由式（8.8）计算。

$$TSR = \frac{\sigma_1}{\sigma_0} \times 100\%$$ （8.8）

式中　TSR——沥青混合料的冻融劈裂残留强度比（%）；

　　　σ_0——未经冻融试件的劈裂强度（MPa）；

　　　σ_1——试件经冻融后的劈裂强度（MPa）。

影响沥青路面水稳定性的主要因素有：集料的级配组成、集料的性能、沥青种类及掺加抗剥落剂等。

（3）耐疲劳性

疲劳是指材料在荷载重复作用下产生不可恢复的强度衰减积累所引起的一种现象。显然，荷载的重复作用次数越多，强度的降低也就越剧烈，它所能承受的应力或应变值就愈小。通常把沥青混合料出现疲劳破坏的重复应力值称作疲劳强度，相应的应力重复作用次数称为疲劳寿命。沥青混合料的耐疲劳性即指混合料在反复荷载作用下抵抗这种疲劳破坏的能力。

沥青混合料疲劳试验方法主要有：实际路面在真实汽车荷载作用下的疲劳破坏试验；足尺路面结构在模拟汽车荷载作用下的疲劳试验（包括大型环道试验和加速加载试验）研究；试板试验法；试验室小型试件的疲劳试验（包括简单弯曲试验、间接拉伸试验等）研究。周期短、费用较少的室内小型疲劳试验被较多采用。

影响沥青混合料疲劳寿命的因素很多，诸如荷载作用时间、加载速率、施加应力或应变波谱的形式、荷载间歇时间、试验的方法和试件成型、混合料劲度、混合料的沥青用量、混合料的空隙率、集料的表面性状、温度、湿度等。在相同荷载数量重复作用下，疲劳强度下降幅度小的沥青混合料，或疲劳强度变化率小的沥青混合料，其耐疲劳性好，从使用寿命看，其路面的耐久性高。

（4）耐久性的因素

影响耐久性的因素很多，如沥青化学性质、矿料矿物成分、沥青混合料的组成结构、沥青用量等。

沥青混合料由沥青、矿质混合料及外加剂等材料组成。由于矿质混合料的级配差异、沥青用量差异以及压实程度的不同，集料颗粒可能排列成不同的组成结构状态，但是从质量和体积的物理观点出发，沥青混合料的组成结构主要是沥青、矿质混合料和空隙。沥青混合料的空隙率是从混合料组成结构方面分析的一个重要因素。空隙率的大小取决于矿料的级配、沥青的用量及压实程度等多个方面。从耐久性方面考虑，希望沥青混合料的空隙率尽量减小，以防止水的渗入和减少日光紫外线等成分介入的机会，但沥青混合料中还必须残留一部分空隙，以备夏季沥青材料的膨胀变形之用。沥青用量的多少也是影响沥青混合料耐久性的重要因素。沥青用量的大小决定了沥青混合料内部沥青膜分布的厚度，特别薄的沥青膜容易老化、变脆，耐老化性较低，同时，还增大了渗水率，造成水损害。

我国现行规范采用空隙率、沥青饱和度、矿料间隙率和残留稳定度等指标表征沥青混合料的耐久性。主要的参数如下：

① 矿质混合料的合成密度。

矿质混合料由不同粒径的各档集料合成，矿质混合料的合成毛体积相对密度与合成表观相对密度分别由式（8.9）和式（8.10）计算。

$$\gamma_{sb} = \frac{100}{\frac{P_1}{\gamma_1} + \frac{P_2}{\gamma_2} + \cdots + \frac{P_n}{\gamma_n}} \tag{8.9}$$

$$\gamma_{sa} = \frac{100}{\frac{P_1}{\gamma_1'} + \frac{P_2}{\gamma_2'} + \cdots + \frac{P_n}{\gamma_n'}} \tag{8.10}$$

式中，γ_{sb}——矿质混合料的合成毛体积相对密度，无量纲；

γ_{sa}——矿质混合料的合成表观相对密度，无量纲；

$\gamma_1,\gamma_2,\cdots,\gamma_n$——各档集料的毛体积相对密度，无量纲；

$\gamma_1',\gamma_2',\cdots,\gamma_n'$——各档集料的表观相对密度，无量纲；

$P_1,P_2,\cdots,P_n$——合成矿质混合料中各档集料的比例（$\sum_1^n P_i = 100$）（%）。

② 矿质混合料的有效体积和有效密度。

在沥青混合料中，矿质混合料（集料）的部分开口孔隙会吸入沥青，此时，集料的毛体积由两部分组成：一部分是集料实体体积+闭口孔隙体积+部分开口孔隙体积，另一部分是吸入沥青的开口孔隙体积。前者定义为集料的有效体积。根据这个定义，当采用毛体积密度计算集料体积时，则认为开口孔隙中没有吸入沥青，所计算的集料体积比实际情况偏大；当采用表观密度计算集料体积时，则认为开口孔隙中充满了沥青，所计算的集料体积比实际情况偏小。

因此，矿质混合料的有效体积介于合成毛体积与合成表观体积之间，与其对应的有效密度是一个介于毛体积密度和表观密度之间的计算密度，该密度考虑了集料的部分开口孔隙吸入沥青的情况，沥青的吸入量则取决于集料开口孔隙特征和集料吸水性。

《公路沥青路面施工技术规范》（JTG F40—2004）规定，集料的有效相对密度按照下式进行计算。

$$\gamma_{se} = C \times \gamma_{sa} + (1-C) \times \gamma_{sb} \tag{8.11}$$

$$C = 0.033w_x^2 - 0.2936w_x + 0.9339 \tag{8.12}$$

$$w_x = \left(\frac{1}{\gamma_{sb}} - \frac{1}{\gamma_{sa}} \right) \tag{8.13}$$

式中 C——矿质混合料的沥青吸收系数；

w_x——矿质混合料的合成吸水率。

③ 沥青混合料试件的毛体积密度。

沥青混合料试件的毛体积密度（Bulk Density）是指沥青混合料单位毛体积的干质量。这个毛体积是指沥青混合料试件在饱和面干状态下表面轮廓水膜所包裹的全部体积，包含了沥青混合料实体体积、闭口空隙体积、能吸收水分的开口空隙等试件表面轮廓所包围的全部体积。毛体积相对密度是压实沥青混合料毛体积密度与同温度水密度的比值。

$$\rho_f = \frac{m_a + m_g}{V_a + V_{se} + V} \tag{8.14}$$

式中 ρ_f——沥青混合料试件的毛体积密度（g/cm³）；

m_a——沥青质量（g）；

m_g——矿质混合料的合成质量（g）；

V_a——沥青体积（cm³）；

V_{se}——合成矿质混合料的有效体积（cm³）；

V——沥青混合料中的空隙体积（cm³）。

④ 沥青混合料的理论最大密度。

沥青混合料试件的理论最大密度（Theoretical Maximum Density）是假设沥青混合料试件被压实至完全密实，没有空隙的理想状态下单位体积的质量，即假设压实沥青混合料试件全部为矿料和沥青所占有，空隙率为零时的密度。理论最大相对密度是同一温度条件下，沥青混合料理论最大密度与水密度的比值。沥青混合料的理论最大相对密度通过实测法或计算法确定。

a. 实测法

实测法原理是将沥青混合料试样充分分散，借助于负压容器中的剩余压力，将沥青混合料颗粒间的空气抽出来，使被测试的混合料试样接近零空隙率状态，然后通过排水法测定混合料的体积，进而计算沥青混合料的理论最大相对密度。但对于改性沥青混合料来讲，由于沥青黏度较大，很难将封闭在颗粒间的空气完全排除，由此而测定的混合料体积偏大，计算的理论最大相对密度偏小。针对这种情况，可以采取计算法求取沥青混合料的理论最大相对密度。

b. 计算法

计算法是根据沥青混合料组成材料的相对密度和用量比例来进行计算的。在工程中，沥青用量以油石比和沥青含量两种指标表示。油石比定义为沥青与矿料的质量百分比，而沥青含量定义为沥青质量占沥青混合料总质量的百分率。当采用油石比指标时，沥青混合料的理论最大相对密度按式（8.15）进行计算；当采用沥青含量指标时，沥青混合料的理论最大相对密度按照式（8.16）进行计算。

$$\gamma_{t} = \frac{100 + P_{a}}{\dfrac{100}{\gamma_{se}} + \dfrac{P_{a}}{\gamma_{a}}} \qquad (8.15)$$

$$\gamma_{t} = \frac{100}{\dfrac{100 - P_{b}}{\gamma_{se}} + \dfrac{P_{b}}{\gamma_{b}}} \qquad (8.16)$$

式中　γ_{t}——压实沥青混合料试件的理论最大相对密度，无量纲；

γ_{se}——矿质混合料的有效相对密度，无量纲；

P_{a}——沥青混合料的油石比（%）；

P_{b}——沥青混合料的沥青含量（沥青混合料质量分数 = 沥青质量分数+矿料质量分数 = 100）（%）；

γ_{a}、γ_{b}——沥青的相对密度（25 ℃），在数值上相等，无量纲。

⑤ 沥青混合料试件的空隙率。

沥青混合料试件的空隙率 VV（Volume of Air Voids）是指压实状态下沥青混合料内矿料和沥青实体之外的空隙（不包括矿料本身及其表面已被沥青封闭的孔隙）的体积 V 占试件总体积的百分率，根据压实沥青混合料试件的毛体积相对密度和理论最大相对密度，按式（8.17）计算。

$$VV = \left(1 - \frac{\gamma_f}{\gamma_t}\right) \times 100\% \qquad (8.17)$$

式中 VV——沥青混合料试件的空隙率（%）；

γ_f——沥青混合料试件的毛体积相对密度，无量纲；

γ_t——沥青混合料试件的最大理论相对密度，无量纲。

空隙率是根据沥青混合料试件的实测毛体积密度所得，密度测试方法和测试结果的变异性会对空隙率的计算结果产生较大的影响。一般空隙率大小排序为：水中重法<表干法<体积法。因此，在评价沥青混合料空隙率时，为得到较为真实的空隙率数据，应根据试件空隙率水平，按照规定的标准方法进行试验和计算。

空隙率大小直接影响着沥青混合料的稳定性和耐久性，空隙率过大，会引发沥青路面产生车辙变形，增大沥青混合料中沥青的氧化速率和老化程度，并增加水分进入沥青混合料内部穿透沥青膜，导致沥青从集料颗粒表面剥落，从而降低沥青混合料的耐久性。

⑥ 沥青混合料试件的矿料间隙率。

沥青混合料试件的矿料间隙率 VMA（Voids in Mineral Aggregate）是指压实沥青混合料试件中矿质混合料实体以外的空间体积占试件总体积的百分率，按式（8.18）计算。

$$VMA = \left(1 - \frac{\gamma_f}{\gamma_{sb}} \times P_s\right) \times 100\% \qquad (8.18)$$

式中 VMA——沥青混合料试件的矿料间隙率（%）；

γ_{sb}——合成矿料的合成毛体积相对密度；

P_s——各档集料总质量占沥青混合料总质量的百分比（%）。

矿料间隙率 VMA 反映了沥青混合料中矿料级配组成情况。如矿料级配曲线接近最大密实级配曲线时，在成型条件相同的情况下，沥青混合料的 VMA 值较小。适当增加矿料中的粗集料用量，可以提高沥青混合料的 VMA，如骨架型结构的沥青混合料。

⑦ 沥青混合料试件的沥青饱和度。

沥青饱和度 VFA（Voids Filled with Asphalt）是指压实沥青混合料试件中沥青实体体积占矿料实体以外的空间体积的百分率，又称为沥青填隙率（Percent of the Voids in Mineral Aggregate Filled with Asphalt），按式（8.19）计算。

$$VFA = \frac{VMA - VV}{VMA} \times 100\% \qquad (8.19)$$

式中 VFA——沥青混合料试件的沥青饱和度（%）；

VMA——沥青混合料试件的矿料间隙率（%）；

VV——沥青混合料试件的空隙率（%）。

沥青饱和度 VFA 表征沥青结合料填充矿料间隙的程度，反映了沥青混合料中沥青用量是否合适。沥青用量过大，会导致路面泛油和车辙等；沥青用量过小，沥青路面的耐久性不足。

5. 沥青混合料的表面抗滑性

沥青路面的抗滑性须通过合理地选择沥青混合料组成材料、正确的设计与施工来保证，对于保障道路交通安全至关重要。

（1）沥青路面抗滑性的评价方法

根据沥青混合料表面抗滑性影响因素的不同，其评价方法分为三类。其一，铺砂法，以将砂摊平后形成的平均直径所计算出的沥青混合料表面构造深度为指标，该法测定的是宏观构造深度。其二，摆式摩阻仪法，测定的是路面摩阻系数。其三，集料磨光值法，通过测定集料的磨光值指标来评价沥青路面的微观构造深度。

（2）沥青路面抗滑性的影响因素

沥青路面抗滑性的影响因素主要包括两方面。其一，沥青路面的微观构造，主要指沥青混合料所用矿料自身的表面构造深度（粗糙度），另外还包括矿料颗粒形状与尺寸等，用集料抗磨光值表征。其二，沥青路面的宏观构造，主要指沥青混合料的矿料级配组成所确定的路表构造深度，用压实后路表构造深度表征。

工程中改善沥青混合料表面抗滑性的措施主要包括：

① 选用坚硬、耐磨（磨光值高）、抗冲击性好的碎石或破碎砾石，但由于坚硬耐磨的矿料多为酸性，需采取抗剥落措施改善其与沥青的黏附性；

② 严格控制沥青含量，避免沥青表层出现滑溜现象；

③ 增加沥青混合料中的粗集料含量，以提高沥青路面宏观构造；

④ 采用开级配或半开级配沥青混合料以形成较大的宏观构造深度等。

6. 沥青混合料的施工和易性

沥青混合料的施工和易性是指沥青路面在施工过程中混合料易于拌和、摊铺、碾压的性质。目前工程中尚无直接评价沥青混合料施工和易性的方法和指标，一般通过合理选择组成材料、控制施工条件等措施来保证沥青混合料的施工和易性。影响沥青混合料施工和易性的主要因素如下：

（1）组成材料

组成材料是影响沥青混合料施工和易性的重要因素，其包括矿料类型、级配、沥青种类、用量等。间断级配的矿料由于缺乏中间尺寸的颗粒而容易发生离析问题；细集料过少会导致沥青层不能均匀裹附粗集料表面，而细集料过多，则拌和困难；当沥青用量过少或矿粉用量过多时，沥青混合料容易产生疏松且不易压实，而沥青用量过多或矿粉质量不好，混合料容易黏结成团块不易摊铺。

（2）施工条件的影响

影响沥青混合料施工和易性的施工条件主要是气候温度、风速等；施工设备主要是拌和设备、摊铺机械、压实工具等。同时沥青混合料的拌和与压实温度与沥青黏度有关，应根据沥青黏度与温度的关系曲线确定，《公路沥青路面施工技术规范》（JTG F40—2004）对沥青施工黏度的要求见表8.21。

表 8.21　热拌沥青混合料拌和、压实时的黏度水平

黏度	适宜于拌和的黏度	适宜于碾压的黏度
表观黏度（Pa·s）	0.17 ± 0.02	0.28 ± 0.03
运动黏度（mm²/s）	170 ± 20	280 ± 30
赛波特黏度（s）	85 ± 10	140 ± 15

8.3.7　沥青混合料的技术标准

《公路沥青路面施工技术规范》（JTG F40—2004）对热拌沥青混合料的主要技术指标规定如下，并且要求应有良好的施工性能。

（1）密级配沥青混凝土混合料马歇尔试验技术标准

密级配沥青混凝土混合料马歇尔试验的技术标准列于表 8.22，适用于公称最大粒径不大于 26.5 mm 的密级配沥青混凝土混合料。

表 8.22　密级配热拌沥青混合料马歇尔试验的技术标准（JTG F40—2004）
（本表适用于公称最大粒径≤26.5 mm 的密级配沥青混凝土混合料）

技术指标		高速公路、一级公路				其他等级道路	行人道路
		夏炎热区（1-1、1-2、1-3、1-4 区）		夏热区及夏凉区（2-1、2-2、2-3、2-4、3-2 区）			
		中轻交通	重载交通	中轻交通	重载交通		
试件每面的击实次数		75	75	75	75	50	50
试件尺寸/mm²		ϕ101.6×63.5					
空隙率/%	深约 90 mm 以内	3～5	4～6[b]	2～4	3～5	3～6	2～4
	深约 90 mm 以上	3～6	3～6	2～4	3～6	3～6	—
稳定度 MS/kN，≥		8	8	8	8	5	3
流值 FL		2～4	1.5～4	2～4.5	2～4	2～4.5	2～5
矿料间隙率 VMA/%，≥	设计空隙率 VV/%	相应于下列公称最大粒径（mm）的最小 VMA 和 VFA 的技术要求					
		4.75	9.5	13.2	16	19	26.5
	2	15	13	12	11.5	11	10
	3	16	14	13	12.5	12	11
	4	17	15	14	13.5	13	12
	5	18	16	15	14.5	14	13
	6	19	17	16	15.5	15	14
沥青饱和度 VFA/%		70～85		60～75			55～70

注：a　对空隙率大于 5% 的夏炎热区重载交通路段，施工时应至少提高压实度 1%。
　　b　当设计的空隙率不是整数时，由内插确定要求的 VMA 最小值。
　　c　对改性沥青混合料，马歇尔试验的流值可适当放宽。

（2）沥青混合料高温稳定性车辙试验的技术标准

对用于高速公路和一级公路的公称最大粒径等于或小于 19 mm 的密级配沥青混合料，以及 SMA、OGFC 混合料，按规定方法进行车辙试验，动稳定度应符合表 8.23 的要求。二级公路可参照此要求执行；用于轻型交通为主的旅游区道路，亦可根据情况适当降低要求；用于重载车辆特别多或纵坡较大的长距离上坡路段、厂矿专用道路，可酌情提高动稳定度要求。

表 8.23　沥青混合料高温稳定性车辙试验的技术标准（JTG F40—2004）

气候条件与技术指标		相应于下列气候分区所要求的动稳定度（次/mm）								
七月平均最高气温/℃ 及气候分区		>30				20~30				<20
		1. 夏炎热区				2. 夏热区				3. 夏凉区
		1-1	1-2	1-3	1-4	2-1	2-2	2-3	2-4	3-2
普通沥青混合料，≥		800		1 000		600		800		600
改性沥青混合料，≥		2 400		2 800		2 000		2 400		1 800
SMA 混合料	非改性，≥	1 500								
	改性，≥	3 000								
OGFC 混合料		1 500（一般交通路段）、3 000（重交通量路段）								

注：a 如果其他月份的平均最高气温高于七月时，可使用该月平均最高气温；
　　b 在特殊情况下，如钢桥面铺装、重载车特别多或纵坡较大的长距离上坡路段、厂矿专用道路，可酌情提高动稳定度的要求；
　　c 对因气候寒冷确需使用针入度很大的沥青（如大于 100），动稳定度难以达到要求，或因采用石灰岩等不很坚硬的石料，改性沥青混合料的动稳定度难以达到要求等特殊情况，可酌情降低要求；
　　d 为满足炎热地区及重载车要求，在配合比设计时采取减少最佳沥青用量的技术措施时，可适当提高试验温度或增加试验荷载进行试验，同时增加试件的碾压成型密度和施工压实度要求；
　　e 车辙试验不得采用二次加热的混合料，试验必须检验其密度是否符合试验规程的要求；
　　f 如需要对公称最大粒径等于和大于 26.5 mm 的混合料进行车辙试验，可适当增加试件的厚度，但不宜作为评定合格与否的依据。

（3）沥青混合料水稳定性检验技术标准

按规定的试验方法进行浸水马歇尔试验和冻融劈裂试验，残留稳定度及残留强度比均必须符合表 8.24 的规定。达不到要求时必须采取抗剥落措施，调整最佳沥青用量后再次试验。

表 8.24　沥青混合料水稳定性检验技术标准（JTG F40—2004）

气候条件与技术指标		相应于下列气候分区的技术要求				试验方法
年降水雨量（mm）及气候分区		>1 000（1.潮湿区）	500~1 000（2.湿润区）	250~500（3.半干区）	<250（4.干旱区）	
浸水马歇尔试验的残留稳定度/%，≥	普通沥青混合料	80	80	75	75	T 0709
	改性沥青混合料	85	85	80	80	
	SMA 混合料 普通沥青	75				
	SMA 混合料 改性沥青	80				
冻融劈裂试验的冻融劈裂强度比/%，≥	普通沥青混合料	75	75	70	70	T 0729
	改性沥青混合料	80	80	75	75	
	SMA 混合料 普通沥青	75				
	SMA 混合料 改性沥青	80				

（4）沥青混合料低温抗裂性能检验技术标准

在温度为-10 ℃、加载速率为 50 mm/min 的条件下进行沥青混合料弯曲试验，测定破坏强度、破坏应变、破坏劲度模量，并根据应力—应变曲线的形状，综合评价沥青混合料的低温抗裂性，沥青混合料的破坏应变应满足表 8.25 的要求。

表 8.25　沥青混合料低温弯曲试验破坏应变技术标准（JTG F40—2004）

气候条件与技术指标	相应下列气候分区所要求的破坏应变/$\mu\varepsilon$								
年极端最低气温（℃）及气候分区	< -37.5（1. 冬严寒区）		-37.5 ~ -21.5（2. 冬寒区）			-21.5 ~ -9.0（3. 冬冷区）		> -9.0（4. 冬温区）	
	1-1	2-1	1-2	2-2	3-2	1-3	2-3	1-4	2-4
普通沥青混合料，≥	2 600		2 300			2 000			
改性沥青混合料，≥	3 000		2 800			2 500			

（5）沥青混合料渗水系数检验技术标准

利用轮碾机成型的车辙试验试件，脱模架起进行渗水试验，并符合表 8.26 的要求。

表 8.26　沥青混合料试件渗水系数技术要求

级配类型	渗水系数要求/（mL/min）	试验方法
密级配沥青混凝土，≤	120	T 0730
SMA 混合料，≤	80	
OGFC 混合料	实测	

8.4　热拌沥青混合料配合比设计

热拌沥青混合料配合比设计包括：试验室配合比设计（目标配合比）、生产配合比设计和生产配合比验证（试验路试铺调整）三个阶段。只有通过三个阶段的配合比设计，才能真正提出适合工程实际使用的沥青混合料配合比。由于后两个设计阶段是在目标配合比的基础上进行的，因此，这里着重介绍试验室配合比设计。

8.4.1　目标配合比设计

1. 目标配合比设计步骤

热拌沥青混合料的目标配合比设计宜按图 8.11 的框图的步骤进行。

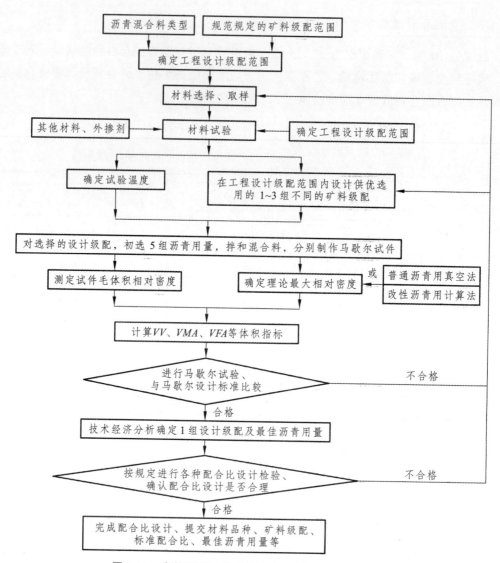

图 8.11 密级配沥青混合料目标配合比设计流程图

2. 确定热拌沥青混合料类型

热拌沥青混合料（MA）适用于各种等级公路的沥青路面。其种类按集料公称最大粒径、矿料级配、空隙率划分，分类见表 8.27。

沥青混合料的公称最大粒径应与结构层的设计厚度相匹配，以保证沥青层的压实密度减少集料离析。根据我国沥青路面的工程经验，《公路沥青路面设计规范》（JTG D50—2017）规定，连续密级配沥青混凝土混合料、沥青玛蹄脂碎石混合料的结构厚度不宜小于矿料公称最大粒径的 2.5 倍；开级配沥青混合料的结构厚度不宜小于矿料公称最大粒径的 2.0 倍。不同类型沥青层的最小厚度应满足表 8.28 的规定。此外，规定了沥青层各层沥青混合料的公称最大粒径，表面层沥青混合料不宜大于 16 mm，中面层和下面层沥青混合料不宜小于 16 mm，基层沥青碎石不宜小于 26.5 mm。

表 8.27　热拌沥青混合料种类

混合料类型	密级配			开级配		半开级配	公称最大粒径/mm	最大粒径/mm
	连续级配		间断级配	间断级配		沥青稳定碎石		
	沥青混凝土	沥青稳定碎石	沥青玛碲脂碎石	排水式沥青碎石磨耗层	排水式沥青碎石基层			
特粗式	—	ATB-40	—	—	ATPB-40	—	37.5	53.0
粗粒式	—	ATB-30	—	—	ATPB-30		31.5	37.5
	AC-25	ATB-25	—	—	ATPB-25	—	26.5	31.5
中粒式	AC-20	—	SMA-20	—		AM-20	19.0	26.5
	AC-16		SMA-16	OGFC-16		AM-16	16.0	19.0
细粒式	AC-13		SMA-13	OGFC-13		AM-13	13.2	16.0
	AC-10		SMA-10	OGFC-10		AM-10	9.5	13.2
砂粒式	AC-5	—	—	—		AM-5	4.75	9.5
设计空隙率 a（%）	3～5	3～6	3～4	>18	>18	6～12	—	—

注：a 空隙率可按配合比设计要求适当调整。

表 8.28　不同粒径沥青混合料层厚

沥青混合料类型	以下集料公称最大粒径沥青混合料的层厚/mm，≥					
	4.75	9.5	13.2	16.0	19.0	26.5
连续级配沥青混合料	15	25	35	40	50	75
沥青玛蹄脂碎石	—	30	40	50	60	—
开级配沥青混合料	—	20	25	30		

通常，沥青面层采用双层式或三层式结构，基层采用单层成双层式结构，各层所用沥青混合料类型应根据道路交通荷载等级与所处结构层位的使用要求进行选择。各层沥青混合料不仅应满足道路结构的技术要求，还应满足所在层位的功能性要求，且便于施工，不易离析。沥青面层混合料类型可按表 8.29 选用，对抗滑、排水或降噪有特殊要求的表面层可采用开级配沥青磨耗层混合料 OGFC。

表 8.29　面层材料的交通荷载等级和层位（JTG D50—2017）

材料类型	适用的交通荷载等级和层位
连续级配沥青混合料	各交通荷载等级的表面层、中面层和下面层
沥青玛蹄脂碎石混合料	极重、特重和重交通荷载等级的表面层、对抗滑有特殊要求的表面层
厂拌热再生沥青混合料	各交通荷载等级的表面层、中面层和下面层
上拌下贯沥青碎石	中等、轻交通荷载等级的面层
沥青表面处治	中等、轻交通荷载等级的表面层

3. 确定热拌沥青混合料设计级配范围

沥青路面工程的混合料设计级配范围由工程设计文件或招标文件规定，密级配沥青混合料的设计级配宜在《公路沥青路面施工技术规范》（JTG F40—2004）规定的级配范围内，根据公路等级、工程性质、气候条件、交通条件、材料品种，通过对条件大体相当的工程的使用情况进行调查研究后调整确定，必要时允许超出规范级配范围。密级配沥青稳定碎石混合料可直接以本规范规定的级配范围作工程设计级配范围使用。经确定的工程设计级配范围是配合比设计的依据，不得随意变更。

热拌沥青混合料的物理力学性质与气候条件、交通荷载条件等密切相关。因此，进行热拌沥青混合料配合比设计时，应综合考虑沥青路面的使用条件。

（1）使用性能的气候分区

热拌沥青混合料的使用环境，如温度和湿度等对沥青混合料性能影响显著。应按照不同的气候分区特点对热拌沥青混合料的技术性能提出相应要求。

① 气候分区指标。

采用工程所在地最近 30 年内年最热月份平均最高气温的平均值作为反映沥青路面在高温和重载条件下出现车辙等流动变形的气候因子，并作为气候分区的一级指标，按照设计高温指标，一级区划分为 3 个区。

采用工程所在地最近 30 年内的极端最低气温作为反映沥青路面由于温度收缩产生裂缝的气候因子，并作为气候分区的二级指标，按照设计低温指标，二级区划分为 4 个区。

采用工程所在地最近 30 年内的年降雨量的平均值作为反映沥青路面受水影响的气候因子，并作为气候分区的三级指标，按照设计雨量指标，三级区划分为 4 个区。

② 气候分区的确定。

沥青路面使用性能气候分区由一、二、三级区划组合而成，以综合反映该地区的气候特征，见表 8.30。每个气候分区用 3 个数字表示：第一个数字代表高温分区，第二个数字代表低温分区，第三个数字代表雨量分区。数字越小，表示气候因素对沥青路面的影响越严重，如我国上海市属于 1-3-1 气候分区，为夏炎热冬冷潮湿区，对沥青混合料的高温稳定性和水稳定性要求较高。

表 8.30　沥青路面使用性能气候分区（JTG F40—2004）

气候分区指标		气候分区			
按照高温指标	高温气候区	1	2		3
	气候区名称	夏炎热区	夏炎区		夏凉区
	最热月平均最高温度/℃	>30	20～30		<20
按照低温指标	低温气候区	1	2	3	4
	气候区名称	冬严寒区	冬寒区	冬冷区	冬温区
	极端最低气温/℃	<−37.0	−37.0～−21.5	−21.5～−9.0	>−9.0
按照雨量指标	雨量气候区	1	2	3	4
	气候区名称	潮湿区	湿润区	半干区	干旱区
	年平均降水量/mm	>1 000	500～1 000	250～500	<250

（2）设计级配范围

密级配沥青混合料宜根据公路等级、气候及交通条件按表 8.31 选择采用粗型（C 型）或细型（F 型）混合料，细型和粗型都属于密级配混合料，粗型混合料中的粗集料含量较高，可以形成嵌挤型密级配沥青混合料。并在表 8.31 范围内确定工程设计级配范围，通常情况下工程设计级配范围不宜超出表 8.32 的要求。对夏季温度高、高温持续时间长，重载交通多的路段，宜选用粗型密级配沥青混合料（AC-C 型），并取较高的设计空隙率。对冬季温度低且低温持续时间长的地区，或者重载交通较少的路段，宜选用细型密级配沥青混合料（AC-F 型），并取较低的设计空隙率。

表 8.31　粗型和细型密级配沥青混合料的关键性筛孔通过率（JTG F40—2004）

混合料类型	公称最大粒径/mm	用以分类的关键性筛孔/mm	粗型密级配		细型密级配	
			代号	关键性筛孔通过率/%	代号	关键性筛孔通过率/%
AC-25	26.5	4.75	AC-25C	<40	AC-25F	>40
AC-20	19	4.75	AC-20C	<45	AC-20F	>45
AC-16	16	2.36	AC-16C	<38	AC-16F	>38
AC-13	13.2	2.36	AC-13C	<40	AC-13F	>40
AC-10	9.5	2.36	AC-10C	<45	AC-10F	>45

表 8.32　密级配沥青混合料（AC）矿料级配范围（JTG F40—2004）

级配类型		通过下列筛孔（mm）的质量百分率/%												
		31.5	26.5	19.0	16.0	13.2	9.5	4.75	2.36	1.18	0.6	0.3	0.15	0.075
粗粒式	AC-25	100	90~100	75~90	65~83	57~76	45~65	24~52	16~42	12~33	8~24	5~17	4~13	3~7
中粒式	AC-20		100	90~100	78~92	62~80	50~72	26~56	16~44	12~33	8~24	5~17	4~13	3~7
	AC-16			100	90~100	76~92	60~80	34~62	20~48	13~36	9~26	7~18	5~14	4~8
细粒式	AC-13				100	90~100	68~85	38~68	24~50	15~38	10~28	7~20	5~15	4~8
	AC-10					100	90~100	45~75	30~58	20~44	13~32	9~23	6~16	4~8
砂粒式	AC-5						100	90~100	55~75	35~55	20~40	12~28	7~18	5~10

为确保高温抗车辙能力，同时兼顾低温抗裂性能的需要。配合比设计时宜适当减少公称最大粒径附近的粗集料用量，减少 0.6 mm 以下部分细粉的用量，使中等粒径集料较多，形成 S 型级配曲线，并取中等或偏高水平的设计空隙率。

确定各层的工程设计级配范围时应考虑不同层位的功能需要，经组合设计的沥青路面应能满足耐久、稳定、密水、抗滑等要求。根据公路等级和施工设备的控制水平，确定的工程设计级配范围应比规范级配范围窄，其中 4.75 mm 和 2.36 mm 通过率的上下限差值宜小于 12%。沥青混合料的配合比设计应充分考虑施工性能，使沥青混合料容易摊铺和压实，避免造成严重的离析。

其他类型的混合料宜直接以表 8.33～表 8.37 作为工程设计级配范围。

表 8.33　沥青玛蹄脂碎石混合料矿料级配范围

级级配类型		通过下列筛孔（mm）的质量百分率/%											
		26.5	19	16	13.2	9.5	4.75	2.36	1.18	0.6	0.3	0.15	0.075
中粒式	ASAM-20	100	90～100	72～92	62～82	40～55	18～30	13～22	12～20	10～16	9～14	8～13	8～12
	ASAM-16		100	90～100	60～85	45～65	20～32	15～24	14～22	12～18	10～15	9～14	8～12
细粒式	ASAM-13			100	90～100	50～75	20～34	15～26	14～24	12～20	10～16	9～15	8～12
	ASAM-10				100	90～100	28～60	20～32	14～26	12～22	10～18	9～16	8～13

表 8.34　开级配排水式磨耗层混合料矿料级配范围

级配类型		通过下列筛孔（mm）的质量百分率/%										
		19	16	13.2	9.5	4.75	2.36	1.18	0.6	0.3	0.15	0.075
中中粒式	OGFC-16	100	90～100	70～90	45～70	12～30	10～22	6～18	4～15	3～12	3～8	2～6
	OGFC-13		100	90～100	60～80	12～30	10～22	6～18	4～15	3～12	3～8	2～6
细细粒式	OGFC-10			100	90～100	50～70	10～22	6～18	4～15	3～12	3～8	2～6

表 8.35　密级配沥青碎石混合料矿料级配范围（JTG F40—2004）

级配类型		通过下列筛孔（mm）质量百分率/%														
		53.0	37.5	31.5	26.5	19.0	16.0	13.2	9.5	4.75	2.36	1.18	0.6	0.3	0.15	0.075
特粗式	ATB-40	100	90～100	75～92	65～85	49～71	43～63	37～57	30～50	20～40	15～32	10～25	8～18	5～14	3～10	2～6
粗粒式	ATB-30		100	90～100	70～90	53～72	44～66	39～60	31～51	20～40	15～32	10～25	8～18	5～14	3～10	2～6
	ATB-25			100	90～100	60～80	48～68	42～62	32～52	20～40	15～32	10～25	8～18	5～14	3～10	2～6

表 8.36　半开级配沥青碎石混合料矿料级配范围

级级配类型		通过下列筛孔（mm）的质量百分率/%										
		26.5	19	16	13.2	9.5	4.75	2.36	1.18	0.6	0.3	0.15	0.075
中粒式	AM-20	100	90～100	60～85	50～75	40～65	15～40	5～22	2～16	1～12	0～10	0～8	0～5
	AM-16		100	90～100	60～85	45～68	18～40	6～25	3～18	1～14	0～10	0～8	0～5
细粒式	AM-13			100	90～100	50～80	20～45	8～28	4～20	2～16	0～10	0～8	0～6
	AM-10				100	90～100	35～65	10～35	5～22	2～16	0～12	0～9	0～6

表 8.37　开级配沥青碎石混合料矿料级配范围

级配类型		通过下列筛孔（mm）质量百分率/%														
		53.0	37.5	31.5	26.5	19	16	13.2	9.5	4.75	2.36	1.18	0.6	0.3	0.15	0.075
特粗式	ATPB-40	100	70~100	65~90	55~85	43~75	32~70	20~65	12~50	0~3	0~3	0~3	0~3	0~3	0~3	0~3
粗粒式	ATPB-30		100	80~100	70~95	53~85	36~80	26~75	4~60	0~3	0~3	0~3	0~3	0~3	0~3	0~3
	ATPB-25			100	80~100	60~100	45~90	30~82	16~70	0~3	0~3	0~3	0~3	0~3	0~3	0~3

4. 材料选择与准备

沥青混合料的公称最大粒径应与结构层的设计厚度相匹配，以保证沥青层的压实密度减少集料离析。根据我国沥青路面的工程经验，《公路沥青路面设计规范》（JTG D50—2017）规定，连续密级配沥青混凝土混合料、沥青玛蹄脂碎石混合料的结构厚度不宜小于矿料公称最大粒径的 2.5 倍；开级配沥青混合料的结构厚度不宜小于矿料公称最大粒径的 2.0 倍。不同类型沥青层的最小厚度应满足表 8.38 的规定。此外，规定了沥青层各层沥青混合料的公称最大粒径，表面层沥青混合料不宜大于 16 m，中面层和下面层沥青混合料不宜小于 16 mm，基层沥青碎石不宜小于 26.5 mm。

表 8.38　不同粒径沥青混合料层厚

沥青混合料类型	以下集料公称最大粒径沥青混合料的层厚（mm），≥					
	4.75	9.5	13.2	16.0	19.0	26.5
连续级配沥青混合料	15	25	35	40	50	75
沥青玛蹄脂碎石	—	30	40	50	60	
开级配沥青混合料	—	20	25	30		

经现场勘查、试验检测后确认实际工程所用的各种原材料。按照规定的试验方法对这些材料进行取样，测试各档集料、矿粉、沥青材料的密度，进行集料的筛分试验，确定各种规格集料的级配组成。配合比设计的各种矿料必须按现行《公路工程集料试验规程》（JTG 3432—2024）规定的方法，从工程实际使用的材料中取代表性样品。进行生产配合比设计时，取样至少应在干拌 5 次以后进行。

配合比设计所用的各种材料必须符合气候和交通条件的需要。其质量应符合《公路沥青路面施工技术规范》（JTG F40—2004）中规定的技术要求。当单一规格的集料某项指标不合格，但不同粒径规格的材料按级配组成的
集料混合料指标能符合规范要求时，允许使用。

5. 矿料配比设计

高速公路和一级公路沥青路面矿料配合比设计宜借助电子计算机的电子表格用试配法进行。其他等级公路沥青路面也可参照进行。矿料级配曲线按《公路工程沥青及沥青混合料试验规程》（JTG E20—2011）中 T0725 的方法绘制，采用泰勒曲线的标准画法，其指数 n=0.45，

横坐标按 $y=100.451gd_i$ 计算（表 8.39、表 8.40），纵坐标为普通坐标。以原点与通过集料最大粒径 100% 的点的连线作为沥青混合料的最大密度线。

表 8.39　泰勒曲线的横坐标

d_i	0.075	0.15	0.3	0.6	1.18	2.36	4.75	9.5
$x=d_i^{0.45}$	0.312	0.426	0.582	0.795	1.077	1.472	2.016	2.754
d_i	13.2	16	19	26.5	31.5	37.5	53	63
$x=d_i^{0.45}$	3.193	3.482	3.762	4.370	4.723	5.109	5.969	6.452

表 8.40　矿料级配设计计算表示例

筛孔/%	10~20/%	5~10/%	3~5/%	石屑	黄砂	矿粉	消石灰	合成级配	工程设计级配范围 中值	下限	上限
16	100	100	100	100	100	100	100	100.0	100	100	100
13.2	88.6	100	100	100	100	100	100	96.7	95	90	100
9.5	16.6	99.7	100	100	100	100	100	76.6	70	60	80
4.75	0.4	8.7	94.9	100	100	100	100	47.7	41.5	30	53
2.36	0.3	0.7	3.7	97.2	87.9	100	100	30.6	30	20	40
1.18	0.3	0.7	0.5	67.8	62.2	100	100	22.8	22.5	15	30
0.6	0.3	0.7	0.5	40.5	46.4	100	100	17.2	16.2	10	23
0.3	0.3	0.7	0.5	30.2	3.7	99.8	99.2	9.5	12.5	7	18
0.15	0.3	0.7	0.5	20.6	3.1	96.2	97.6	8.1	8.5	5	12
0.075	0.2	0.6	0.3	4.2	1.9	84.7	95.6	5.5	6	4	8
配比	28	26	14	12	15	3.3	1.7	100.0			

对高速公路和一级公路，宜在工程设计级配范围内计算 1~3 组粗细不同的配比，绘制设计级配曲线，分别位于工程设计级配范围的上方、中值及下方。设计合成级配不得有太多的锯齿形交错，且在 0.3~0.6 mm 范围内不出现"驼峰"。当反复调整不能满意时，宜更换材料设计。

根据当地的实践经验选择适宜的沥青用量，分别制作几组级配的马歇尔试件，测定 VMA，初选一组满足或接近设计要求的级配作为设计级配。

6. 确定最佳沥青用量

（1）制备马歇尔试件

制备马歇尔试件，首先应根据矿质混合料的合成毛体积相对密度和合成表观密度等物理常数，按式（8.20）和式（8.21）预估沥青混合料适宜的沥青掺量。

$$P_a = \frac{P_{a1} \times \gamma_{sb1}}{\gamma_{sb}} \qquad (8.20)$$

$$P_b = \frac{P_a}{100 + \gamma_{sb}} \quad\quad\quad (8.21)$$

式中　P_a——预估的最佳油石比（%）；

　　　P_b——预估的最佳沥青用量（%），$P_b = P_a / (1 + P_a)$；

　　　P_{a1}——已建类似工程沥青混合料的标准油石比（%）；

　　　γ_{sb}——集料的合成毛体积相对密度；

　　　γ_{sb1}——已建类似工程集料的合成毛体积相对密度。

以所估计的沥青用量（或油石比）为中值，按 0.5% 间隔变化取 5 个不同的沥青用量（或油石比），拌制沥青混合料，并按照表 8-22 中规定的击实次数成型马歇尔试件。对粒径较大的沥青混合料，宜增加试件数量。当缺少可参考的预估沥青用量时，可以考虑以 5.0% 的油石比作为基准。

（2）测定计算物理指标

计算或测试沥青混合料的理论最大相对密度。测试沥青混合料试件的毛体积密度，然后计算沥青混合料试件的空隙率、沥青饱和度、矿料间隙率等体积参数。

（3）测定力学指标

在马歇尔试验仪上按照标准方法测定沥青混合料试件的马歇尔稳定度和流值。

（4）确定沥青最佳用量

以油石比或沥青用量为横坐标，与沥青混合料试件的毛体积密度、空隙率、沥青饱和度、马歇尔稳定度和流值指标为纵坐标，将实验结果点入图中，连成光滑的曲线。

① 确定最佳沥青用量的初始值 OAC_1。根据图 8.12，求取相应于马歇尔稳定度最大值、毛体积密度最大值、目标空隙率（或设计范围中值）、设计沥青饱和度范围中值的沥青用量 a_1、a_2、a_3 和 a_4，按式（8.22）计算四者的平均值作为最佳沥青用量初始值 OAC_1。

$$OAC_1 = \frac{(a_1 + a_2 + a_3 + a_4)}{4} \quad\quad\quad (8.22)$$

在试验中，如果密度或者稳定度没有出现峰值，可以直接采用目标空隙率对应的沥青用量 a_3 作为 OAC_1，但是 OAC_1 必须介于 $OAC_{min} \sim OAC_{max}$，否则应该重新进行配合比设计。

② 确定沥青最佳用量的初始值 OAC_2，求出各项指标（不含 VMA）均符合表 8.22 所规定的技术标准的沥青用量范围 $OAC_{min} \sim OAC_{max}$，由式（8.23）计算沥青最佳用量的初始值 OAC_2。

$$OAC_2 = \frac{OAC_{min} + OAC_{max}}{2} \qu\quad\quad (8.23)$$

③ 综合确定最佳沥青用量 OAC。

最佳沥青用量 OAC 的确定与沥青路面的工程实践经验、道路等级、交通特性、气候条件等因素有关。通常情况下取 OAC_1 和 OAC_2 的平均值作为计算的最佳沥青用量 OAC，检验与 OAC 对应的矿料间隙率 VMA 是否满足规范表 8.22 对 VMA 最小值的要求。

对于炎热地区道路以及高速公路、一级公路、城市快速路、主干路的重载交通路段，山区公路的长大纵坡路段，预计有可能出现较大车辙时，宜在空隙率符合要求的范围中，将计算的 OAC 减小 0.1%~0.5%作为设计的最佳沥青用量，并通过试验路段试拌试铺进行调整确认。

对寒区道路旅游区道路以及交通量很少的道路，最佳沥青用量可以在计算的 OAC 的基础上增大 0.1%~0.3%，以适当降低设计空隙率，但不得降低压实度的要求。

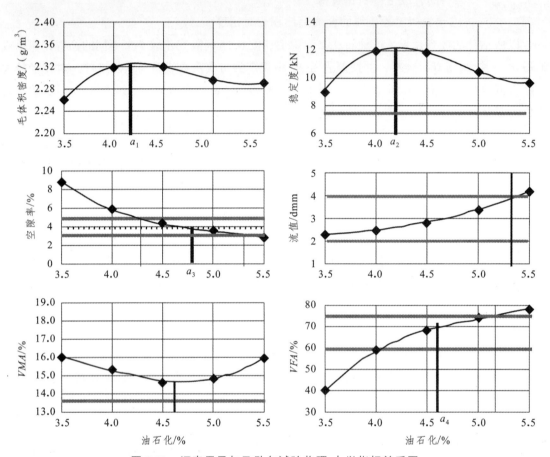

图 8.12　沥青用量与马歇尔试验物理-力学指标关系图

（5）配合比设计检验

用于高等级道路沥青路面的密级配沥青混合料，需要对确定的配合比设计进行性能检验，不符合要求的沥青混合料，应更换材料或重新进行配合比设计。配合比设计检验按照设计的最佳沥青用量在标准条件下进行。设计的沥青混合料的动稳定度、残留稳定度或冻融劈裂强度破坏应变等指标应符合规范要求。

热拌沥青混合料组成设计的目的是根据设计要求、工程特点和当地经验，选择合适的组成材料，确定合适的级配类型和级配范围以及确定各组成材料的比例，使得所配制的沥青混合料能够满足高温稳定性、低温抗裂性、耐久性和施工和易性的要求。

用工程实际使用的材料按照规定的方法，优选矿料级配、确定最佳沥青用量，符合配合比设计技术标准和配合比设计检验要求，以此作为实验室（目标）目标配合比，供搅拌机确定各冷料仓的供料比例、进料速度及试拌使用。

8.4.2 生产配合比设计

目标配合比确定之后，应进入第二个设计阶段——生产配合比设计阶段。应用实际施工搅拌机进行试拌，以确定施工配合比。在试验前，应首先根据级配类型选择振动筛筛号，使几个热料仓的材料不致相差太多，最大筛孔应保证使超粒径粒料排出，各级粒径筛孔通过量要符合设计级配范围要求。试验时，按实验室配合比设计的冷料比例上料、烘干、筛分，然后从二次筛分后进入各热料仓的材料取样进行筛分，与试验室配合比设计一样进行矿料级配计算，得出不同料仓及矿粉用量比例，并按该比例进行马歇尔试验。取目标配合比设计的最佳沥青用量 OAC、$OAC \pm 0.3\%$ 等 3 个沥青用量进行马歇尔试验和试拌，通过室内试验及从搅拌机取样试验综合确定生产配合比的最佳沥青用量，由此确定的最佳沥青用量与目标配合比设计的结果的差值不宜大于 $\pm 0.2\%$。

8.4.3 生产配合比验证

生产配合比验证阶段，即试拌试铺阶段。首先按照生产配合比结果进行试拌、观察，然后在试验段上试铺，进一步观察摊铺、碾压过程和成型混合料的表面状况，判断混合料的级配和油石比。如不满意应适当调整，重新试拌试铺，直至满意为止。同时，试验室要密切配合现场指挥，在拌和厂或摊铺机房采集沥青混合料试样进行马歇尔试验，检验是否符合标准要求。同时还应进行车辙试验及浸水马歇尔试验，进行高温稳定性及水稳定性验证。在试铺试验时，试验室还应在现场取样进行抽提试验，再次检验实际级配和油石比是否合格，并且在试验路上钻取芯样观察空隙率的大小，由此确定生产用的标准配合比，进入正常生产阶段。

标准配合比应作为生产上控制的依据和质量检验的标准，在施工过程中不得随意变更。生产过程中应加强跟踪检测，严格控制进场材料的质量，如遇材料发生变化并经检测沥青混合料的矿料级配、马歇尔技术指标不符合要求时，应及时调整配合比，使沥青混合料的质量符合要求并保持相对稳定，必要时应重新进行配合比设计。

二级及二级以下其他等级公路热拌沥青混合料的配合比设计可按上述步骤进行。当材料与同类道路完全相同时，也可直接引用成功的经验。

【工程实例分析 8.1】 沥青混合料配合比设计工程示例

试设计某高速公路沥青混凝土路面用沥青混合料的配合组成。

1. 原始资料

（1）道路等级：高速公路。

（2）路面类型：沥青混凝土。

（3）结构层位：三层式沥青混凝土的上面层。

（4）气候条件：最高月平均气温为 32 ℃，最低月平均气温 −8 ℃。

（5）材料性能：

① 沥青材料：可供 A 级 70 号道路石油沥青，25 ℃ 相对密度为 1.020，各项技术指标均符合要求。

② 矿质材料：

a. 石灰岩碎石和石屑：抗压强度 120 MPa，洛杉矶磨耗率 12%，黏附性 5 级，视密度 2.70 g/cm³。

b. 砂：黄砂，细度模数属中砂，含泥量及泥块含量均小于 1%，视密度 2.65 g/cm³。

c. 矿粉：石灰石磨细石粉，粒度范围符合技术要求，无团粒结块，视密度 2.58 g/cm³。

2. 设计要求

（1）根据道路等级、路面类型和结构层位，确定沥青混凝土类型，并选择矿质混合料的级配范围。根据现有各种矿质材料的筛析结果，采用图解法确定各种矿料的配合比，并依据题意对高速公路要求组配的矿质混合料的级配进行调整。

（2）通过马歇尔试验，确定最佳油石比。

（3）按最佳油石比进行水稳定性和抗车辙能力检验。

3. 设计步骤

（1）矿质混合料配合组成设计。

① 确定沥青混合料类型。

由题意，为使上面层具有较好的抗滑性，选用细粒式 AC-13C 型沥青混凝土混合料，关键性筛孔 2.36 mm 的通过率应控制小于 40%。

② 确定矿质混合料级配范围。

按表 8.32 查出细粒式 AC-13 型沥青混凝土的矿质混合料级配范围作为设计工程级配范围，如表 8.41。

表 8.41　矿质混合料要求级配范围　　　　　　　　　　　　　　　%

级配类型	筛孔尺寸（mm）									
	16.0	13.2	9.5	4.75	2.36	1.18	0.6	0.3	0.15	0.075
AC-13 沥青混凝土工程级配范围	100	90	68	38	24	15	10	7	5	4
	100	100	85	68	50	38	28	20	15	8

③ 矿质混合料配合比设计。

a. 矿质集料筛分试验。

现场取样进行筛分试验，10～15 mm、5～10 mm、3～5 mm 碎石、石屑、黄砂和矿粉 6 种矿质集料的筛析结果列于表 8.42。

表 8.42　组成矿料筛析试验结果

材料名称		筛孔尺寸/mm									
		16.0	13.2	9.5	4.75	2.36	1.18	0.6	0.3	0.15	0.075
		通过百分率/%									
碎石	10～15 mm	100	88.6	16.6	0.4	0					
	5-10 mm	100	100	99.7	8.7	0.7	0				
	3～5 mm	100	100	100	94.7	3.7	0.5	0.5	0		

材料名称	筛孔尺寸/mm									
	16.0	13.2	9.5	4.75	2.36	1.18	0.6	0.3	0.15	0.075
	通过百分率/%									
石屑	100	100	100	100	97.2	67.8	40.5	30.2	20.6	4.2
黄砂	100	100	100	100	87.9	62.2	46.4	3.7	3.1	1.9
矿粉	100	100	100	100	100	100	100	99.8	96.2	84.7

b. 组成材料配合比设计计算。

采用图解法计算组成材料配合比,如图 8.13 所示。由图解法确定各种材料用量为:10～15 mm 碎石:5～10 mm 碎石:3～5 mm 碎石:石屑:黄砂:矿粉=34.5%:24%:10.5%:11.5%:13%:6.5%。

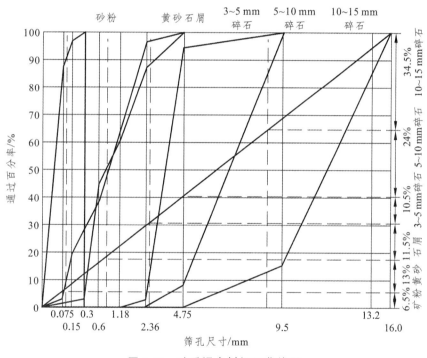

图 8.13 矿质混合料级配曲线图

c. 调整配合比。

绘制级配曲线,可以看出计算的合成级配曲线接近级配范围中值。由于高速公路交通量大、轴载重,为使沥青混合料具有较高的高温稳定性,为此,将合成级配曲线调至偏向级配曲线范围的下限。经调整,各种材料用量为 10～15 mm 碎石:5～10 mm 碎石:3～5 mm 碎石:石屑:黄砂:矿粉=27%:35%:14%:9%:10%:5%。按此结果重新计算合成级配,计算结果绘于图 8.14 中,可见调整后的合成级配曲线光滑、平顺,且接近级配曲线的下限。

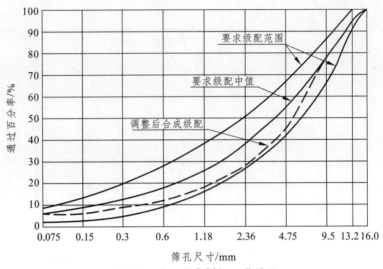

图 8.14 矿质混合料级配曲线图

（2）马歇尔试验结果分析。

① 绘制油石比与马歇尔试件物理、力学指标关系图。

根据表 8.43 马歇尔试验结果汇总表，绘制油石比与马歇尔试件毛体积密度、空隙率、沥青饱和度、矿料间隙率、稳定度、流值的关系曲线，如图 8.15。

表 8.43　马歇尔试验结果汇总表

试件组号	油石比/%	技术指标					
		毛体积密度 P_i /（g/cm³）	空隙率 VV /%	矿料间隙率 VMA /%	沥青饱和度 VFA /%	稳定性 MS /kN	流值 FL /mm
1	4.0	2.328	5.8	17.9	62.5	8.7	2.1
2	4.5	2.346	4.7	17.6	69.8	9.7	2.3
3	5.0	2.354	3.6	17.4	77.5	10.3	2.5
4	5.5	2.353	2.9	17.7	80.2	10.2	2.8
5	6.0	2.348	2.5	18.4	83.5	9.8	3.7
技术标准	—		3～6	≥14	65～75	≥8	1.5～4

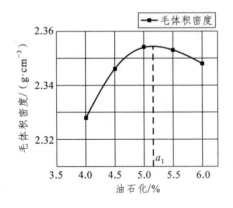

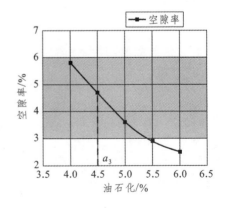

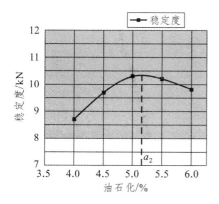 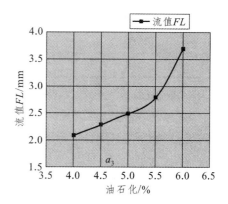

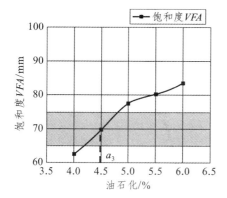 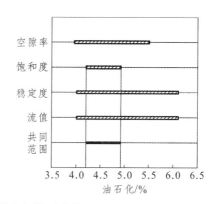

图8.15　油石比与马歇尔试验各项指标关系曲线图

② 确定最佳油石比初始值（OAC_1）。

从图8.15得出：相应于密度最大值的油石比 a_1=5.15%，相应于稳定度最大值的油石比 a_2=5.10%，相应于规定空隙率范围中值的油石比 a_3=4.50%，相应于规定饱和度范围中值的油石比 a_4=4.45%。

$$OAC_1=（5.15\%+5.10\%+4.50\%+4.45\%）/4=4.80\%$$

③ 确定最佳油石比初始值（OAC_2）。

由图8.15可知，各项指标均符合表8.40中沥青混合料技术指标要求的油石比范围为 $OAC_{min} \sim OAC_{max}$=4.20%～4.80%，则

$$OAC_2=（4.20\%+4.80\%）/2=4.50\%$$

④ 综合确定最佳油石比（OAC）。

$OAC=（OAC_1+OAC_2）/2=4.7\%$，按最佳油石比初始值 OAC=4.7%检查 VMA 及其他各项指标，均符合要求，取 OAC=4.7%。

（3）最佳油石比（OAC）检验。

① 水稳定性检验。

采用油石比为4.7%制备马歇尔试件，测定标准马歇尔稳定度及在浸水48 h后的马歇尔稳定度值，试验结果列于表8.44。

表 8.44　沥青混合料水稳定性试验结果

油石比 OAC/%	马歇尔稳定度 /kN	浸水马歇尔稳定度 /kN	浸水残留稳定度 /%	规范规定残留稳定度/% ≥
4.7	8.3	7.6	92	75

从表 8.44 试验结果可知：$OAC=4.7\%$ 符合水稳性标准要求。

② 抗车辙能力检验。

以油石比为 4.7% 制备沥青混合料标准试件，进行抗车辙试验，试验结果如表 8.45。

表 8.45　沥青混合料抗车辙试验结果

油石比 OAC/%	试验温度 T/℃	试验轮压 /MPa	试验条件	动稳定度 /（次/mm）	规范规定动稳定度 /（次/mm），≥
4.7	60	0.7	不浸水	1 112	1 000

由表 8.45 试验结果可知：$OAC=4.7\%$ 的沥青混合料动稳定度大于 1 000 次/mm，符合高速公路抗车辙能力的规定。

根据以上试验结果，参考以往工程实践经验，结合考虑经济因素，综合决定采用最佳油石比为 4.7%。

【工程实例分析 8.2】某高等级公路沥青路面中面层用沥青混合料配合比设计

1. 设计资料

设计某高速公路沥青路面中面层用沥青混合料，中面层结构设计厚度为 6 cm。

气候条件：7 月平均最高气温 32 ℃，年极端最低气温 -6.5 ℃，年降雨量 1 500 mm。沥青结合料采用 SBS 改性沥青，相对密度为 1.038，经检验各项技术性能均符合要求。

粗集料、细集料均为石灰岩。集料分为 4 档，按公称最大粒径由大至小编号，分别为：1 号料（10～25 mm）、2 号料（5～10 mm）、3 号料（3～5 mm）和 4 号料（0～3 mm）。各档集料与矿粉的主要技术指标见表 8.46，筛分试验结果见表 8.47。

表 8.46　各档集料和矿粉的密度和吸水率

集料编号	表观相对密度	毛体积相对密度	吸水率/%
1 号	2.754	2.725	0.40
2 号	2.740	2.714	0.45
3 号	2.702	2.691	0.56
4 号	2.705	2.651	1.69
矿粉	2.710	—	—

表 8.47　各档集料和矿粉的筛分结果

集料编号	下列筛孔（mm）的通过百分率/%											
	26.5	19	16	13.2	9.5	4.75	2.36	1.18	0.6	0.3	0.15	0.075
1 号	100	84.1	40.0	8.8	0.8	0.3	0	0	0	0	0	0
2 号	100	100	100	93.0	27.7	1.5	0.5	0	0	0	0	0

集料编号	下列筛孔（mm）的通过百分率/%											
	26.5	19	16	13.2	9.5	4.75	2.36	1.18	0.6	0.3	0.15	0.075
3 号	100	100	100	100	100	83.0	1.1	0.4	0	0	0	0
4 号	100	100	100	100	100	99.7	78.0	44.0	28.3	15.1	10.5	6.0
矿粉	100	100	100	100	100	100	100	100	100	100	99.7	96.8

2. 设计要求

确定沥青混合料类型，进行矿质混合料配合比设计，确定最佳沥青用量，根据高速公路用沥青混合料要求检验沥青混合料的水稳定性和抗车辙能力。

步骤 1：确定沥青混合料类型以及矿质混合料的级配范围。

根据设计资料和规范要求选用连续密级配 AC-20 型沥青混合料。AC-20 混合料的公称最大粒径为 19 mm，可以满足结构厚度不小于矿料公称最大粒径 2.5 倍的要求，也能满足中面层沥青混合矿料公称最大粒径不宜小于 16 mm 的要求。AC-20 混合料的设计级配范围根据《公路沥青路面施工技术规范》（JTG F40—2004）确定，设计级配范围见图 8.16。

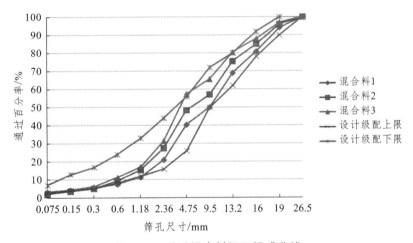

图 8.16 矿质混合料级配组成曲线

步骤 2：矿质混合料设计配合比的确定。

① 拟定初试矿料配合比。

根据设计级配范围，设计 3 组矿质混合料，3 组初试矿料的配合比见表 8.48。合成级配组成见图 8.14。根据各档集料级配组成密度的测试结果，计算初试混合料的合成表观相对密度、合成毛体积相对密度。再根据集料的吸水率，计算试配混合料的有效相对密度，结果见表 8.48。

② 矿料设计配合比的确定。

根据经验初估沥青用量 4.3%，按表 8.48 中混合料的初试配合比进行备料，成型马歇尔试件，测试试件的毛体积密度。表 8.49 给出了试件的理论最大相对密度，毛体积相对密度、空隙率、矿料间隙率和沥青饱和度，试件的理论最大相对密度由计算法确定。

表 8.48　三组初试矿质混合料的配合比

初试混合料编号	下列各档集料用量/%				矿粉/%	合成表观相对密度 γ_{sa}	合成毛体积相对密度 γ_{sb}	有效相对密度 γ_{se}
	1 号	2 号	3 号	4 号				
1	31	25	15	25	4	2.729	2.698	2.722
2	25	23	17	32	3	2.725	2.692	2.718
3	20	20	18	39	3	2.721	2.687	2.714

　　根据道路等级和沥青混合料类型，查表 8.49，确定沥青混合料马歇尔试件体积参数指标的技术要求，见表 8.49 中的最后一行。

表 8.49　三组初试混合料的马歇尔试件参数汇总

混合料编号	理论最大相对密度	毛体积相对密度	空隙率 VV /%	矿料间隙 VMA /%	沥青饱和度 VFA /%
1	2.554	2.438	4.2	13.5	67.4
2	2.541	2.409	5.2	14.4	62.9
3	2.538	2.398	5.5	14.6	61.5
设计要求			4～6	≥13	65～75

　　由表 8.49 可见，试配混合料 2 和混合料 3 试件的空隙率、矿料间隙率偏大、沥青饱和度偏小。试配混合料 1 的空隙率、矿料间隙率均满足设计要求。因此，选择试配混合料 1 作为设计配合比，各档集料的比例为：1 号料：2 号料：3 号料：4 号料：矿粉＝31：25：15：25：4。矿料的有效相对密度 γ_{se} 为 2.722，合成毛体积相对密度 γ_{sb} 为 2.698。

　　步骤 3：最佳沥青用量的确定。

　　① 马歇尔试验。

　　根据初拟沥青用量的试验结果，AC-20 型沥青混合料的最佳沥青用量可能在 4.5%左右。按相关规范要求，采用 0.5%间隔变化，分别以沥青用量 3.5%、4.0%、4.5%、5.0%和 5.5%拌制 5 组沥青混合料。按规范规定，采用马歇尔击实仪每面各击实 75 次，成型 5 组试件。

　　根据沥青混合料材料组成计算各沥青用量下试件的理论最大相对密度。采用表干法测定试件在空气中的质量和表干质量，计算试件的毛体积密度、空隙率、矿料间隙率和沥青饱和度指标。在 60 ℃温度下，测定各组试件的马歇尔稳定度和流值。试件的体积参数、稳定度和流值的结果见表 8.50。

　　根据设计资料，道路所在地 7 月份平均最高气温 32 ℃，年极端最低气温 −6.5 ℃，年降雨量 1 500 mm。查表 8.30，确定该沥青路面气候分区属于夏炎热冬温潮湿区 1-4-1。由表 8.50 确定此沥青混合料试件体积参数指标和马歇尔试验指标的设计要求，见表 8.50 中的最后一行。

表 8.50　马歇尔试件体积参数、稳定度和流值

试件组号	沥青用量/%	理论最大相对密度	空气中质量/g	水中质量/g	表干质量/g	毛体积相对密度	空隙率/%	矿料间隙率/%	沥青饱和度/%	稳定度/kN	流值0.1 mm
A1	3.5	2.576	1 159.3	670.0	1 165.9	2.338	9.2	17.1	46.0	7.8	21
A2	4.0	2.556	1 187.3	695.4	1 192.5	2.388	6.6	15.8	58.4	8.6	25
A3	4.5	2.537	1 213.9	718.5	1 217.5	2.433	4.1	14.7	72.0	8.7	32
A4	5.0	2.518	1 225.7	724.3	1 229.5	2.426	3.6	15.3	76.3	8.1	37
A5	5.5	2.499	1 250.2	735.5	1 253.3	2.414	3.4	16.2	79.1	7.0	44
技术要求							3～5	≥13	65～75	≥8	15～40

② 绘制各项指标与沥青用量的关系图。

根据表 8.50 中的数据，绘制沥青用量与毛体积密度、空隙率、沥青饱和度、马歇尔稳定度和流值等指标的关系曲线图，如图 8.17 所示。

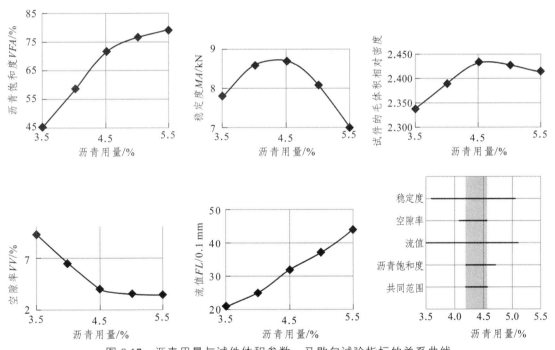

图 8.17　沥青用量与试件体积参数、马歇尔试验指标的关系曲线

（3）最佳沥青用量确定。

① 确定最佳沥青用量初始值 OAC_1。

由图 8.17 得，与马歇尔稳定度最大值对应的沥青用量 $a_1=4.5\%$，对应于试件毛体积相对密度最大值的沥青用量 $a_2=4.5\%$，对应于规定空隙率范围中值的沥青用量 $a_3=4.25\%$，对应沥青饱和度中值的沥青用量 $a_4=4.35\%$，求取 a_1、a_2、a_3、a_4 的算术平均值，得出最佳沥青用量初始值：

$$OAC_1=（4.5\%+4.5\%+4.25\%+4.35\%）/4≈4.40\%$$

② 确定最佳沥青用量初始值 OAC_2。

确定各项指标均符合沥青混合料标准要求的沥青用量范围，见图 8-17 中阴影部分其中 OAC_{min}=4.25%，OAC_{max}=4.6%，代入公式（8.23）得：

$$OAC_2=（4.25\%+4.6\%）/2=4.42\%$$

当沥青用量为 4.4% 时，试件的矿料间隙率为 14.8%，满足 ≥13% 的技术要求。

③ 综合确定最佳沥青用量 OAC。

一般条件下，以 OAC_1 和 OAC_2 的平均值作为最佳沥青用量，即 OAC=4.41%。

考虑道路所在地区属于夏炎热冬温潮湿区 1-4-1，夏季气候炎热，在高速公路上渠化交通对沥青路面的作用，有可能出现车辙，故取最佳沥青用量 OAC 为 4.4%。

（4）配合比检验。

采用沥青用量 4.4% 制备沥青混合料，按照规定方法分别进行沥青混合料的冻融劈裂强度试验和车辙试验，试验结果分别列入表 8.51 和表 8.52，均满足 1-4-1 区对沥青混合料水稳定性和抗车辙能力的要求。

表 8.51　AC-20 混合料冻融劈裂试验结果

试件编号	冻融后劈裂强度 σ_2/MPa	常规劈裂强度 σ_1/MPa	冻融劈裂强度比 TSR/%	1-4-1 区要求值
试件 1	0.78	0.87		
试件 2	0.72	0.82	88.4	≥75
试件 3	0.80	0.90		
试件 4	0.75	0.86		

表 8.52　AC-20 混合料车辙试验结果

试件编号	45 min 车辙深度/mm	60 min 车辙深度/mm	动稳定度/（次/mm）	动稳定度均值/（次/mm）	1-4-1 区要求值
试件 1	2.442	2.579	4 598		
试件 2	3.583	2.741	3 987	4 226	≥2 800
试件 3	2.441	2.595	4 091		

（5）目标配合比设计结果汇总

将 AC-20 混合料的目标配合比设计结果汇总于表 8.53。

表 8.53　AC-20 混合料目标配合比设计结果汇总

矿料配合比	集料编号	1 号	2 号	3 号	4 号	矿粉
	配合比/%	31	25	15	25	4
最佳沥青用量/%		4.4				
试件体积参数	空隙率/%	4.2				
	矿料间隙率/%	14.8				
	沥青饱和度/%	70.2				
动稳定度/（次/mm）		4 226				
冻融劈裂强度比/%		88.4				

【工程实例分析8.3】

【现象】 据悉，某一高速公路在铺设沥青混合料路面时，应用了针片状含量较高（约18%）的粗集料。经试验，在满足马歇尔技术要求的情况下，将沥青的用量增加约10%。但实际使用后，沥青路面的强度和抗渗能力相对较差。请分析原因，并提出防治措施。

【分析原因】 首先，粗集料的针片状含量约18%，超过了规定，使矿料和沥青构成的空间网络结构中的空洞增加，加大沥青用量只能很小地弥补和填充；其次，若不适当增加矿粉用量和纤维稳定剂，仍使 SMA 混合料的强度、抗渗性能得不到提高。

【防治措施】

① 发现粗集料的针片状含量过高时，应在加工厂回轧，使之严格控制在不大于15%的含量；

② 使粗集料的颗粒形状近似立方体，富有棱角和纹理粗糙，使网络骨架中的空洞减少；

③ 在设计粗集料配合比时，在级配曲线范围内适当降低针片状含量过高的瓜子片的用量（因为粒径为 5 ~ 15 mm 瓜子片的针片状含量往往较高）。

【复习与思考】

① 石油沥青的主要技术性质是什么？各用什么指标表示？

② 怎样划分石油沥青的牌号？牌号大小与沥青主要技术性质之间的关系是怎样的？

③ 石油沥青的老化与组分有何关系？沥青老化过程中性质发生哪些变化？沥青老化对工程有何影响？

④ 某防水工程需要石油沥青 35 t，要求软化点不低于 70 ℃。现有 A-60 甲和 10 号石油沥青，测得它们的软化点分别是 45 ℃ 和 96 ℃。试求该两种牌号石油沥青的实验室掺配用量各为多少？

练习题

第9章　合成高分子材料

内容提要

本章主要介绍了合成高分子材料的基本概念、分子特征、性能特点等基础知识。通过本章学习，应达到以下目标：

① 掌握建筑塑料、胶黏剂的基本组成、主要性质及常见的品种；
② 掌握合成高分子材料的分子特征，并理解它的性能特点；
③ 熟悉高分子材料的分组特征及性能特点；
④ 通过对比不同种类的高分子材料的性能及工程实际，能正确选用合适的高分子材料。

【课程思政目标】

① 结合合成高分子材料的发展历程和广泛用途，树立学生"科学技术是第一生产力"的观念，培养学生的创新创造思维。
② 通过建筑塑料废料等材料的合理处理，培养学生环境保护和节约资源的意识。

高分子化合物，又称聚合物或高聚物，是指由众多原子或原子团主要以共价键结合而成的相对分子量在一万以上的化合物。以高分子化合物为主要成分的材料称为聚合物材料或高分子材料。

土木工程行业常见的合成高分子材料有塑料、橡胶、化学纤维，以及某些胶黏剂、涂料等，如图 9.1 所示。塑料、合成橡胶和合成纤维被称为现代三大高分子材料，它们质地轻巧、原料丰富、功能多、易加工成型、性能良好、用途广泛，因而发展速度大大超过了钢铁、水泥和木材这些传统材料。

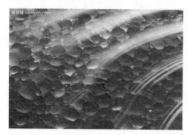
（a）塑料

（b）橡胶

（c）纤维

图 9.1　高分子材料

9.1 合成高分子材料的分子特征和性能特点

以石油、煤、天然气、水、空气及食盐等为原料，制得的低分子化合物单体（如乙烯、氯乙烯、甲醛等），经合成反应即得到合成高分子化合物，这些化合物的分子量一般都在几千以上，甚至可达到数万、数十万或更大。从结构上看，高分子化合物是由许多结构相同的小单元（称为链节）重复构成的长链化合物。例如，乙烯（$H_2C = CH_2$）的分子量为 28，而由乙烯为单体聚合而成的高分子化合物聚乙烯（$CH_2 = CH_2$）$_n$ 分子量则在 1 000～35 000 或更大。其中每一个"—CH_2—CH_2—"为一个链节，n 称为聚合度，表示一个高分子中的链节数目。

一种高分子化合物是由许多结构和性质相类似而聚合度不完全相等，即分子量不同的高分子形成的混合物，称为同系聚合物，故高分子化合物的分子量只能用平均分子量表示。

9.1.1 合成高分子材料的分子特征

高分子化合物按其链节在空间排列的几何形状，可分为线型聚合物、支链型聚合物和体型聚合物三大类，如图 9.2 所示。

（a）线型　　　　　　　　（b）支链型　　　　　　　　（c）体型

图 9.2　聚合物分子形状示意图

线型聚合物各链节连接成一个长链或有时带有支链，即线型聚合物包括线型和支链型。线型聚合物的大分子间以分子间力结合在一起，因分子间作用力微弱，使分子容易互相滑动，因此，线型结构的合成树脂可反复加热软化，冷却硬化，称为热塑性树脂。线型聚合物具有良好的弹性、塑性、柔顺性，但强度低、硬度小，耐热性、耐腐蚀性较差，且可溶可熔。

体型聚合物是线型大分子间以化学键交联形成，呈空间网状结构。由于化学键结合力强，且交联成一个巨型分子，因此体型结构的合成树脂仅在第一次加热时软化，固化后再加热不会软化，称为热固性树脂。

9.1.2 合成高分子材料的性能特点

1. 优　点

与传统材料相比，合成高分子材料具有许多优良特性。

（1）密度小，比强度高，刚度小

高分子材料的平均密度为 1.45 g/cm^3，约为钢的 1/5、铝的 1/2，与木材相近或略大。这对减轻建筑物自重、节约建筑成本很有利。高分子材料的绝对强度不高，但比强度高。例如塑料的比强度超过钢和铝，是一种优良的轻质、高强材料。

合成高分子材料的刚度小，如塑料的弹性模量只有钢材的 1/20～1/10，且在荷载长期作用下易产生蠕变。但如果在塑料中加入纤维增强材料，其强度可大大提高，甚至可超过钢材。

（2）加工性能优良，装饰性好

高分子材料成型温度、压力容易控制，适合不同规模的机械化生产。其可塑性强，可制成各种形状的产品。高分子材料生产能耗小，原料来源广，材料成本低，节能效果明显。高分子材料可以被加工成装饰性优异的各种建筑制品，如采用着色、印花、压花、烫金、电镀等装饰方法，给装饰效果的设计带来了很大的灵活性。

（3）减震、吸声、隔热性好

高分子材料具有良好的韧性，在断裂前能吸收较大的能量，具有较好的减震作用。其导热系数小，如泡沫塑料的导热系数只有 0.02～0.046 W/（m·K），是良好的隔热保温材料，保温隔热性能优于木质和金属制品。高分子材料还具有较好的吸声作用。

（4）电绝缘性好

高分子材料介电损耗小，是较好的绝缘材料，广泛用于电线、电缆、控制开关、电气设备等。

（5）耐腐蚀性好

高分子材料的化学稳定性好，对一般的酸、碱、盐及油脂具有较好的耐腐蚀性，因此无须定期进行防腐维护，特别适用于建筑管道、化工厂的门窗、地面和墙体等。

（6）减磨和耐磨性好

有些高分子材料在无润滑和少润滑的摩擦条件下，它们的耐磨、减磨性是金属材料无法比拟的。

（7）耐水性和耐水蒸气性好

高分子建材一般吸水率和透气性很低，对环境水的渗透有很好的防潮、防水功用。

2. 缺　点

合成高分子材料虽然优点显著，但也有三方面的性能缺点：易老化、易燃及毒性、耐热性差。

（1）易老化

所谓老化，是指高分子化合物在阳光、空气、热以及环境介质中的酸、碱、盐等作用下，分子组成和结构发生变化，致使其性质变化，如失去弹性、出现裂纹、变硬（脆）或变软、发黏等失去原有的使用功能的现象。塑料、有机涂料和有机胶黏剂都会出现老化。

（2）易燃及毒性

高分子材料热稳定性较差，温度升高时其性能明显降低，热塑性塑料的耐热温度一般为 50～90 ℃，热固性塑料的耐热温度一般为 100～200 ℃。大多数高分子材料高温时不仅可燃，而且燃烧时发烟，产生有毒气体。一般可通过改进配方制成自熄或难燃甚至不燃的产品，但其防火性仍比无机材料差。

（3）耐热性差

高分子材料的耐热性能较差，如使用温度偏高，会促进其老化，甚至分解；塑料受热会发生变形，在使用中要注意其使用温度的限制。

9.2 高分子材料在土木工程中的应用

建筑塑料、涂料与胶黏剂均属于高分子材料，高分子材料有天然的（如天然橡胶、淀粉、纤维素、蛋白质等）和人工的（主要包括合成纤维、合成橡胶和合成树脂）两大类。用于建筑材料中的高分子聚合物的原料主要是合成树脂，其次是合成橡胶和合成纤维。这些材料具有独特的技术性能，也是建筑工程中不可缺少的材料。

9.2.1 建筑塑料

塑料（Plastic）是指以合成树脂为基体材料，加入适量的辅助剂（如填料、增塑剂、稳定剂和着色剂等），在高温高压下塑化成型，且能在常温常压下保持制品形状不变的材料。塑料的名称是根据树脂的种类确定的。

建筑塑料具有轻质、高强、多功能等特点，符合现代材料发展的趋势，是一种理想的可用于替代木材、部分钢材和混凝土等传统建筑材料的新型材料。世界各国都非常重视塑料在建筑工程中的应用和发展。随着塑料资源的不断开发及工艺的不断完善，塑料性能更加优越，成本不断下降，有着非常广阔的发展前景。建筑塑料常用作塑料门窗、扶手、踢脚、塑料地板、地面卷材、下线管、上下水管道等。

1. 建筑塑料的组成

建筑塑料是由树脂和添加剂两类物质组成的。

（1）合成树脂

合成树脂即是合成高聚物，是指由低分子量的化合物经过各种化学反应而制得的高分子量的树脂状物质，一般在常温常压下是固体，也有的是黏稠状液体。合成树脂是塑料的基本组成材料，占30%～60%，在塑料中起胶结作用，能将其他材料牢固地胶结在一起。

按生产时化学反应的不同，合成树脂分加聚树脂（如聚乙烯、聚氯乙烯等）和缩聚树脂（如酚醛、环氧聚酯）。按受热时性能变化的不同，又分为热固性树脂和热塑性树脂。热固性塑料的共同点是加热冷却成型后，不会再变软；而热塑性塑料，在热作用下会逐渐变软、塑化甚至熔融，冷却后则凝固成型，这一过程可反复进行。

（2）添加剂

添加剂是能够帮助塑料易于成型以及赋予塑料更好的性能而加入的各种材料的统称。如改善使用温度，提高塑料强度和硬度，增加化学稳定性、抗老化性、阻燃性和抗静电性，提供各种颜色及降低成本等等。

① 填料。也称填充剂，在合成树脂中加入填充剂可以提高塑料的强度、硬度及耐热性，减少塑料制品的收缩，并能有效地降低塑料的成本。常用的无机填充剂有滑石粉、硅藻土、石灰石粉、石棉、炭黑和玻璃纤维等；有机填料有木粉、棉布及纸屑等。

② 增塑剂。塑料中掺加增塑剂的目的是增加塑料的可塑性及柔软性，减少脆性。增塑剂通常是沸点高、难挥发的液体，或是低熔点的固体。其缺点是会降低塑料制品的机械性能及耐热性等。常用的增塑剂有邻苯二甲酸酯类、磷酸酯类等

③ 着色剂。一般为有机染料或无机颜料。要求色泽鲜明，着色力强，分散性好，耐热耐晒，与塑料结合牢靠；在成型加工温度下不变色、不起化学反应，不因加入着色剂而降低塑料性能。有时也采用能产生荧光或磷光的颜料。

④ 稳定剂。为防止塑料在热、光及其他条件下过早老化而加入的少量物质称为稳定剂。常用的稳定剂有抗氯化剂和紫外线吸收剂。

⑤ 其他添加剂。除上述组成材料以外，在塑料生产中还常常加入一定量的其他添加剂，使塑料制品的性能更好、用途更广泛。如加入发泡剂可以制得泡沫塑料；加入阻燃剂可以制得阻燃塑料；在塑料里加入金属微粒如银、铜等就可制成导电塑料；加入一些磁铁粉，就制成磁性塑料；掺入放射性物质与发光物质，可制成发光塑料（冷光）等。

2. 建筑塑料的主要性质

建筑塑料品种繁多、性能各异，将其性能归纳如下：

（1）密度小、吸水率低

塑料的密度通常在 $800 \sim 2\,200\,kg/m^3$，约为钢材的 1/5，混凝土的 1/2 ~ 2/3。大部分塑料是耐水材料，吸水率很小，一般不超过 1%。

（2）孔隙率可控

塑料的孔隙率在生产时可在很大范围内加以控制，例如，塑料薄膜和有机玻璃的空隙率几乎为零，而泡沫塑料孔隙率可高达 95% ~ 98%。

（3）耐热性差、导热性低

塑料一般都具有受热变形的问题，甚至产生分解，使用时要注意它的限制温度。密实塑料的导热系数为 $0.23 \sim 0.70\,W/(m \cdot k)$，泡沫塑料的导热系数则接近于空气。

（4）强度较高

如玻璃纤维增强塑料（玻璃钢）的抗拉强度高达 $200 \sim 300\,MPa$ 许多塑料的抗拉强度与抗弯强度相近。

（5）弹性模量小

约为混凝土的 1/10，同时具有徐变特性，所以塑料在受力时有较大的变形。

（6）耐腐蚀性好

大多数塑料对酸、碱、盐等腐蚀性物质的作用都具有较高的化学稳定性，但有些塑料在有机溶剂中会溶解或溶胀，使用时应注意。

（7）易老化

在使用条件下，塑料受光、热、大气等作用，内部高聚物的组成与结构发生变化，致使塑料失去弹性、变硬、变脆、出现龟裂（分子交联作用引起）或变软、发黏、出现蠕变（分子裂解引起）等现象，这种性质劣化的现象称为老化。

（8）易　燃

塑料属于可燃性材料，在使用时应注意，建筑工程用塑料应为阻燃塑料。

（9）毒　性

一般来说，液体状态的树脂几乎都有毒性，但完全固化后的树脂则基本上无毒。

3. 常用建筑塑料及制品

土木工程中应用的塑料品种很多。塑料在土木工程中常用于制作管材、板材、门窗、壁纸、地毯、器皿、绝缘材料、装饰材料、防水及保温材料等，在选择和使用塑料时应注意其耐热性、抗老化能力、强度和硬度等性能指标。

常用的热塑性塑料有聚氯乙烯塑料（PVC）、聚乙烯塑料（PE）、聚丙烯塑料（PP）、聚苯乙烯塑料（PS）、改性聚苯乙烯塑料（ABS）、聚甲基丙烯酸（PMMA）；常用的热固性塑料有酚醛树脂塑料（PF）、脲醛树脂塑料（UF）、三聚氰胺树脂塑料（MF）、环氧树脂塑料（EP）、不饱和聚酯树脂塑料（UP）、有机硅树脂塑料（SI）等。

特别值得一提的是，玻璃纤维增强塑料（GRP），俗称玻璃钢。玻璃钢是用玻璃纤维增强酚醛树脂、聚酯树脂或环氧树脂等合成而得到的一种热固性塑料。一般采用化学稳定性高、价格较低的不饱和聚酯树脂。其密度在 $1.5 \sim 2.0 \ g/cm^3$，是钢的 1/5 ~ 1/4，而抗拉强度却达到或超过碳素钢，其比强度与高级合金相近，属轻质高强材料。其主要弱点是弹性模量低，刚度不如金属材料。玻璃钢在航空、宇航、高压容器及其他需要减轻自重的军用、民用制品上得到广泛的应用。在土木工程中，玻璃钢可用作建筑结构材料、围护材料、屋面采光材料、门窗框架等，还可做成各种容器、管道、便池、浴盆、家具等。

玻璃钢成型方法主要有手糊法、模压法、喷射法和缠绕法等。

增强纤维常用玻璃纤维或玻璃布，有特殊要求时也采用碳纤维或硼纤维。对耐酸性要求高的玻璃钢应选用酚醛或环氧树脂等做胶结材料，且应选用无碱纤维。表 9.1 列出了常用建筑塑料的特性与用途。

表 9.1　常用建筑塑料的特性及用途

名称	特性	用途
聚乙烯（PE）	柔韧性好、介电性能和耐化学腐蚀性能良好，成型工艺好，但刚性差	用于防水材料、给排水管和绝缘材料等
聚丙烯（PP）	耐腐蚀性优良，力学性能和刚性超过聚乙烯，耐疲劳和耐应力开裂性好，但收缩率较大，低温脆性大	用于管材、洁具、模板等
聚氯乙烯（PVC）	耐化学腐蚀性和电绝缘性优良，力学性能较好，具有难燃性，耐热性差，温度升高易降解	用于发泡制品，广泛用于建筑各部位，是应用最多的一种塑料
聚苯乙烯（PS）	树脂透明，有一定机械强度，电绝缘性好，耐辐射，成型工艺好，脆性大，耐冲击和耐热性差	主要以泡沫塑料形式作为隔热材料，也用来制造灯具平顶板等
ABS 塑料	具有韧、硬、刚相均衡的优良力学特性，电绝缘性和耐化学腐蚀性好，尺寸稳定性好，表面光泽性好，易涂装和着色，但耐热性一般，耐候性较差	用于生产建筑五金和各种管材、模板、异形板等
酚醛树脂（PF）	电绝缘性和力学性能良好，耐酸、耐水和耐烧蚀性优良，坚固耐用，尺寸稳定不易变形	生产各种层压板、玻璃钢制品、涂料和黏结剂等

名称	特性	用途
环氧树脂（EP）	黏结性和力学性能优良，耐碱性良好，电绝缘性能好，固化收缩率低，可在室温、接触压力下固化成型	主要用于生产玻璃钢、黏结剂和涂料等
聚氨酯（PUR）	强度高，耐化学腐蚀性优良，耐热、耐油、耐溶剂性好，黏结性和弹性优良	主要以泡沫塑料形式作为隔热材料及优质涂料、黏结剂、防水涂料和弹性嵌缝材料等
有机硅树脂（SI）	耐高、低温，耐腐蚀，稳定性好，绝缘性好	宜作高级绝缘材料和防水材料
聚甲基丙烯酸甲酯（PMMA）	良好的弹性、韧性和抗冲击性，耐低温性好，透明度高，易燃	主要用作采光材料，代替玻璃且性能优良
玻璃纤维增强塑料（GRP）	强度特别高，质轻，成型工艺简单，除刚度不如钢材外，各种性能均良好	在土木工程中应用广泛，可作屋面、墙面围护、浴缸、水箱、冷却塔和排水管等材料

9.2.2　胶黏剂

胶黏剂（Adhesive）是一种能在两个物体的表面间形成薄膜，并能把它们紧密地黏结起来的材料，又称为黏结剂或黏合剂。胶黏剂在土木工程中主要用于室内装修、预制构件组装、室内设备安装等。此外，混凝土裂缝和破损也常采用胶黏剂进行修补。

随着合成化学工业的发展，胶黏剂的品种和性能获得了很大发展，越来越广泛地应用于建筑构件、材料等的连接以及建筑工程的维修养护、装饰和堵漏等事故处理等过程中。这种连接方法，与焊接、铆接、热喷涂等工艺相比，具有施工方便、设备简单、应力集中小、安全节能、易于异种材料的连接等优点。所以胶黏剂作为一门独立的新型建筑材料越来越受到重视。

1. 胶黏剂的组成、要求及分类

胶黏剂一般都是多组分材料，除基本成分为合成高分子化合物（俗称黏料）外，为了满足使用要求，还需加入各种助剂，如填料、稀释剂、固化剂、增塑剂、防老化剂等。

对胶黏剂的基本要求是：具有足够的流动性，能充分浸润被粘物表面，黏结强度高，胀缩变形小，易于调节其黏结性和硬化速度，不易老化失效。

按所用黏料的不同，可将胶黏剂分为热固型、热塑性、橡胶型和混合型四种类型。

2. 胶黏剂的黏结机理

胶黏剂能够将材料牢固地黏结在一起，是因为胶黏剂与材料间存在黏附力以及胶黏剂本身具有内聚力。黏附力和内聚力的大小，直接影响胶黏剂的黏结强度。当黏附力大于内聚力时，黏结强度主要取决于内聚力；当内聚力高于黏附力时，黏结强度主要取决于黏附力。一般认为黏附力主要来源于以下几个方面：

（1）机械黏结力

胶黏剂渗入材料表面的凹陷处和孔隙内，在固化后如同镶嵌在材料内部，靠机械锚固力将材料黏结在一起。对非极性多孔材料，机械黏结力常起主要作用。

（2）物理吸附力

胶黏剂与被粘物分子间的距离小于 0.5 mm 时，分子间的范德华力发生作用而相吸附，黏结力来自分子间的引力。分子间引力的作用力虽然远小于化学键力，但由于分子（或原子）数目巨大，故吸附能力很强。

（3）化学键力

胶黏剂与材料间能发生化学反应，靠化学键力将材料黏结为一个整体。

（4）扩散作用

胶黏剂与被粘物之间存在着分子（或原子）间的相互扩散作用，这种扩散作用是两种高分子化合物的相互溶解，其结果使胶黏剂与被粘物分子之间更加接近，物理吸附作用得到加强。实际应用中，为了获得较高的黏结强度，应根据被粘物的种类、环境温度、耐水及耐腐蚀性等要求，采取相应的措施，如合理选用胶黏剂品种，对被粘物表面进行处理，或加热、加压（加热可改善润湿程度，加压可增大吸附作用）等。

3. 建筑上常用的胶黏剂

胶黏剂品种很多，现将常用的胶黏剂的性能及用途列于表 9.2 中。

表 9.2　土木工程常用胶黏剂的性能及用途

类型	名称	特性	用途
热固型胶黏剂	环氧树脂胶黏剂（EP）	黏结强度高，耐热，有电绝缘性能，柔韧，耐化学腐蚀，适用水中作业和耐酸碱场合	广泛用于黏结金属、非金属材料及建筑物的修补，有万能胶之称
	不饱和聚酯树脂胶黏剂（UP）	黏结强度高，耐水性和耐热性较好，可在室温或低压下固化，无挥发物产生，但固化时收缩率较大	主要用于制作玻璃钢，黏结陶瓷、玻璃、金属、木材和混凝土等
	聚氨酯胶黏剂	黏结力强，胶膜柔软，耐溶剂、耐油、耐水、耐酸、耐震，能在室温下固化	黏结塑料、木材、皮革、玻璃、金属等，特别适合于防水、耐酸、耐碱工程
热塑性合成树脂胶黏剂	聚醋酸乙烯胶黏剂（PVAC）（常称白乳胶）	黏结性好，无毒、无味，快干，耐油，施工简易，安全，但价格较贵，耐水性、耐热性较差，易蠕变	黏结墙纸、木质或塑料地板、陶瓷饰面材料、玻璃、混凝土等
	聚乙烯醇缩甲醛胶黏剂（801胶）	黏结强度高，无毒、无味，耐油、耐水、耐磨、耐老化，价廉	粘贴墙纸、墙布，加入水泥砂浆中可减少地板起尘，粘贴瓷砖、马赛克，可用作内墙腻子的胶料，在装修施工中用途最广
	聚乙烯醇胶黏剂（502胶）	黏结强度高，固化速度快，用量少	用于金属、非金属材料的胶接
合成橡胶胶黏剂	氯丁橡胶胶黏剂（CR）	黏结力较强，对水、油、弱酸、弱碱及有机溶剂有良好的抵抗性，可在室温下固化，易蠕变，易老化	黏结多种金属和非金属材料，常用于水泥砂浆墙面或地面上粘贴橡胶和塑料制品
	丁腈橡胶（NBR）胶黏剂	黏结强度较高，耐油性好，不易剥离，对许多有机溶剂有良好的抵抗性	适合于耐油、防腐部件的黏结或涂层

9.2.3　高分子材料在土木工程中的其他应用

（1）建筑涂料

涂料是涂于物体表面，能形成具有保护、装饰或特殊性能的固态涂膜的一类液体或固体材料的总称。早期大多以植物油为主要原料，故有油漆之称。事实上除油脂漆和天然树脂漆外，其他涂料都不是用植物油脂制造的。20 世纪 60 年代正式定名为涂料。

（2）合成橡胶

橡胶是一种具有极高弹性的高分子材料，其弹性变形量可达 100% ~ 1 000%，而且回弹性好，回弹速度快，同时橡胶还有一定的耐磨性，很好的绝缘性和不透气，不透水性。它是常用的弹性材料、密封材料、减震防震材料和传动材料。

习惯上按用途将合成橡胶分成两类：通用橡胶和特种橡胶。通用橡胶性能和天然橡胶接近，可以代替天然橡胶；特种橡胶具有一些特殊性能。

（3）土工合成材料

土工合成材料是土木工程应用的合成材料的总称。作为一种新型的土木工程材料，它以人工合成的聚合物，如塑料、化纤、合成橡胶等为原料，制成各种类型的产品，置于土体内部、表面或各种土体之间，发挥加强或保护土体的作用。

关于土工合成材料的分类，至今尚无统一准则。《土工合成材料应用技术规范》（GB 50290—2014）将土工合成材料分为土工织物、土工膜、特种土工合成材料和复合型土工合成材料等类型。特种土工合成材料包括土工格栅、土工网、土工垫、土工格室、土工泡沫塑料等。复合型土工合成材料是由上述各种材料复合而成的，如复合土工膜、土工复合排水材料等。目前这些材料已广泛地用于水利、水电、公路、建筑、海港、采矿、军工等工程的各个领域。

【拓展与延伸】

塑料建筑模板

塑料建筑模板是一种以化学原料为主，添加各种增强纤维，通过高温挤压而成的复合材料。产品使用破坏后可回厂简单重塑循环利用，符合当下节能环保的理念和可再生能源经济的要求，发展前景广阔。

生产塑料模板的原材料来源广泛，价格较低，而且旧料或混合料均可，报废的塑料模板可 100%回收利用，且不会影响模板使用性能。建筑塑料模板作为一种新兴材料，已开始被人们用来替代传统的建筑装饰材料和建筑模板材料。其主要是利用塑料抗水性好的特性，即使完全浸泡在水中也不会膨胀变形，更不会腐烂、生锈，与水泥不亲和、不粘连等良好的物理性能，将塑料模板用于建筑模板工程是实现"以塑代木""以塑代钢"的重要措施，更重要的是为社会节约了资源，降低了消耗，减少了污染，为保护环境起到了积极作用，是我国绿色施工所倡导的建筑施工辅助材料之一，如图 9.3 所示。

图 9.3　塑料模板

近几年，工业发达国家的塑料模板发展很快，开发了各个品种规格的塑料模板。德国的塑料模板行业较为成熟，以 MEVE 模板公司为代表，作为德国较大的模板公司，目前开发的钢框塑料板模板材质轻，耐磨性好，周转使用可达 500 次以上，而且清理和修补方便，经济效益好。但由于价格高，目前以租赁为主。美国的 SYMONS 模板公司成立至今已逾百年，是全球较大的模板企业，近年来该公司大力研发各种塑料装饰衬模，在浇筑的混凝土内可以掺入不同颜料，因此可以成型各种颜色和各种花纹的外装饰及地坪，效果较好。

目前产品比较单一，仅应用于楼板底模和柱侧模，木（竹）模板和钢模板市场占有率还遥遥领先。但随着民众对塑料模板材质和实用性的认知和社会民众环保意识的提高，相信不远的将来，塑料模板将逐步取代钢（木）模板的使用，发展大有前途。

【复习与思考】

① 试说明线型聚合物与体型聚合物的主要区别。

② 合成高分子材料的性能特点有哪些？

③ 建筑塑料的主要特性有哪些？

④ 试列举几种常见的塑料及建筑塑料制品。

⑤ 试举三种土木工程中常用的胶黏剂，并说明其特性与用途。

练习题

第 10 章　建筑功能材料

内容提要

本章主要介绍建筑功能材料的组成、特点与应用。通过本章学习，需要达到以下要求：

① 了解防水卷材的种类、特点和应用；
② 了解绝热材料的绝热机理、性能以及常用绝热材料的种类；
③ 了解吸声与隔声材料；
④ 了解装饰材料的特点及应用。

【课程思政目标】

① 结合对建筑材料的功能需求，引导学生深入挖掘材料性能，提升学生探索能力。
② 结合工程中渗水漏水的质量问题，建立学生作为工程人的底线思维，严守职业道德，遵守国家标准与行业规范。
③ 介绍我国研发先进材料的情况，拓展学生的科研视野。

建筑物除承受荷载外，还有如绝热、吸声、隔声、防水、装饰、防火等特殊要求，这些特殊要求难以用建筑结构材料来实现，需要采用特殊的功能性材料来满足人们对建筑物使用功能多样化的需求。建筑功能材料是指能够满足建筑物的特殊使用要求的材料的总称，它们赋予建筑物防水、保温、隔热、隔声、防火、采光、装饰等功能，决定着建筑物的使用功能与建筑品质。

10.1　建筑防水材料

防水材料（Waterproof material）是指能防止雨水、地下水及其他水渗入建筑物或构筑物的一类功能性材料。防水材料广泛应用于建筑工程，亦用于公路桥梁工程、水利工程等。土木工程防水分为防潮和防渗（漏）两种：防潮是指应用防水材料封闭建筑物表面，防止液体物质渗入建筑物内部；防渗（漏）是指防止液体物质通过建筑物内部空洞、裂缝及构件之间的接缝，渗漏到建筑物内部或建筑构件内部液体渗出。

现代科学技术和建筑事业的发展，使防水材料的品种、数量和性能发生了巨大的变化。20 世纪 80 年代后已形成橡胶、树脂基防水材料和改性沥青系列为主，各种防水涂料为辅的防水体系。建筑防水材料按外形和成分的分类如图 10.1 所示。

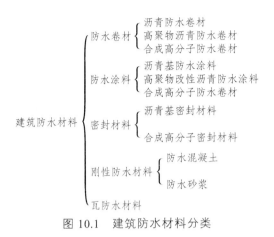

图 10.1　建筑防水材料分类

10.1.1　防水卷材

防水卷材（Waterproofing membrane）是一种可以卷曲的，具有一定宽度、厚度及重量的柔软片状定型防水材料，是建筑防水材料的重要品种之一。由于这种材料的尺寸大，施工效率高，防水效果好，并具有一定的延伸性和耐高温性，以及较高的抗拉强度，抗撕裂能力等优良的特性，所以占整个建筑防水材料的 80%左右。目前，主要包括传统的沥青防水卷材、高聚物改性沥青防水卷材和合成高分子防水卷材三大类，后两类卷材的综合性能优越，是国内大力推广使用的新型防水卷材。

1. 防水卷材分类

按照组成材料分为沥青防水卷材、高聚物改性沥青防水卷材和合成高分子防水卷材三大类，如图 10.2 所示。20 世纪 80 年代以前沥青防水材料是主流产品，20 世纪 80 年代以后逐渐向橡胶、树脂基、改性沥青系列发展。

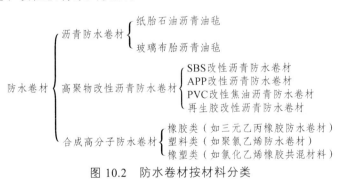

图 10.2　防水卷材按材料分类

根据胎体的不同，防水卷材可分为无胎体卷材、纸胎卷材、玻璃纤维胎卷材、玻璃布胎卷材和聚乙烯胎卷材。

沥青材料在国内外使用的历史都很长，直至现在仍是一种用量较多的防水材料。沥青材料成本较低，但性能较差，防水寿命较短。当前防水材料已向改性沥青材料和合成高分子材料发展；防水构造已由多层向单层防水方向发展；施工方法已由热熔法向冷粘法发展。

2. 防水卷材技术指标

防水卷材的技术性能指标很多，现仅对防水卷材的主要技术性能指标进行介绍。

（1）抗拉强度

抗拉强度是指当建筑物防水基层产生变形或开裂时，防水卷材所能抵抗的最大应力。

（2）延伸率

延伸率是指防水卷材在一定的应变速率下拉断时所产生的最大相对变形率。

（3）抗撕裂强度

当基层产生局部变形或有其他外力作用时，防水卷材常常受到纵向撕扯，防水卷材抵抗纵向撕扯的能力就是抗撕裂强度。

（4）不透水性

防水卷材的不透水性反映卷材抵抗压力水渗透的性质，通常用动水压法测量，其基本原理为：当防水卷材的一侧受到 0.3 MPa 的水压力时，防水卷材另一侧无渗水现象即为透水性合格。

（5）温度稳定性

温度稳定性是指防水卷材在高温下不流淌、不起泡、不发黏，低温下不脆裂的性能，即在一定温度变化下保持原有性能的能力。常用耐热度、耐热性等指标表示。

3. 防水卷材的应用

（1）沥青防水卷材

传统的沥青防水材料虽然在性能上存在一些缺陷，但是它价格低廉、货源充足，结构致密、防水性能良好，对腐蚀性液体、气体抵抗力强，黏附性好、有塑性，能适应基材的变形。随着对沥青基防水材料胎体的不断改进，目前它在工业与民用建筑、市政建筑、地下工程、道路桥梁、隧道涵洞、水工建筑和国防军事等领域得到广泛的应用。

20 世纪五六十年代以来，我国防水材料一直以纸胎石油沥青油毡为代表。由于纸胎耐久性差，现在已基本上被淘汰。目前用纤维织物、纤维毡等改造的胎体和以高聚物改性的沥青卷材已成为沥青防水卷材的发展方向。

（2）高聚物改性沥青防水卷材

石油沥青本身不能满足土木工程对它的性能要求，在低温柔韧性、高温稳定性、抗老化性、黏附能力、耐疲劳性和构件变形的适应性等方面都存在缺陷。因此，常用一些高聚物、矿物填料对石油沥青进行改性，如 SBS 改性沥青、APP 改性沥青、PVC 改性焦油沥青、再生胶改性沥青和废胶粉改性沥青等。

在所有改性沥青中，SBS 改性石油沥青性能最佳（延度 2 000%，冷脆点 $-46 \sim -38\,^\circ\text{C}$，耐热度 $90 \sim 100\,^\circ\text{C}$）；APP 改性石油沥青性能也很好（延度 200%～400%，冷脆点 $-25\,^\circ\text{C}$，耐热度 $110 \sim 130\,^\circ\text{C}$）；再生胶和废胶粉改性石油沥青性能一般（延度 100%～200%，冷脆点 $-20\,^\circ\text{C}$，耐热度 $85\,^\circ\text{C}$），国外已较少采用。

① SBS 改性沥青防水卷材。

SBS 改性沥青防水卷材属于弹性体沥青防水卷材中的一种，是用 SBS 改性沥青浸渍胎基，两面涂以弹性体沥青涂盖层，上表面撒以细砂、矿物粒（片）或覆盖聚乙烯膜，下表面撒以细砂或覆盖聚乙烯膜所制成的一类防水卷材，如图 10.3 所示。

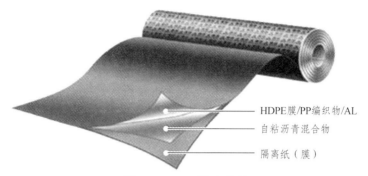

HDPE膜/PP编织物/AL
自粘沥青混合物
隔离纸（膜）

图 10.3　SBS 防水卷材

SBS 卷材按胎基不同分为聚酯胎（PY）和玻纤胎（G）两类；按上表面隔离材料不同分为聚乙烯膜（PE）、细砂（S）和矿物粒（片）料（M）三种；按物理力学性能不同分为Ⅰ型和Ⅱ型。

SBS（苯乙烯-丁二烯-苯乙烯）高聚物属嵌段聚合物，采用特殊的聚合方法使丁二烯两头接上苯乙烯，不需硫化成型就可以获得弹性丰富的共聚物。所有改性沥青中，SBS 改性沥青的性能是目前最佳的。改性后的防水卷材，既具有聚苯乙烯抗拉强度高、耐高温性好，又具备聚丁二烯弹性高、耐疲劳和柔软性好的特性。

SBS 卷材在常温下有弹性，在高温下有热塑性、低温柔韧性好，以及耐热性、耐水性和耐腐蚀性好的特性。其中聚酯毡的机械性能、耐水性和耐腐蚀性最优。玻纤毡价格低，但其强度较低、无延伸性。SBS 卷材适用于工业与民用建筑的屋面和地下防水工程筑防水工程，尤其适用于较低气温环境的建筑防水。

② APP 改性沥青防水卷材。

APP 改性沥青防水卷材属于塑性体沥青防水卷材中的一种。它是用 APP 改性沥青为胎基（玻纤毡、聚酯毡），并涂盖两面，上表面撒以细砂、矿物粒（片）或覆盖聚乙烯膜，下表面撒以细砂或覆盖聚乙烯膜所制成的一类防水卷材，如图 10.4 所示。

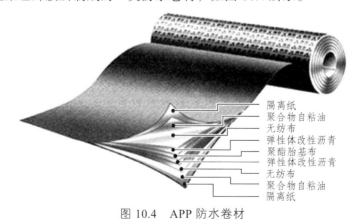

隔离纸
聚合物自粘油
无纺布
弹性体改性沥青
聚酯胎基布
弹性体改性沥青
无纺布
聚合物自粘油
隔离纸

图 10.4　APP 防水卷材

APP 改性沥青防水卷材的性能接近 SBS 改性沥青卷材，突出特点是耐高温性能好，在

130 ℃高温下不流淌，特别适合高温地区或太阳辐照强烈地区使用。另外，APP 改性沥青防水卷材的耐水性、耐腐蚀性好，低温柔韧性较好（但不及 SBS 卷材）。其中聚酯毡的机械、耐水和耐腐蚀性能优良。玻纤毡的价格低，但强度较低，无延伸性。

APP 卷材适用于工业与民用建筑的屋面和地下防水工程，以及道路、桥梁等建筑物的防水，尤其适用于较高气温环境的建筑防水。

（3）合成高分子防水卷材

合成高分子防水卷材是除沥青基防水卷材外，近年来大力发展的防水卷材。合成高分子防水卷材是以合成橡胶、合成树脂或者两者共混体为基料，加入适量的化学助剂、填充料等，经混炼、压延或挤出等而制成的防水卷材或片材。

合成高分子防水卷材耐热性和低温柔韧性好，拉伸强度、抗撕裂强度高，断裂伸长率大，耐老化、耐腐蚀、耐候性好，适应冷施工。

合成高分子防水卷材品种很多，目前最具代表的有合成橡胶类三元乙丙橡胶防水卷材、聚氯乙烯防水卷材和氯化聚乙烯-橡胶共混防水卷材。

① 三元乙丙橡胶（EPDM）防水卷材。

三元乙丙橡胶防水卷材是以三元乙丙橡胶为主要原料，掺入适量的丁基橡胶、硫化剂、促进剂、补强剂和软化剂等，经密炼、拉片、过滤、挤出（或压延）成型、硫化等工序制成的弹性体防水卷材。有硫化型（JL）和非硫化型（JF）两类。

三元乙丙橡胶防水卷材具有优良的耐候性、耐臭氧性和耐热性，是耐老化性能最好的一种卷材，使用寿命可达 30 年以上；同时还具有质量轻（$1.2 \sim 2.0$ kg/m^2）、弹性高、抗拉强度高（大于 7.5 MPa）、抗裂性强（延伸率在 450%以上）、耐酸碱腐蚀等优点，属于高档防水材料。

三元乙丙橡胶防水卷材广泛应用于工业和民用建筑的屋面工程，适合于外露防水层的单层或是多层防水，如易受振动、易变形的建筑防水工程，也可用于地下室、桥梁、隧道等工程的防水，并可以冷施工。三元乙丙橡胶防水卷材的主要技术性质如表 10.1 所示。

聚氯乙烯防水卷材是以聚氯乙烯（PVC）树脂为主要原料，掺加填充料和适量的改性剂增塑剂、抗氧剂、紫外线吸收剂等，经过捏合、混炼、造粒、挤出或压延、冷却卷曲等工序加工而成的防水卷材。

表 10.1　三元乙丙橡胶防水卷材的主要技术性能要求

项目名称		指标值	
		JL1	JF1
断裂拉伸强度/MPa	常温，≥	7.5	4.0
	60 ℃，≥	2.3	0.8
拉断伸长率/%	常温，≥	450	450
	−20 ℃，≥	200	200
撕裂强度/（kN/m），≥		25	18
低温弯折/℃，≤		−40	−30
不透水性/MPa 30 min，≥		0.3 MPa，合格	0.3 MPa，合格

注：JL1——硫化型三元乙丙；JF1——非硫化型三元乙丙。

聚氯乙烯防水卷材根据基料的组成与特性可分为 S 型和 P 型，S 型防水卷材的基料是煤焦油与聚氯乙烯树脂的混合料，P 型防水卷材的基料是增塑的聚氯乙烯树脂。聚氯乙烯防水卷材的特点是价格便宜，抗拉强度和断裂伸长率较高，对基层伸缩、开裂、变形的适应性强；低温柔韧性好，可在较低的温度下施工和应用；卷材的搭接除了可用黏结剂外，还可以用热空气焊接的方法，接缝处严密。聚氯乙烯防水卷材的主要技术性质如表 10.2 所示。

表 10.2　聚氯乙烯防水卷材的主要技术性能要求

项目	P 型			S 型		
	优等品	一等品	合格品	优等品	一等品	合格品
拉伸强度/MPa，≥	11.0	8.0	5.0	11.0	8.0	5.0
断裂伸长率/%，≥	300	200	100	10		
低温弯折性	−20 ℃，无裂纹					
抗渗透性，0.3 MPa，30 min	不透水					

与三元乙丙橡胶防水卷材相比，除在一般工程中使用外，聚氯乙烯防水卷材更适应于刚性层下的防水层及旧建筑混凝土构件屋面的修缮工程，以及有一定耐腐蚀要求的室内地面工程的防水、防渗工程等。

② 氯化聚乙烯-橡胶共混防水卷材。

氯化聚乙烯-橡胶共混防水卷材是以氯化聚乙烯树脂和合成橡胶为主体，加入适量的硫化剂、促进剂、稳定剂、软化剂和填充料，经混炼、过滤、压延或挤出成型、硫化等工序制成的高弹性防水卷材。

它不仅具有氯化聚乙烯所特有的高强度和优异的耐臭氧性能，而且具有橡胶类材料所特有的高弹性、高延伸性和良好的低温柔韧性。这种材料特别适用于寒冷地区或变形较大的建筑防水工程，也可用于地下工程防水；但在平面复杂和异型表面铺设困难，与基层黏结和接缝黏结技术要求高。如施工不当，常有卷材串水和接缝不善现象出现。

合成高分子防水卷材除以上三种典型的品种外，还有很多其他的产品，如氯磺化聚氯乙烯防水卷材和氯化聚乙烯防水卷材等。

10.1.2　防水涂料

防水涂料（Waterproof Coating）是一种流态或半流态的高分子物质，可用刷、喷等工艺涂布在基层表面，经溶剂或水分挥发或各组分间的化学反应，形成具有一定弹性和一定厚度的连续薄膜，使基层表面与水隔绝，起到防水防潮的作用。随着科技的发展，涂料产品不仅要求施工方便、成膜速度快、修补效果好，还须延长使用寿命、适应各种复杂工程的需求。

防水涂料按液态类型一般可分为溶剂型、水乳型和反应型三种。溶剂型的黏结性较好，但污染环境；水乳型的价格较低，但黏结性差。从涂料发展趋势来看，随着水乳型的性能不断提高，应用会越来越广。按成膜物质的主要成分不同，可分为沥青类、高聚物改性沥青类和合成高分子类，如图 10.5 所示。

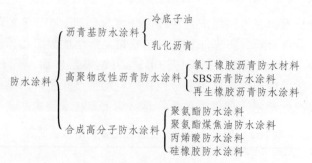

图 10.5　防水涂料材料分类

（1）沥青类防水涂料

沥青类防水涂料是以沥青为基料，通过溶解或形成水分散体构成的防水涂料。沥青防水涂料除具有防水卷材的基本性能外，还具有施工简单、容易维修、适用于特殊建筑物的特点。

直接将未改性或改性的沥青溶于有机溶剂而配制的涂料，称为溶剂型沥青涂料。将石油沥青分散在水中，形成稳定的水分散体而构成的涂料，称为水乳型沥青防水涂料。乳化沥青和高聚物改性沥青涂料，是目前土木工程中应用较广的两类防水涂料。

（2）合成高分子类防水涂料

合成高分子类防水涂料是指以合成橡胶或合成树脂为成膜物质制成的单组分或多组分的防水涂料，其逐渐成为防水涂料的主流产品。可用于Ⅰ、Ⅱ级屋面防水设防中的一道防水或单独用于Ⅲ级屋面防水设防；在地下防水工程中，用作Ⅰ、Ⅱ级防水设防的一道防水或在Ⅲ级防水设防中单独使用。该类材料绿色环保、耐老化性能优良、黏结力强、渗透性好、延伸率好、耐高低温性好，施工方便，应用较广。

10.1.3　建筑密封材料

建筑密封材料（Sealing Material）是指填充于建筑物的各种接缝、裂缝、变形缝、门窗框、幕墙材料周边或其他结构连接处，起水密、气密作用的材料。建筑密封材料的品种很多，具体如图 10.6 所示。

建筑密封材料具有以下性质：

① 非渗透性；

② 优良的黏结性、施工性、抗下垂性；

③ 良好的伸缩性，能经受建筑物及构件因温度、风力、地震、振动等作用引起的接缝变形的反复变化；

④ 具有耐候、耐热、耐寒、耐水等性能。

为保证密封材料的性能，必须对其流变性、低温柔韧性、拉伸黏结性、拉伸-压缩循环性能等技术指标进行测试。

沥青嵌缝油膏性能较差，以煤焦油和聚氯乙烯为主要原料生产的聚氯乙烯类防水密封材料性能也一般，这两种密封材料目前的使用量都在减少。而以性能优良的高分子材料生产的密封材料，如丙烯酸酯密封膏、聚硫密封膏、聚氨酯密封膏、硅酮密封膏等，已成为主导产品，代表了建筑密封材料今后的发展方向。

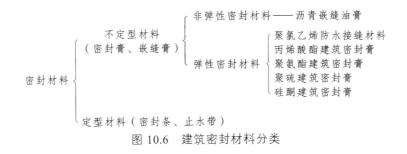

图 10.6　建筑密封材料分类

10.2　保温隔热材料

保温隔热材料（Thermal Insulation Material）是用于减少结构物与环境热交换的一种功能材料。

在建筑中，习惯上把用于控制室内热量外流的材料叫作保温材料；把防止室外热量进入室内的材料叫作隔热材料。保温、隔热材料统称为绝热材料（Heat Insulation Materials）。建筑中要求绝热材料的导热系数（λ）值小于 0.23W/（m·K），热阻（R）值大于 4.35（m²·K）/W，毛体积密度不大于 600 kg/m³，抗压强度大于 0.3 MPa，且构造简单、施工容易造价低廉。绝热材料主要用于屋面、墙体、地面、管道等的隔热与保温，以减少建筑物的采暖和空调能耗，并保证室内的温度适宜于人们工作、学习和生活。

在建筑中合理地使用绝热材料，可以减少能量损失，节约能源，减小外墙厚度，减轻屋面体系的自重及整个建筑物的重量。随着建筑技术和材料科学的发展，以及节约能源的需要，绝热材料已日益为人们所重视。

10.2.1　保温隔热材料的作用原理

传热的基本形式有热传导、热对流和热辐射三种。

1. 热传导

导热是指物体各部分直接接触的物质质点（分子、原子、自由电子）做热运动而引起的热能传递过程。当两点之间存在温度差时，就会产生热能传递现象，热能将由温度较高点传递至温度较低点。

（1）热　阻

当材料的两表面间出现了温度差，热量就会自动地从高温的一面向低温一面传导。在稳定状态下，通过测量热流量、材料两表面的温度及其有效传热面积，材料的热阻按式（10.1）计算。

$$R = \frac{A(T_1 - T_2)}{Q} \tag{10.1}$$

式中　R——热阻（m²·K）；

Q——平均热流量（W）；

T_1——试件热面温度平均值（K）；

T_2——试件冷面温度平均值（K）；

A——试件的有效传热面积（m²）。

（2）热导系数

如果热阻与温度呈线性关系，且试件能代表整体材料，试件具有足够的厚度，则材料的热导系数可用式（10.2）计算：

$$\lambda = \frac{d}{R} = \frac{Qd}{A(T_1 - T_2)} \tag{10.2}$$

式中 λ——导热系数，[W（m·K）]；

d——试件平均厚度（m）。

导热系数是指在稳定传热条件下，1 m厚的材料，两侧表面的温差为1度（K，℃），在1 s内，通过1 m²面积传递的热量，单位为瓦/米·度[W/（m·K）]。材料热导率越小，表示其绝热性越好。

不同的土木工程材料具有不同的热物理性能，衡量其保温隔热性能优劣的指标主要是导热系数λ。导热系数越小，则通过材料传递的热量越少，其保温隔热性能越好。

2. 热对流

对流是指较热的液体或气体因热膨胀使密度减小而上升，冷的液体或气体补充过来，形成分子的循环流动，这样，热量就从高温的地方通过分子的相对位移传向低温的地方。

3. 热辐射

热辐射是指一种靠电磁波来传递能量的过程。通常情况下，在每一实际的传热过程中，往往都同时存在两种或三种传热方式。例如，通过实体结构本身的透热过程，主要是靠导热，但一般建筑材料内部或多或少有些空隙，在空隙内除存在气体的导热外，同时还有对流和热辐射的存在。

保温隔热性能良好的材料是多孔且封闭的，虽然在材料的孔隙内有着空气，起着对流和辐射作用，但与热传导相比，热对流和热辐射所占的比例很小，因此在热工计算时通常不予考虑，而主要考虑热传导。

10.2.2 保温隔热材料导热系数的影响因素

1. 材料的组成及微观结构

不同的材料其导热系数是不同的。一般来说，导热系数以金属最大，非金属次之，液体再次，气体最小。对于同一种材料，其微观结构不同，导热系数也有很大的差异。一般地，结晶体结构的最大，微晶体结构的次之，玻璃体结构的最小。但对于绝热材料来说，由于孔隙率大，气体（空气）对导热系数的影响起主要作用，而固体部分的结构不论是晶态还是玻璃态，对导热系数的影响均不大。

2. 表观密度与孔隙特征

由于材料中固体物质的热传导能力比空气大得多,故表观密度小的材料,因其孔隙率大,导热系数小。在孔隙率相同时,孔隙尺寸愈大,导热系数愈大;连通孔隙的比封闭孔隙的导热系数大。对于纤维状材料,当纤维之间压实至某一表观密度时,其导热系数最小,该表观密度称为最佳表观密度。当纤维材料的表观密度小于最佳表观密度时,其导热系数反而增大,这是由于孔隙增大且相互连通、引起空气对流的结果。

3. 材料的湿度

材料吸湿受潮后,其导热系数增大,这在多孔材料中最为明显。这是由于水的导热系数 0.58 W/(m·K) 远大于密闭空气的导热系数 0.023 W/(m·K)。当绝热材料中吸收的水分结冰时,其导热系数会进一步增大。因为冰的导热系数 2.2 W/(m·K) 是水的 4 倍。因此,绝热材料应特别注意防水防潮。

蒸汽渗透是值得注意的问题,水蒸气能从温度较高的一侧渗入材料。当水蒸气在材料孔隙中达到最大饱和度时就凝结成水,从而使温度较低的一侧表面上出现冷凝水滴。这不仅大大提高了导热性,而且还会降低材料的强度和耐久性。防止的方法是在可能出现冷凝水的界面上,用沥青卷材、铝箔或塑料薄膜等憎水性材料加做隔蒸汽层。

4. 温　度

材料的导热系数随温度的升高而增大。因为温度升高时,材料固体分子的热运动增强,同时材料孔隙中空气的导热和孔壁间的辐射作用也有所增加。但这种影响,当温度在 0~50 ℃ 范围内时并不显著,只有对处于高温或负温下的材料,才要考虑温度的影响。

5. 热流方向

对于各向异性的材料,如木材等纤维质的材料,当热流平行于纤维方向时,热流受阻小,故导热系数大;而热流垂直于纤维方向时,热流受阻大,故导热系数小。以松木为例,当热流垂直于木纹时,导热系数为 0.17 W/(m·K);而当热流平行于木纹时,则导热系数为 0.35 W/(m·K)。

上述各项因素中以表观密度和湿度的影响最大。因而在测定材料的导热系数时,也必须测定材料的表观密度。至于湿度,通常对多数绝热材料可取空气相对湿度为 80%~85%时材料的平衡湿度作为参考值,应尽可能在这种湿度条件下测定材料的导热系数。

10.2.3　常用保温隔热材料

绝热材料按化学成分可分为有机和无机两大类;按材料的构造类型可分为多孔型、纤维型、层状型和散粒型。通常可制成板、片、卷材或管壳等多种形式的制品。

多孔型保温隔热材料主要有加气混凝土、泡沫塑料、泡沫玻璃和微孔硅酸钙等;纤维型保温隔热材料主要有岩棉、矿棉、玻璃棉和陶瓷纤维等;层状型保温隔热材料主要有中空玻璃、热反射玻璃、矿棉毡和酚醛树脂矿棉板等;散粒型保温隔热材料主要有膨胀珍珠岩和膨胀蛭石等。

由于保温隔热材料的强度一般都很低,因此,除了能单独承重的少数材料外,在围护结构中，经常把保温隔热材料层与承重结构材料层复合使用。如建筑外墙的保温层通常做在内侧，以免受大气的侵蚀，但应选用不易破碎的材料，如软木板、木丝板等；如果外墙为砖砌空斗墙或混凝土空心制品，则保温材料可填充在墙体的空隙内，此时可采用散粒材料，如矿渣、膨胀珍珠岩等。屋顶保温层则以放在屋面板上为宜，这样可以防止钢筋混凝土屋面板由于冬夏温差引起裂缝，但保温层上必须加做效果良好的防水层。

除此之外，还要根据工程的特点，考虑材料的吸湿性、温度稳定性、耐腐蚀性等性能以及经济指标。常用的绝热材料品种、性能如表 10.3 及图 10.7 所示。

表 10.3　常用的保温隔热材料性能

序号	名称	表观密度/（kg/m³）	导热系数/[W/（m·K）]
1	矿棉	45~150	0.049~0.44
2	矿棉毡	135~160	0.048~0.052
3	酚醛树脂矿棉板	<150	<0.046
4	玻璃棉（短）	100~150	0.035~0.058
5	玻璃棉（超细）	>18	0.028~0.037
6	陶瓷纤维	140~150	0.116~0.186
7	微孔硅酸钙	250	0.041
8	泡沫玻璃	150~600	0.06~0.13
9	泡沫塑料	15~50	0.028~0.055
10	膨胀蛭石	80~200（堆积密度）	0.046~0.07
11	膨胀珍珠岩	40~300（堆积密度）	0.025~0.048

（a）膨胀蛭石

（b）膨胀珍珠岩

（c）泡沫玻璃

（d）混凝土砌块

图 10.7　常用保温隔热材料

10.3 吸声、隔声材料

随着人们生活水平的提高，对隔绝噪音的要求也越来越高，吸声、隔声材料的应用也越来越广泛且重要。

10.3.1 吸声材料

1. 材料的吸声机理

声音起源于物体的振动，例如说话时喉间声带的振动和击鼓时鼓皮的振动，都能产生声音，声带和鼓皮就叫作声源。声源的振动迫使邻近的空气随着振动而形成声波，并在空气介质中向四周传播。声音沿发射的方向最响，称为声音的方向性。

声音在传播过程中，一部分声能随着距离的增大而扩散，另一部分声能则因空气分子的吸收而减弱。声能的这种减弱现象，在室外空旷处颇为明显，但在室内如果房间的空间并不大，上述的这种声能减弱就不起主要作用，而重要的是室内墙壁、天花板、地板等材料表面对声能的吸收。

当声波传到材料表面时，一部分被反射，另一部分穿透材料，其余的声能转化为热能而被吸收。被材料吸收的声能 E（包括部分穿透材料的声能在内）与原先传递给材料的全部声能 E_0 之比，是评定材料吸声性能好坏的主要指标，称为吸声系数（a），即：

$$a = \frac{E}{E_0} \times 100\%$$

（10.3）

吸声系数是评定材料吸声性能好坏的主要指标。材料的吸声特性除与声波方向有关外，还与声波的频率有关。通常采用 125 Hz、250 Hz、500 Hz、1 000 Hz、2 000 Hz 和 4 000 Hz 等 6 个频率的吸声系数来表示材料的吸声频率特性。凡 6 个频率的平均吸声系数大于 0.2 的材料认为是吸声材料。

吸声机理是声波进入材料内部互相贯通的孔隙,受到空气分子及孔壁的摩擦和黏滞阻力,以及使细小纤维作机械振动，从而使声能转化为热能。吸声材料大多为疏松多孔的材料，如矿渣棉、毯子等。多孔吸声材料的吸声系数，一般从低频到高频逐渐增大，故对高频和中频的吸声效果较好。

2. 吸声材料的种类

（1）多孔吸声材料

多孔吸声材料是比较常用的一种吸声材料，它具有良好的中、高频吸声性能。

多孔吸声材料具有大量内、外连通的微孔和连续的气泡，通气性良好。当声波入射到材料表面时，声波很快地顺着微孔进入材料内部，引起孔隙内的空气振动，由于摩擦，空气黏滞阻力和材料内部的热传导作用，使相当一部分声能转化为热能而被吸收。多孔材料吸声的先决条件是声波易于进入微孔，不仅在材料内部，在材料表面上也应当是多孔的。

多孔性吸声材料与材料的表观密度和内部构造有关。在建筑装修中，吸声材料的表观密度和构造、厚度，材料背后的空气层，以及材料的表面状况，对吸声性能都有影响。

（2）薄板振动吸声结构

将薄木板或胶合板、硬质纤维板、金属板等周边固定在墙或顶棚的龙骨上，并在背后保留一定的空气层，即构成薄板振动吸声结构。此结构的吸声原理是在声波作用下，薄板和空气层的空气发生振动，在板内部和龙骨间出现摩擦损耗，将声能转化成热能，起到吸声作用。通常共振频率在 80～300 Hz。这种材料对低频声波的吸声效果好。

（3）共振吸声结构

共振吸声结构具有封闭的空腔和较小的开口，很像个瓶子。当瓶腔内空气受到外力激荡，会按一定的频率振动，这就是共振吸声器。每个单独的共振器都有一个共振频率，在其共振频率附近，由于颈部空气分子在声波的作用下像活塞一样往复运动，因摩擦而消耗声能。若在腔口蒙一层细布或疏松的棉絮，可以加宽和提高共振频率范围的吸声量，为了获得较宽频带的吸声性能，常采用组合共振吸声结构或穿孔板组合共振吸声结构。

（4）穿孔板组合共振吸声结构

穿孔板组合共振吸声结构是用穿孔的胶合板或硬质纤维板、石膏板、石棉水泥板、铝合金板、薄钢板等，将周边固定在龙骨上并在背后设置空气层而构成。把这种结构看成是多个单独共振吸声器的并联，起扩宽频带作用，特别对中频声波吸声效果好。吸声结构的吸声性能与穿孔板的厚度、穿孔率、孔径、背后空气层厚度及是否填充多孔吸声材料等有关。

（5）柔性吸声材料

具有封闭气孔和一定弹性的材料，其声波引起的空气振动不易传递至内部，只能相应地产生振动，在振动过程中克服材料内部的摩擦而消耗声能，引起声波衰减，如泡沫塑料，这种材料的吸声特性是在一定的频率范围内出现一个或多个吸声频率。

（6）悬挂空间吸声体

将细小多孔的吸声材料制成多种结构形式（如球形、平板形、圆锥形、棱锥形等）、不同规格，悬挂在顶棚上，即构成了悬挂空间吸声体。这种结构不仅具有声波的衍射作用，而且还增加了有效的吸声面积，可显著提高实际吸声效果。

3. 常用吸声材料

多孔吸声材料是应用最广的基本吸声材料，建筑上常用的吸声材料及其性能见表 10.4。

表 10.4　常用吸声材料的吸声系数

分类及名称		厚度/cm	各频率下的吸声系数					
			125 Hz	250	500	1 000	2 000	4 000
无机材料	吸声泥砖	6.5	0.05	0.07	0.10	0.12	0.16	
	石膏板		0.03	0.05	0.06	0.09	0.04	0.06
	水泥蛭石板	4.0		0.14	0.46	0.78	0.50	0.60
	石膏砂浆	2.0	0.24	0.12	0.09	0.30	0.32	0.83
	水泥膨胀珍珠岩板	0	0.16	0.46	0.64	0.48	0.56	0.56

分类及名称		厚度/cm	各频率下的吸声系数					
			125 Hz	250	500	1 000	2 000	4 000
无机材料	水泥砂浆	1.7	0.21	0.16	0.25	0.40	0.42	0.48
	砖（清水墙面）		0.02	0.03	0.04	0.04	0.05	0.05
有机材料	软木板	2.5	0.05	0.11	0.25	0.63	0.70	0.70
	木丝板	3.0	0.10	0.36	0.62	0.53	0.71	0.90
	三夹板	0.3	0.21	0.73	0.21	0.19	0.08	0.12
	穿孔五夹板	0.5	0.01	0.25	0.55	0.30	0.16	0.19
	木花板	0.8	0.03	0.20	0.03	0.03	0.04	
	木质纤维板	1.1	0.06	0.15	0.28	0.30	0.33	0.31
多孔材料	泡沫塑料	4.4	0.11	0.32	0.52	0.44	0.52	0.33
	脲醛泡沫塑料	5.0	0.22	0.29	0.40	0.68	0.95	0.94
	泡沫水泥	2.0	0.18	0.05	0.22	0.48	0.22	0.32
	吸声蜂窝板		0.27	0.12	0.42	0.86	0.48	0.30
	泡沫塑料	1.0	0.03	0.06	0.12	0.41	0.85	0.67
纤维材料	矿渣棉	3.13	0.10	0.21	0.60	0.95	0.85	0.72
	玻璃棉	5.0	0.06	0.08	0.18	0.44	0.72	0.82
	脲醛玻璃纤维板	8.0	0.25	0.55	0.08	0.92	0.98	0.95
	工业毛毡	3.0	0.10	0.28	0.55	0.60	0.60	0.56

10.3.2 隔声材料

能减弱或隔断声波传递的材料称为隔声材料（Sound insulation material）。吸声性能好的材料，不能简单地把它们作为隔声材料来使用。

按照声音的传播规律分析，声波在围护结构中的传递基本上分为下列三种途径。

① 经过空气直接传播，即通过围护结构的缝隙和孔洞传播。例如，开敞的门窗，通风管道，电缆管道及门窗的缝隙。

② 透过围护结构传播，经过空气传播的声波到达密实墙壁时，在声波的作用下，墙壁将受到激发而产生振动，使声音透过墙壁而传到邻室去。

③ 由于建筑物中的机械的振动或撞击的直接作用，使围护结构产生振动而发声。

前两种情况，声音是在空气中传播的，如讲话、收音机声、航空噪声等，一般称为"空气声"或"空气传声"。而第三种情况，是振动直接撞击构件使构件发声，这种声音传播的方式称为"固体声"或"固体传声"，但最终仍是经过空气传至接受者。

1. 空气声的隔绝

（1）门窗的隔声

由于门窗结构的轻薄，其结构受空气声影响较大，同时门窗还存在较多的缝隙，因此门窗的隔声能力比密实的墙面效果低得多，因此门窗隔声要从两方面加以解决，以提高其隔声量。

① 隔声门。对于隔声要求较高的门（30～45 dB），在某些场合，可以采用构造简单的钢筋混凝土门扇，它还有足够的防火能力。在要求较高的场合，我们采用钢制的隔声门，门缝用特制橡胶密封，门扇填充吸声的多孔吸声材料。对于经常开敞的隔声门，为达到更高的隔声量，可以设置所谓的"声闸"来提高其隔声量，"声闸"是一个高吸声量的过渡空间，其设置原理类似在空调房间中设置过渡门厅的功能。

② 隔声窗。在设计要求较高的隔声窗时，首先要保证窗玻璃有足够的厚度，层数在两层以上；同时，两层玻璃不能平行，以免引起共振。其次保证玻璃与窗框、窗框与墙体之间密封。两层玻璃之间的窗樘上，应布置强吸声材料，可以增加窗的隔声量。同时，为了避免隔声窗的吻合效应，双层玻璃的厚度不应该相同，否则会产生共振。

对空气声的隔绝，主要是依据声学中的"质量定律"，即材料的表观密度越大，越不易受声波作用而产生振动，其声波通过材料传递的速度迅速减弱，隔声效果越好。因此，应选用表观密度大的材料（如钢筋混凝土、实心砖等）作为隔绝空气声的材料。

2. 撞击声的隔绝

建筑物中对撞击声的隔绝是很重要的问题。与空气声相比，它的影响范围更广，并且由撞击引起的撞击声一般比较高。撞击声的产生是由于振源撞击楼板，楼板受迫振动而发声，同时由于楼板与四周的墙体是刚性连接，将振动能量沿结构向四周传播，导致其他结构也辐射能量。因此，一般地说，我们在处理撞击隔声时主要有以下 3 种处理措施：

① 在楼板的面层作处理，使撞击声减弱，以降低楼板的振动。例如，我们在楼板上做弹性地层（橡胶、塑料、地毯、软木等），来减弱撞击声的能量，这种处理方法对降低高频声的效果显著。

② 在楼板受到撞击产生振动时，使面层和结构层进行减振而减弱振动的传播，并不使振动传播给其他刚性结构。例如，在楼板结构与面层之间做弹性垫层的浮筑地板。

③ 当楼板整体被撞击时，则可用空气声隔绝的办法来降低楼板产生的固体声。例如，我们在楼板做吊顶，并采用弹性连接，称为"分离式吊顶"。

对固体声隔绝的最有效措施是隔断其声波的连续传递，即在产生和传递固体声的结构（如梁、框架、楼板与隔墙以及它们的交接处等）层中加入具有一定弹性的衬垫材料，如软木、橡胶、毛毡、地毯或设置空气隔离层等，以阻止或减弱固体声的继续传播。

由上述可知，材料的隔声原理与材料的吸声原理是不同的，吸声效果好的多孔材料其隔声效果不一定好。

10.4　建筑装饰材料

在建筑上，把铺设、粘贴或涂刷在建筑内外表面，主要起装饰作用的材料，称为装饰材料（Decorative material）。装饰材料的外观应满足颜色、光泽、透明性、特定的表面组织、一定的形状和尺寸以及美观的立体造型等方面的基本要求。

装饰材料除了起到装饰作用，满足人们的美感需要以外，还起着保护建筑主体结构和改善建筑物使用功能的作用，使建筑物耐久性提高，并使其保温隔热、吸声隔声、采光等居住功能改善。

10.4.1 建筑装饰材料的分类

根据化学成分的不同，建筑装饰材料可分为无机装饰材料、有机装饰材料和复合装饰材料三大类，具体如表 10.5 所示。

表 10.5　建筑装饰材料的化学成分分类

<table>
<tr><td rowspan="11">建筑装饰材料</td><td rowspan="8">无机装饰材料</td><td rowspan="2">金属装饰材料</td><td>黑色金属</td><td colspan="2">钢、不锈钢、彩色涂层钢板等</td></tr>
<tr><td>有色金属</td><td colspan="2">铝及铝合金、铜及铜合金等</td></tr>
<tr><td rowspan="6">非金属装饰材料</td><td rowspan="2">胶凝材料</td><td>气硬性胶凝材料</td><td>石膏、石灰、装饰石膏制品</td></tr>
<tr><td>水硬性胶凝材料</td><td>白水泥、彩色水泥等</td></tr>
<tr><td colspan="2">装饰混凝土及装饰砂浆、白色及彩色硅酸盐制品</td></tr>
<tr><td colspan="2">天然石材</td><td>花岗石、大理石等</td></tr>
<tr><td colspan="2">烧结与熔融制品</td><td>烧结砖、陶瓷、玻璃及其制品、岩棉及其制品等</td></tr>
<tr><td rowspan="2">有机装饰材料</td><td colspan="2">植物材料</td><td>木材、竹材、藤材等</td></tr>
<tr><td colspan="2">合成高分子材料</td><td>各种建筑塑料及其制品、涂料、胶黏剂、密封材料等</td></tr>
<tr><td rowspan="4">复合装饰材料</td><td colspan="2">无机材料基复合材料</td><td>装饰混凝土、装饰砂浆等</td></tr>
<tr><td rowspan="2">有机材料基复合材料</td><td colspan="2">树脂基人造装饰石材、玻璃钢等</td></tr>
<tr><td colspan="2">胶合板、竹胶板、纤维板、保丽板等</td></tr>
<tr><td colspan="3">其他复合材料</td><td>塑钢复合门窗、涂塑钢板、涂塑铝合金板等</td></tr>
</table>

根据装饰部位的不同，建筑装饰材料可分为外墙装饰材料、内墙装饰材料、地面装饰材料和顶棚装饰材料等四大类，如表 10.6 所示。

表 10.6　建筑装饰材料按装饰部位分类

外墙装饰材料	包括外墙、阳台、台阶、雨篷等建筑物全部外露部位装饰材料	天然花岗岩、陶瓷装饰制品、玻璃制品、地面涂料、金属制品、装饰混凝土、装饰砂浆
内墙装饰材料	包括内墙墙面、墙裙、踢脚线、隔断、花架等内部构造所用的装饰材料	壁纸、墙布、内墙涂料、织物饰品、人造石材、内墙釉面砖、人造板材、玻璃制品、隔热吸声装饰板
地面装饰材料	指地面、楼面、楼梯等结构所用的装饰材料	地毯、地面涂料、天然石材、人造石材、陶瓷地砖、木地板、塑料地板
顶棚装饰材料	指室内及顶棚装饰材料	石膏板、珍珠岩装饰吸声板、钙塑泡沫装饰吸声板、聚苯乙烯泡沫塑料装饰吸声板、纤维板、涂料

10.4.2 装饰石材

1. 天然石材

所谓天然石材（Natural Stone），是指从天然岩体中开采出来的毛料，或经过加工成为板状或块状的饰面材料。天然石材资源丰富，强度高，耐久性好，加工后具有很强的装饰效果，是一种重要的装饰材料。天然石材种类很多，用于建筑装饰用饰面材料的主要有花岗石板和大理石板两大类。

（1）花岗石板

花岗石（Granite）是一种火成岩，属硬石材。花岗岩的化学成分随产地不同而有所区别，其主要矿物成分是长石、石英，并含有少量云母和暗色矿物。花岗石常呈现出一种整体均粒状结构，正是这种结构使花岗石具有独特的装饰效果，其耐磨性和耐久性优于大理石，既适用于室外装饰，也适用于室内装饰。

花岗石板根据加工程度不同分为粗面板材（如剁斧板、机刨板等）、细面板材和镜面板材三种。其中粗面板材表面平整、粗糙，具有较规则的加工条纹，主要用于建筑外墙面、柱面、台阶、勒脚、街边石和城市雕塑等部位，能产生近看粗犷、远看细腻的装饰效果；而镜面板材是经过锯解后，再经研磨、抛光而成，产品色彩鲜明、光泽动人、形象倒映，极富装饰性，主要用于室内外墙面、柱面、地面等。某些花岗岩含有微量放射性元素，对这类花岗岩应避免在室内使用。

（2）大理石板

大理石（Marble）因盛产于大理而得名。从岩石的形成来看，它属于变质岩，即由石灰岩或白云岩变质而成。大理石主要成分为碱性物质碳酸钙（$CaCO_3$），不耐酸，空气和雨水中所含的酸性物质和盐类对大理石有腐蚀作用，故大理石不宜用于建筑物外墙和其他露天部位。大理石主要用作室内高级饰面材料，也可以用作室内地面或踏步（耐磨性次于花岗石）。

2. 人造石材

人造石材（Artificial stone）是采用无机或有机胶凝材料作为黏结剂，以天然砂、碎石、石粉等为粗、细填充料，经成型、固化、表面处理而成的一种人造材料。常见的有人造大理石和人造花岗石，其色彩和花纹均可根据要求设计制作，如仿大理石、仿花岗石等，还可以制作成弧形、曲面等天然石材难以加工的复杂形状。

人造石材具有天然石材的质感，色泽鲜艳、花色繁多、装饰性好；重量轻、强度高；耐腐蚀、耐污染；可锯切、钻孔，施工方便。适用于墙面、门套或柱面装饰，也可作台面及各种洁具，还可加工成浮雕、工艺品等。与天然石材相比，人造石是一种较经济的饰面材料。除以上优点外，人造石材还存在一些缺点，如有的品种表面耐刻画能力较差，某些板材使用中会发生翘曲变形等，随着对人造石材制作工艺、原料配比的不断改进、完善，这些缺点可得到一定克服。

3. 复合型人造石材

这种人造石材采用无机和有机两类胶凝材料。先用无机胶凝材料（各类水泥或石膏）将填料黏结成型，再将所成的坯体浸渍于有机单体（苯乙烯、甲基丙烯酸甲酯、醋酸乙烯或丙烯腈等）中，使其在一定的条件下聚合而成。

10.4.3 建筑陶瓷

凡以黏土、长石和石英为基本原料，经配料、制坯、干燥和熔烧而制得的成品，统称为陶瓷制品。用于建筑工程的陶瓷制品，则称为建筑陶瓷（Ceramics），主要包括釉面砖、外墙面砖、地面砖、陶瓷锦砖、玻璃制品和卫生陶瓷等。

根据陶瓷原料杂质的含量、烧结温度高低和结构紧密程度，把陶瓷制品分为陶质、瓷质和炻质三大类。

陶质制品结构多孔、吸水率大（低的 9%~11%，高的 18%~22%）、表面粗糙，敲击声哑。通常根据其原料杂质含量的不同及施釉状况又可分为粗陶和精陶：粗陶一般不粗筑常用的烧结黏土砖、瓦均为粗陶制品；细陶一般要经素烧、施釉和釉烧工艺，根据施釉状况呈白、乳白、浅绿等颜色，建筑上所用的釉面砖（内墙砖）即为此类。

瓷质制品焙烧温度较高、结构紧密，基本上不吸水（吸水率小于 1%），有一定透明性，其表面均施有釉层。瓷质制品多为日用制品、美术用品等。

炻质制品性能介于陶质制品和瓷质制品之间，也称半瓷。结构较陶质制品紧密，吸水率较小（细炻小于 2%，粗炻 4%~8%）。建筑饰面用的外墙面砖、地砖和陶瓷锦砖（马赛克）等均属于此类。

1. 陶瓷制品的表面装饰

陶瓷制品的表面装饰方法很多，常用的有以下几种：

（1）施釉

釉是指附着于陶瓷坯体表面的连续玻璃质层。它与玻璃有很多相类似的物理与化学性质。釉具有均质玻璃体所具有的很多性质，如没有固定熔点而只有熔融范围、具有亮丽的光泽、透明感好等。

施釉是对陶瓷制品进行表面装饰的主要方法之一，也是最常用的方法。烧结的坯体表面一般粗糙无光，多孔结构的陶坯更是如此，这不仅影响产品装饰性和力学性能，而且也容易被玷污和吸湿。对坯体表面采用施釉工艺之后，其产品表面会变得平滑光亮、不吸水、不透气，并能够大大地提高产品的机械强度和装饰效果。

（2）彩绘

彩绘是在陶瓷坯体的表面绘以彩色图案花纹，以大大提高陶瓷制品的装饰性。陶瓷彩绘可分为釉下彩绘和釉上彩绘两种。

釉下彩绘是在生坯上进行彩绘，然后喷涂上一层透明釉料，再经釉烧而成。釉下彩绘的特征在于彩绘画面是在釉层以下，受到釉层的保护，从而不易被磨损，使得画面效果能得到较长时间的保持。

釉上彩绘是在已经釉烧的陶瓷釉面上，使用低温彩料进行彩绘，再在 600~900 ℃的温度下经彩烧而成。由于釉上彩的彩烧温度低，使得陶瓷颜料的选择性大大提高，可以使用很多釉下彩绘不能使用的原料，这使彩绘色调十分丰富、绚烂多彩。而且，由于彩绘是在强度相当高的陶瓷坯体上进行，可以采用机械化生产，大大提高了生产效率、降低了成本。因此，釉上彩绘的陶瓷价格便宜，应用量远远超过釉下彩绘的制品。釉上彩绘由于没有了釉层的保护，在使用过程中图案易被磨损，因颜料中加入一种含铅的原料，还会对人体产生有害影响。

（3）贵金属装饰

高级贵重的陶瓷制品，常常采用金、铂、钯、银等贵金属对陶瓷进行装饰加工，这种陶瓷表面装饰方法被称为贵金属装饰。其中最为常见的是以黄金为原料进行表面装饰，如金边、图画描金装饰方法等。

2. 常用建筑陶瓷制品

常用的建筑装饰制品有釉面内墙砖、陶瓷墙地砖、陶瓷锦砖和建筑琉璃制品。

（1）釉面内墙砖

釉面砖是用于建筑物内墙面装饰的薄板精陶制品，又称内墙面砖。它表面施釉，制品经烧成后表面平滑、光亮，颜色丰富多彩，图案五彩缤纷，是一种高级内墙装饰材料。釉面砖除装饰功能外，还具有防水、耐火、抗腐蚀、热稳定性良好、易清洗等特点。

因为釉面砖为多孔坯体，吸水率较大，会产生湿胀现象，而其表面釉层的吸水率和湿胀性又很小，再加上冻胀现象的影响，会在坯体和釉层之间产生应力。当坯体内产生的胀应力超过釉层本身的抗拉强度时，就会导致釉层开裂或脱落，严重影响饰面效果。因此釉面砖不能用在室外。

（2）陶瓷墙地砖

陶瓷墙地砖是外墙面砖和地面砖的统称。陶瓷墙地砖属炻质或瓷质陶瓷制品，是以优质陶土为主要原料，加入其他辅助材料配成生料，经半干压后在 1 100 ℃ 左右的温度环境中焙烧而成。外墙砖和地砖虽然在外观形状、尺寸及使用部位上都有不同，但由于它们在技术性能上的相似性，使得部分产品既可用于墙面装饰，也可用于地面装饰，成为墙地通用面砖。因此，我们通常把外墙面砖和地面砖统称为陶瓷墙地砖。而且，墙地两用也是其主要的发展方向之一。

（3）陶瓷锦砖

陶瓷锦砖俗称"马赛克"，是以优质瓷土烧制成的、长边小于 50 mm 的小块瓷砖有挂釉和不挂釉两种，现在的主流产品大部分不挂釉。陶瓷锦砖的规格较小，直接粘贴很困难，故在产品出厂前按各种图案粘贴在牛皮纸上（正面与纸相粘），每张牛皮纸制品为一"联"，联的边长有 284.0 mm、295.0 mm、305.0 mm、325.0 mm 四种。应用基本形状的锦砖小块，每联可拼贴成变化多端的拼画图案，具体使用时，联和联可连续铺粘形成连续的图案饰面，常用的几种基本拼花图案如图 10.8 所示。

陶瓷锦砖具有美观、不吸水、防滑、耐磨、耐酸、耐火以及抗冻性好等性能。陶瓷锦砖由于块小，不易踩碎，因此主要用于室内地面装饰，如浴室、厨房、卫生间等环境的地面工程。陶瓷锦砖也可用于内、外墙饰面，并可镶拼成有较高艺术价值的陶瓷壁画，提高其装饰效果并增强建筑物的耐久性。

（4）建筑琉璃制品

琉璃制品是我国陶瓷宝库中的古老珍品，是我国古建筑中最具代表性和特色的部分，主要用于具有民族风格的房屋以及建筑园林中的亭台、楼阁等。在古建筑中，它的使用按照建筑形式和等级，有着严格的规定，在搭配、组装上也有极高的构造要求。

琉璃制品是以难熔黏土做原料，经配料、成型、干燥、素烧、表面涂以琉璃釉料后，再经烧制而成。琉璃制品属于精陶瓷制品，颜色有金、黄、绿、蓝、青等。品种分为三类：瓦类（板瓦、筒瓦、沟头）、脊类和饰件类（物、博古、兽等）。

琉璃制品表面光滑、色彩绚丽、造型古朴、坚实耐用，富有民族特色。其彩釉不易剥落，装饰耐久性好，比瓷质饰面材料容易加工，且花色品种很多。

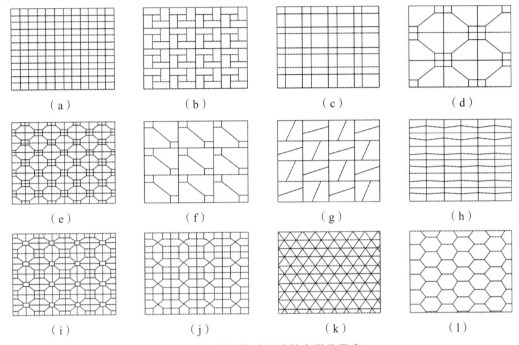

图 10.8　陶瓷锦砖几种基本拼花图案

10.4.4　建筑玻璃

玻璃（Glass）是以石英砂钝碱长石石灰石等为主要原料经 $1\,300 \sim 1\,600$ °C 高温熔融成型冷却固化后得到的透明非晶态无机物。普通玻璃的化学组成主要是 SiO_2、Na_2O、K_2O、CaO 及少量 Al_2O_3、MgO 等，如在玻璃中加入某些金属氧化物、化合物，可制成各种特殊性能的玻璃。普通清洁玻璃的透光率达82%以上，为典型的脆性材料，在冲击力作用下易破碎；热稳定性差，急冷急热时易破裂；化学稳定性好，抗盐和酸侵蚀的能力强；表观密度较大，为 $2\,450 \sim 2\,550$ kg/m³；导热系数较大，一般为 0.75 ~ 0.92 W/（m·K）。

建筑玻璃泛指平板玻璃及由平板玻璃制成的深加工玻璃，也包括玻璃空心砖和玻璃马赛克等玻璃类建筑材料。建筑玻璃按其功能一般分为以下几类：

（1）平板玻璃

这类玻璃主要利用其透光和透视特性，用作建筑物的门窗、橱窗及屏风等装饰。这一类玻璃制品包括普通平板玻璃、磨砂平板玻璃、磨光平板玻璃、花纹平板玻璃和浮法平板玻璃。

（2）饰面玻璃

这类玻璃主要利用其表面色彩图案花纹及光学效果等特性，用于建筑物的立面装饰和地坪装饰。

（3）安全玻璃

这类玻璃主要利用其高强度、抗冲击及破碎后不具有损伤人的危险性等特性，用于装饰建筑物安全门窗、阳台走廊、采光天棚、玻璃幕墙等。

（4）功能玻璃

这类玻璃一般是有吸热或反射热、吸收或反射紫外线、光控或电控变色等特性。

如在玻璃中加入着色氧化物或在玻璃表面喷涂氧化物膜层，则可制成吸热玻璃。研究表明随吸热玻璃的颜色和厚度不同，对太阳的辐射热吸收程度也不同。6 mm 厚的蓝色吸热玻璃能挡住 40%左右的太阳辐射热。在玻璃表层镀覆金属膜或金属氧化物膜层可制成热反射玻璃。6 mm 厚的热反射玻璃能反射 67%左右的太阳辐射热。吸热玻璃和热反射玻璃可克服温、热带建筑物普通玻璃窗的暖房效应，减少空调能耗，取得较好的节能效果；同时，能吸收紫外线，使刺目耀眼的阳光变得柔和，起到防眩的作用；具有一定的透明度，能清晰地观察室外景物，色泽经久不衰，能增加建筑物美感。

（5）玻璃砖

这一类是块状玻璃制品，主要用于屋面和墙面装饰，包括特厚玻璃、玻璃空心砖、玻璃锦砖、泡沫玻璃等。

10.4.5 建筑装饰涂料

涂饰于物体表面，能与基体材料很好黏结并形成完整而坚韧的保护膜的物料，称为涂料（Coating）。涂料与油漆是同一概念。油漆是人们沿用已久的习惯名称，引进我国后，就一直在建筑行业使用。涂料的作用可以概括为三个方面，即保护作用、装饰作用和特殊功能作用。涂料由主要成膜物质、次要成膜物质、稀释剂和助剂组成。

1. 建筑装饰涂料组成

（1）主要成膜物质

主要成膜物质在涂料中主要起到成膜及黏结填料和颜料的作用，使涂料在干燥或固化后能形成连续的涂层。主要成膜物质的性质，对形成涂膜的坚韧性、耐磨性、耐候性、化学稳定性，以及涂膜的干燥方式（是常温干燥或是固化剂固化干燥等）起着决定性作用。主要成膜物质应具有较好的耐碱性，能常温固化成膜，具有较好的耐水性和良好的耐候性，以及要求材料来源广、资源丰富、价格便宜等特点。建筑涂料中常用的主要成膜物质有水玻璃、硅溶胶、聚乙烯醇、聚乙烯醇缩甲醛、丙烯酸树脂、环氧树脂、醋酸乙烯-丙烯酸酯共聚物、氯乙烯-偏氯乙烯共聚物、环氧树脂、聚氨酯树脂、氯磺化聚乙烯等。

（2）次要成膜物质

被称为涂料的次要成膜物质是指涂料中所用的颜料和填料，它们也是构成涂膜的组成部分，并以微细粉状均匀地分散在涂料介质中，赋予涂膜以色彩、质感，使涂膜具有一定的遮盖力，减少收缩，还能增加膜层的机械强度，防止紫外线的穿透，提高涂膜的抗老化性、耐候性。次要成膜物质不能离开主要成膜物质而单独组成涂膜。常用的颜料应具有以下特点：① 良好的耐碱性，因为建筑物墙面和地面多为水泥混凝土材料，属碱性物质；② 较好的耐候性，因为建筑涂料常与大气接触，直接受到阳光、氧气与热的作用；③ 资源丰富、价格便宜；④ 无放射性污染，安全可靠。常用的颜料有氧化铁红、氧化铁黄、氧化铁绿、氧化铁棕、氧化铬绿、钛白、锌钡白、红丹、铝粉等。填料的主要作用在于改善涂料的涂膜性能，降低生产成本。填料主要是一些碱土金属盐、硅酸盐和镁、铝的金属盐等，主要有重晶石粉（$BaSO_4$）、轻质碳酸钙（$CaCO_3$）、重碳酸钙、滑石粉（$3MgO \cdot 4SiO_2 \cdot H_2O$）、硅灰石粉（$CaSiO_3$）、云母（$K_2O \cdot Al_2O_3 \cdot 6SiO_2 \cdot H_2O$）等。

（3）稀释剂

稀释剂为挥发性溶剂或水，主要起到溶解或分散基料、改善涂料施工性能等作用。稀释剂是一种能溶解油料、树脂，又易于挥发，能使树脂成膜的有机物质。它将油料、树脂稀释并能把颜料和填料均匀分散，调节涂料的黏度，使涂料便于涂刷、喷涂，在基体材料表面形成连续薄层。溶剂还可增加涂料的渗透力，改善涂料与基材的黏结能力，节约涂料用量等。

常用的溶剂有松香水、酒精、200 号溶剂汽油、苯、二甲苯、丙醇等。这些有机溶剂都容易挥发有机物质，对人体有一定影响，需按相关国标进行限量。对乳胶型涂料，是借助具有表面活性的乳化剂，以水为稀释剂，而不采用有机溶剂。

（4）助 剂

助剂是为进一步改善或增加涂料的某些性能而加入的少量物质。通常使用的有增白剂、防污剂、分散剂、乳化剂、润湿剂、稳定剂、增稠剂、消泡剂、硬化剂和催干剂等。

涂料的技术性能包括物理力学性能和化学性能，主要有涂膜颜色、遮盖力、附着力、黏结强度、耐冻融性、耐污染性、耐候性、耐水性、耐碱性及耐刷洗性等。对不同类型的涂料，还有一些不同的特殊要求。

2. 建筑装饰涂料分类

建筑涂料品种繁多，有多种分类方法，其中可按在建筑物上的使用部位的不同来分类。

（1）墙面涂料

分为外墙涂料和内墙涂料，内墙涂料可作为顶棚涂料。墙面涂料的作用是为了保护墙体和装饰墙体的立面，提高墙体的耐久性或弥补墙体在功能方面的不足。但有些内墙涂料会对室内环境造成污染，国家标准《建筑用墙面涂料中有害物质限量》（GB 18582—2020）对室内装饰装修用墙面涂料中对人体有害的物质做了规定。对外墙涂料的要求比内墙涂料的更高些，因为它的使用条件严酷，保养更换也较困难。

墙面涂料应具有以下特点：色彩丰富、细腻、协调；耐碱、耐水性好，且不易粉化；良好的透气性和吸湿排湿性；涂刷施工方便，可手工作业，也可机械喷涂。

（2）地面涂料

它对地面起装饰和保护作用，有的还有特殊功能，如防腐蚀、防静电等。地面涂料需有以下性能：较好的耐磨损性、良好的耐碱性、良好的耐水性、良好的抗冲击性，以及施工方便、重涂性能好。

（3）防水涂料

形成的涂膜能防止雨水或地下水渗漏的涂料。用防水涂料来取代传统的沥青卷材，可简化施工程序，加快施工速度。防水涂料应具有良好的柔性、延伸性，使用中不应出现龟裂、粉化。

（4）防火涂料

防火涂料又称阻燃涂料，它是一种涂刷在建筑物某些易燃材料表面上，能够提高易燃材料的耐火能力，为人们提供一定灭火时间的一类涂料。可分为钢结构防火涂料、木结构防火涂料和混凝土防火涂料。

（5）特种涂料

它除具有保护和装饰作用外，还具有特殊功能，如卫生涂料、防静电涂料和发光涂料等。

【拓展与延伸】

生态环保型建筑功能基元材料

具有人性化设计、生态友好、空气无污染的人居环境一直是人们追求的目标。然而近年来，居室环境污染却越来越严重，在住宅和办公大楼等建筑物内，不断地出现建筑物综合征、建筑物关联症和化学物质过敏症等。如何消除或减少由于居室环境污染而造成对人体健康的危害，研究和开发具有抗菌、净化有害气体、防氡（防辐射）、调温（调湿）、吸声隔热、医疗保健等功能生态环保型建筑基元材料已成为当前人们关注的焦点。

生态建筑功能基元材料是指符合生态学与环境学原理的环境协调功能性微集料。生态功能建筑基元材料从作用属性上看与功能材料相同，但功能材料的范围更大，包括功能制品与物质基本成分，而生态功能基元材料则类似材料的"基因"或"材料芯片"，是具有一种或多种功能的普通材料的基础功能组分，且具有生态性、环保性和健康性，属于功能材料的一部分，是构成大量功能材料的基元。

生态功能基元材料根据其具有的生态性可划分为：光催化净化功能基元材料、空气负离子保健功能基元材料、电磁屏蔽功能基元材料、抗菌（防霉、驱虫）功能基元材料、防氡（防辐射）功能基元材料、调温（调湿）功能基元材料、阻燃功能基元材料、远红外保健功能基元材料、导电（抗静电）功能基元材料、吸音隔热功能基元材料等。

生态功能基元材料将保护功能基材（防火、防水、防蚀）与环保功能基材（空气净化、节能、空气负离子）复合；将有益人体健康功能（抗菌、杀虫、防辐射、防氡、抗静电等）与环保功能（调温、调湿、空气净化）复合。利用复合化技术，制备多功能复合建筑功能材料，满足建筑材料功能多元化及人性化的要求。同时，在产品研发时，应最大限度地利用各类资源，尽量减少原材料的使用量和种类，特别是稀有昂贵的原材料；不使用有毒、有害的原材料；具有优良的环境协调性，即从产品生产、使用到废弃、再生利用的各个环节都对环境造成的负荷最低，使生态环保型建筑功能材料的发展符合 LCA（life circle assessment）评估标准。

【复习与思考】

① 工程上常用的防水材料有哪几大类？

② SBS 改性沥青防水卷材与 APP 改性沥青防水卷材的主要性质及用途是什么？

③ 什么是绝热材料？影响材料导热性的主要因素有哪些？

④ 建筑上常用的吸声材料及其吸声结构有哪几种？

⑤ 吸声材料和绝热材料在结构上有什么差别？

练习题

下 篇

土木工程材料试验方法

第 11 章　水泥常规试验

依据《通用硅酸盐水泥》（GB 175—2023）、《水泥细度检验方法筛析法》（GB/T 1345—2005）、《水泥标准稠度用水量、凝结时间、安定性检验方法》（GB/T 1346—2011）、《水泥胶砂强度检验方法（ISO 法）》（GB/T 17671—2021）进行。

11.1　试验目的

① 通过试验，熟悉水泥的主要技术性质，掌握水泥净浆标准稠度用水量试验方法，为水泥的凝结时间、安定性试验提供用水量数据。

② 了解水泥凝结时间、水泥体积安定性、水泥细度试验方法，深入理解所学理论知识及其概念。

③ 学会使用试验中的主要仪器设备。

11.2　试验取样

① 散装水泥：以同一厂家、同一品种、同一强度等级、以一次运进的同一出厂编号的水泥为一批，但一批的总量不能超过 500 t。随机地从不少于 3 个车罐中各取等量水泥，经拌和均匀后，再从中称取不少于 12 kg 水泥作为检验试样。

② 袋装水泥：以同一厂家、同一品种、同一强度等级、以一次运进的同一出厂编号的水泥为一批，但一批的总量不能超过 200 t。随机地从不少于 20 袋中各取等量水泥，经拌和均匀后，再从中称取不少于 12 kg 水泥作为检验试样。

③ 取得的水泥试样应充分混合并过 0.9 mm 方孔筛后均匀分成试验样和封存样。封存样密封保存 3 个月。

11.3　试验条件

① 试验用水必须是洁净的饮用水，有争议时应以蒸馏水为准。

② 试验室的温度应保持在（20±2）℃范围内，相对湿度不低于 50%；养护箱或养护室温度应保持在（20±1）℃范围内，相对湿度不低于 90%；养护池水温为（20±1）℃。

③ 水泥试样、中国 ISO 标准砂、拌和水及试模等温度均应与试验室温度相同。

11.4　试验内容

11.4.1　水泥细度试验

细度可用透气式比表面仪或筛析法测定，这里主要介绍筛析法中的负压筛析法、水筛法和手工筛析法。

1. 负压筛析法

（1）主要仪器设备

负压筛析仪、天平等。

（2）试验方法

筛析试验前，应把负压筛放在筛座上，盖上筛盖，接通电源，检查控制系统，调节负压至 4 000～6 000 Pa。称取试样 25 g，置于洁净的负压筛中，盖上筛盖，放在筛座上，开动筛析仪连续筛析 2 min，此间若有试样附着在筛盖上，可轻轻地敲击，使试样落下。筛毕，用天平称量筛余物（精确至 0.01 g），记为 R_s。

工作负压小于 4 000Pa 时，应清理吸尘器内水泥，使负压恢复正常。

2. 水筛法

（1）主要仪器设备

水筛、筛支座、喷头、天平、烘箱等。

（2）试验方法

① 筛析试验前，应检查水中有水泥、砂，调整好水压及水筛架位置，使其能够正常运转，并控制喷头底面和筛网之间距离为 35～75 mm。

② 水泥试样应充分拌匀，通过 0.9 mm 方孔筛，并记录筛余量。

③ 称取水泥试样 50 g（精确至 0.01 g），置于洁净的水筛中，立即用淡水冲洗至大部分细粉通过，将筛子放在水筛架上，用水压为（0.05±0.02）MPa 的喷头连续冲洗 3 min。

④ 筛毕，用少量水把筛余物冲至蒸发皿中，待水泥颗粒全部沉淀后，小心倒出清水，烘干并用天平称量筛余物，精确到 0.01 g，记为 R_s。

3. 手工筛析法

（1）主要仪器设备

① 标准筛，采用方孔边长为 0.08 mm 的铜丝网筛布。筛框有效直径 150 mm，高 50 mm，筛布应紧绷在筛框上，接缝必须严密，并附有筛盖。

② 天平。

（2）试验方法

称取烘干的试样 50 g 倒入干筛中。用一只手将筛往复摇动，另一只手轻轻拍打，拍打速度为 120 次/min，期间每 40 次向同一方向转动 60°，使试样均匀分布在筛网上，直至每分钟通过的试样量不超过 0.03 g 为止。称其筛余物，精确至 0.01 g，记为 R_s。

4. 试验结果的计算与评定

水泥试样筛余百分数按式（11.1）计算（计算结果精确至 0.1%）。

$$F = \frac{R_S}{W} \times 100\%$$

（11.1）

式中 F——水泥试样的筛余百分数（%）；

R_s——水泥筛余物的质量（g）；

W——水泥试样的质量（g）。

当负压筛析法与水筛法或手工筛析法测定的结果发生争议时，以负压筛析法为准。

5. 试验筛的清洗

试验筛必须经常保持洁净，筛孔通畅，使用 10 次后要进行清洗。金属框筛、铜丝网筛清洗时应用专门的清洗剂，不可用弱酸浸泡。

11.4.2 水泥标准稠度用水量试验

1. 试验目的

水泥的凝结时间和体积安定性都与用水量有很大关系，为了消除试验条件的差异而有利于比较，测定凝结时间和体积安定性时必须采用标准稠度的水泥净浆。本试验的目的就是测定水泥净浆达到标准稠度时的用水量，为测定水泥的凝结时间和体积安定性做好准备。

2. 主要仪器设备

标准法维卡仪（图 11.1）、水泥净浆搅拌机、量水器、天平、试模等。

3. 试验方法

（1）标准法

试验前检查水泥净浆搅拌机运行是否正常。测定前检查维卡仪，其金属棒应能自由滑动。试模和玻璃底板用湿布擦拭，将试模放在底板上。调整试杆接触玻璃板时指针对准零点。

① 水泥净浆的拌制。

先用湿布将搅拌锅和搅拌叶片擦过，将拌和水倒入搅拌锅内；然后，在 5～10 s 内小心地将称好的 500 g 水泥加入水中，防止水和水泥溅出；拌和时，先将锅放在搅拌机的锅坐上，升至搅拌位置，启动搅拌机，低速搅拌 120 s，停 15 s，同时将叶片和锅壁上的水泥浆刮入锅中间，接着高速搅拌 120 s 后停机。

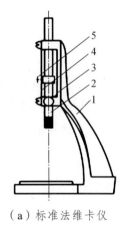

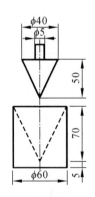

（a）标准法维卡仪　　　　　　　　　（b）试锥和试模（代用法）

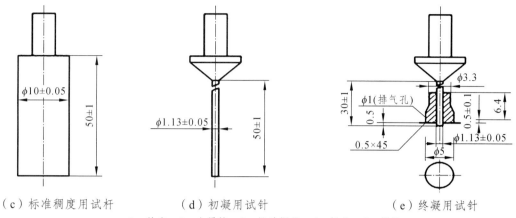

（c）标准稠度用试杆　　　　　（d）初凝用试针　　　　　（e）终凝用试针

1—铁座；2—金属棒；3—松动螺丝；4—标尺；5—指针

图 11.1　测定水泥标准稠度和凝结时间的维卡仪

② 标准稠度用水量的测定。

拌和结束后，立即取适量水泥净浆一次性装入已置于玻璃底板上的试模中，浆体超过试模上端，用宽约 25 mm 的直边刀轻轻拍打超出试模部分的浆体 5 次以排除浆体中的孔隙，然后在试模上表面约 1/3 处，略倾斜于试模分别向外轻轻锯掉多余净浆，再从试模边沿轻抹顶部一次，使净浆表面光滑。在锯掉多余净浆和抹平的操作过程中，注意不要压实净浆；抹平后迅速将试模和底板移到维卡仪上，并将其中心定在试杆下，降低试杆直至与水泥净浆表面接触，拧紧螺丝 1～2 s 后，突然放松，试杆垂直自由地沉入水泥净浆中。在试杆停止沉入或释放试杆 30 s 时，记录试杆距底板之间的距离，升起试杆后，立即将其擦净，整个操作应在搅拌后 1.5 min 内完成。以试杆沉入净浆并距底板（6±1）mm 的水泥净浆为标准稠度净浆。其拌和水量为水泥的标准稠度用水量（P），按水泥质量的百分比计。

（2）代用法

采用代用法测定标准稠度用水量可用调整水量和不变水量两种方法的任一种测定，发生争议时以调整水量法为准。采用调整水量法时拌和水量按经验找水，采用不变水量法时拌和水量用 142.5 mL。拌和结束后，立即将拌制好的水泥净浆装入锥模中，用宽约 25 mm 的直边刀在浆体表面轻轻插捣 5 次，再轻振 5 次，刮去多余的净浆；抹平后迅速放到试锥下面固定的位置上，将试锥降至与水泥净浆表面接触，拧紧螺丝 1～2 s 后，突然放松，试锥垂直自由地沉入水泥净浆中。在试锥停止沉入或释放试锥 30 s 时，记录试锥下沉的深度 s（mm），升起试锥后，立即将其擦净，整个操作应在搅拌后 1.5 min 内完成。

用调整水量方法测定时，以试锥下沉深度（30±1）mm 时的净浆为标准稠度净浆。其拌和水量为该水泥的标准稠度用水量（P），按水泥质量的百分比计。如下沉深度超出范围需另称试样，调整水量，重新试验，直至达到（30±1）mm 为止。

用不变水量法测定时，根据式（11.2）（或仪器上对应标尺）计算得到标准稠度用水量。

$$P = 33.4 - 0.185s \qquad (11.2)$$

式中　P——标准稠度用水量（%）；

s——试锥下沉深度（mm）。

当试锥下沉深度小于 13 mm 时，应改用调整水量法测定。

11.4.3 水泥凝结时间的测定

1. 试验目的

测定水泥初凝及终凝时间，与国家标准进行比较，判定水泥凝结时间指标是否符合要求。水泥的凝结时间是以标准稠度的水泥净浆在规定的温度和湿度条件下，用标准法维卡仪测定的。凝结时间以试针沉入水泥标准稠度净浆至一定深度所需的时间表示。水泥的凝结时间有初凝时间和终凝时间。初凝时间是指自水泥加水搅拌时间起，至水泥浆开始失去塑性所经历的时间。终凝时间是指自水泥加水搅拌时间起，至水泥完全失去塑性并开始产生强度所经历的时间。

2. 主要仪器设备

标准法维卡仪、试针、试模（图 11.2）、天平、量水器、水泥净浆搅拌机、养护箱等。

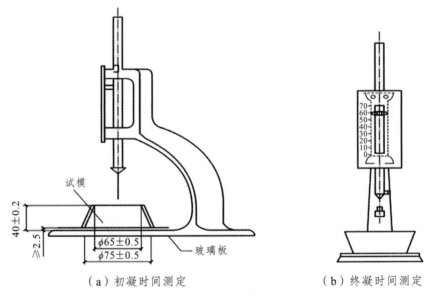

（a）初凝时间测定　　　　　　　　　（b）终凝时间测定

图 11.2　水泥凝结时间测定

3. 试验方法

① 测定前的准备工作：将试模放在玻璃板上，在模内侧稍涂一层矿物油，并调整凝结时间测定仪，使试针接触玻璃板时，指针对准标尺零点。

② 称取水泥试样 500 g，并拌制成标准稠度水泥净浆，按标准法装模和刮平后，立即放入养护箱中，记录水泥全部加入水中的时间作为凝结时间的起始时间。

③ 初凝时间的测定：试件在湿气养护箱中养护至加水后 30 min 进行第一次测定。测定时，从养护箱中取出试模，放到试针下，降低试针与净浆表面接触，拧紧螺丝 1～2 s 后突然放松，试针垂直自由地沉入净浆，观察试针停止下沉或释放试针 30 s 时指针的读数。临近初

凝时每隔 5 min（或更短时间）测定一次，当试针沉至距底板（4±1）mm 时，为水泥达到初凝状态；以水泥全部加入水中至初凝状态的时间为水泥的初凝时间，用"min"表示。

④ 终凝时间的测定：完成初凝时间测定后，立即将试模连同浆体以平移的方式从玻璃板取下，翻转 180°，直径大端向上，小端向下放在玻璃板上，再放入养护箱中继续养护，临近终凝时间时每隔 15 min 测定一次，当试针沉入试体 0.5 mm 时，即环形附件开始不能在试体留下痕迹时，为水泥达到终凝状态，由水泥全部加入水中至终凝状态的时间为水泥的终凝时间，用"min"表示。

⑤ 测定时应注意，在最初测定初凝时间时应轻轻扶持金属棒，使其徐徐下降以防试针撞弯，但结果以自由下落为准；在整个测试过程中试针贯入的位置至少要距离试模内壁 10 mm。临近初凝时，每隔 5 min 测定一次，临近终凝时每隔 15 min 测定一次。每次测定不能让试针落入原针孔，每次测定完毕须将试针擦净并将试模放回养护箱内，整个测定过程要防止试模受振。

4. 试验结果的确定及评定

① 自水泥全部加入水中起，到试针沉入净浆中距离试模底部玻璃板为（4±1）mm 时，所经历的时间为初凝时间。

② 自水泥全部加入水中起，到试针沉入净浆不超过 0.5 mm 时，所经历的时间为终凝时间。

③ 到达初凝或终凝状态时应立即重复测定一次，当两次结论相同时才能判定为初凝或终凝状态。

④ 评定方法为将测定的初凝和终凝时间，对照国家标准中各种水泥的技术要求，从而判定凝结时间是否合格。

11.4.4 体积安定性试验

1. 试验目的

若水泥体积安定性不良（在凝结硬化过程中体积变化不均匀），会使水泥构件、混凝土结构产生膨胀裂缝，引起严重的工程事故，因此通过测定体积安定性，可以评定水泥质量是否合格。

体积安定性试验可采用试饼法或雷氏夹法，当试验结果有争议时以雷氏夹法为准。试饼法是通过观察水泥净浆试饼沸煮后的外形变化来检验水泥的体积安定性；雷氏夹法是通过测定水泥净浆在雷氏夹中沸煮后的膨胀值测定。测定时要求采用标准稠度的水泥净浆进行，试验室温度为（20±2）℃，相对湿度不低于 50%。

2. 主要仪器设备

沸煮箱、雷氏夹（图 11.3）、雷氏夹膨胀值测量仪（图 11.4）、水泥净浆搅拌机、养护箱、量水器、天平、钢直尺、玻璃板等。

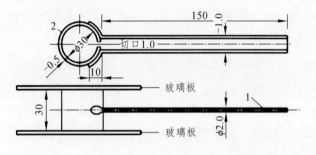
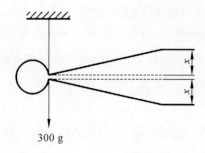

1—指针；2—环模。

图 11.3 雷氏夹

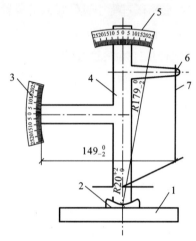

1—底座；2—模子座；3—测弹性标尺；4—立柱；
5—测膨胀值标尺；6—悬臂；7—悬丝。

图 11.4 雷氏夹膨胀值测定仪

3. 试验方法与步骤

① 准备工作：若采用雷氏夹法，每个试样需成型两个试件，每个雷氏夹需配备两个边长或直径约 80 mm、厚度 4~5 mm 的玻璃板；若采用试饼法，一个样品需准备两块约 100 mm ×100 mm 的玻璃板。每种方法每个试样需成型两个试件。凡与水泥净浆接触的玻璃板和雷氏夹内表面都要稍稍涂上一层矿物油。

② 称取水泥试样 500 g，按标准稠度测定时拌和净浆的方法制成标准稠度水泥净浆，然后制作试件。

a. 试饼法试件制作：从制成的水泥净浆中取试样约 150 g，分成两等份，制成球形，放在涂过油的玻璃板上，轻轻振动玻璃板，并用湿布擦过的小刀由边缘向饼中央抹动，制成直径为 70~80 mm、中心厚约 10 mm、边缘渐薄、表面光滑的试饼，接着将试饼放入养护箱中，自成型时起，养护（24±2）h。

b. 雷氏夹法试件制作：将预先准备好的雷氏夹，放在已经擦过油的玻璃板上，并将已制好的标准稠度净浆一次性装满雷氏夹，装浆时一只手轻轻扶雷氏夹，另一只手用宽约 25 mm 的直边刀在浆体表面轻轻插捣 3 次，然后抹平，盖上稍涂油的玻璃板，接着立即将试件移至湿气养护箱内养护（24±2）h。

③ 调整好沸煮箱的水位，保证整个沸煮过程中都能没过试件，不需中途补充试验用水，同时又能保持（30±5）min 内加热至沸腾并恒沸 3 h ± 5 min。

④ 脱去玻璃板，取下试件。

a. 当采用试饼法时，先检查试饼是否完整，在试饼无缺陷的情况下，将试饼置于沸煮箱内水中的箅板上，然后在（30±5）min 内加热至沸腾并恒沸 3 h ± 5 min。

b. 当采用雷氏夹法时，先测量试件指针尖端间的距离（A），精确至 0.5 mm，接着将试件放入沸煮箱水中试件架上，指针朝上，试件之间互不交叉，然后在（30±5）min 内加热至沸腾并恒沸 3 h ± 5 min。

c. 沸煮结束后，立即放掉沸煮箱中的热水，打开箱盖，待箱体冷却至室温，取出试件进行判别。

4. 结果评定

（1）试饼法评定

目测试饼，若未发现裂缝，再用钢直尺检查也没有弯曲（使钢直尺和试饼底部紧靠，以两者间不透光为不弯曲），则水泥体积安定性合格，反之为不合格。当两个试饼有矛盾时，认为体积安定性不合格。

（2）雷氏夹法评定

测量试件指针尖端之间的距离（C），精确至 0.5 mm。当两个试件煮后增加距离（$C-A$）的平均值不大于 5.0 mm 时，即认为体积安定性合格；当两个试件煮后增加距离（$C-A$）的平均值大于 5.0 mm 时，应用同一样品立即重做一次试验。以复检结果为准。

11.4.5　水泥胶砂强度检验

1. 试验目的

通过测定水泥在规定龄期的抗折强度、抗压强度，确定或检验水泥的强度等级。

2. 试验条件

试件成型试验室温度应保持在（20±2）℃，相对湿度应不低于 50%。试件带模养护的养护箱或养护室温度应保持在（20±1）℃，相对湿度应不低于 90%。试件养护池水温度应保持在（20±1）℃ 范围内。

3. 主要仪器设备

行星式水泥胶砂搅拌机（图 11.5）、水泥胶砂试件成型振实台（图 11.6）、40 mm×40 mm 水泥抗压夹具、水泥胶砂试模（图 11.7）、抗折试验机、抗压试验机、布料器、刮平直尺、天平、量水器等。

图 11.5　水泥胶砂搅拌机

图 11.6　水泥胶砂振实台

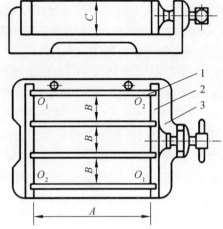

1—隔板；2—端板；3—底板。

A—（160±0.8）mm；B—（40.0±0.2）mm；C—（40.1±0.1）mm。

图 11.7　水泥胶砂强度检验试模及其构造

4. 试件成型

（1）试模准备

将试模擦净，四周模板与底板的接触处应涂黄油，紧密装配，防止漏浆，内壁均匀刷一薄层机油。

（2）胶砂配合比

水泥胶砂强度用砂应使用中国 ISO 标准砂。胶砂的质量配合比为：水泥∶ISO 标准砂∶水 = 1∶3.0∶0.5，一锅胶砂成型三条试体。每锅材料需要量为：水泥（450±2）g；水（225±1）mL；标准砂（1 350±5）g。

（3）搅　拌

① 把水加入搅拌锅内，再加入水泥，把锅放在固定架上，上升至工作位置。

② 然后立即开动搅拌机，低速搅拌 30 s 后，在第二个 30 s 开始的同时均匀地将砂加入，把机器转至高速再拌 30 s。

③ 停拌 90 s，在开始的前 15 s 内用刮刀将叶片和锅壁上的胶砂，刮入锅中间。在高速下继续搅拌 60 s 后，停机取下搅拌锅。将黏附在叶片上的胶砂刮入锅中。

④ 各个搅拌阶段，时间误差应在 ±1 s 内。

（4）成　型

胶砂制备后立即进行成型。将空试模和模套固定在振实台上，用料勺将锅壁上的胶砂清理到锅内，并翻转搅拌胶砂使其更加均匀，成型时将胶砂分两层装入试模。装第一层时，每个槽里约放 300 g 胶砂，先用料勺沿试模长度方向划动胶砂以布满模槽，再用大布料器垂直架在模套顶部沿每个模槽来回一次将料层布平，接着振实 60 次。再装入第二层胶砂，用料勺沿试模长度方向划动胶砂以布满模槽，但不能接触已振实胶砂，再用小布料器布平，再振实 60 次。移走模套，从振实台上取下试模，用一金属直尺以近似 90°的角度架在试模顶的一端，然后沿试模长度方向以横向锯割动作慢慢移向另一端，将超过试模部分的胶砂刮去。锯割动作的多少和直尺角度的大小取决于胶砂的稀稠程度，较稠的胶砂需要多次锯割、锯割动作要慢以防止拉动已振实的胶砂。用拧干的湿毛巾将试模端板顶部的胶砂擦拭干净，再用同一直边尺以近乎水平的角度将试体表面抹平。抹平的次数要尽量少，总次数不应超过 3 次。最后将试模周边的胶砂擦除干净。

（5）脱模前的处理和养护

在试模上盖一块玻璃板（玻璃板应有磨边）。盖板不应与水泥胶砂接触，盖板与试模之间的距离应控制在 2～3 mm。立即将做好标记的试模放入养护箱或养护室的水平架子上养护，湿空气应能与试模各边接触。试模不应叠放。

（6）脱模与水中养护

① 一直养护到规定的脱模时间时取出脱模。脱模前，用防水墨汁对试体进行编号，对于两个龄期以上的试体，在编号时应将同一试模中的三条试体分在两个以上龄期内。脱模应非常小心，可用橡皮锤或脱模器对试体脱模。对于 24 h 龄期的，应在破型试验前 20 min 内脱模。对于 24 h 以上龄期的，应在成型后 20～24 h 脱模。

② 试件脱模后立即水平或竖直放入水槽中养护，养护水温度为（20±1）℃，水平放置时刮平面应朝上。试件之间应留有间隙，养护期间试件之间或试件上表面的水深不得小于 5 mm。每个养护池只能养护同类型的水泥试件。最初用自来水装满养护池（或容器），随后随时加水保持适当的水位。在养护期间，可以更换不超过 50%的水。

5. 强度测定

（1）抗折强度测定

① 每个龄期取出三条试件先做抗折强度测定。测定前须擦去试件表面的水分和砂粒，清除夹具上圆柱表面黏着的杂物。试件放入抗折夹具内，应使试件侧面与圆柱接触。

② 试件长轴垂直于支撑圆柱，通过加荷圆柱以（50±10）N/s 的速率均匀地将荷载垂直地加在棱柱体相对侧面上，直至折断。

③ 保持两个半截棱柱体处于潮湿状态直至抗压试验。

④ 抗折强度按式（11.3）计算（精确至 0.1 MPa）。

$$R_f = \frac{1.5 F_t L}{b^3} \qquad (11.3)$$

式中　R_f——单个试件抗折强度（MPa）；

　　　F_t——折断时施加于棱柱体中部的荷载（N）；

　　　L——支撑圆柱之间的距离（mm）；

　　　b——棱柱体正方形截面的边长（mm）。

⑤ 以一组三个试件测定值的算术平均值作为抗折强度的试验结果（精确至 0.1 MPa）。当三个强度值中有一个超出平均值 ±10%时，应剔除后再取平均值作为抗折强度试验结果。当三个强度值中有两个超出平均值 ±10%时，则以剩余一个作为抗折强度结果。

（2）抗压强度测定

① 抗折强度测定后的两个断块应立即进行抗压强度测定。抗压强度测定须用抗压夹具进行，使试件受压面积为 40 mm×40 mm。测定前应清除试件受压面与加压板间的砂粒或杂物。测定时以试件侧面作为受压面，半截棱柱体中心与压力机压板受压中心差应在 ±0.5 mm 内，棱柱体露在压板外的部分约有 10 mm。

② 在整个加荷过程中以（2 400±200）N/s 的速率均匀地加荷，直至试件破坏。

③ 抗压强度 R_c 以 "MPa" 为单位，按式（11.4）计算（精确至 0.1 MPa）。

$$R_c = \frac{F_c}{A} \tag{11.4}$$

式中　F_c——试件破坏时的最大荷载（N）；

　　　A——试件受压部分面积，即 40 mm×40 mm = 1 600 mm²。

④ 以一组 3 个棱柱体上得到的 6 个抗压强度测定值的平均值为试验结果。当 6 个测定值中有一个超出 6 个平均值的 ±10%时，剔除这个结果，再以剩下 5 个的平均值为结果。当 5 个测定值中再有超过它们平均值的 ±10%时，则此组结果作废。当 6 个测定值中同时有 2 个或 2 个以上超出平均值的 ±10%时，则此组结果作废。

第 12 章　混凝土试验

12.1　细集料试验

依据《建设用砂》(GB/T 14684—2022)、《普通混凝土用砂、石质量及检验方法标准》(JGJ 52—2006)进行。

12.1.1　试验目的

检验砂的各项技术指标是否满足使用要求,同时也为混凝土配合比设计提供原材料参数。

12.1.2　试验取样

① 细集料的取样应按批进行,每批总量不宜超过 400 m³ 或 600 t。

② 在料堆取样时,取样部位应均匀分布。取样前应将取样部位表层铲除,然后由各部位抽取大致相等的 8 份,组成一组样品。

③ 试验时采用人工四分法分别取各项试验所需的数量:将所取样品置于平板上,在潮湿状态下拌和均匀,并堆成厚度约为 20 mm 的圆饼。然后沿互相垂直的两条直径把圆饼分成大致相等 4 份,取其对角的 2 份重新拌匀,再堆成圆饼。重复上述过程,直至缩分后的材料量略多于进行该项试验所需的量为止。试样缩分也可用分料器进行。

12.1.3　试验内容

1. 表观密度

(1)试验目的

测定砂的表观密度,为混凝土配合比设计提供数据。

(2)主要仪器设备

天平(量程不小于 1 000 g,分度值不大于 0.1 g)、容量瓶(500 mL)、烘箱[温度控制在(105 ± 5)°C]、温度计、料勺等。

(3)试样制备

将试样缩分至约 660 g,放在(105 ± 5)°C 烘箱中烘至恒重,并冷却至室温后平均分成 2 份试样备用。

(4)试验步骤

① 称取烘干试样 300 g(m_0),精确至 0.1 g,将试样装入容量瓶,注水至接近 500 mL 的刻度处,用手旋转摇动容量瓶,使砂样充分摇动,排除气泡,塞紧瓶盖。

② 静置 24 h，然后用滴管加水至容量瓶 500 mL 刻度处，塞紧瓶塞，擦干瓶外水分，称出其质量（m_1），精确至 0.1 g。

③ 倒出容量瓶中的水和试样，清洗瓶内外，再向容量瓶内注水至 500 mL 刻度处，塞紧瓶塞，擦干瓶外水分称其质量（m_2），精确至 0.1 g。

试验过程中应测量并控制水温在 15～25 ℃。各项称量可以在 15～25 ℃ 进行。从试样加水静置的最后 2 h 起直至试验结束，其温差不应超过 2 ℃。

（5）试验结果计算及评定

细集料表观密度按式（12.1）计算（精确至 10 kg/m³）。

$$\rho' = \left(\frac{m_0}{m_0 + m_2 - m_1} - \alpha_t \right) \times \rho_w \qquad (12.1)$$

式中　m_1——瓶、试样和水总质量（g）；

　　　m_2——瓶、水总质量（g）；

　　　m_0——烘干试样质量（g）；

　　　α_t——水温对表观密度影响修正系数，见表 12.1；

　　　ρ_w——水的密度，取 1 000（kg/m³）。

表 12.1　不同水温对砂的表观密度影响的修正系数

水温/℃	15	16	17	18	19	20	21	22	23	24	25
α_t	0.002	0.003	0.003	0.004	0.004	0.005	0.005	0.006	0.006	0.007	0.008

表观密度以两次测定结果的算术平均值作为最后结果，精确至 10 kg/m³。如果两次结果之差大于 20 kg/m³，应重新取样进行试验。

2. 堆积密度

（1）试验目的

为计算砂的空隙率和进行混凝土配合比设计提供数据。

（2）主要仪器设备

容量筒（容积为 1 L）、标准漏斗、台秤（量程不小于 10 kg，分度值不大于 1 g）、试验筛（孔径为 4.75 mm 的方孔筛）、垫棒（直径 10 mm，长 500 mm 的圆钢）、铝制料勺、烘箱 [温度控制在（105±5）℃]、浅盘、直尺等。

（3）试样制备

用浅盘装取试样约 3 L，放在烘箱中于（105±5）℃ 下烘干至恒重，待冷却至室温后，筛除大于 4.75 mm 的颗粒，平均分为 2 份备用。

（4）试验方法与步骤

① 松散堆积密度：称取容量筒的质量 m_1。取试样一份，用漏斗或料勺将试样从容量筒

中心上方 50 mm 处缓慢倒入，让试样以自由落体落下，当容量筒上部试样呈锥体，且容量筒四周溢满时，即停止加料，试验过程应防止触动容量筒。用直尺沿筒口中心线向两边刮平，称出试样和容量筒总质量（m_2），精确至 1 g。

② 紧密堆积密度：称取容量筒的质量 m_1。取试样 1 份分 2 次装入容量筒，装完第一层后（约计稍高于 1/2），在筒底垫放 1 根直径为 10 mm 的圆钢，将筒按住，左右交替击地面各 25 下。然后装入第二层，第二层装满后用同样方法颠实，筒底所垫钢筋的方向与第一层时的方向垂直。再加试样直至超过筒口，然后用直尺沿筒口中心线向两边刮平，称出试样和容量筒总质量（m_2），精确至 1 g。

（5）试验结果的计算及评定

试样的松散或紧密堆积密度 ρ_0' 按式（12.2）计算（精确至 10 kg/m³）。

$$\rho_0' = \frac{m_2 - m_1}{V_0'} \tag{12.2}$$

式中　m_1——容量筒的质量（kg）；

　　　m_2——容量筒和试样的总质量（kg）；

　　　V_0'——容量筒的容积（L）。

按规定，堆积密度应用 2 份试样测定 2 次，以 2 次测定结果的算术平均值作为最后结果，精确至 10 kg/m³。

3. 空隙率

空隙率按式（12.3）计算，取 2 次试验结果的算术平均值，精确至 1%。

$$P' = \left(1 - \frac{\rho_0'}{\rho'}\right) \times 100\% \tag{12.3}$$

式中　P'——细集料的松散或紧密堆积空隙率（%）；

　　　ρ'——细集料的表观密度（kg/m³）；

　　　ρ_0'——细集料的松散或紧密堆积密度（kg/m³）。

4. 细集料的筛分析试验

（1）试验目的

测定细集料（天然砂、人工砂、石屑）的颗粒级配及粗细程度，并判断级配能否直接用来配制混凝土。

（2）主要仪器设备

① 标准筛（mm）：9.50、4.75、2.36、1.18、0.6、0.3、0.15 并附有筛底和筛盖；

② 天平（称量 1 kg，感量 1 g）；

③ 摇筛机；

④ 烘箱[温度控制在（105 ± 5）℃]；

⑤ 其他：浅盘、毛刷等。

（3）试样制备

先将试样筛除大于 9.50 mm 的颗粒，并记录其筛余百分率。如果试样含泥量超过 5%，应先用水洗烘干至恒重再进行筛分。将试样缩分至约 1 100 g，置于烘箱中在（105±5）℃下烘干至恒重（系指在相邻两次称量间隔不小于 3 h 的情况下，前后两次质量之差不大于该项试验所要求的称量精度），待冷却至室温后，平均分为 2 份备用。

（4）试验步骤

① 将试验筛由上至下按孔径大小顺序叠放，加底盘。

② 称取烘干试样 500 g，精确至 1 g，倒入最上层 4.75 mm 筛内，加盖后，置于摇筛机上摇筛约 10 min。

③ 将整套筛从摇筛机上取下，按孔径大小顺序在洁净的浅盘上逐个进行手筛，筛至每分钟的筛出量不超过试样总量的 0.1%。通过的颗粒并入下号筛中，并与下号筛中试样一起过筛，每个筛依次全部筛完为止。如无摇筛机，也可用手筛。如试样为特细砂，在筛分时应增加 0.08 mm 方孔筛一只。

④ 称量各号筛上的筛余量（精确至 1 g）。各筛的分级筛余量和底盘中剩余量的总和与筛分前的总量相比，其差值不得超过试样总量的 1%，否则须重做试验。

（5）试验结果计算及评定

分计筛余百分率：各号筛上的筛余量除以试样总质量的百分率（精确至 0.1%）。

累计筛余百分数：该号筛上的分计筛余百分率加上该号筛以上的各号筛的分计筛余百分率之和（精确至 0.1%）。

根据各筛的累计筛余百分率，绘制筛分曲线，评定颗粒级配。

计算细度模数 M_x（精确至 0.01）：

$$M_x = \frac{A_2 + A_3 + A_4 + A_5 + A_6 - 5A_1}{100 - A_1} \tag{12.4}$$

式中 $A_1 \sim A_6$——筛孔直径 4.75、2.36、1.18、0.6、0.3、0.15 mm 筛上累计筛余百分率。

分计筛余、累计筛余百分率取两次试验结果的算术平均值，精确至 1%。细度模数取 2 次试验结果的算术平均值，精确至 0.1；当 2 次试验的细度模数之差超过 0.20 时，应重新试验。

12.2 粗集料试验

12.2.1 试验目的

依据《建设用卵石、碎石》（GB/T 14685—2022）检验石的各项技术指标是否满足使用要求，同时也为混凝土配合比设计提供原材料参数。

12.2.2 试验内容

1. 粗集料表观密度（广口瓶法）

（1）试验目的

测定石子的表观密度，作为评定石子的质量和混凝土用石的技术依据。

（2）试验环境与主要仪器设备

试验时各项称量可在 15 ~ 25 ℃ 进行，但从试样加水静置的最后 2 h 起，直至试验结束，其温度相差不应超过 2 ℃。

主要仪器设备：广口瓶（1 000 mL，磨口）、天平（量程不小于 10 kg，分度值不大于 5 g）、烘箱[温度控制在（105 ± 5）℃]、筛子（孔径为 4.75 mm 的方孔筛）、浅盘、毛巾、刷子、玻璃片等。

（3）试样制备

缩分至不小于表 12.2 规定的质量，风干后筛除小于 4.75 mm 的颗粒，然后洗刷干净，平均分为 2 份备用。

表 12.2　石子表观密度试验所需最少试验质量

最大粒径/mm	<26.5	31.5	37.5	63.0	75.0
最少试验质量/kg	2.0	3.0	4.0	6.0	6.0

（4）试验方法与步骤

① 将试样浸水饱和后，装入广口瓶中。装试样时，广口瓶应倾斜放置，然后注入饮用水，并用玻璃片覆盖瓶口，上下左右摇晃以排除气泡。

② 气泡排尽后，向瓶中添加饮用水，直至水面凸出瓶口边缘，然后用玻璃片沿瓶口迅速滑行，使其紧贴瓶口水面。擦干瓶外水分后，称出瓶、水、试样和玻璃片的总质量（m_1）。

③ 将瓶中的试样倒入浅盘中，置于（105 ± 5）℃的烘箱中烘至恒重，待冷却至室温后，称出试样的质量（m_0）。

④ 将瓶洗净，重新注满饮用水，用玻璃片紧贴瓶口水面，擦干瓶外壁水分，称出水、瓶和玻璃片的总质量（m_2）。

（5）试验结果的计算及评定

试样的表观密度按式（12.1）计算（精确至 10 kg/m³）。

按规定，表观密度应用 2 份试样测定 2 次，并以 2 次试验结果的算术平均值作为最后结果。如果 2 次测定结果的差值大于 20 kg/m³ 时，应重新取样试验。对于颗粒材质不均匀的试样，如果 2 次结果的差值大于 20 kg/m³ 时，可取 4 次测定结果的算术平均值。

2. 粗集料堆积密度

（1）试验目的

测定石子的堆积密度，作为混凝土配合比设计和一般使用的依据。

（2）主要仪器设备

磅秤称量 50 kg、感量 50 g 及称量 100 kg、感量 100 g 各一台，容量筒（规格容积见表12.3），平头铁锹，烘箱，垫棒（直径 16 mm，长 600 mm 的圆钢），直尺等。

表 12.3　容量筒的规格要求

碎石或卵石的最大粒径/mm	容量筒容积/L	容量筒规格/mm		
		内径	净高	壁厚
9.5、16.0、19.0、26.5	10	208	294	2
31.5、37.5	20	294	294	3
53.0、63.0、75.0	30	360	294	4

（3）试样制备

取样并置于（105±5）℃的烘箱中烘干后，拌匀并把试样平均分为 2 份备用。

（4）试样方法与步骤

① 松散堆积密度：称出容量筒质量 m_1。取 1 份试样，放于平整干净的混凝土地面或铁板上，用铁锹铲起试样，使石子在距离容量筒中心上方 50 mm 处缓慢倒入，让试样以自由落体落下。当容量筒上部试样呈锥体，且容量筒四周溢满时，停止加料。除去凸出筒口表面的颗粒，并以合适的颗粒填入凹陷部分，使表面稍凸起部分和凹陷部分的体积相等，试验过程应防止触动容量筒，称出试样和容量筒总质量（m_2）。

② 紧密堆积密度：称出容量筒质量 m_1。取 1 份试样分 3 次装入容量筒。装完第一层后，在筒底垫放 1 根直径为 16 mm 的圆钢。将筒按住，左右交替颠击地面各 25 次，再装入第二层。第二层装满后用同样方法颠实（但筒底所垫钢筋的方向与第一层时的方向垂直），然后装入第三层。第三层装满后用同样方法颠实，操作时筒底所垫钢筋的方向与第一层时的方向平行。试样装填完毕，再加试样直至超过筒口，用钢尺沿筒口边缘刮去高出的试样，并用适合的颗粒填平凹陷部分，使表面稍凸起部分与凹陷部分的体积相等。称取试样和容量筒的总质量（m_2）。

（5）试验结果的计算及评定

试样的松散或紧密堆积密度 ρ_0' 按式（12.2）计算（精确至 10 kg/m³）。

按规定堆积密度应用两份试样测定两次且以两次测定结果的算术平均值作为最后结果，并精确至 10 kg/m³。

3. 集料含水率试验

（1）试验目的

测定石子的含水率，作为调整混凝土配合比和施工称料的依据。

（2）主要仪器设备

台秤（量程不小于 10 kg，分度值不大于 1 g）、烘箱[温度控制在（105±5）℃]、浅盘、毛巾、刷子等。

（3）试验步骤

① 如果是细集料，由样品中取质量约 500 g 的试样两份备用。如果是粗集料，按规定取样，并将试样缩分至约 4.0 kg，拌匀后平均分成两份备用。

② 将试样分别放入已知质量（m_1）的干燥容器中称量，记下每盘试样与容器的总质量（m_2），将容器连同试样放入温度为（105±5）°C的烘箱中烘干至恒重。

③ 烘干试样冷却后称量试样与容器的总质量（m_3）。

（4）试验结果计算及评定

集料的含水率W_h按式（12.5）计算，含水率以 2 次测定结果的算术平均值作为测定值，精确至0.1%。

$$W_h = \frac{m_2 - m_3}{m_3 - m_1} \times 100\% \qquad (12.5)$$

式中　m_1——容器质量（g）；

　　　m_2——烘干前的试样与容器的总质量（g）；

　　　m_3——烘干后的试样与容器的总质量（g）。

4. 粗集料的筛分析试验

（1）试验目的

测定石子在不同孔径筛上的筛余量，评定石子的颗粒级配。

（2）主要仪器设备

① 试验筛（mm）：孔径为 2.36、4.75、9.50、16.0、19.0、26.5、31.5、37.5、53.0、63.0、75.0 及 90.0 并附有筛底和筛盖（筛框内径为 300 mm）；

② 天平（称量 10 kg，感量 1 g）；

③ 摇筛机；

④ 烘箱[温度控制在（105±5）°C]；

⑤ 其他：浅盘、毛刷等。

（3）试样制备

试验所需的试样量按最大粒径应不少于表 12.4 的规定。用四分法把试样缩分到略重于试验所需的量，烘干或风干后备用。

表 12.4　粗集料筛分析试验所需最少试样质量

最大粒径/mm	9.5	16.0	19.0	26.5	31.5	37.5	63.0	75.0
最少试样质量/kg	1.9	3.2	3.8	5.0	6.3	7.5	12.6	16.0

（4）试验步骤

① 称量并记录烘干或风干的试样质量。

② 按要求选用所需筛孔直径的一套筛，并按孔径从大到小从上到下顺序叠放，将试样倒入最上层筛。将套筛置于摇筛机上，摇筛 10 min；取下套筛，按筛孔大小顺序再逐个用手筛，筛至每分钟通过量小于试样总量的 0.1%为止。通过的颗粒并入下一号筛中，并和下一号筛中的试样一起过筛，这样顺序进行，直至各号筛全部筛完为止。当筛余颗粒的粒径大于 19.0 mm 时，在筛分过程中，允许用手指拨动颗粒，使其通过筛孔。

③ 称取各筛上的筛余量，精确至 1 g。所有分计筛余量和筛底剩余的总和与筛分前测定的试样总量相比，其相差不得超过 1%，否则须重做试验。

（5）试验结果计算及评定

计算分计筛余百分率（各号筛上筛余量除以试样总质量的百分数，精确至 0.1%）和累计筛余百分率（该号筛上分计筛余百分率与大于该号筛的各号筛上的分计筛余百分率之和，精确至 1%）。计算方法同细集料的筛分析试验。根据各筛号上的累计筛余百分率，评定试样的颗粒级配，应满足国家规范规定的粗集料颗粒级配范围要求。

12.3 普通混凝土配合比试验

依据《普通混凝土配合比设计规程》（JGJ 55—2019）、《普通混凝土拌合物性能试验方法标准》（GB/T 50080—2016）、《混凝土物理力学性能试验方法标准》（GB/T 50081—2019）、《混凝土强度检验评定标准》（GB/T 50107—2010）进行。

12.3.1 试验目的

通过混凝土的拌合物和易性、强度的测定，从而确定混凝土的试验配合比。

12.3.2 试验题目

在环境条件为潮湿无冻害情况下设计某现浇混凝土梁的试拌配合比。

混凝土的强度等级为 C30，施工要求坍落度为 35-50 mm，施工单位无近期混凝土强度统计资料，所用原材料如下：

水泥：_____，密度 ρ_c =_____g/cm³，实测强度 f_{ce}=_____MPa；

砂：_____，表观密度 ρ'_s =_____kg/m³，堆积密度 ρ'_{0s} =_____kg/m³；

石：_____，表观密度 ρ'_g =_____kg/m³，堆积密度 ρ'_{0g} =_____kg/m³；

最大粒径为_____mm；

水：自来水

设计要求：

① 确定混凝土的配制强度，并选择适当的组成材料。

② 用体积法确定混凝土的初步配合比。

③ 确定试拌配合比（完成上述内容后，进行混凝土和易性的试验，根据试验结果，确定试拌配合比）。

④ 确定实验室配合比（根据实测强度及实测密度，确定实验室配合比）。

12.3.3 试验准备

① 原材料应符合技术要求，并与实际施工材料相同，拌和前材料温度应与室温相同[宜（20±5）℃]。水泥如有结块，应过 64 孔/cm² 筛过筛，筛余团块不得使用。

② 拌制混凝土的材料用量以质量计。称量的精确度：集料为 ± 0.5%，水、水泥和混合材料、外加剂为 ± 0.2%。

③ 砂、石集料质量以干燥状态为基准。

12.3.4　试验项目

1. 混凝土拌合物和易性试验

（1）试验目的

通过测定混凝土拌合物流动性，观察其黏聚性和保水性，综合评定混凝土拌合物的和易性是否满足要求，作为调整配合比和控制混凝土质量的依据。

（2）坍落度法

本方法适用于集料最大粒径不大于 40 mm、坍落度不小于 10 mm 的混凝土拌合物流动性测定。

① 主要仪器设备。

坍落度筒（金属制圆锥体形，底部内径 200 mm，顶部内径 100 mm，高 300 mm，壁厚大于或等于 1.5 mm，如图 12.1）、捣棒（直径为 16 mm ± 0.2 mm，长度为 600 mm ± 5 mm，端部呈半球形，如图 12.1）、小铲、钢尺、拌板、镘刀等。

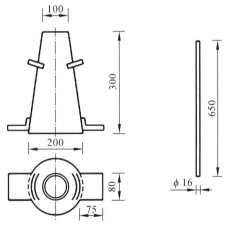

图 12.1　坍落度筒及捣棒

② 试验步骤。

a. 湿润坍落度筒及其他用具，并把筒放在不吸水的刚性水平底板上，然后用脚踩住两边的脚踏板，使坍落度筒在装料时保持位置固定。

b. 把按要求取得的混凝土试样用小铲分三层均匀地装入筒内，每层用捣棒插捣 25 次，插捣应沿螺旋方向由外向中心进行，各次插捣应在截面上均匀分布。捣实后每层高度为筒高的 1/3 左右，插捣筒边混凝土时，捣棒可以稍稍倾斜。插捣底层时，捣棒应贯穿整个深度，插捣第二层和顶层时，捣棒应插透本层至下一层的表面。顶层混凝土装料时，应装到高出筒口。插捣过程中，如混凝土沉落到低于筒口，则应随时添加。顶层插捣完后，取下装料漏斗，刮去多余的混凝土并用镘刀抹平。

c. 清除筒边底板上的混凝土后，垂直平稳地提起坍落度筒，并将筒轻放于试样旁边。坍落度筒的提离过程应在 3~7 s 完成。从开始装料到提起坍落度筒的整个过程应不间断地进行，并应在 150 s 内完成。

d. 提起坍落度筒后，当试样不再继续坍落或坍落时间达 30 s 时，用钢尺量测筒高与坍落后混凝土试体最高点之间的高度差，即为该混凝土拌合物的坍落度值（以"mm"为单位，测量精确至 1 mm，结果应修约至 5 mm）。

e. 坍落度筒提离后，如发生试体崩坍或一边剪坏现象，则应重新取样进行测定。如第二次仍出现这种现象，则表示该拌合物和易性不好，应予记录说明。

f. 观察坍落后混凝土拌合物试体的黏聚性和保水性。

黏聚性：用捣棒在已坍落的拌合物试体侧面轻轻敲打，如果锥体逐渐下沉，表示黏聚性良好；如果锥体倒塌、部分崩裂或出现离析现象，即为黏聚性不好。

保水性：提起坍落度筒后，如有较多的稀浆从底部析出，试体部分的拌合物也因失浆而集料外露，则表明此拌合物保水性不好。如无这种现象，则表明保水性良好。

（3）维勃稠度法

本方法适用于集料最大粒径不大于 40 mm、维勃稠度在 5~30 s 的混凝土拌合物稠度测定。

① 主要仪器设备。

维勃稠度仪（图 12.2）、秒表、小铲、拌板、镘刀等。

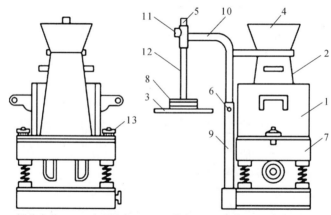

1—容器；2—坍落度筒；3—透明圆盘；4—喂料斗；5—套筒；6—定位螺丝；7—振动台；
8—荷重；9—支柱；10—旋转架；11—测杆螺丝；12—测杆；13—固定螺丝。

图 12.2　维勃稠度仪

② 测定步骤。

a. 将维勃稠度仪放置在坚实水平的基面上，用湿布将容器、坍落度筒、喂料斗内壁及其他用具擦湿。就位后，测杆、喂料斗的轴线均应和容器的轴线重合，然后拧紧固定螺丝。

b. 将混凝土拌合物经喂料斗分三层均匀地装入坍落度筒，捣实后每层高度为筒高的 1/3 左右。装料及插捣的方法同坍落度试验。

c. 将喂料斗转离，沿坍落度筒口刮平顶面。小心并垂直提起坍落度筒，此时应注意不使混凝土试体产生横向的扭动。

d. 将透明圆盘转到混凝土圆台体上方，放松测杆螺丝，降下圆盘，使它轻轻地接触到混凝土顶面。拧紧定位螺丝，并检查测杆螺丝是否完全松开。

e. 开启振动台，同时用秒表计时，当透明圆盘的底面被水泥浆布满的瞬间立即停表计时，并关闭振动台。

f. 由秒表读得的时间（s）即为该混凝土拌合物的维勃稠度值（读数精确至 1 s）。

③ 拌合物稠度的调整在进行混凝土配合比试配时，若试拌得出的混凝土拌合物的坍落度或维勃稠度不能满足要求，或黏聚性和保水性不好时，应在保证水胶比不变的条件下相应调整用水量或砂率，直到符合要求为止。

2. 混凝土立方体抗压强度试验

本试验采用立方体试件，以同一龄期者为一组，每组至少为三个同时制作并同样养护的混凝土试件。试件尺寸按粗集料的最大粒径确定，如表 12.5 所示。

表 12.5 试件尺寸与尺寸换算系数

试件尺寸/mm×mm×mm	集料最大粒径/mm	尺寸换算系数
100×100×100	31.5	0.95
150×150×150	37.5	1
200×200×200	63.0	1.05

（1）试验目的

测定混凝土立方体抗压强度，为进行混凝土力学性能评价、配合比调整提供依据。

（2）主要仪器设备

压力试验机、振实台、捣棒、镘刀、抹刀、试模、游标卡尺等。

压力试验机要求：

① 压力试验机的上、下承压板应有足够的刚度，其中一个承压板上应具有球形支座。

② 压力试验机精度 ±1%，具有加荷速度指示装置或加荷速度控制装置，并能均匀、连续地加荷。

③ 压力试验机应进行定期检查，以确保压力机读数的准确性。

④ 试件破坏荷载宜大于压力试验机全量程的 20%，且小于压力试验机全量程的 80%。

⑤ 混凝土强度不小于 60 MPa 时，试件周围应设防崩裂网罩。

（3）试件的制作

① 每一组试件所用的拌合物根据不同要求应从同一盘或同一车运送的混凝土中取出，或在试验室用机械或人工单独拌制。用以检验现浇混凝土工程或预制构件质量的试件分组及取样原则，应按有关规定执行。

② 试件制作前，应将试模擦拭干净并将试模的内表面涂一薄层矿物油或其他不与混凝土反应的隔离剂。

③ 宜根据混凝土拌合物的稠度或试验目的确定适宜的成型方法，混凝土应充分密实，避免分层离析。通常有以下 3 种成型方法：

振动台振实：将拌合物一次性装入试模，装料时应用抹刀沿试模内壁插捣，并使混凝土拌合物高出试模上口；试模应附着或固定在振动台上，振动时应防止试模在振动台上自由跳动，振动应持续到表面出浆且无明显大气泡溢出为止，不得过振。

人工捣实：混凝土拌合物分两层装入试模，每层厚度大致相等。插捣时按螺旋方向从边缘向中心均匀进行。插捣底层时，捣棒应达到试模底面，插捣上层时，捣棒应穿入下层深度 20~30 mm。插捣时捣棒应保持垂直不得倾斜，并用抹刀沿试模内壁插拔数次。一般每 100 cm² 面积插捣次数应不少于 12 次。插捣后应用橡皮锤或木槌轻轻敲击试模四周，直至插捣棒留下的空洞消失为止。

插入式振捣棒振实：将混凝土拌合物一次装入试模，装料时应用抹刀沿试模内壁插捣，并使混凝土拌合物高出试模上口；宜用直径为 25 mm 的插入式振捣棒；插入试模振捣时，振捣棒距试模底板宜为 10~20 mm 且不得触及试模底板，振动应持续到表面出浆且无明显大气泡溢出为止，不得过振；振捣时间宜为 20 s；振捣棒拔出时应缓慢，拔出后不得留有孔洞。

试件成型后刮除试模上口多余的混凝土，待混凝土临近初凝时，用抹刀沿着试模口抹平。试件表面与试模边缘的高度差不得超过 0.5 mm。

（4）试件的养护

① 采用标准养护的试件成型后应立即用塑料薄膜覆盖表面，以防止水分蒸发。并应在温度为（20±5）℃、相对湿度大于 50% 的室内静置 1~2 d，然后编号拆模。拆模后的试件应立即放在温度为（20±2）℃、相对湿度为 95% 以上的标准养护室中养护。在标准养护室内试件应放在架上，彼此间隔为 10~20 mm，并应避免用水直接冲淋试件。

② 无标准养护室时，混凝土试件也可在温度为（20±2）℃的不流动氢氧化钙饱和溶液中养护。

③ 构件同条件养护的试件成型后，应覆盖表面。试件的拆模时间可与实际构件的拆模时间相同。拆模后，试件仍需保持同条件养护。

（5）抗压强度试验

① 取出试件，检查其尺寸及形状，相对两面应平行。用游标卡尺量出棱边长度，精确至 0.1 mm。试件受力截面积按其与压力机上下承压板接触面的平均值计算。在破型前，保持试件原有湿度，并将试件表面与上下承压板面擦干净。

② 以试件成型时的侧面为承压面，将试件安放在试验机的下压板或垫板上，试件的中心应与试验机下压板中心对准。开动试验机，试件表面与上、下承压板或钢垫板应均匀接触。

③ 试验过程中应连续均匀加荷，加荷速度应取 0.3~1.0 MPa/s。当立方体抗压强度小于 30 MPa 时，加荷速度宜取 0.3~0.5 MPa/s；立方体抗压强度为 30~60 MPa 时加荷速度宜取 0.5~0.8 MPa/s；立方体抗压强度不小于 60 MPa 时，加荷速度宜取 0.8~1.0 MPa/s。

④ 手动控制压力机加荷速度时，当试件接近破坏开始急剧变形时，应停止调整试验机油门，直至破坏，并记录破坏荷载 F（N）。

⑤ 结果计算及评定。

混凝土立方体试件的抗压强度按式（12.8）计算，以 3 个试件测定值的算术平均值作为该组试件的抗压强度值（精确至 0.1 MPa）。

$$f_{cu} = \frac{F}{A} \qquad (12.6)$$

式中 f_{cu}——混凝土立方体试件抗压强度（MPa）；

　　　 F——破坏荷载（N）；

　　　 A——试件承压面积（mm²）。

如果 3 个测定值中的最小值或最大值中有一个与中间值的差异超过中间值的 15%时，则把最大值及最小值一并舍除，取中间值作为该组试件的抗压强度值。如果最大值和最小值与中间值相差均超过中间值的 15%，则该组试件试验结果无效。

混凝土的抗压强度是以 150 mm×150 mm×150 mm 的立方体试件的抗压强度为标准计算，其他尺寸试件测定结果，应换算成边长为 150 mm 立方体的标准抗压强度，换算时应分别乘以尺寸换算系数（表 12.5）。当混凝土强度等级不小于 C60 时，宜采用标准试件；当使用非标准试件时，尺寸换算系数宜由试验确定。

3. 混凝土劈裂抗拉强度试验

混凝土的劈裂抗拉试验是在立方体试件的两个相对的表面素线上作用均匀分布的压力，使在荷载所作用的竖向平面内产生均匀分布的拉伸应力；当拉伸应力达到混凝土极限抗拉强度时，试件将被劈裂破坏，从而可以测出混凝土的劈裂抗拉强度。

（1）仪器设备

压力试验机（要求同立方体抗压强度试验）、垫条（应为木质三合板，尺寸是宽 20 mm，厚 3~4 mm，长度不小于立方体试件的边长，不得重复使用）、垫块[如图 12.3（a）所示]、钢支架等。

（2）试验步骤

① 试件从养护地点取出后应及时进行试验，将试件表面与上下承压板面擦干净。

② 用游标卡尺量出劈裂面的边长（精确至 0.1 mm），计算出劈裂面面积（A）。

③ 将试件放在试验机下压板的中心位置，劈裂承压面和劈裂面应与试件成型时的顶面垂直。在上、下压板与试件之间垫以圆弧形垫块及垫条各一条，垫块与垫条应与试件上、下面的中心线对准并与成型时的顶面垂直。宜把垫条及试件安装在定位架上[如图 12.3（b）所示]。

④ 开动试验机，试件表面与上、下承压板或钢垫板应均匀接触。

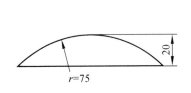

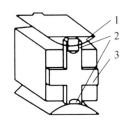

（a）垫条示意图　　　　　　　（b）装置示意图

1—垫块；2—垫条；3—支架。

图 12.3　混凝土劈裂抗拉强度试验装置示意图

⑤ 加荷时必须连续而均匀地进行，使荷载通过垫块均匀地传至试件上，加荷速度为：当对应的立方体抗压强度小于 30 MPa 时，加荷速度宜取 0.02 ~ 0.05 MPa/s；对应的立方体抗压强度为 30 ~ 60 MPa 时加荷速度宜取 0.05 ~ 0.08 MPa/s；对应的立方体抗压强度不小于 60 MPa 时，加荷速度宜取 0.08 ~ 0.10 MPa/s。

⑥ 手动控制压力机加荷速度时，当试件接近破坏时，应停止调整试验机油门，直至破坏，并记录破坏荷载 F（N）。试件断裂面应垂直于承压面，当断裂面不垂直于承压面时，应做好记录。

（3）试验结果计算及评定

混凝土劈裂抗拉强度按式（12.9）计算，以 3 个试件测定值的算术平均值作为该组试件的劈裂抗拉强度值（精确至 0.01 MPa）。

$$f_{ts} = \frac{2F}{\pi A} = 0.637 \frac{F}{A} \tag{12.7}$$

式中　f_{ts}——混凝土劈裂抗拉强度（MPa）；

　　　F——破坏荷载（N）；

　　　A——试件劈裂面面积（mm^2）。

如果 3 个测定值中的最小值或最大值中有一个与中间值的差异超过中间值的 15% 时，则把最大值、最小值一并舍除，取中间值作为该组试件的抗压强度值。如果最大值和最小值与中间值相差均超过中间值的 15%，则该组试件试验结果无效。

取 150 mm × 150 mm × 150 mm 的立方体试件作为标准试件，如采用边长为 100 mm 的立方体非标准试件时，则测得的强度应乘以尺寸换算系数 0.85。当混凝土强度等级不小于 C60 时，应采用标准试件。

第 13 章　建筑砂浆试验

本试验依据《建筑砂浆基本性能试验方法标准》（JGJ/T 70—2009）进行。

13.1　砂浆拌合物的取样方法及试样拌和

建筑砂浆试验用料应根据不同的要求，从同一盘搅拌或同一车运送的砂浆中取出。施工中取样进行砂浆试验时，其取样方法和原则应按现行有关规范执行。并宜在现场搅拌点或预拌砂浆卸料点的至少 3 个不同部位及时取样。对于现场取得的试样，试验前应人工搅拌均匀。从取样完毕到开始进行各项性能试验，不宜超过 15 min。所取样的数量不应少于试验所需量的 4 倍。

试验室拌制砂浆进行试验时，试验材料与现场用料应一致，并提前 24 h 运入室内，使砂风干拌和时室温应为（20±5）℃。水泥如有结块应通过 0.9 mm 的方孔筛，砂子应采用 4.75 mm 的筛子筛过。在材料称量时要求：水泥、外加剂、掺合料等的称量精度精确至 ±0.5%，砂的称量精度精确至 ±1%。

按确定的砂浆配合比，备好砂浆所需材料。拌制前应将搅拌机、拌和铁板、拌铲、抹刀等工具表面用水湿润，并注意拌和铁板上不得有积水。

在试验室搅拌砂浆时应采用机械搅拌，搅拌的用量宜为搅拌机容量的 30%～70%，搅拌时间不应少于 120 s。掺有掺合料和外加剂的砂浆，其搅拌时间不应少于 180 s。

13.2　试验项目

13.2.1　砂浆稠度、分层度试验

1. 试验目的

通过稠度的测定，便于施工过程中控制砂浆的稠度，以达到控制用水量的目的。同时为确定配合比，合理选择稠度及确定满足施工要求的流动性提供依据。通过分层度的测定，评定砂浆的保水性。

2. 砂浆稠度试验

（1）仪器及设备

① 砂浆稠度仪由试锥、容器和支座三部分组成（图 13.1）。试锥高度 145 mm，锥底直径 75 mm，试锥连同滑杆重（300±2）g；盛浆容器应由钢板制成，筒高 180 mm，锥底内径 150 mm。

② 钢制捣棒（直径 10 mm、长 350 mm）、拌板、拌铲、量筒、秒表等。

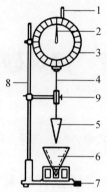

1—测杆；2—指针；3—刻度盘；4—滑动杆；5—锥体；
6—锥筒；7—底座；8—支架；9—制动螺丝。

图 13.1　砂浆稠度测定仪

（2）试验步骤

① 盛浆容器和试锥表面用湿布擦干净，并用少量润滑油轻擦滑杆，使滑杆能自由滑动。

② 将砂浆拌合物一次装入容器内，其表面低于容器口 10 mm 左右，用捣棒自容器中心向边缘均匀插捣 25 次，然后轻轻地将容器摇动或敲击 5～6 下，使砂浆表面平整，随后将容器放在稠度测定仪的底座上。

③ 拧开试锥杆的制动螺丝，向下移动滑杆，当试锥尖端与砂浆表面刚刚接触时，拧紧制动螺丝，使齿条测杆下端刚接触滑杆上端，并将指针对准零点。拧开制动螺丝，同时记录时间。10 s 后立即固定螺丝，将齿条测杆下端接触滑杆上端，从刻度盘上读出的下沉深度（精确至 1 mm）即为砂浆稠度值 H_1（注意：容器内砂浆只允许测定一次稠度，重复测定时必须重新取样）。

（3）试验结果

取两次试验结果的算术平均值（精确到 1 mm）作为测定值，若两次试验结果之差大于 10 mm，则应另取砂浆搅拌后重新测定。

3. 分层度试验

（1）主要仪器设备

① 砂浆分层度测定仪：由上下两层金属圆筒及左右两根连接螺栓组成。圆筒内径 150 mm、上节高度为 200 mm、下节为带底净高 100 mm 的筒，连接时，上下层之间加设橡胶垫圈（图 13.2）。

② 水泥胶砂振动台。

③ 砂浆稠度仪、木槌等。

（2）试验步骤

① 将拌和好的砂浆一次装入分层度仪中，待装满后，用木槌在分层度筒周围距离大致相等的四个不同部

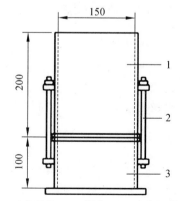

1—无底圆筒；2—螺栓；3—有底圆筒。

图 13.2　砂浆分层度

位轻轻敲击 1~2 下；当砂浆沉落到低于筒口时，应随时添加，然后刮去多余的砂浆并用抹刀抹平。

② 静置 30 min（标准法）或在振动台上振动 20 s（快速法）后，除去上面 200 mm 砂浆，将剩下的 100 mm 砂浆重新拌和 2 min 后，按稠度试验相同方法测定其稠度 H_2。

（3）试验结果

两次所测值的稠度值之差（$H_1 - H_2$）为砂浆的分层度值，精确至 1 mm；应取两次试验结果的算术平均值作为该砂浆的分层度值，精确至 1 mm。当两次分层度试验值之差大于 10 mm 时，应重新取样测定。

13.2.2　砂浆抗压强度试验

1. 试验目的

通过砂浆抗压强度试验，检测砂浆强度和配合比是否满足设计要求。

2. 主要仪器及设备

试模（有底，内壁边长为 70.7 mm 的立方体试模）、压力试验机（相对误差不大于 1%，试件破坏荷载应不小于压力机全量程的 20%，且不大于压力机全量程的 80%）、捣棒（直径 10 mm、长 350 mm）、振动台、油灰刀、抹刀等。

3. 试件的制备

① 应采用立方体试件，每组试件应为 3 个。

② 应采用黄油等密封材料涂抹试模的外接缝，试模内应涂刷薄层机油或隔离剂。应将拌制好的砂浆一次性装满砂浆试模。

③ 成型方法应根据稠度而确定：

a. 当稠度大于 50 mm 时，宜采用人工插捣成型。应采用捣棒均匀地由边缘向中心按螺旋方式插捣 25 次，插捣过程中当砂浆沉落低于试模口时，应随时添加砂浆，可用油灰刀插捣数次，并用手将试模一边抬高 5~10 mm 各振动 5 次，砂浆应高出试模顶面 6~8 mm。

b. 当稠度不大于 50 mm 时，宜采用振动台振实成型。将砂浆一次装满试模，放到振动台上振动时试模不得跳动，振动 5~10 s 或持续到表面泛浆为止，不得过振。

④ 应待表面水分稍干后，再将高出试模部分的砂浆沿试模顶面刮去并抹平。

4. 试件的养护

① 试件制作完成后，将试件放在（20±5）℃的温度下放置（24±2）h，进行编号、拆模，当气温较低时，或者凝结时间大于 24 h 的砂浆，可适当延长时间，但不应超过 2 d。

② 试件拆模后应立即放入温度为（20±2）℃，相对湿度为 90% 以上的标准养护室中养护。养护期间，试件彼此间隔不得小于 10 mm，混合砂浆、湿拌砂浆试件上面应覆盖，防止有水滴在试件上。

③ 从搅拌加水开始计时，标准养护龄期应为 28 d，也可根据相关标准要求增加 7 d 或 14 d。

5. 试验步骤

试件取出后，将试件擦干，测量尺寸（精确至 1 mm），并检查其外观，计算试件的承压面积。将试件放在压力机承压板的中心位置，试件承压面应与成型顶面垂直。开动压力机进行加压，加压速度为 0.25~1.5 kN/s（砂浆强度不大于 2.5 MPa 时，宜取下限），直至破坏，记录破坏荷载。

6. 结果计算

砂浆立方体抗压强度 $f_{m,cu}$ 按式（13.1）计算，以 3 个试件测定值的算术平均值作为该组试件的砂浆立方体抗压强度值（精确至 0.1 MPa）。

$$f_{m,cu} = K \frac{N_u}{A} \tag{13.1}$$

式中 $f_{m,cu}$——砂浆的立方体抗压强度（MPa）；

N_u——试件的破坏荷载（N）；

A——试件的承压面积（mm²）；

K——换算系数，取 1.35。

如果 3 个测定值中的最小值或最大值中有一个与中间值的差超过中间值的 15% 时，则把最大值、最小值一并舍除，取中间值作为该组试件的抗压强度值。如果最大值和最小值与中间值相差均超过中间值的 15%，则该组试件试验结果无效。

7. 等级评定

根据国家标准对砂浆的等级进行评定。

第 14 章　钢筋试验

依据《钢筋混凝土用钢 第 1 部分：热轧光圆钢筋》（GB/T 1499.1—2017）、《钢筋混凝土用钢 第 2 部分：热轧带肋钢筋》（GB/T 1499.2—2018）、《金属材料 拉伸试验 第 1 部分：室温试验方法》（GB/T 228.1—2021）、《金属材料弯曲试验方法》（GB/T 232—2010）标准，对钢筋进行拉伸、冷弯等力学性能试验。

14.1　试验取样

① 钢筋应有出厂证明或试验报告单。验收时应抽样做机械性能试验，即拉伸试验和冷弯试验。如两个项目有一个不合格，则该批钢筋即为不合格。

② 钢筋混凝土用热轧钢筋，同牌号、规格和炉罐号组成的钢筋应分批检查和验收，每批质量不大于 60 t。如炉罐号不同，组成混合批验收，应参考《钢筋混凝土用钢 第 2 部分：热轧带肋钢筋》中的规定将含碳量、含锰量的值控制在一定范围。

③ 验收取样时，自每批钢筋中任取两根截取拉伸试样，任取两根截取冷弯试样。试样应在每根钢筋距端头 50 cm 处截取，每根钢筋上截取一根拉伸试样、一根冷弯试样。

④ 拉伸、冷弯试样不允许进行车削加工。试验一般在室温 10～35 ℃进行，对温度要求严格的试验，试验温度应控制为（23±5）℃。

⑤ 在拉伸试验的试件中，若有 1 根试件的屈服点、抗拉强度和伸长率 3 个指标中有 1 个达不到标准中的规定值，或冷弯试验中有 1 根试件不符合标准要求，则在同一批钢筋中再抽取双倍数量的试件进行该不合格项目的复验，复验结果中只要有 1 个指标不合格，则该试验项目判定为不合格，整批不得交货。

14.2　试验项目

14.2.1　拉伸试验

1. 试验目的

测定钢筋在拉伸过程中应力和应变的关系曲线，以及屈服强度、抗拉强度和断后伸长率 3 个重要指标，评定钢筋的质量与等级。

2. 主要仪器设备

① 微机控制电液伺服万能试验机，以下简称试验机（示值误差不大于 1%，所有测值应在试验机最大荷载的 20%～80%）。

② 游标卡尺（精确度为 0.1 mm）。

③ 钢筋打点标距仪等。

3. 试件制备

① 钢筋试样的长度应合理，试验机两夹头间的钢筋自由长度应足够。

② 原始标距 $L_0=5d_0$ 或 $10d_0$（d_0 为钢筋直径），应用小标记、细划线或细墨线标记原始标距，但不得用引起过早断裂的缺口作标记。计算钢筋强度所用横截面面积采用表 14.1 所列公称横截面积。

表 14.1　不同公称直径钢筋的公称横截面积

公称直径/mm	公称横截面积/mm²	公称直径/mm	公称横截面积/mm²
8	50.27	22	380.1
10	78.54	25	490.9
12	113.1	28	615.8
14	153.9	32	804.2
16	201.1	36	1 018
18	254.5	40	1 257
20	314.2	50	1 964

4. 试验步骤

（1）试验前准备工作

① 操作前检查设备各处连接线是否连接紧固可靠；
② 电源是否正常连接，主机是否处安放稳妥；
③ 需要佩戴防护措施时，必须佩戴整齐；
④ 准备好本次试验所需的夹具及安装工具。

（2）开　机

显示器→打印机→计算机→DTC 控制器→启动试验软件→液压源。

（3）装夹试样

① 根据拉伸试样长度，操作试验机上、下横梁控制按钮，使上、下夹具间距适宜（过大则试样无法同时被上、下夹具夹紧，过小则试样无法安装）；

② 将试样一端紧靠上夹具的中心一侧，操作试验机上夹具夹紧按钮，将试样夹紧，启动下横梁控制按钮，调整下夹具至适当位置，启动下夹具夹紧按钮，将试样完全固定（为保证试验过程中，试样不从夹具中滑脱，一般夹持长度不宜小于夹具高度的 3/4）；

③ 选择设置好的试验方案，输入试验参数，如试样直径、原始标距等，需要精确测量试样变形时，应安装引伸计；

④ 力值清零，点击试验机启动按钮进行拉伸，直至将试样拉断。拉伸速度为：屈服前，应力增加速度为 6～60 MPa/s；屈服后，试验机活动夹头在荷载下的移动速度为不大于 $0.5L_c$/min，其中 $L_c = L_0 +$（1～2）d_0（d_0 为钢筋直径）。

5. 结果计算及评定

（1）屈服强度

试验结束后，从计算机软件界面读出下屈服点值，即为该试样屈服强度σ_s，或读出屈服点荷载F_s，按式（14.1）计算试件的屈服强度。σ_s结果应计算至1 MPa，小数点后数字按四舍六入五单双法处理。

$$\sigma_s = \frac{F_s}{A_0} \tag{14.1}$$

式中　σ_s——屈服强度（MPa）；

　　　F_s——屈服点荷载（N）；

　　　A_0——试件原横截面面积（mm^2）。

（2）抗拉强度

试验结束后，从计算机软件界面读出试样抗拉强度σ_b；或读出最大荷载F_b，按式（14.2）计算试件的抗拉强度。σ_b应计算至1 MPa，小数点后数字按四舍六入五单双法处理。

$$\sigma_b = \frac{F_b}{A_0} \tag{14.2}$$

式中　σ_b——抗拉强度（MPa）；

　　　F_b——最大荷载（N）；

　　　A_0——试件原横截面面积（mm^2）。

（3）断后伸长率

① 将已拉断的试件在断裂处对齐，尽量使其轴线位于一条直线上。如果拉断处由于各种原因形成缝隙，则此缝隙应计入试件拉断后的标距部分长度内。

② 如果拉断处到临近标距端点的距离大于（1/3）l_0时，可用卡尺直接量出已被拉长的标距长度l_1（mm，精确至0.1 mm）。

③ 如果拉断处到邻近的标距端点的距离小于或等于（1/3）l_0时，可按位移法确定l_1：在长段上，从拉断处O取基本等于短段格数，得B点，接着取等于长段所余格数（偶数）之半，得C点；或取所余格数（奇数）减1与加1之半，得C和C_1点。位移后的l_1按式（14.3）计算（图14.1）：

$$l_1 = AO + OB + 2BC \text{ 或 } L_1 = AO + OB + BC + BC_1 \tag{14.3}$$

④ 如果直接量测所求得的伸长率能达到技术条件的规定值，则可不采用位移法。如试件在标距端点上或标距外断裂，则试验结果无效，应重新试验。

⑤ 伸长率按式（14.4）计算（计算结果修约至0.5%）。

$$\delta_{10}(\delta_5) = \frac{l_1 - l_0}{l_0} \times 100\% \tag{14.4}$$

式中　δ_5，δ_{10}——$l_0 = 5d_0$和$l_0 = 10d_0$时的断后伸长率；

l_0 ——原标距长度 $5d_0$（$10d_0$）（mm）；

l_1 ——试件拉断后直接量出或按位移法确定的标距部分的长度（mm），精确至 0.1 mm。

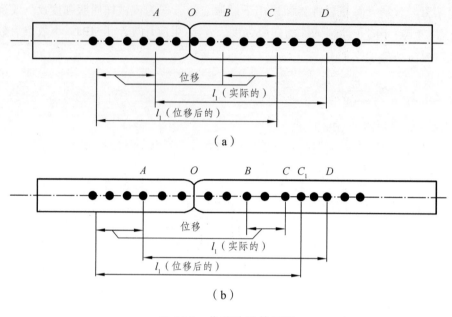

图 14.1　位移法计算标距

④ 如果直接量测所求得的伸长率能达到技术条件的规定值，则可不采用位移法。如试件在标距端点上或标距外断裂，则试验结果无效，应重新试验。

⑤ 伸长率按式（14.4）计算（计算结果修约至 0.5%）。

$$\delta_{10}(\delta_5) = \frac{l_1 - l_0}{l_0} \times 100\% \qquad (14.5)$$

式中　δ_5，δ_{10}——$l_0 = 5d_0$ 和 $l_0 = 10d_0$ 时的断后伸长率；

　　　l_0 ——原标距长度 $5d_0$（$10d_0$）（mm）；

　　　l_1 ——试件拉断后直接量出或按位移法确定的标距部分的长度（mm），精确至 0.1 mm。

（4）结果评定

评定屈服强度、抗拉强度和断后伸长率应分别对照相应标准进行。

14.2.2　冷弯试验

1. 试验目的

通过冷弯试验，对钢筋塑性进行严格检验，也间接测定了钢筋内部的缺陷及可焊接性能。

2. 主要仪器设备

万能材料试验机、具有一定弯心直径的冷弯冲头等。

3．试　样

截取钢筋试样的长度 $L \approx 5a + 150$（mm），a 为钢筋直径（mm）。

4．试验步骤

① 根据钢材等级及相应技术要求选择好弯心直径和弯曲角度。一般Ⅱ级钢筋弯心直径 d = 3a（a = 6 ～ 25 mm），Ⅲ级钢筋弯心直径 d = 4a（a = 6 ～ 25 mm），弯曲角度为 180°。

② 根据试样直径选择压头并调整支辊间距 =（d+2.5a）± 0.5a，该间距在试验期间应保持不变，将试样放在试验机上，如图 14.2（a）所示。

③ 开动试验机，平稳施加压力，使钢筋绕着弯心弯曲到规定的角度，如图 14.2（b）、图 14.2（c）所示。

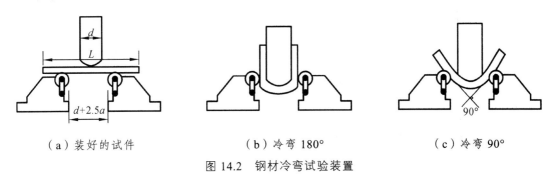

（a）装好的试件　　　　　（b）冷弯 180°　　　　　（c）冷弯 90°

图 14.2　钢材冷弯试验装置

5．结果评定

取下试件检查试件弯曲的外缘及侧面，如无裂缝、断裂或起层，则评定为冷弯试验合格。

第 15 章　沥青试验

依据《公路工程沥青及沥青混合料试验规程》(JTG E20—2011)、《沥青软化点测定法　环球法》(GB/T 4507—2014)、《沥青延度测定法》(GB/T 4508—2010)、《沥青针入度测定法》(GB/T 4509—2010)、《重交通道路石油沥青》(GB/T 15180—2010)、《沥青取样法》(GB/T 11147—2010)、《建筑石油沥青》(GB/T 494—2010) 进行试验。

15.1　取样数量

进行沥青性质常规检验的取样数量为：黏稠沥青或固体沥青不少于 4.0 kg；液体沥青不少于 1 L；沥青乳液不少于 4 L。进行沥青性质非常规检验及沥青混合料性质试验所需的沥青数量，应根据实际需要确定。

15.2　试验项目

15.2.1　针入度试验

1. 试验目的及适用范围

测定针入度，用以评定沥青的稠度和沥青牌号。

本方法适用于测定道路石油沥青、聚合物改性沥青针入度以及液体石油沥青蒸馏或乳化沥青蒸发后残留物的针入度。针入度反映的是沥青稠度，针入度值越小，表示沥青稠度越大；反之，表示沥青稠度越小。一般来说，稠度越大，沥青的黏度越大。沥青的针入度以标准针在一定的荷重、时间和温度条件下垂直穿入沥青试样的深度来表示，单位为 0.1 mm。如未另行规定，标准针、针连杆与附加砝码的总质量为（ 100 ± 0.05 ）g，温度为（ 25 ± 0.1 ）℃，时间为 5 s。特定试验可采用的其他条件见表 15.1。

表 15.1　针入度特定试验规定

温度/℃	荷载/g	时间/s
0	200	60
4	200	60
46	50	5

2. 主要仪器设备

针入度仪（图 15.1）、标准针、试样皿、温度计、恒温水浴箱、平底玻璃皿、金属皿或瓷皿、秒表、砂浴（用煤气炉或电炉加热）等。

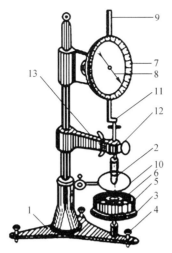

1—底座；2—小镜；3—圆形平台；4—调平螺丝；5—保温皿；6—试样；7—刻度盘；8—指针；
9—活杆；10—标准针；11—连杆；12—按钮；13—砝码。

图 15.1　针入度仪

3．试验准备

加热样品并不断搅拌防止局部过热，直至样品能够自由流动，加热时间在保证样品充分流动的基础上尽量少，加热、搅拌过程中避免试样中进入气泡。加热时石油沥青加热温度不超过软化点 90 ℃，焦油沥青加热温度不超过软化点 60 ℃。将样品注入试样皿内，其深度应大于预计穿入深度 10 mm，放置于 15～30 ℃ 的室温中冷却不少于 1.5 h（小试样皿）或 2 h（大试样皿）。冷却时应将试样皿盖住，防止灰尘落入。然后将试样皿浸入（25±0.1）℃ 的恒温水浴中，水浴的水面应高于试样表面 10 mm 以上。小试样皿恒温不少于 1.5 h，大试样皿恒温不少于 2 h。

4．试验步骤

① 调整针入度仪水平，检查连杆和导轨，使其无明显摩擦，用三氯乙烯或合适溶剂清洗针，并用干净布擦干。然后将针插入连杆中固定，加上附加砝码。

② 将恒温的试样皿自水槽中取出，置于水温控制在（25±0.1）℃ 的平底玻璃皿中的三角支架上，试样表面以上的水层深度应不小于 10 mm，再将玻璃皿置于针入度仪的平台上。

③ 慢慢放下针连杆，用适当位置的反光镜或灯光反射观察，使针尖恰好与试样表面接触，将位移计或刻度盘指针复位为零。

④ 开始试验，按下释放键，使标准针自由地下落穿入沥青试样，这时计时与标准针落下贯入试样同时开始，至 5 s 时自动停止。

⑤ 读取位移计或刻度盘指针的读数，准确至 0.1 mm。

⑥ 在试样的不同点重复试验 3 次，各测点间及测点与试样皿边缘的距离应不小于 10 mm；每次试验后应将盛有试样皿的平底玻璃皿放入恒温水槽，使平底玻璃皿中水温保持试验温度。每次试验应换一根干净标准针或将标准针取下用有三氯乙烯溶剂的棉花或布擦净。

5. 试验结果及评定

以 3 次试验结果的平均值作为该沥青的针入度，取至整数。3 次试验所测定针入度的最大值与最小值之差不应超过表 15.2 的规定，否则应重新测定。

表 15.2　针入度测定允许最大差值

针入度（0.1 mm）	0 ~ 49	50 ~ 149	150 ~ 249	250 ~ 500
最大差值（0.1 mm）	2	4	12	20

15.2.2　延度试验

1. 试验目的

测得沥青延度，用以评定沥青的塑性。同时，沥青延度也是评定沥青牌号的指标之一。非经特殊说明，试验温度为（25±0.1）℃，拉伸速度为（5±0.25）cm/min。

2. 主要仪器设备

延度仪及试样模具（图 15.2）、瓷皿或金属皿、孔径为 0.3 ~ 0.5 mm 的筛、温度计、金属板、砂浴、甘油、滑石粉等。

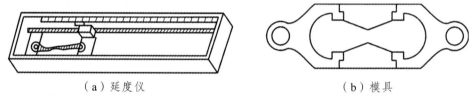

（a）延度仪　　　　　　　　　　　　　　　（b）模具

图 15.2　延度仪及试样模具

3. 试样制备

① 将隔离剂（甘油和滑石粉的质量比为 2∶1 配制而成）拌和均匀，涂于清洁干燥的试模底板上及侧模的内侧面，然后将试模在底板上组装并卡紧。

② 将沥青加热熔化，直至完全变成液体能够倾倒，加热要求和针入度试验相同。然后将试样从模的一端移至另一端往返多次缓缓注入模中，使沥青略高出模具。灌模时不得使气泡混入。

③ 浇注好的试件在室温中冷却不少于 1.5 h 后，然后用热刮刀刮除高出试模的沥青，使沥青面与试模面齐平。沥青的刮法应自试模的中间刮向两端，且表面应刮得平滑。将试件连同金属板浸入温度为（25±0.5）℃的水浴中保温 1.5 h。

④ 检查延度仪延伸速度是否为（5±0.25）cm/min，然后移动滑板使其指针正对标尺的零点。将延度仪注水，并保温达到（25±0.1）℃。

4. 试验步骤

① 将保温后的试件连同底板移入延度仪的水槽中，将试件模具自板上取下，然后将模具两端的孔分别套在滑板及槽端的金属柱上，并取下试件侧模。试件距水面的距离不小于 25 mm。

② 开动延度仪，此时仪器不得有振动，水面不得有晃动，观察沥青的延伸情况，在测定时，如果发现沥青细丝浮于水面或沉入槽底时，则加入酒精或食盐，调整水的密度与试样的密度相近后，使沥青材料既不浮于水面，又不沉入槽底，再进行测定。

③ 试件拉断时，指针所指标尺上的读数即为试样的延度，以"cm"计。正常的试验应将试样拉成锥形，直至在断裂时实际横截面面积接近于零。如不能得到这种结果，则应在报告中注明。

5. 试验结果及评定

同一样品，每次平行试验不少于 3 个，如 3 个测定结果均大于 100 cm，试验结果记作">100 cm"，特殊需要也可分别记录实测值。3 个测定结果中，当有一个以上的测定值小于100 cm 时，若最大值或最小值与平均值之差不超过平均值的 20%，则取 3 个测定结果平均值的整数作为延度试验结果，若平均值大于 100 cm，记">100 cm"。若最大值或最小值与平均值之差超过平均值的 20%，应重新进行试验。

15.2.3 软化点测定

1. 试验目的

软化点是反映沥青在温度作用下其黏度和塑性改变程度的指标，它是在不同环境下选用沥青的最重要指标之一。测定沥青软化点，可评定沥青的温度稳定性。

2. 主要仪器设备

沥青软化点测定仪（图 15.3）、可调温的电炉或其他加热器、玻璃板或金属板、筛（筛孔为 0.3 ~ 0.5 mm 的金属网）、恒温水浴箱、平直刮刀、隔离剂（配制同上）、加热介质（甘油或新煮沸过的蒸馏水）。

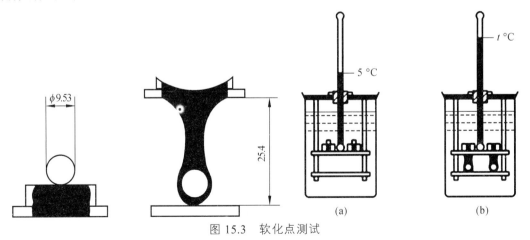

图 15.3 软化点测试

3. 试样制备

① 将试样环置于涂有隔离剂的金属板或玻璃上，将沥青加热熔化至流动状态，加热要求和针入度试验相同。将熔化后的沥青注入试样环内至略高出环面为止。

② 如果估计软化点在 120 ℃ 以上时，应将金属板与试样环预热至 80~100 ℃。然后将试样环放到涂有隔离剂的金属板上。否则沥青试样会从试样环中完全脱落。

③ 让试样在室温下至少冷却 30 min。对于在室温下较软的样品，应将试件在低于预计软化点 10 ℃ 以上的环境中冷却 30 min。

④ 当试样冷却后，用稍加热的小刀或刮刀干净地刮去多余的沥青，使沥青和环的顶面齐平。

4. 试验步骤

① 选择合适的加热介质。新煮沸过的蒸馏水适用于软化点为 80 ℃ 以下的沥青，起始加热介质温度应为（5±0.5）℃。甘油适用于软化点为 80 ℃ 以上的沥青，起始加热介质的温度应为（32±1）℃。为了进行比较，所有软化点低于 80 ℃ 的沥青应在水浴中测定，而高于 80 ℃ 的在甘油浴中测定。

② 将装有试样的试样环连同试样底板置于规定起始温度的恒温水浴箱中至少 15 min，同时将金属支架、钢球、钢球定位环等也置于相同水浴箱中。

③ 从恒温水浴箱中取出盛有试样的试样环放置在支架中层板的圆孔中，套上定位环，然后将整个环架放入烧杯中，烧杯中应提前注入适量甘油或新煮沸过的蒸馏水。

④ 将烧杯放置于沥青软化点测定仪的底座上，启动自动加热按钮，使温度在加热 3 min 后，升温速度达到（5±0.5）℃/min。在加热过程中，应记录每分钟上升的温度值，如温度上升速度超出（5±0.5）℃/min 范围，则应重新试验。

⑤ 试样受热软化逐渐下坠，至下层底板表面接触时，立即读取温度。

5. 试验结果及评定

① 同一试样平行试验两次，当两次测定值的差符合重复性试验精度要求时，取其平均值作为软化点试验结果，准确至 0.5 ℃。

② 当试样软化点小于 80 ℃ 时，重复性试验的允许误差为 1 ℃，再现性试验的允许误差为 4 ℃。

③ 当试样软化点等于或大于 80 ℃ 时，重复性试验的允许误差为 2 ℃，再现性试验的允许误差为 8 ℃。